冶金工业建设工程预算定额

（2012 年版）

第十册　工艺管道安装工程

U0342777

北　京

冶　金　工　业　出　版　社

2013

图书在版编目(CIP)数据

冶金工业建设工程预算定额:2012年版.第十册,工艺管道安装工程/冶金工业建设工程定额总站编.—北京:冶金工业出版社,2013.1

ISBN 978-7-5024-6108-9

Ⅰ.①冶… Ⅱ.①冶… Ⅲ.①冶金工业—管道安装—建筑预算定额—中国 Ⅳ.①TU723.3

中国版本图书馆 CIP 数据核字(2012)第 261457 号

出 版 人　谭学余
地　　　址　北京北河沿大街嵩祝院北巷39号，邮编100009
电　　　话　(010)64027926　电子信箱　yjcbs@cnmip.com.cn
责任编辑　张　晶　李培禄　美术编辑　彭子赫　版式设计　孙跃红
责任校对　石　静　刘　情　责任印制　牛晓波
ISBN 978-7-5024-6108-9
冶金工业出版社出版发行；各地新华书店经销；三河市双峰印刷装订有限公司印刷
2013年1月第1版，2013年1月第1次印刷
850mm×1168mm　1/32；17.375 印张；471 千字；535 页
100.00 元

冶金工业出版社投稿电话:(010)64027932　投稿信箱:tougao@cnmip.com.cn
冶金工业出版社发行部　电话:(010)64044283　传真:(010)64027893
冶金书店　地址:北京东四西大街46号(100010)　电话:(010)65289081(兼传真)
　　　　(本书如有印装质量问题，本社发行部负责退换)

冶金工业建设工程定额总站　文件

冶建定[2012]52 号

关于颁发《冶金工业建设工程预算定额》(2012 年版)的通知

为适应冶金工业建设工程的需要,规范冶金建筑安装工程造价计价行为,指导企业合理确定和有效控制工程造价,由总站组织冶金系统造价专业人员修编的《冶金工业建设工程预算定额》(2012 年版)已经完成。经审查,现予以颁发,自 2012 年 11 月 1 日起施行。原冶金工业建设工程定额总站颁发的《冶金工业建设工程预算定额》(2001 年版)(共十四册)同时停止执行。

本定额由冶金工业建设工程定额总站负责具体解释和日常管理。

冶金工业建设工程定额总站

二○一二年九月十九日

综 合 组：张德清　林希琤　赵　波　陈　月　张连生　吴永钢　吴新刚　万　缨　乔锡凤　文　萃

　　　　　　孙旭东　陈国裕　郭绍君　付文东　郑　云　朱四宝　杨　明　徐战艰　张福山

主 编 单 位：包钢建设部工程造价管理站

副主编单位：中冶东方控股有限公司

参 编 单 位：中国二冶集团有限公司

　　　　　　包钢建安集团有限责任公司

　　　　　　中国一冶集团有限公司

协 编 单 位：鹏业软件股份有限公司

主　　　编：宋丽萍

副 主 　编：张俊杰

参编人员：王耀龙　李卫兵　吴永钢　迟明海　章　莉　陈国书

编 辑 排 版：赖勇军

总　说　明

一、《冶金工业建设工程预算定额》(2012年版)共分十四册,包括:

第一册《土建工程》(上、下册)

第二册《地基处理工程》

第三册《机械设备安装工程》(上、下册)

第四册《电气设备安装工程》

第五册《自动化控制仪表安装工程、消防及安全防范设备安装工程》

第六册《金属结构件制作与安装工程》

第七册《总图运输工程》

第八册《刷油、防腐、保温工程》

第九册《冶金炉窑砌筑工程》

第十册《工艺管道安装工程》

第十一册《给排水、采暖、通风、除尘管道安装工程》

第十二册《冶金施工机械台班费用定额》

第十三册《材料预算价格》

第十四册《冶金工厂建设建筑安装工程费用定额》

二、《冶金工业建设工程预算定额》(2012年版)(以下简称本定额)是完成规定计量单位分项工程计价所需的人工、材料、施工机械台班的指导性消耗量标准;是统一冶金建筑安装工程预算工程量计算规则、项目划分、计量单位的依据;是编制冶金建筑安装工程施工图预算、招标控制价、确定工程造价的依据;是编制概算定额(指标)、投资估算指标的基础;也可作为制定企业定额和投标报价的基础;其中建筑安装工程的工程量计算规则、项目划分、计量单位、工作内容等也可作为实行工程量清单计价、编制冶金建筑安装工程量清单的基础依据。

三、本定额适用于冶金工厂的生产车间和与之配套的辅助车间、附属生产车间的新建、扩建工程(包括技术改造工程)。

四、本定额是依据国家及冶金行业现行有关产品标准、设计规范、施工及验收规范、技术操作规程、质量评定标准和安全操作规程编制的,同时也参考了有代表性的工程设计、施工资料和其他资料。

五、本定额是按目前冶金施工企业普遍采用的施工方法、机械化装备程度、合理的工期、施工工艺和劳动组织条件,同时也参考了目前冶金建筑市场招投标工程的中标价格行情进行编制的,基本上反映了冶金建筑市场目前的投标价格水平。

六、本定额基价为2012年基期市场价格的水平,是建筑安装工程费用定额进行取费的基础。为维护冶金建筑市场正常秩序和参建各方的合法权益,本基价应根据冶金建筑安装工程市场要素(人工、材料、机械)价格的变化情况,进行动态管理。冶金行业各单位的工程造价管理部门,可根据社会发展和施工技术水平的进步,依据典型工程的测算,适时发布不同类型(别)工程的调整系数,对其进行调整,使之与冶金建筑市场的招投标价格行情基本上相适应。

七、本定额是按下列正常的施工条件进行编制的：

1. 设备、材料、成品、半成品、构件完整无损，符合质量标准和设计要求，附有合格证书、实验记录和技术说明书。

2. 安装工程和土建工程之间的交叉作业正常。如施工与生产同时进行时，其降效增加费按人工费的10%计取。

3. 正常的气候、地理条件和施工环境。如在特殊的自然地理条件下进行施工的工程，如高原、高寒、沙漠、沼泽地区以及洞库、水下工程，其增加费用应按省、自治区、直辖市的有关规定执行；如省、自治区、直辖市无规定时，可按有关部门的规定执行。

4. 如在有害身体健康的环境中施工时，其降效增加费按人工费的10%计取。

5. 水、电供应均满足建筑安装工程施工正常使用。

6. 安装地点、建筑物、设备基础、预留孔洞等均符合安装要求。

八、人工工日消耗量的确定：

1. 本定额的人工工日以综合工日表示，包括基本用工和其他用工。

2. 基价中的定额综合工日单价采用2011年市场调查综合取定。其中：建筑工程75元/工日，安装工程80元/工日，包括基本工资、辅助工资和工资性津贴等。

九、材料消耗量的确定：

1.本定额中的材料消耗量包括直接消耗在建筑安装工作内容中的主要材料、辅助材料和零星材料等,并计入了相应损耗。其内容和范围包括:从工地仓库、现场集中堆放地点或现场加工地点到操作或安装地点的运输损耗、施工操作损耗、施工现场堆放损耗。

2.凡定额中未注明单价的材料均为主材,本定额基价中不包括其价格,应按"( )"内所列的用量,向材料供应商询价、招标采购或按经建设单位批准认可的工程所在地的市场价格进行采购,计算工程招投标书中的材料价格。

3.本定额基价的材料单价是采用《冶金工业建设工程预算定额》(2012 年版)第十三册《材料预算价格》取定的,不足部分予以补充。

4.用量少、对定额基价影响很小的零星材料合并为其他材料费,按占定额基价中材料费的百分比计算,以"元"表示,其费用已计入材料费内。具体占材料费的百分数,详见各册说明。

5.施工措施性消耗部分,周转性材料按不同施工方法、不同材质分别列出一次使用量和一次摊销量。

6.主要材料损耗率见各册附录。

十、施工机械台班消耗量的确定:

1.本定额的机械台班消耗量是按正常合理的机械配备和冶金施工企业的机械化装备程度综合取定的。

2.凡单位价值在 2000 元以内、使用年限在两年以内的不构成固定资产的工具、用具等未进入定额,已在建筑安装工程费用定额中考虑。

3. 本定额基价中的施工机械使用费是采用《冶金工业建设工程预算定额》(2012 年版)第十二册《冶金施工机械台班费用定额》中的台班单价计算的。其中允许在公路上行走的机械,需要交纳车船使用税的机型,机械台班使用费单价中已包括车船使用税、保险费、年检费等其他费用。

4. 零星小型机械对定额影响不大的,合并为其他机械费,按占机械使用费的百分比计算,以"元"表示,其费用已计入机械使用费内。具体占机械费的百分数,详见各册说明。

十一、施工仪器仪表台班消耗量的确定:

1. 本定额的施工仪器仪表消耗量是按冶金施工企业的现场校验仪器仪表配备情况综合取定的,实际与定额不符时,除各章另有说明外,均不作调整。

2. 凡单位价值在 2000 元以内、使用年限在两年以内的不构成固定资产的施工仪器仪表等未进入定额,已在建筑安装工程费用定额中考虑。

3. 施工仪器仪表台班单价,是按 2000 年建设部颁发的《全国统一安装工程施工仪器仪表台班费用定额》计算的。

十二、关于水平和垂直运输:

1. 设备:包括自安装现场指定堆放地点运至安装地点的水平和垂直运输。

2. 材料、成品、半成品:包括自施工单位现场仓库或现场指定堆放地点运至建筑安装地点的水平和垂直运输。

3. 垂直运输基准面:室内以室内地平面为基准面,室外以安装现场地平面为基准面。

十三、本定额适用于海拔高程 2000m 以下、地震烈度七度以下的地区,超过上述情况时,可结合具体情况,由建设单位与施工单位在合同中约定。

十四、本定额中注有"XXX 以内"或"XXX 以下"者均包括 XXX 本身,"XXX 以外"或"XXX 以上"者均不包括 XXX 本身。

十五、本说明未尽事宜,详见各册和各章、节的说明。

目　　录

第二章　管件连接

第四章　法兰安装

第五章 板卷管制作与管件制作

第八章　其　　他

附　录

册 说 明

一、本定额适用于冶金工厂的生产车间和与之配套的辅助车间,附属生产设施的新建、扩建及技术改造等工业管道工程。不适用于冶金工厂生活福利设施的给排水、采暖、通风空调管道工程。其划分原则是:

1. 设计压力不大于42MPa,设计温度不超过材料允许使用温度的各种生产用(含生产与生活共用)工业管道工程(包括厂区内总排)。

2. 厂区第一个连接点以内生产用(含生产与生活共用)给水、排水、蒸汽、压缩空气、氧气、氮气、煤气等输送管道的安装工程。其中给水以入口水表井为界;排水以厂区围墙外第一个污水井为界;蒸汽、压缩空气、氧气、氮气和煤气以入口第一个计量表(阀门)为界。

3. 液压、润滑、消防管道执行《冶金工业建设工程预算定额》(2012年版)其他相关册定额。

二、本定额符合国家和有关部门发布的现行施工及验收规范。其主要编制依据有:

1.《工业金属管道工程施工规范》GB 50235—2010。

2.《现场设备、工业管道焊接工程施工规范》GB 50236—2011。

3.《无缝钢管超声波探伤检验方法》GB/T 5777—2008。

4.《全国统一安装工程预算定额》(2000年版)第六册《工业管道工程》。

5.《内蒙古自治区安装工程预算定额》(2009年版)第六册《工业管道工程》。

6.《冶金工业建设工程预算定额》(2012年版)第十三册《材料预算价格》。

7.《冶金工业建设工程预算定额》(2012年版)第十二册《冶金施工机械台班费用定额》。

8.《冶金工业建设工程预算定额》(2001年版)第十册《冶金工艺管道安装工程》。

三、下列工作内容应执行《冶金工业建设工程预算定额》(2012年版)其他相关册定额：

1. 单件重100kg以上的管道支架制安、管道预制钢平台的搭拆与摊销均执行第六册《金属结构件制作与安装工程》预算定额相应子目。

2. 管道和支架的喷砂除锈、刷油、防腐、绝热执行第八册《刷油、防腐、保温工程》预算定额相应子目。

3. 地沟和埋地管道的土石方及砌筑工程执行第一册《土建工程》预算定额相应子目。

四、本定额不包括下列内容，发生时应另行计算：

1. 单体和局部试运转所需的水、电、蒸汽、气体、油(油脂)、燃气等。

2. 配合局部联动试车费。

3. 管道安装完毕后的充气保护和防冻保护。

4. 设备、成品、半成品、构件等在施工现场范围以外的运输费用。

五、下列各项费用的规定：

1. 脚手架搭拆费按人工费的7%计算，其中人工工资占25%(单独承担的埋地管道工程，不计取脚手架费用)。

2. 厂外运距超过1km时，其超过部分的人工和机械乘以系数1.1。

3. 车间内整体封闭式地沟管道，其人工和机械乘以系数1.2(管道安装后盖板封闭地沟除外)。

4. 超低碳不锈钢管执行不锈钢相应子目，其人工和机械乘以系数1.15，焊条消耗量不变，单价可以换算。

5. 安装与生产同时进行增加的费用按人工费的10%计取。

6. 在有害身体健康的环境中施工增加的费用，按人工费的10%计算。

六、拆除工程：关于拆除工程的计算问题，保护性拆除工程应套用本册定额相应的定额子目，按定额基价的70%计取，扣除定额基价中相应的主材费。非保护性拆除工程应套用本册定额相应的定额子目，按定额基价的50%计取，扣除定额基价中相应的主材费。

第一章　管　道　安　装

说　　明

一、本章包括碳钢管、不锈钢管、合金钢管、铜管、非金属管、生产用铸铁管安装。

二、本章包括直管安装全部工序内容,不包括管件的管口连接工序。

三、衬里钢管预制安装时,管件按成品、弯头两端按接短管焊法兰考虑,定额中包括直管、管件、法兰全部安装工作内容(二次安装、一次拆除),但不包括衬里及场外运输。

四、低压螺旋卷管执行中压螺旋卷管安装相应子目,定额基价乘以系数0.87。

五、管道外伴热管安装执行管道安装相应子目。

六、本章不包括以下工作内容,应执行本册相应定额子目:

1.管件连接。

2.阀门安装。

3.法兰安装。

4.管道压力试验、吹扫、清洗与脱脂。

5.焊口无损探伤与热处理。

6.管道支架制作与安装。

7.管件制作、煨弯。

8.管口焊接管内、外充氩保护。

工程量计算规则

　　一、管道安装按压力等级、材质、焊接形式分别列项,以"10m"为计量单位。

　　二、各种管道安装工程量,均按设计管道中心长度,以"延长米"计算,不扣除阀门及各种管件所占长度;主材应按定额用量计算。

一、低压管道

1. 焊接钢管(螺纹连接)

工作内容:管子切口,套丝,管口连接,管道安装。

单位:10m

定　额　编　号			10-1-1	10-1-2	10-1-3	10-1-4	10-1-5	10-1-6
项　　　目			公称直径（mm）					
			15 以内	20 以内	25 以内	32 以内	40 以内	50 以内
基　　　价　（元）			**30.78**	**34.12**	**38.97**	**42.89**	**46.57**	**52.48**
其中	人　工　费　（元）		30.48	33.68	38.32	42.00	45.60	51.28
	材　料　费　（元）		0.29	0.43	0.63	0.86	0.94	1.17
	机　械　费　（元）		0.01	0.01	0.02	0.03	0.03	0.03
名　　称	单位	单价（元）	数				量	
人工	综合工日	工日	80.00	0.381	0.421	0.479	0.525	0.570	0.641
材料	低压碳钢管	m	–	(10.000)	(10.000)	(10.000)	(10.000)	(10.000)	(10.000)
	氧气	m³	3.60	–	–	0.009	0.013	0.015	0.018
	乙炔气	m³	25.20	–	–	0.004	0.005	0.006	0.007
	尼龙砂轮片 φ500	片	15.00	0.004	0.005	0.006	0.008	0.009	0.011
	其他材料费	元	–	0.230	0.350	0.410	0.570	0.600	0.760
机械	砂轮切割机 φ500	台班	9.52	0.001	0.001	0.002	0.003	0.003	0.003

2. 碳钢管（氧乙炔焊）

工作内容：管子切口，坡口加工，管口组对、焊接，管道安装。

单位：10m

定　额　编　号				10-1-7	10-1-8	10-1-9	10-1-10	10-1-11	10-1-12
项　　　目				公称直径（mm）					
				15 以内	20 以内	25 以内	32 以内	40 以内	50 以内
基　　价　（元）				**29.58**	**32.03**	**39.68**	**44.68**	**49.02**	**55.00**
其中	人　工　费　（元）			27.44	29.60	35.52	39.68	43.44	47.84
	材　料　费　（元）			1.58	1.87	3.22	3.87	4.26	5.48
	机　械　费　（元）			0.56	0.56	0.94	1.13	1.32	1.68
名　　　称		单位	单价(元)	数					量
人工	综合工日	工日	80.00	0.343	0.370	0.444	0.496	0.543	0.598
材料	低压碳钢管	m	－	(9.720)	(9.720)	(9.720)	(9.720)	(9.720)	(9.570)
	碳钢气焊条	kg	5.85	0.018	0.021	0.031	0.039	0.044	0.065
	氧气	m³	3.60	0.042	0.052	0.077	0.102	0.116	0.170
	乙炔气	m³	25.20	0.017	0.020	0.030	0.039	0.044	0.065
	尼龙砂轮片 ϕ100	片	7.60	0.003	0.004	0.054	0.067	0.086	0.103
	尼龙砂轮片 ϕ500	片	15.00	0.004	0.005	0.006	0.008	0.009	0.011
	其他材料费	元	－	0.810	0.950	1.510	1.660	1.690	1.900
机械	电焊机(综合)	台班	183.97	0.003	0.003	0.005	0.006	0.007	0.009
	砂轮切割机 ϕ500	台班	9.52	0.001	0.001	0.002	0.003	0.003	0.003

3. 碳钢管(电弧焊)

工作内容:管子切口,坡口加工,坡口磨平,管口组对、焊接,垂直运输,管道安装。 单位:10m

定　额　编　号			10-1-13	10-1-14	10-1-15	10-1-16
项　　　　　目			公称直径（mm）			
			15 以内	20 以内	25 以内	32 以内
基　　　价　（元）			**29.50**	**32.87**	**40.50**	**46.17**
其中	人　工　费　（元）		24.56	26.56	32.00	35.84
	材　料　费　（元）		1.19	1.43	2.14	2.49
	机　械　费　（元）		3.75	4.88	6.36	7.84
名　　　称	单位	单价（元）	数		量	
人工 综合工日	工日	80.00	0.307	0.332	0.400	0.448
材料 低压碳钢管	m	—	(9.720)	(9.720)	(9.720)	(9.720)
电焊条 结422 ϕ3.2	kg	6.70	0.024	0.031	0.049	0.061
氧气	m³	3.60	0.001	0.001	0.001	0.006
乙炔气	m³	25.20	0.001	0.001	0.001	0.002
尼龙砂轮片 ϕ100	片	7.60	0.016	0.021	0.021	0.027
尼龙砂轮片 ϕ500	片	15.00	0.004	0.005	0.006	0.008
其他材料费	元	—	0.820	0.960	1.530	1.680
机械 电焊机(综合)	台班	183.97	0.020	0.026	0.034	0.042
砂轮切割机 ϕ500	台班	9.52	0.001	0.001	0.002	0.003
电焊条烘干箱 60×50×75cm³	台班	28.84	0.002	0.003	0.003	0.003

工作内容:管子切口,坡口加工,坡口磨平,管口组对、焊接,垂直运输,管道安装。

单位:10m

定 额 编 号			10-1-17	10-1-18	10-1-19	10-1-20
项 目			公称直径（mm）			
			40 以内	50 以内	65 以内	80 以内
基 价 （元）			**50.86**	**58.30**	**80.92**	**95.00**
其中	人 工 费 （元）		39.28	43.92	56.24	66.48
	材 料 费 （元）		2.61	3.17	6.94	7.81
	机 械 费 （元）		8.97	11.21	17.74	20.71
名 称	单位	单价(元)	数			量
人工 综合工日	工日	80.00	0.491	0.549	0.703	0.831
材料 低压碳钢管	m	–	(9.720)	(9.570)	(9.570)	(9.570)
电焊条 结422 ϕ3.2	kg	6.70	0.069	0.096	0.172	0.202
氧气	m³	3.60	0.007	0.008	0.254	0.286
乙炔气	m³	25.20	0.002	0.003	0.085	0.096
尼龙砂轮片 ϕ100	片	7.60	0.030	0.045	0.072	0.085
尼龙砂轮片 ϕ500	片	15.00	0.009	0.011	–	–
其他材料费	元	–	1.710	1.920	2.180	2.360
机械 电焊机(综合)	台班	183.97	0.048	0.060	0.095	0.111
砂轮切割机 ϕ500	台班	9.52	0.003	0.003	–	–
电焊条烘干箱 60×50×75cm³	台班	28.84	0.004	0.005	0.009	0.010

工作内容:管子切口,坡口加工,坡口磨平,管口组对、焊接,垂直运输,管道安装。

单位:10m

定 额 编 号			10-1-21	10-1-22	10-1-23	10-1-24
项 目			公称直径（mm）			
			100 以内	125 以内	150 以内	200 以内
基 价 （元）			**186.61**	**224.88**	**254.19**	**324.70**
其中	人 工 费 （元）		74.32	87.68	103.12	118.16
	材 料 费 （元）		11.18	11.18	13.77	21.15
	机 械 费 （元）		101.11	126.02	137.30	185.39
名 称	单位	单价(元)	数		量	
人工 综合工日	工日	80.00	0.929	1.096	1.289	1.477
材料 低压碳钢管	m	—	(9.570)	(9.410)	(9.410)	(9.410)
电焊条 结422 φ3.2	kg	6.70	0.378	0.419	0.530	0.912
氧气	m³	3.60	0.429	0.437	0.553	0.816
乙炔气	m³	25.20	0.143	0.145	0.184	0.272
尼龙砂轮片 φ100	片	7.60	0.098	0.099	0.137	0.237
其他材料费	元	—	2.750	2.390	2.550	3.450
机械 电焊机(综合)	台班	183.97	0.162	0.182	0.228	0.323
电焊条烘干箱 60×50×75cm³	台班	28.84	0.015	0.017	0.021	0.030
汽车式起重机 8t	台班	728.19	—	0.005	0.007	0.012
吊装机械综合(1)	台班	1312.50	0.054	0.065	0.065	0.083
载货汽车 8t	台班	619.25	—	0.005	0.007	0.012

工作内容:管子切口,坡口加工,坡口磨平,管口组对、焊接,垂直运输,管道安装。

单位:10m

定　额　编　号			10-1-25	10-1-26	10-1-27	10-1-28	10-1-29	10-1-30
项　　　　　目			公称直径（mm）					
			250 以内	300 以内	350 以内	400 以内	450 以内	500 以内
基　　　价　　（元）			**447.19**	**477.69**	**534.32**	**600.21**	**708.95**	**788.90**
其中	人　工　费　（元）		149.04	165.52	181.44	207.68	253.20	304.00
	材　料　费　（元）		33.64	37.21	42.55	47.21	62.19	69.80
	机　械　费　（元）		264.51	274.96	310.33	345.32	393.56	415.10
名　　称	单位	单价(元)	数			量		
人工 综合工日	工日	80.00	1.863	2.069	2.268	2.596	3.165	3.800
材料 低压碳钢管	m	—	(9.360)	(9.360)	(9.360)	(9.360)	(9.250)	(9.250)
电焊条 结 422 φ3.2	kg	6.70	1.793	2.197	2.602	2.944	4.368	4.828
氧气	m³	3.60	1.219	1.305	1.390	1.524	1.786	2.059
乙炔气	m³	25.20	0.407	0.435	0.463	0.508	0.595	0.686
尼龙砂轮片 φ100	片	7.60	0.416	0.378	0.567	0.642	0.880	0.974
其他材料费	元	—	3.820	3.960	4.140	4.320	4.810	5.350
机械 电焊机(综合)	台班	183.97	0.457	0.484	0.510	0.577	0.679	0.751
电焊条烘干箱 60×50×75cm³	台班	28.84	0.043	0.046	0.048	0.054	0.064	0.071
汽车式起重机 8t	台班	728.19	0.020	0.024	0.034	0.039	0.048	0.054
吊装机械综合(1)	台班	1312.50	0.116	0.116	0.129	0.141	0.154	0.154
载货汽车 8t	台班	619.25	0.020	0.024	0.034	0.039	0.048	0.054

4. 碳钢管(氩电联焊)

工作内容: 管子切口,坡口加工,坡口磨平,管口组对、焊接,管口封闭,垂直运输,管道安装。

单位:10m

定 额 编 号			10-1-31	10-1-32	10-1-33	10-1-34	10-1-35	10-1-36
项 目			公称直径(mm)					
			15 以内	20 以内	25 以内	32 以内	40 以内	50 以内
基 价 (元)			**32.14**	**35.49**	**44.08**	**50.28**	**55.58**	**70.34**
其中	人 工 费 (元)		27.68	30.08	36.32	40.88	44.96	52.00
	材 料 费 (元)		1.80	2.17	3.32	3.95	4.29	5.25
	机 械 费 (元)		2.66	3.24	4.44	5.45	6.33	13.09
名 称	单位	单价(元)	数			量		
人工 综合工日	工日	80.00	0.346	0.376	0.454	0.511	0.562	0.650
材料 低压碳钢管	m	—	(9.720)	(9.720)	(9.720)	(9.720)	(9.720)	(9.570)
电焊条 结422 φ3.2	kg	6.70	0.001	0.001	0.001	0.002	0.002	0.069
碳钢焊丝	kg	14.40	0.012	0.015	0.024	0.030	0.034	0.035
氧气	m³	3.60	0.001	0.001	0.001	0.006	0.007	0.008
乙炔气	m³	25.20	0.001	0.001	0.001	0.002	0.002	0.003
氩气	m³	15.00	0.033	0.042	0.067	0.083	0.095	0.099
铈钨棒	g	0.39	0.066	0.084	0.134	0.167	0.190	0.199
尼龙砂轮片 φ100	片	7.60	0.013	0.016	0.021	0.026	0.030	0.046
尼龙砂轮片 φ500	片	15.00	0.004	0.005	0.006	0.008	0.009	0.013
其他材料费	元	—	0.910	1.060	1.630	1.800	1.850	2.070
机械 电焊机(综合)	台班	183.97	0.003	0.003	0.005	0.006	0.007	0.042
氩弧焊机 500A	台班	116.61	0.018	0.023	0.030	0.037	0.043	0.045
砂轮切割机 φ500	台班	9.52	—	0.001	0.002	0.003	0.003	0.003
电焊条烘干箱 60×50×75cm³	台班	28.84	—	—	—	—	—	0.003

工作内容:管子切口,坡口加工,坡口磨平,管口组对、焊接,管口封闭,垂直运输,管道安装。

单位:10m

定 额 编 号			10-1-37	10-1-38	10-1-39	10-1-40	10-1-41	10-1-42
项 目			公称直径（mm）					
			65 以内	80 以内	100 以内	125 以内	150 以内	200 以内
基 价 （元）			**88.73**	**104.08**	**206.63**	**239.82**	**271.62**	**348.53**
其中	人 工 费 （元）		65.04	76.72	92.40	100.24	110.56	126.64
	材 料 费 （元）		8.68	9.91	14.23	14.99	17.80	26.30
	机 械 费 （元）		15.01	17.45	100.00	124.59	143.26	195.59
名 称	单位	单价(元)	数			量		
人工 综合工日	工日	80.00	0.813	0.959	1.155	1.253	1.382	1.583
材料 低压碳钢管	m	–	(9.570)	(9.570)	(9.570)	(9.410)	(9.410)	(9.410)
电焊条 结422 φ3.2	kg	6.70	0.087	0.104	0.265	0.320	0.375	0.690
碳钢焊丝	kg	14.40	0.037	0.044	0.056	0.067	0.080	0.110
氧气	m³	3.60	0.226	0.255	0.381	0.386	0.541	0.816
乙炔气	m³	25.20	0.076	0.086	0.127	0.128	0.180	0.272
氩气	m³	15.00	0.104	0.123	0.157	0.187	0.223	0.308

定 额 编 号			10-1-37	10-1-38	10-1-39	10-1-40	10-1-41	10-1-42
项 目			公称直径（mm）					
			65 以内	80 以内	100 以内	125 以内	150 以内	200 以内
材 料	铈钨棒	g	0.39	0.208	0.247	0.314	0.373	0.446	0.617
	尼龙砂轮片 φ100	片	7.60	0.072	0.085	0.146	0.149	0.167	0.211
	尼龙砂轮片 φ500	片	15.00	0.019	0.023	0.033	0.035	–	–
	其他材料费	元	–	2.360	2.560	2.990	2.660	2.860	3.840
机 械	电焊机(综合)	台班	183.97	0.051	0.059	0.112	0.115	0.159	0.242
	氩弧焊机 500A	台班	116.61	0.047	0.055	0.070	0.083	0.099	0.138
	砂轮切割机 φ500	台班	9.52	0.003	0.004	0.007	0.007	–	–
	电焊条烘干箱 60×50×75cm³	台班	28.84	0.004	0.005	0.010	0.010	0.014	0.022
	半自动切割机 100mm	台班	96.23	–	–	–	–	0.048	0.068
	汽车式起重机 8t	台班	728.19	–	–	–	0.006	0.009	0.014
	吊装机械综合（1）	台班	1312.50	–	–	0.054	0.065	0.065	0.083
	载货汽车 8t	台班	619.25	–	–	–	0.006	0.009	0.014

工作内容:管子切口,坡口加工,坡口磨平,管口组对、焊接,管口封闭,垂直运输,管道安装。

单位:10m

定 额 编 号			10-1-43	10-1-44	10-1-45	10-1-46	10-1-47	10-1-48
项 目			公称直径(mm)					
			250 以内	300 以内	350 以内	400 以内	450 以内	500 以内
基 价 (元)			**482.27**	**519.07**	**600.60**	**652.09**	**771.94**	**858.06**
其中	人 工 费 (元)		159.84	178.88	215.60	224.56	273.12	326.56
	材 料 费 (元)		39.79	44.06	49.03	54.57	70.29	78.57
	机 械 费 (元)		282.64	296.13	335.97	372.96	428.53	452.93
名 称	单位	单价(元)	数			量		
人工 综合工日	工日	80.00	1.998	2.236	2.695	2.807	3.414	4.082
材料 低压碳钢管	m	—	(9.360)	(9.360)	(9.360)	(9.360)	(9.250)	(9.250)
电焊条 结422 φ3.2	kg	6.70	1.504	1.889	2.274	2.573	3.915	4.328
碳钢焊丝	kg	14.40	0.136	0.140	0.144	0.164	0.184	0.204
氧气	m³	3.60	1.219	1.305	1.390	1.524	1.803	2.059
乙炔气	m³	25.20	0.407	0.453	0.463	0.508	0.601	0.686
氩气	m³	15.00	0.382	0.393	0.404	0.459	0.516	0.572
铈钨棒	g	0.39	0.764	0.787	0.809	0.918	1.032	1.144
料 尼龙砂轮片 φ100	片	7.60	0.365	0.334	0.500	0.566	0.768	0.850
其他材料费	元	—	4.310	4.530	4.870	5.140	5.790	6.450
机 电焊机(综合)	台班	183.97	0.377	0.408	0.438	0.496	0.599	0.662
氩弧焊机 500A	台班	116.61	0.170	0.175	0.180	0.205	0.230	0.255
电焊条烘干箱 60×50×75cm³	台班	28.84	0.034	0.037	0.041	0.046	0.056	0.062
半自动切割机 100mm	台班	96.23	0.096	0.100	0.104	0.112	0.128	0.145
汽车式起重机 8t	台班	728.19	0.023	0.028	0.040	0.045	0.056	0.062
械 吊装机械综合(1)	台班	1312.50	0.116	0.116	0.129	0.141	0.154	0.154
载货汽车 8t	台班	619.25	0.023	0.028	0.040	0.045	0.056	0.062

5. 碳钢板卷管(电弧焊)

工作内容: 管子切口,坡口加工,坡口磨平,管口组对、焊接,垂直运输,管道安装。

单位:10m

定 额 编 号			10-1-49	10-1-50	10-1-51	10-1-52	10-1-53	10-1-54
项 目			公称直径(mm)					
			200 以内	250 以内	300 以内	350 以内	400 以内	450 以内
基 价 (元)			**280.20**	**320.94**	**365.27**	**442.32**	**496.65**	**582.37**
其中	人 工 费 (元)		101.76	118.88	141.12	172.08	199.84	244.64
	材 料 费 (元)		19.76	23.43	26.71	40.70	45.10	49.67
	机 械 费 (元)		158.68	178.63	197.44	229.54	251.71	288.06
名 称	单位	单价(元)	数			量		
人工 综合工日	工日	80.00	1.272	1.486	1.764	2.151	2.498	3.058
材料 碳钢板卷管	m	—	(9.880)	(9.880)	(9.880)	(9.880)	(9.880)	(9.780)
电焊条 结422 ϕ3.2	kg	6.70	0.882	1.118	1.333	2.403	2.718	3.053
氧气	m³	3.60	0.943	1.074	1.184	1.611	1.748	1.888
乙炔气	m³	25.20	0.314	0.358	0.395	0.537	0.583	0.629
尼龙砂轮片 ϕ100	片	7.60	0.223	0.279	0.333	0.544	0.616	0.692
其他材料费	元	—	0.850	0.930	1.030	1.130	1.220	1.310
机械 电焊机(综合)	台班	183.97	0.180	0.223	0.267	0.361	0.409	0.461
汽车式起重机 8t	台班	728.19	0.012	0.015	0.018	0.021	0.024	0.035
吊装机械综合(1)	台班	1312.50	0.083	0.089	0.094	0.102	0.109	0.118
载货汽车 8t	台班	619.25	0.012	0.015	0.018	0.021	0.024	0.035
电焊条烘干箱 60×50×75cm³	台班	28.84	0.016	0.020	0.024	0.033	0.037	0.042

工作内容:管子切口,坡口加工,坡口磨平,管口组对、焊接,垂直运输,管道安装。　　　　　　　　　　　单位:10m

定　额　编　号			10-1-55	10-1-56	10-1-57	10-1-58	10-1-59	10-1-60
项　　　　　目			公称直径（mm）					
			500 以内	600 以内	700 以内	800 以内	900 以内	1000 以内
基　　　价　　（元）			**665.40**	**804.96**	**946.47**	**1087.45**	**1211.71**	**1432.91**
其中	人　工　费　（元）		285.52	344.48	404.40	462.72	519.12	580.80
	材　料　费　（元）		54.41	63.29	82.61	104.05	116.31	141.61
	机　械　费　（元）		325.47	397.19	459.46	520.68	576.28	710.50
名　　　　称	单位	单价（元）	数			量		
人工 综合工日	工日	80.00	3.569	4.306	5.055	5.784	6.489	7.260
材料 碳钢板卷管	m	－	(9.780)	(9.780)	(9.670)	(9.670)	(9.670)	(9.570)
电焊条 结422 ϕ3.2	kg	6.70	3.414	3.684	5.825	7.469	8.390	10.354
氧气	m³	3.60	2.024	2.459	2.743	3.377	3.756	4.463
乙炔气	m³	25.20	0.676	0.820	0.915	1.126	1.252	1.500
尼龙砂轮片 ϕ100	片	7.60	0.767	0.920	1.097	1.442	1.620	2.015
其他材料费	元	－	1.390	2.100	2.310	2.520	2.710	3.060
机械 电焊机(综合)	台班	183.97	0.513	0.711	0.853	0.974	1.094	1.226
汽车式起重机 8t	台班	728.19	0.039	0.047	0.054	0.068	0.077	0.094
吊装机械综合(1)	台班	1312.50	0.135	0.153	0.173	0.188	0.204	0.270
载货汽车 8t	台班	619.25	0.039	0.047	0.054	0.068	0.077	0.094
电焊条烘干箱 60×50×75cm³	台班	28.84	0.047	0.078	0.094	0.108	0.122	0.136

工作内容: 管子切口,坡口加工,坡口磨平,管口组对、焊接,垂直运输,管道安装。

单位:10m

定　额　编　号			10-1-61	10-1-62	10-1-63	10-1-64	10-1-65	10-1-66
项　　　　　目			公称直径（mm）					
			1200 以内	1400 以内	1600 以内	1800 以内	2000 以内	2200 以内
基　　　　价　　（元）			**1951.94**	**2366.81**	**2702.03**	**3231.13**	**4172.33**	**4748.83**
其中	人　工　费　（元）		786.88	959.60	1025.44	1206.08	1556.08	1789.04
	材　料　费　（元）		224.11	308.21	355.14	403.56	582.88	639.73
	机　械　费　（元）		940.95	1099.00	1321.45	1621.49	2033.37	2320.06
名　　　称	单位	单价(元)	数			量		
人工 综合工日	工日	80.00	9.836	11.995	12.818	15.076	19.451	22.363
材料 碳钢板卷管	m	—	(9.570)	(9.570)	(9.360)	(9.360)	(9.360)	(9.360)
电焊条 结 422 ϕ3.2	kg	6.70	16.277	23.261	26.560	30.710	44.211	48.611
氧气	m³	3.60	7.147	9.360	10.905	12.170	17.647	19.306
乙炔气	m³	25.20	2.382	3.120	3.635	4.056	5.883	6.435
尼龙砂轮片 ϕ100	片	7.60	3.251	4.595	5.248	5.901	8.607	9.465
其他材料费	元	—	4.590	5.120	6.440	6.930	9.470	10.440
机械 电焊机(综合)	台班	183.97	1.935	2.285	2.609	2.933	4.343	4.775
汽车式起重机 8t	台班	728.19	0.113	0.132	0.180	0.270	0.299	0.330
吊装机械综合(1)	台班	1312.50	0.325	0.376	0.450	0.540	0.623	0.748
载货汽车 8t	台班	619.25	0.113	0.132	0.180	0.270	0.299	0.330
电焊条烘干箱 60×50×75cm³	台班	28.84	0.213	0.252	0.288	0.324	0.479	0.527

工作内容：管子切口，坡口加工，坡口磨平，管口组对、焊接，垂直运输，管道安装。

单位：10m

定 额 编 号			10-1-67	10-1-68	10-1-69	10-1-70
项 目			公称直径（mm）			
			2400 以内	2600 以内	2800 以内	3000 以内
基 价 （元）			**5277.11**	**6307.88**	**7040.40**	**7667.47**
其中	人 工 费 （元）		2021.92	2407.20	2730.16	3033.44
	材 料 费 （元）		696.85	883.90	948.18	1015.71
	机 械 费 （元）		2558.34	3016.78	3362.06	3618.32
名 称	单位	单价（元）	数			量
人工 综合工日	工日	80.00	25.274	30.090	34.127	37.918
材料 碳钢板卷管	m	－	(9.360)	(9.360)	(9.360)	(9.360)
电焊条 结422 ϕ3.2	kg	6.70	53.009	69.569	74.903	80.236
氧气	m³	3.60	21.015	25.479	27.165	29.122
乙炔气	m³	25.20	7.005	8.494	9.055	9.707
尼龙砂轮片 ϕ100	片	7.60	10.322	13.153	14.163	15.172
其他材料费	元	－	11.060	12.050	12.710	13.370
机械 电焊机(综合)	台班	183.97	5.208	6.452	6.960	7.453
汽车式起重机 8t	台班	728.19	0.360	0.390	0.489	0.524
吊装机械综合（1）	台班	1312.50	0.837	0.978	1.067	1.156
载货汽车 8t	台班	619.25	0.360	0.390	0.489	0.524
电焊条烘干箱 60×50×75cm³	台班	28.84	0.575	0.717	0.773	0.828

6. 衬里钢管安装（电弧焊）

工作内容: 管子切口,坡口加工,坡口磨平,管口组对、焊接,法兰焊接,管口封闭,法兰安装,管道安装。 单位:10m

定 额 编 号			10-1-71	10-1-72	10-1-73	10-1-74	10-1-75
项 目			公称直径（mm）				
			32 以内	40 以内	50 以内	65 以内	80 以内
基 价 （元）			**515.27**	**582.91**	**683.20**	**769.08**	**896.62**
其中	人 工 费 （元）		292.96	322.32	360.72	380.16	429.20
	材 料 费 （元）		53.85	68.12	82.55	111.36	143.54
	机 械 费 （元）		168.46	192.47	239.93	277.56	323.88
名 称	单位	单价(元)	数		量		
人工	综合工日	工日	80.00	3.662	4.029	4.509	4.752	5.365
材料	低压碳钢管	m	–	(9.920)	(9.920)	(9.920)	(9.920)	(9.920)
	低压碳钢对焊管件	个	–	(3.930)	(3.930)	(3.930)	(3.040)	(3.040)
	低中压碳钢平焊法兰	片	–	(36.850)	(36.850)	(36.850)	(32.980)	(32.980)
	电焊条 结422 ϕ3.2	kg	6.70	1.834	2.093	2.667	4.277	5.004
	氧气	m³	3.60	0.036	0.038	0.044	1.745	1.971
	乙炔气	m³	25.20	0.012	0.012	0.014	0.581	0.658
	尼龙砂轮片 ϕ100	片	7.60	0.118	0.135	0.175	0.214	0.252
	尼龙砂轮片 ϕ500	片	15.00	0.365	0.426	0.608	–	–
	石棉橡胶板 耐油 5.0	kg	27.60	0.737	1.106	1.290	1.484	2.144
	其他材料费	元	–	14.420	15.720	18.120	19.200	25.250
机械	电焊机(综合)	台班	183.97	0.897	1.025	1.278	1.486	1.734
	砂轮切割机 ϕ500	台班	9.52	0.101	0.110	0.133	–	–
	电焊条烘干箱 60×50×75cm³	台班	28.84	0.086	0.099	0.123	0.145	0.169

工作内容:管子切口,坡口加工,坡口磨平,管口组对、焊接,法兰焊接,管口封闭,法兰安装,管道安装。 单位:10m

定 额 编 号			10-1-76	10-1-77	10-1-78	10-1-79	10-1-80
项 目			公称直径（mm）				
			100 以内	125 以内	150 以内	200 以内	250 以内
基 价 （元）			**1104.21**	**1277.77**	**1784.81**	**2680.32**	**3473.87**
其中	人 工 费 （元）		508.08	530.64	745.68	1062.40	1321.04
	材 料 费 （元）		155.88	179.14	242.71	335.54	499.00
	机 械 费 （元）		440.25	567.99	796.42	1282.38	1653.83
名 称	单位	单价(元)	数		量		
人工 综合工日	工日	80.00	6.351	6.633	9.321	13.280	16.513
材料 低压碳钢管	m	–	(9.920)	(9.810)	(9.810)	(9.810)	(9.810)
低压碳钢对焊管件	个	–	(2.840)	(2.840)	(3.550)	(3.340)	(3.190)
低中压碳钢平焊法兰	片	–	(32.960)	(32.960)	(28.780)	(24.480)	(20.880)
电焊条 结422 φ3.2	kg	6.70	7.119	8.199	11.427	20.717	37.471
氧气	m³	3.60	3.018	3.153	6.064	7.897	11.459
乙炔气	m³	25.20	1.006	1.051	2.020	2.634	3.820
尼龙砂轮片 φ100	片	7.60	0.394	0.440	0.756	1.100	1.716
石棉橡胶板 低压 0.8~1.0	kg	13.20	2.802	3.790	4.029	4.039	4.108
其他材料费	元	–	31.990	33.000	34.490	40.260	43.160
机械 电焊机(综合)	台班	183.97	2.357	2.541	3.743	6.182	7.874
电焊条烘干箱 60×50×75cm³	台班	28.84	0.230	0.247	0.360	0.599	0.763
汽车式起重机 8t	台班	728.19	–	0.006	0.009	0.014	0.023
吊装机械综合(1)	台班	1312.50	–	0.065	0.065	0.083	0.116
载货汽车 8t	台班	619.25	–	0.006	0.009	0.014	0.023

工作内容:管子切口,坡口加工,坡口磨平,管口组对、焊接,法兰焊接,管口封闭,法兰安装,管道安装。

单位:10m

定　额　编　号			10-1-81	10-1-82	10-1-83	10-1-84	10-1-85
项　　　　目			公称直径（mm)				
			300 以内	350 以内	400 以内	450 以内	500 以内
基　　　价　（元）			**3844.99**	**4130.96**	**4651.30**	**5223.54**	**5960.55**
其中	人　工　费　（元）		1546.32	1629.04	1823.12	1992.00	2286.16
	材　料　费　（元）		546.52	625.16	713.40	805.85	1015.89
	机　械　费　（元）		1752.15	1876.76	2114.78	2425.69	2658.50
名　　　称	单位	单价(元)	数		量		
人工 综合工日	工日	80.00	19.329	20.363	22.789	24.900	28.577
材料 低压碳钢管	m	—	(9.810)	(9.810)	(9.810)	(9.810)	(9.810)
低压碳钢对焊管件	个	—	(3.190)	(2.270)	(2.270)	(2.270)	(2.270)
低中压碳钢平焊法兰	片	—	(20.880)	(16.990)	(16.990)	(16.990)	(16.990)
电焊条 结422 φ3.2	kg	6.70	41.276	51.595	58.318	65.138	89.937
氧气	m³	3.60	12.916	12.961	14.401	16.511	19.360
乙炔气	m³	25.20	4.307	4.321	4.800	5.505	6.454
尼龙砂轮片 φ100	片	7.60	2.052	2.385	2.704	3.490	3.863
石棉橡胶板 低压 0.8~1.0	kg	13.20	4.176	4.590	5.865	6.885	7.055
其他材料费	元	—	44.220	45.210	51.900	53.850	58.490
机械 电焊机(综合)	台班	183.97	8.364	8.853	10.007	11.501	12.704
电焊条烘干箱 60×50×75cm³	台班	28.84	0.813	0.862	0.974	1.119	1.237
汽车式起重机 8t	台班	728.19	0.028	0.040	0.045	0.056	0.062
吊装机械综合(1)	台班	1312.50	0.116	0.129	0.141	0.154	0.154
载货汽车 8t	台班	619.25	0.028	0.040	0.045	0.056	0.062

7. 不锈钢管(电弧焊)

工作内容:管子切口,坡口加工,坡口磨平,管口组对、焊接,管口封闭,垂直运输,管道安装,焊缝钝化。

单位:10m

定 额 编 号			10-1-86	10-1-87	10-1-88	10-1-89	10-1-90	10-1-91
项 目			公称直径（mm）					
			15 以内	20 以内	25 以内	32 以内	40 以内	50 以内
基 价 （元）			**41.83**	**46.94**	**54.24**	**61.38**	**81.71**	**94.56**
其中	人 工 费 （元）		36.72	40.88	46.00	51.44	65.12	75.28
	材 料 费 （元）		2.19	2.56	3.80	4.36	5.62	6.41
	机 械 费 （元）		2.92	3.50	4.44	5.58	10.97	12.87
名 称	单位	单价(元)	数			量		
人工 综合工日	工日	80.00	0.459	0.511	0.575	0.643	0.814	0.941
材料 低压不锈钢管	m	—	(9.840)	(9.840)	(9.840)	(9.840)	(9.740)	(9.740)
不锈钢电焊条302	kg	40.00	0.020	0.026	0.038	0.047	0.071	0.085
尼龙砂轮片 φ100	片	7.60	0.024	0.030	0.039	0.048	0.040	0.048
尼龙砂轮片 φ500	片	15.00	0.005	0.006	0.010	0.012	0.014	0.014
其他材料费	元	—	1.130	1.200	1.830	1.940	2.270	2.440
机械 电焊机(综合)	台班	183.97	0.012	0.015	0.020	0.026	0.055	0.065
砂轮切割机 φ500	台班	9.52	0.001	0.001	0.003	0.003	0.003	0.003
电动空气压缩机 6m³/min	台班	338.45	0.002	0.002	0.002	0.002	0.002	0.002
电焊条烘干箱 60×50×75cm³	台班	28.84	0.001	0.002	0.002	0.003	0.005	0.007

工作内容: 管子切口,坡口加工,坡口磨平,管口组对、焊接,管口封闭,垂直运输,管道安装,焊缝钝化。　　　　　　单位:10m

定　额　编　号				10-1-92	10-1-93	10-1-94	10-1-95	10-1-96	10-1-97
项　　　　目				公称直径(mm)					
				65以内	80以内	100以内	125以内	150以内	200以内
基　　价　(元)				**126.14**	**155.59**	**198.20**	**311.63**	**365.26**	**506.65**
其中	人　工　费　(元)			98.64	104.08	125.84	131.20	152.08	219.76
	材　料　费　(元)			9.21	10.65	15.97	17.86	28.31	39.22
	机　械　费　(元)			18.29	40.86	56.39	162.57	184.87	247.67
名　　　　称		单位	单价(元)	数			量		
人工	综合工日	工日	80.00	1.233	1.301	1.573	1.640	1.901	2.747
材料	低压不锈钢管	m	—	(9.740)	(9.530)	(9.530)	(9.530)	(9.380)	(9.380)
	不锈钢电焊条302	kg	40.00	0.133	0.156	0.266	0.311	0.545	0.753
	尼龙砂轮片φ100	片	7.60	0.081	0.094	0.145	0.170	0.242	0.378
	尼龙砂轮片φ500	片	15.00	0.020	0.025	0.037	—	—	—
	其他材料费	元	—	2.970	3.320	3.670	4.130	4.670	6.230
机械	电焊机(综合)	台班	183.97	0.094	0.111	0.162	0.189	0.258	0.355
	砂轮切割机φ500	台班	9.52	0.006	0.006	0.011	—	—	—
	电动空气压缩机6m³/min	台班	338.45	0.002	0.002	0.002	0.002	0.002	0.002
	电焊条烘干箱60×50×75cm³	台班	28.84	0.009	0.011	0.016	0.019	0.026	0.036
	等离子弧焊机400A	台班	226.59	—	0.052	0.068	0.089	0.107	0.149
	汽车式起重机8t	台班	728.19	—	—	—	0.006	0.008	0.012
	吊装机械综合(1)	台班	1312.50	—	—	0.065	0.065	0.065	0.083
	载货汽车8t	台班	619.25	—	—	—	0.006	0.008	0.012
	电动空气压缩机1m³/min	台班	146.17	—	0.052	0.068	0.089	0.107	0.149

工作内容:管子切口,坡口加工,坡口磨平,管口组对、焊接,管口封闭,垂直运输,管道安装,焊缝钝化。

单位:10m

定 额 编 号				10-1-98	10-1-99	10-1-100	10-1-101
项 目				公称直径(mm)			
				250 以内	300 以内	350 以内	400 以内
基 价 (元)				**694.23**	**819.68**	**933.72**	**1044.92**
其中	人 工 费 (元)			267.44	312.56	354.80	395.84
	材 料 费 (元)			74.43	103.67	120.04	135.77
	机 械 费 (元)			352.36	403.45	458.88	513.31
名 称		单位	单价(元)	数		量	
人工	综合工日	工日	80.00	3.343	3.907	4.435	4.948
材料	低压不锈钢管	m	–	(9.380)	(9.380)	(9.380)	(9.380)
	不锈钢电焊条 302	kg	40.00	1.546	2.199	2.555	2.890
	尼龙砂轮片 φ100	片	7.60	0.708	0.991	1.153	1.305
	其他材料费	元	–	7.210	8.180	9.080	10.250
机械	电焊机(综合)	台班	183.97	0.536	0.668	0.776	0.877
	等离子弧焊机 400A	台班	226.59	0.194	0.236	0.274	0.309
	汽车式起重机 8t	台班	728.19	0.020	0.028	0.031	0.036
	吊装机械综合(1)	台班	1312.50	0.116	0.116	0.129	0.141
	载货汽车 8t	台班	619.25	0.020	0.028	0.031	0.036
	电动空气压缩机 1m³/min	台班	146.17	0.194	0.236	0.274	0.309
	电动空气压缩机 6m³/min	台班	338.45	0.002	0.002	0.002	0.002
	电焊条烘干箱 60×50×75cm³	台班	28.84	0.054	0.067	0.077	0.088

8. 不锈钢管(氩电联焊)

工作内容:管子切口,坡口加工,管口组对、焊接,管口封闭,垂直运输,管道安装,焊缝钝化。

单位:10m

定 额 编 号				10-1-102	10-1-103	10-1-104	10-1-105
项 目				公称直径(mm)			
				50 以内	65 以内	80 以内	100 以内
基 价 (元)				**98.80**	**128.56**	**140.10**	**171.26**
其中	人 工 费 (元)			71.44	92.72	98.80	117.68
	材 料 费 (元)			8.32	10.61	12.64	15.98
	机 械 费 (元)			19.04	25.23	28.66	37.60
名 称		单位	单价(元)	数			量
人工	综合工日	工日	80.00	0.893	1.159	1.235	1.471
材料	低压不锈钢管	m	—	(9.740)	(9.740)	(9.530)	(9.530)
	不锈钢电焊条 302	kg	40.00	0.067	0.086	0.100	0.129
	不锈钢氩弧焊丝 1Cr18Ni9Ti	kg	32.00	0.031	0.040	0.049	0.066
	氩气	m^3	15.00	0.086	0.113	0.137	0.185
	铈钨棒	g	0.39	0.160	0.207	0.244	0.316
	尼龙砂轮片 $\phi100$	片	7.60	0.097	0.125	0.168	0.216
	尼龙砂轮片 $\phi500$	片	15.00	0.014	0.020	0.025	0.037
	其他材料费	元	—	2.350	2.860	3.270	3.610
机械	电焊机(综合)	台班	183.97	0.043	0.055	0.065	0.084
	氩弧焊机 500A	台班	116.61	0.053	0.068	0.079	0.104
	砂轮切割机 $\phi500$	台班	9.52	0.003	0.006	0.006	0.011
	普通车床 630mm×2000mm	台班	187.70	0.022	0.026	0.027	0.037
	电动葫芦(单速) 3t	台班	54.90	—	0.026	0.027	0.037
	电动空气压缩机 6m^3/min	台班	338.45	0.002	0.002	0.002	0.002
	电焊条烘干箱 60×50×75cm^3	台班	28.84	0.004	0.005	0.007	0.009

工作内容: 管子切口,坡口加工,管口组对、焊接,管口封闭,垂直运输,管道安装,焊缝钝化。

单位:10m

定　额　编　号				10-1-106	10-1-107	10-1-108
项　　　　　目				公称直径(mm)		
				125 以内	150 以内	200 以内
基　　价　(元)				**291.65**	**332.39**	**465.23**
其中	人　工　费　(元)			133.52	143.36	206.56
	材　料　费　(元)			18.32	27.20	41.34
	机　械　费　(元)			139.81	161.83	217.33
名　　　　称		单位	单价(元)	数		量
人工	综合工日	工日	80.00	1.669	1.792	2.582
材料	低压不锈钢管	m	–	(9.530)	(9.380)	(9.380)
	不锈钢电焊条 302	kg	40.00	0.150	0.309	0.507
	不锈钢氩弧焊丝 1Cr18Ni9Ti	kg	32.00	0.078	0.096	0.136
	氩气	m³	15.00	0.221	0.269	0.379
	铈钨棒	g	0.39	0.371	0.444	0.614
	尼龙砂轮片 φ100	片	7.60	0.305	0.393	0.616

单位:10m

定 额 编 号				10-1-106	10-1-107	10-1-108
项　　　　目				公称直径（mm）		
				125 以内	150 以内	200 以内
材料	其他材料费	元	－	4.050	4.570	6.100
机 械	电焊机(综合)	台班	183.97	0.098	0.163	0.261
	氩弧焊机 500A	台班	116.61	0.122	0.144	0.196
	普通车床 630mm×2000mm	台班	187.70	0.039	0.055	0.056
	电动葫芦(单速) 3t	台班	54.90	0.039	0.055	0.056
	电动空气压缩机 6m³/min	台班	338.45	0.002	0.002	0.002
	电焊条烘干箱 60×50×75cm³	台班	28.84	0.010	0.016	0.026
	等离子弧焊机 400A	台班	226.59	0.010	0.012	0.017
	汽车式起重机 8t	台班	728.19	0.006	0.008	0.012
	吊装机械综合(1)	台班	1312.50	0.065	0.065	0.083
	载货汽车 8t	台班	619.25	0.006	0.008	0.012
	电动空气压缩机 1m³/min	台班	146.17	0.010	0.012	0.017

工作内容:管子切口,坡口加工,管口组对、焊接,管口封闭,垂直运输,管道安装,焊缝钝化。 单位:10m

定 额 编 号				10-1-109	10-1-110	10-1-111	10-1-112
项 目				公称直径（mm）			
				250 以内	300 以内	350 以内	400 以内
基 价 （元）				**634.62**	**746.75**	**847.39**	**949.34**
其中	人 工 费 （元）			247.20	287.76	325.28	361.60
	材 料 费 （元）			77.10	106.32	125.59	143.21
	机 械 费 （元）			310.32	352.67	396.52	444.53
名 称		单位	单价(元)	数			量
人工	综合工日	工日	80.00	3.090	3.597	4.066	4.520
材料	低压不锈钢管	m	—	(9.380)	(9.380)	(9.380)	(9.380)
	不锈钢电焊条 302	kg	40.00	1.213	1.786	2.074	2.346
	不锈钢氩弧焊丝 1Cr18Ni9Ti	kg	32.00	0.172	0.213	0.259	0.307
	氩气	m³	15.00	0.480	0.594	0.725	0.860
	铈钨棒	g	0.39	0.760	0.904	1.056	1.197
	尼龙砂轮片 φ100	片	7.60	1.128	1.429	1.876	2.137

定 额 编 号				10-1-109	10-1-110	10-1-111	10-1-112
项 目				公称直径（mm）			
				250 以内	300 以内	350 以内	400 以内
材料	其他材料费	元	–	7.010	7.940	8.800	9.940
机	电焊机(综合)	台班	183.97	0.419	0.548	0.637	0.720
	氩弧焊机 500A	台班	116.61	0.250	0.291	0.321	0.365
	等离子弧焊机 400A	台班	226.59	0.022	0.026	0.031	0.035
	普通车床 630mm×2000mm	台班	187.70	0.061	0.066	0.069	0.071
	汽车式起重机 8t	台班	728.19	0.020	0.028	0.031	0.040
	吊装机械综合(1)	台班	1312.50	0.116	0.116	0.129	0.141
	载货汽车 8t	台班	619.25	0.020	0.028	0.031	0.036
	电动葫芦(单速) 3t	台班	54.90	0.061	0.066	0.069	0.071
	电动空气压缩机 1m³/min	台班	146.17	0.022	0.026	0.031	0.035
械	电动空气压缩机 6m³/min	台班	338.45	0.002	0.002	0.002	0.002
	电焊条烘干箱 60×50×75cm³	台班	28.84	0.042	0.054	0.064	0.072

9. 合金钢管(电弧焊)

工作内容:光谱分析,管子切口,坡口加工,管口组对、焊接,管口封闭,垂直运输,管道安装。

单位:10m

定 额 编 号			10-1-113	10-1-114	10-1-115	10-1-116	10-1-117	10-1-118	10-1-119
项 目			公称直径(mm)						
			15以内	20以内	25以内	32以内	40以内	50以内	65以内
基 价 (元)			**45.42**	**50.96**	**65.84**	**73.42**	**80.72**	**94.49**	**129.95**
其中	人 工 费 (元)		37.68	41.84	49.36	54.16	59.44	68.96	89.76
	材 料 费 (元)		2.71	3.16	4.71	5.60	6.15	7.95	12.31
	机 械 费 (元)		5.03	5.96	11.77	13.66	15.13	17.58	27.88
名 称	单位	单价(元)	数			量			
人工 综合工日	工日	80.00	0.471	0.523	0.617	0.677	0.743	0.862	1.122
材料 碳钢管(合金钢管)	m	–	(9.840)	(9.840)	(9.840)	(9.840)	(9.840)	(9.840)	(9.840)
低合金钢耐热电焊条	kg	47.25	0.025	0.032	0.050	0.063	0.071	0.099	0.176
氧气	m³	3.60	0.004	0.004	0.005	0.006	0.006	0.009	0.012
乙炔气	m³	25.20	0.001	0.001	0.002	0.002	0.002	0.003	0.004
尼龙砂轮片 φ100	片	7.60	0.028	0.033	0.040	0.047	0.053	0.062	0.082
尼龙砂轮片 φ500	片	15.00	0.004	0.005	0.006	0.008	0.009	0.013	0.019
其他材料费	元	–	1.220	1.280	1.890	2.070	2.190	2.500	2.940
机械 电焊机(综合)	台班	183.97	0.020	0.025	0.037	0.046	0.054	0.065	0.106
砂轮切割机 φ500	台班	9.52	–	0.001	0.002	0.003	0.003	0.003	0.003
普通车床 630mm×2000mm	台班	187.70	–	–	0.019	0.020	0.020	0.022	0.028
光谱仪	台班	143.99	0.009	0.009	0.009	0.009	0.009	0.009	0.009
电动葫芦(单速)3t	台班	54.90							0.028
电焊条烘干箱 60×50×75cm³	台班	28.84	0.002	0.002	0.003	0.004	0.004	0.006	0.009

工作内容:光谱分析,管子切口,坡口加工,管口组对、焊接,管口封闭,垂直运输,管道安装。   单位:10m

	定　额　编　号			10-1-120	10-1-121	10-1-122	10-1-123	10-1-124	10-1-125	10-1-126
	项　　　　目			公称直径(mm)						
				80以内	100以内	125以内	150以内	200以内	250以内	300以内
	基　　　价　　(元)			**142.55**	**185.89**	**289.59**	**322.37**	**448.62**	**616.43**	**668.92**
其中	人　工　费　(元)			96.16	113.60	117.52	131.28	185.84	224.72	244.72
	材　料　费　(元)			14.28	23.93	25.94	32.29	53.00	98.57	118.66
	机　械　费　(元)			32.11	48.36	146.13	158.80	209.78	293.14	305.54
	名　　　　　称	单位	单价(元)			数		量		
人工	综合工日	工日	80.00	1.202	1.420	1.469	1.641	2.323	2.809	3.059
材料	碳钢管(合金钢管)	m	—	(9.530)	(9.530)	(9.530)	(9.380)	(9.380)	(9.380)	(9.380)
	低合金钢耐热电焊条	kg	47.25	0.207	0.388	0.431	0.546	0.937	1.842	2.253
	氧气	m³	3.60	0.014	0.021	0.023	0.084	0.126	0.189	0.201
	乙炔气	m³	25.20	0.005	0.007	0.008	0.028	0.042	0.064	0.068
	尼龙砂轮片 φ100	片	7.60	0.095	0.136	0.146	0.188	0.283	0.439	0.498
	尼龙砂轮片 φ500	片	15.00	0.023	0.033	0.035	—	—	—	—
	其他材料费	元	—	3.260	3.820	3.660	4.050	5.060	5.910	5.980
机械	电焊机(综合)	台班	183.97	0.126	0.187	0.209	0.253	0.358	0.506	0.535
	砂轮切割机 φ500	台班	9.52	0.004	0.007	0.007	—	—	—	—
	半自动切割机 100mm	台班	96.23	—	—	—	0.005	0.008	0.011	0.011
	普通车床 630mm×2000mm	台班	187.70	0.030	0.050	0.051	0.051	0.054	0.054	0.055
	光谱仪	台班	143.99	0.009	0.009	0.009	0.009	0.009	0.009	0.009
	汽车式起重机 8t	台班	728.19	—	—	0.006	0.006	0.014	0.023	0.028
	吊装机械综合(1)	台班	1312.50	—	—	0.065	0.065	0.083	0.116	0.116
	载货汽车 8t	台班	619.25	—	—	0.006	0.009	0.014	0.023	0.028
	电动葫芦(单速) 3t	台班	54.90	0.030	0.050	0.051	0.051	0.054	0.054	0.055
	电焊条烘干箱 60×50×75cm³	台班	28.84	0.011	0.016	0.019	0.023	0.033	0.047	0.050

工作内容:光谱分析,管子切口,坡口加工,管口组对、焊接,管口封闭,垂直运输,管道安装。 单位:10m

定 额 编 号				10-1-127	10-1-128	10-1-129	10-1-130
项 目				公称直径（mm）			
				350 以内	400 以内	450 以内	500 以内
基 价 （元）				**753.43**	**860.37**	**1019.65**	**1149.51**
其中	人 工 费 （元）			269.92	322.64	354.72	436.16
	材 料 费 （元）			139.31	157.29	228.38	252.53
	机 械 费 （元）			344.20	380.44	436.55	460.82
名 称		单位	单价(元)	数		量	
人工	综合工日	工日	80.00	3.374	4.033	4.434	5.452
材料	碳钢管(合金钢管)	m	—	(9.380)	(9.380)	(9.380)	(9.380)
	低合金钢耐热电焊条	kg	47.25	2.663	3.013	4.459	4.929
	氧气	m³	3.60	0.213	0.240	0.288	0.316
	乙炔气	m³	25.20	0.071	0.080	0.096	0.105
	尼龙砂轮片 φ100	片	7.60	0.576	0.652	0.817	0.905
	其他材料费	元	—	6.550	7.090	8.030	8.970
机械	电焊机(综合)	台班	183.97	0.564	0.634	0.745	0.825
	半自动切割机 100mm	台班	96.23	0.011	0.013	0.014	0.017
	普通车床 630mm×2000mm	台班	187.70	0.055	0.057	0.071	0.075
	光谱仪	台班	143.99	0.009	0.009	0.009	0.009
	汽车式起重机 8t	台班	728.19	0.040	0.045	0.056	0.062
	吊装机械综合(1)	台班	1312.50	0.129	0.141	0.154	0.154
	载货汽车 8t	台班	619.25	0.040	0.045	0.056	0.062
	电动葫芦(单速) 3t	台班	54.90	0.055	0.057	0.071	0.075
	电焊条烘干箱 60×50×75cm³	台班	28.84	0.053	0.060	0.071	0.078

10. 合金钢管(氩电联焊)

工作内容:光谱分析,管子切口,坡口加工,管口组对、焊接,管口封闭,垂直运输,管道安装。

单位:10m

定 额 编 号			10-1-131	10-1-132	10-1-133	10-1-134	10-1-135	10-1-136	10-1-137
项 目			公称直径(mm)						
			50 以内	65 以内	80 以内	100 以内	125 以内	150 以内	200 以内
基 价(元)			**99.12**	**126.03**	**137.33**	**186.57**	**298.31**	**323.68**	**453.75**
其中	人 工 费(元)		72.48	92.32	98.96	120.96	131.04	137.60	195.92
	材 料 费(元)		8.29	10.34	11.94	21.48	24.64	28.88	47.89
	机 械 费(元)		18.35	23.37	26.43	44.13	142.63	157.20	209.94
名 称	单位	单价(元)	数			量			
人工 综合工日	工日	80.00	0.906	1.154	1.237	1.512	1.638	1.720	2.449
材料 碳钢管(合金钢管)	m	−	(9.840)	(9.840)	(9.530)	(9.530)	(9.530)	(9.380)	(9.380)
低合金钢耐热电焊条	kg	47.25	0.069	0.087	0.102	0.265	0.319	0.373	0.690
合金钢氩弧焊丝	kg	16.20	0.029	0.037	0.044	0.056	0.067	0.080	0.110
氧气	m³	3.60	0.009	0.012	0.014	0.021	0.023	0.084	0.126
乙炔气	m³	25.20	0.003	0.004	0.005	0.007	0.008	0.028	0.042
氩气	m³	15.00	0.080	0.104	0.123	0.157	0.187	0.223	0.308
铈钨棒	g	0.39	0.161	0.208	0.247	0.314	0.373	0.446	0.617

单位:10m

定 额 编 号			10-1-131	10-1-132	10-1-133	10-1-134	10-1-135	10-1-136	10-1-137
项 目			公称直径（mm）						
			50 以内	65 以内	80 以内	100 以内	125 以内	150 以内	200 以内
材料	尼龙砂轮片 ϕ100	片	7.60	0.066	0.081	0.093	0.134	0.143	0.184	0.277
	尼龙砂轮片 ϕ500	片	15.00	0.013	0.019	0.023	0.033	0.035	—	—
	其他材料费	元	–	2.490	2.940	3.240	3.810	3.640	4.030	5.030
机械	电焊机(综合)	台班	183.97	0.046	0.058	0.068	0.133	0.135	0.179	0.269
	氩弧焊机 500A	台班	116.61	0.037	0.048	0.058	0.073	0.088	0.105	0.144
	砂轮切割机	台班	21.13	0.003	0.003	0.004	0.007	0.007	—	—
	半自动切割机 100mm	台班	96.23	–	–	–	–	–	0.005	0.008
	普通车床 630mm×2000mm	台班	187.70	0.022	0.030	0.030	0.050	0.051	0.051	0.054
	光谱仪	台班	143.99	0.009	0.009	0.009	0.009	0.009	0.009	0.009
	汽车式起重机 8t	台班	728.19	–	–	–	–	0.006	0.009	0.014
	吊装机械综合(1)	台班	1312.50	–	–	–	–	0.065	0.065	0.083
	载货汽车 8t	台班	619.25	–	–	–	–	0.006	0.009	0.014
	电动葫芦(单速) 3t	台班	54.90	–	–	–	–	0.051	0.051	0.054
	电焊条烘干箱 60×50×75cm^3	台班	28.84	0.003	0.004	0.005	0.011	0.011	0.015	0.024

工作内容: 光谱分析,管子切口,坡口加工,管口组对、焊接,管口封闭,垂直运输,管道安装。

单位:10m

定 额 编 号			10-1-138	10-1-139	10-1-140	10-1-141	10-1-142	10-1-143
项 目			公称直径(mm)					
			250 以内	300 以内	350 以内	400 以内	450 以内	500 以内
基 价 (元)			**580.58**	**624.72**	**768.11**	**877.67**	**1040.19**	**1173.46**
其中	人 工 费 (元)		239.04	247.52	287.12	342.64	378.16	463.36
	材 料 费 (元)		64.61	84.04	129.52	146.27	213.64	236.28
	机 械 费 (元)		276.93	293.16	351.47	388.76	448.39	473.82
名 称	单位	单价(元)	数			量		
人工 综合工日	工日	80.00	2.988	3.094	3.589	4.283	4.727	5.792
材料 碳钢管(合金钢管)	m	–	(9.380)	(9.380)	(9.380)	(9.380)	(9.380)	(9.380)
低合金钢耐热电焊条	kg	47.25	1.032	1.373	2.274	2.573	3.915	4.328
合金钢氩弧焊丝	kg	16.20	0.118	0.125	0.144	0.164	0.184	0.204
氧气	m³	3.60	0.147	0.168	0.213	0.240	0.288	0.316
乙炔气	m³	25.20	0.049	0.056	0.071	0.080	0.096	0.105
氩气	m³	15.00	0.329	0.350	0.404	0.459	0.516	0.572

续前

定　额　编　号			10-1-138	10-1-139	10-1-140	10-1-141	10-1-142	10-1-143
项　　　目			公称直径（mm）					
			250 以内	300 以内	350 以内	400 以内	450 以内	500 以内
材	铈钨棒	g	0.39	0.659	0.701	0.809	0.918	1.032	1.144
	尼龙砂轮片 ϕ100	片	7.60	0.189	0.487	0.563	0.638	0.800	0.885
料	其他材料费	元	－	5.540	5.900	6.530	7.070	8.000	8.940
机	电焊机（综合）	台班	183.97	0.324	0.379	0.485	0.545	0.658	0.728
	氩弧焊机 500A	台班	116.61	0.154	0.164	0.189	0.214	0.241	0.267
	半自动切割机 100mm	台班	96.23	0.009	0.009	0.011	0.013	0.014	0.017
	普通车床 630mm×2000mm	台班	187.70	0.054	0.046	0.055	0.057	0.071	0.075
	光谱仪	台班	143.99	0.009	0.009	0.009	0.009	0.009	0.009
	汽车式起重机 8t	台班	728.19	0.023	0.028	0.040	0.045	0.056	0.062
	吊装机械综合(1)	台班	1312.50	0.116	0.116	0.129	0.141	0.154	0.154
	载货汽车 8t	台班	619.25	0.023	0.028	0.040	0.045	0.056	0.062
械	电动葫芦（单速）3t	台班	54.90	0.054	0.046	0.055	0.057	0.071	0.075
	电焊条烘干箱 60×50×75cm³	台班	28.84	0.030	0.035	0.045	0.051	0.062	0.068

11. 铜管(氧乙炔焊)

工作内容: 管子切口,坡口加工,坡口磨平,管口组对,焊前预热,焊接,垂直运输,管道安装。

单位:10m

定　额　编　号			10-1-144	10-1-145	10-1-146	10-1-147	10-1-148
项　　　　　目			管外径(mm)				
			20 以内	30 以内	40 以内	50 以内	65 以内
基　　　价　(元)			**38.71**	**51.43**	**63.90**	**79.31**	**94.29**
其中	人　工　费　(元)		36.08	47.92	58.56	73.20	84.48
	材　料　费　(元)		2.62	3.49	5.31	6.08	9.77
	机　械　费　(元)		0.01	0.02	0.03	0.03	0.04
名　　称	单位	单价(元)	数		量		
人工 综合工日	工日	80.00	0.451	0.599	0.732	0.915	1.056
材料 低压铜管	m	—	(10.000)	(10.000)	(10.000)	(10.000)	(10.000)
铜气焊丝	kg	38.00	0.013	0.021	0.029	0.036	0.084
氧气	m³	3.60	0.078	0.116	0.167	0.201	0.320
乙炔气	m³	25.20	0.031	0.044	0.065	0.077	0.123
尼龙砂轮片 φ100	片	7.60	0.003	0.008	0.010	0.013	0.017
尼龙砂轮片 φ500	片	15.00	0.005	0.007	0.011	0.013	0.014
硼砂	kg	3.60	0.004	0.007	0.009	0.011	0.020
其他材料费	元	—	0.950	0.970	1.700	1.710	1.920
机械 砂轮切割机 φ500	台班	9.52	0.001	0.002	0.003	0.003	0.004

工作内容:管子切口,坡口加工,坡口磨平,管口组对、焊前预热,焊接,垂直运输,管道安装。

单位:10m

定　额　编　号			10-1-149	10-1-150	10-1-151	10-1-152	10-1-153
项　　　　目			管外径（mm）				
			75 以内	85 以内	100 以内	120 以内	150 以内
基　　　价　（元）			**102.74**	**115.54**	**179.80**	**289.10**	**329.21**
其中	人　工　费　（元）		90.64	94.88	106.00	108.56	125.60
	材　料　费　（元）		12:05	15.44	21.61	25.87	31.93
	机　械　费　（元）		0.05	5.22	52.19	154.67	171.68
名　　　称	单位	单价（元）	数		量		
人工 综合工日	工日	80.00	1.133	1.186	1.325	1.357	1.570
材料 低压铜管	m	–	(9.880)	(9.880)	(9.880)	(9.880)	(9.880)
铜气焊丝	kg	38.00	0.095	0.110	0.175	0.210	0.263
氧气	m³	3.60	0.439	0.558	0.677	0.814	1.019
乙炔气	m³	25.20	0.169	0.215	0.281	0.338	0.421
尼龙砂轮片 φ100	片	7.60	0.020	0.211	0.399	0.482	0.607
尼龙砂轮片 φ500	片	15.00	0.016	–	–	–	–
硼砂	kg	3.60	0.025	0.030	0.034	0.041	0.051
其他材料费	元	–	2.120	2.120	2.290	2.630	2.860
机械 砂轮切割机 φ500	台班	9.52	0.005	–	–	–	–
等离子弧焊机 400A	台班	226.59	–	0.014	0.140	0.168	0.210
电动空气压缩机 1m³/min	台班	146.17	–	0.014	0.140	0.168	0.210
汽车式起重机 8t	台班	728.19	–	–	–	0.005	0.006
吊装机械综合(1)	台班	1312.50	–	–	–	0.065	0.065
载货汽车 8t	台班	619.25	–	–	–	0.005	0.006

工作内容: 管子切口,坡口加工,坡口磨平,管口组对、焊前预热,焊接,垂直运输,管道安装。

单位:10m

定　　额　　编　　号			10-1-154	10-1-155	10-1-156	10-1-157
项　　　　　　目			管外径（mm）			
			185 以内	200 以内	250 以内	300 以内
基　　　　　价　　（元）			**414.13**	**441.24**	**556.16**	**637.63**
其中	人　　工　　费　（元）		158.88	173.52	207.60	246.08
	材　　料　　费　（元）		38.99	41.91	52.37	62.53
	机　　械　　费　（元）		216.26	225.81	296.19	329.02
名　　　　　　称	单位	单价(元)	数		量	
人工	综合工日	工日	80.00	1.986	2.169	2.595	3.076
材料	低压铜管	m	–	(9.880)	(9.880)	(9.880)	(9.880)
	铜气焊丝	kg	38.00	0.325	0.350	0.440	0.527
	氧气	m³	3.60	1.257	1.359	1.702	2.043
	乙炔气	m³	25.20	0.520	0.563	0.704	0.845
	尼龙砂轮片 φ100	片	7.60	0.752	0.814	1.022	1.230
	硼砂	kg	3.60	0.063	0.068	0.085	0.102
	其他材料费	元	–	3.070	3.100	3.710	4.140
机械	等离子弧焊机 400A	台班	226.59	0.259	0.281	0.350	0.420
	电动空气压缩机 1m³/min	台班	146.17	0.259	0.281	0.350	0.420
	汽车式起重机 8t	台班	728.19	0.008	0.009	0.010	0.015
	吊装机械综合(1)	台班	1312.50	0.083	0.083	0.116	0.116
	载货汽车 8t	台班	619.25	0.008	0.009	0.010	0.015

12. 塑料管(热风焊)

工作内容:管子切口,坡口加工,管口组对,焊接,管道安装。

单位:10m

定 额 编 号			10-1-158	10-1-159	10-1-160	10-1-161	10-1-162
项 目			管外径(mm)				
			20 以内	25 以内	32 以内	40 以内	50 以内
基 价 (元)			**38.03**	**41.61**	**46.69**	**55.51**	**72.18**
其中	人 工 费 (元)		32.56	34.88	38.16	43.92	57.84
	材 料 费 (元)		0.51	0.59	0.70	0.89	2.07
	机 械 费 (元)		4.96	6.14	7.83	10.70	12.27
名 称	单位	单价(元)	数		量		
人工 综合工日	工日	80.00	0.407	0.436	0.477	0.549	0.723
材料 塑料管	m	－	(10.000)	(10.000)	(10.000)	(10.000)	(10.000)
塑料焊条	kg	11.00	0.002	0.003	0.004	0.006	0.010
电	kW·h	0.85	0.176	0.215	0.273	0.374	0.433
电阻丝	根	8.00	0.003	0.003	0.003	0.004	0.005
其他材料费	元	－	0.310	0.350	0.400	0.470	1.550
机械 电动空气压缩机 0.6m³/min	台班	130.54	0.038	0.047	0.060	0.082	0.094

工作内容:管子切口,坡口加工,管口组对、焊接,管道安装。

单位:10m

定 额 编 号				10-1-163	10-1-164	10-1-165	10-1-166
项 目				管外径(mm)			
				75 以内	90 以内	110 以内	125 以内
基 价 (元)				**100.36**	**117.13**	**146.90**	**161.61**
其 中	人 工 费 (元)			78.24	88.96	110.88	123.44
	材 料 费 (元)			3.16	3.60	4.27	5.12
	机 械 费 (元)			18.96	24.57	31.75	33.05
名 称		单位	单价(元)	数		量	
人工	综合工日	工日	80.00	0.978	1.112	1.386	1.543
材 料	塑料管	m	–	(10.000)	(10.000)	(10.000)	(10.000)
	塑料焊条	kg	11.00	0.021	0.029	0.057	0.060
	电	kW·h	0.85	0.666	0.863	1.114	1.160
	电阻丝	根	8.00	0.005	0.007	0.007	0.007
	其他材料费	元	–	2.320	2.490	2.640	3.420
机 械	电动空气压缩机 0.6m³/min	台班	130.54	0.145	0.188	0.243	0.253
	木工圆锯机 φ500mm	台班	27.63	0.001	0.001	0.001	0.001

工作内容:管子切口,坡口加工,管口组对、焊接,管道安装。

单位:10m

定　额　编　号				10-1-167	10-1-168	10-1-169	10-1-170
项　　　　　目				管外径（mm）			
				150 以内	180 以内	200 以内	250 以内
基　　　价　（元）				**209.56**	**231.10**	**271.20**	**454.03**
其中	人　工　费（元）			154.00	172.00	191.44	280.00
	材　料　费（元）			6.84	7.51	9.60	15.89
	机　械　费（元）			48.72	51.59	70.16	158.14
名　　　　称		单位	单价（元）	数			量
人工	综合工日	工日	80.00	1.925	2.150	2.393	3.500
材料	塑料管	m	—	(10.000)	(10.000)	(10.000)	(10.000)
	塑料焊条	kg	11.00	0.132	0.140	0.215	0.428
	电	kW·h	0.85	1.713	1.815	2.465	5.558
	电阻丝	根	8.00	0.008	0.008	0.009	0.010
	其他材料费	元	—	3.870	4.360	5.070	6.380
机械	电动空气压缩机 0.6m³/min	台班	130.54	0.373	0.395	0.537	1.211
	木工圆锯机 φ500mm	台班	27.63	0.001	0.001	0.002	0.002

13. 塑料管（热熔连接）

工作内容: 切管, 管道安装。

单位:10m

定　额　编　号				10-1-171	10-1-172	10-1-173	10-1-174
项　　　　　　目				管外径（mm）			
				75 以内	110 以内	160 以内	200 以内
基　　　　价　（元）				**25.99**	**34.73**	**66.06**	**78.18**
其中	人　工　费（元）			22.00	30.00	41.04	48.32
	材　料　费（元）			1.00	1.00	1.00	1.00
	机　械　费（元）			2.99	3.73	24.02	28.86
名　　　称		单位	单价(元)	数		量	
人工	综合工日	工日	80.00	0.275	0.375	0.513	0.604
材料	塑料管	m	－	(10.000)	(10.000)	(10.000)	(10.000)
	其他材料费	元	－	1.000	1.000	1.000	1.000
机械	木工圆锯机 ϕ500mm	台班	27.63	0.004	0.009	0.017	0.017
	热熔焊接机 SHD－160C	台班	67.01	0.043	0.052	－	－
	热熔焊接机 SHD－630	台班	322.67	－	－	0.073	0.088

工作内容:切管,管道安装。

单位:10m

定 额 编 号			10-1-175	10-1-176	10-1-177	10-1-178	10-1-179
项 目			管外径（mm）				
			250 以内	315 以内	355 以内	400 以内	500 以内
基 价 （元）			**103.89**	**121.93**	**138.51**	**151.49**	**163.86**
其 中	人 工 费 （元）		64.88	77.76	89.36	97.92	107.68
	材 料 费 （元）		1.00	1.00	1.00	1.00	1.00
	机 械 费 （元）		38.01	43.17	48.15	52.57	55.18
名 称	单位	单价(元)	数		量		
人工 综合工日	工日	80.00	0.811	0.972	1.117	1.224	1.346
材料 塑料管	m	–	(10.000)	(10.000)	(10.000)	(10.000)	(10.000)
其他材料费	元	–	1.000	1.000	1.000	1.000	1.000
机械 木工圆锯机 φ500mm	台班	27.63	0.021	0.021	0.026	0.034	0.047
热熔焊接机 SHD－630	台班	322.67	0.116	0.132	0.147	0.160	0.167

14. 塑料管(胶圈接口)

工作内容:检查及清扫管材、切管、管道安装、上胶圈、对口、调直。

单位:10m

	定　额　编　号			10-1-180	10-1-181	10-1-182	10-1-183	10-1-184
	项　　　　　目			管外径（mm）				
				90 以内	110 以内	125 以内	160 以内	200 以内
	基　　　价　（元）			**42.46**	**46.03**	**48.88**	**60.68**	**72.99**
其中	人　工　费　（元）			40.08	43.44	45.92	57.52	69.52
	材　料　费　（元）			2.30	2.51	2.88	3.08	3.39
	机　械　费　（元）			0.08	0.08	0.08	0.08	0.08
	名　　　称	单位	单价(元)	数		量		
人工	综合工日	工日	80.00	0.501	0.543	0.574	0.719	0.869
材料	塑料管	m	–	(10.000)	(10.000)	(10.000)	(10.000)	(10.000)
	橡胶圈	个	–	(2.060)	(2.060)	(2.060)	(2.060)	(2.060)
	砂布	张	3.00	0.522	0.574	0.696	0.696	0.766
	润滑油	kg	9.87	0.074	0.080	0.080	0.101	0.111
机械	木工圆锯机 ϕ500mm	台班	27.63	0.003	0.003	0.003	0.003	0.003

工作内容:检查及清扫管材、切管、管道安装、上胶圈、对口、调直。

单位:10m

定 额 编 号				10-1-185	10-1-186	10-1-187	10-1-188	10-1-189
项 目				管外径（mm）				
				250 以内	315 以内	355 以内	400 以内	500 以内
基 价 （元）				**95.93**	**129.90**	**147.36**	**163.99**	**202.25**
其中	人 工 费 （元）			91.12	124.72	141.52	157.60	195.12
	材 料 费 （元）			4.70	5.04	5.70	6.22	6.88
	机 械 费 （元）			0.11	0.14	0.14	0.17	0.25
名 称		单位	单价(元)	数		量		
人工	综合工日	工日	80.00	1.139	1.559	1.769	1.970	2.439
材料	塑料管	m	–	(10.000)	(10.000)	(10.000)	(10.000)	(10.000)
	橡胶圈	个	–	(2.060)	(2.060)	(2.060)	(2.060)	(2.060)
	砂布	张	3.00	1.104	1.217	1.304	1.478	1.565
	润滑油	kg	9.87	0.141	0.141	0.181	0.181	0.221
机械	木工圆锯机 φ500mm	台班	27.63	0.004	0.005	0.005	0.006	0.009

15. 塑料管 (承插粘接)

工作内容:管子切口,管口组对、粘接,管道安装。

单位:10m

定 额 编 号			10-1-190	10-1-191	10-1-192	10-1-193	10-1-194
项 目			管外径 (mm)				
			20 以内	25 以内	32 以内	40 以内	50 以内
基 价 (元)			**26.63**	**28.12**	**30.13**	**33.39**	**41.48**
其中	人 工 费 (元)		26.08	27.44	29.28	32.40	40.32
	材 料 费 (元)		0.55	0.68	0.85	0.99	1.16
	机 械 费 (元)		–	–	–	–	–
名 称	单位	单价(元)	数		量		
人工 综合工日	工日	80.00	0.326	0.343	0.366	0.405	0.504
材料 承插塑料管	m	–	(10.000)	(10.000)	(10.000)	(10.000)	(10.000)
环氧粘接剂	kg	43.70	0.004	0.005	0.007	0.008	0.010
其他材料费	元	–	0.380	0.460	0.540	0.640	0.720

工作内容:管子切口,管口组对、粘接,管道安装。

单位:10m

定　额　编　号				10-1-195	10-1-196	10-1-197	10-1-198
项　　　　　　目				管外径（mm）			
				75 以内	90 以内	110 以内	125 以内
基　　　价　　（元）				**55.56**	**59.59**	**74.01**	**84.74**
其中	人　工　费　（元）			53.76	57.44	70.88	81.12
	材　料　费　（元）			1.77	2.12	3.10	3.59
	机　械　费　（元）			0.03	0.03	0.03	0.03
名　　　称		单位	单价（元）	数			量
人工	综合工日	工日	80.00	0.672	0.718	0.886	1.014
材料	承插塑料管	m	－	（10.000）	（10.000）	（10.000）	（10.000）
	环氧粘接剂	kg	43.70	0.016	0.019	0.032	0.036
	其他材料费	元	－	1.070	1.290	1.700	2.020
机械	木工圆锯机 φ500mm	台班	27.63	0.001	0.001	0.001	0.001

工作内容:管子切口,管口组对、粘接,管道安装。

单位:10m

定 额 编 号			10-1-199	10-1-200	10-1-201	10-1-202
项 目			管外径 (mm)			
			150 以内	180 以内	200 以内	250 以内
基 价 (元)			**100.36**	**111.04**	**117.82**	**135.67**
其中	人 工 费 (元)		95.92	105.52	111.20	127.28
	材 料 费 (元)		4.41	5.49	6.56	8.33
	机 械 费 (元)		0.03	0.03	0.06	0.06
名 称	单位	单价(元)	数		量	
人工 综合工日	工日	80.00	1.199	1.319	1.390	1.591
材料 承插塑料管	m	-	(10.000)	(10.000)	(10.000)	(10.000)
环氧粘接剂	kg	43.70	0.043	0.052	0.057	0.072
其他材料费	元	-	2.530	3.220	4.070	5.180
机械 木工圆锯机 $\phi500mm$	台班	27.63	0.001	0.001	0.002	0.002

16. 承插铸铁管(石棉水泥接口)

工作内容:检查及清扫管材,切管,管道安装,调制接口材料,接口,养护。

单位:10m

定 额 编 号				10-1-203	10-1-204	10-1-205	10-1-206	10-1-207
项 目				公称直径(mm)				
				75 以内	100 以内	150 以内	200 以内	300 以内
基 价 (元)				**60.69**	**63.71**	**80.96**	**123.02**	**158.57**
其中	人 工 费 (元)			55.44	56.72	70.96	109.20	95.68
	材 料 费 (元)			5.25	6.99	10.00	13.82	17.76
	机 械 费 (元)			—	—	—	—	45.13
名 称	单位	单价(元)		数			量	
人工 综合工日	工日	80.00		0.693	0.709	0.887	1.365	1.196
材料 铸铁管	m	—		(10.000)	(10.000)	(10.000)	(10.000)	(10.000)
氧气	m³	3.60		0.055	0.099	0.132	0.231	0.264
乙炔气	m³	25.20		0.022	0.044	0.055	0.099	0.110
普通硅酸盐水泥 32.5	kg	0.33		1.144	1.419	2.090	2.684	3.597
石棉绒	kg	5.70		0.500	0.611	0.899	1.166	1.554
油麻	kg	5.50		0.231	0.284	0.420	0.536	0.725
其他材料费	元	—		—	0.010	0.010	0.010	0.010
机械 汽车式起重机 5t	台班	546.38		—	—	—	—	0.051
载货汽车 5t	台班	507.79		—	—	—	—	0.034

工作内容:检查及清扫管材,切管,管道安装,调制接口材料,接口,养护。

单位:10m

定　额　编　号			10-1-208	10-1-209	10-1-210	10-1-211	10-1-212
项　　　　　目			公称直径（mm）				
			400 以内	500 以内	600 以内	700 以内	800 以内
基　　　价　（元）			**212.21**	**267.04**	**332.79**	**435.93**	**464.60**
其中	人　工　费　（元）		131.52	167.28	192.24	267.60	277.68
	材　料　费　（元）		26.27	36.05	44.44	53.29	61.99
	机　械　费　（元）		54.42	63.71	96.11	115.04	124.93
名　　称	单位	单价（元）	数		量		
人工 综合工日	工日	80.00	1.644	2.091	2.403	3.345	3.471
材料 铸铁管	m	－	(10.000)	(10.000)	(10.000)	(10.000)	(10.000)
氧气	m³	3.60	0.495	0.627	0.759	0.891	0.990
乙炔气	m³	25.20	0.209	0.264	0.319	0.374	0.407
普通硅酸盐水泥 32.5	kg	0.33	4.928	6.952	8.635	10.428	12.342
石棉绒	kg	5.70	2.131	3.008	3.730	4.507	5.339
油麻	kg	5.50	0.987	1.397	1.733	2.090	2.478
其他材料费	元	－	0.020	0.020	0.030	0.030	0.040
机械 汽车式起重机 5t	台班	546.38	0.068	0.085	－	－	－
载货汽车 5t	台班	507.79	0.034	0.034	0.043	0.043	0.051
汽车式起重机 8t	台班	728.19	－	－	0.102	0.128	0.136

工作内容:检查及清扫管材,切管,管道安装,调制接口材料,接口,养护。

单位:10m

定　额　编　号				10-1-213	10-1-214	10-1-215	10-1-216	10-1-217
项　　　　　目				公称直径（mm）				
				900 以内	1000 以内	1200 以内	1400 以内	1600 以内
基　　　价　（元）				**561.37**	**659.86**	**773.68**	**1110.77**	**1359.27**
其中	人　工　费　（元）			358.24	369.60	452.72	697.28	898.96
	材　料　费　（元）			71.65	87.22	108.27	139.42	166.06
	机　械　费　（元）			131.48	203.04	212.69	274.07	294.25
名　　称		单位	单价(元)	数			量	
人工	综合工日	工日	80.00	4.478	4.620	5.659	8.716	11.237
材料	铸铁管	m	—	(10.000)	(10.000)	(10.000)	(10.000)	(10.000)
	氧气	m³	3.60	1.100	1.232	1.342	1.452	1.584
	乙炔气	m³	25.20	0.462	0.517	0.561	0.605	0.660
	普通硅酸盐水泥 32.5	kg	0.33	14.377	17.886	22.902	30.503	36.850
	石棉绒	kg	5.70	6.216	7.737	9.901	13.187	15.940
	油麻	kg	5.50	2.877	3.581	4.589	6.111	7.382
	其他材料费	元	—	0.050	0.060	0.070	0.100	0.110
机械	载货汽车 5t	台班	507.79	0.051	0.077	0.077	—	—
	汽车式起重机 8t	台班	728.19	0.145	—	—	—	—
	汽车式起重机 16t	台班	1071.52	—	0.153	0.162	—	—
	汽车式起重机 20t	台班	1205.93	—	—	—	0.179	0.187
	载货汽车 8t	台班	619.25	—	—	—	0.094	0.111

17.承插铸铁管(青铅接口)

工作内容:检查及清扫管材,切管,管道安装,化铅,打麻,打铅口。

单位:10m

定 额 编 号			10-1-218	10-1-219	10-1-220	10-1-221	10-1-222
项 目			公称直径(mm)				
			75 以内	100 以内	150 以内	200 以内	300 以内
基 价 (元)			**150.49**	**173.94**	**242.11**	**331.00**	**454.96**
其中	人 工 费 (元)		61.04	62.32	78.24	119.44	127.76
	材 料 费 (元)		89.45	111.62	163.87	211.56	282.07
	机 械 费 (元)		－	－	－	－	45.13
名 称	单位	单价(元)	数			量	
人工 综合工日	工日	80.00	0.763	0.779	0.978	1.493	1.597
材料 铸铁管	m	－	(10.000)	(10.000)	(10.000)	(10.000)	(10.000)
氧气	m³	3.60	0.055	0.099	0.132	0.231	0.264
乙炔气	m³	25.20	0.022	0.044	0.055	0.099	0.110
青铅	kg	13.40	6.215	7.736	11.381	14.639	19.617
油麻	kg	5.50	0.229	0.284	0.418	0.539	0.720
焦炭	kg	1.50	2.625	3.098	4.442	5.702	7.098
木柴	kg	0.95	0.210	0.263	0.525	0.525	0.840
其他材料费	元	－	0.020	0.030	0.040	0.050	0.070
机械 汽车式起重机 5t	台班	546.38	－	－	－	－	0.051
载货汽车 5t	台班	507.79	－	－	－	－	0.034

工作内容: 检查及清扫管材,切管,管道安装,化铅,打麻,打铅口。

单位:10m

定 额 编 号			10-1-223	10-1-224	10-1-225	10-1-226	10-1-227
项 目			公称直径(mm)				
			400 以内	500 以内	600 以内	700 以内	800 以内
基 价 (元)			**597.76**	**816.06**	**1018.09**	**1303.06**	**1477.49**
其中	人 工 费 (元)		154.80	207.28	245.92	371.84	387.76
	材 料 费 (元)		388.54	545.07	676.06	816.18	964.80
	机 械 费 (元)		54.42	63.71	96.11	115.04	124.93
名 称	单位	单价(元)	数		量		
人工 综合工日	工日	80.00	1.935	2.591	3.074	4.648	4.847
材料 铸铁管	m	–	(10.000)	(10.000)	(10.000)	(10.000)	(10.000)
氧气	m³	3.60	0.495	0.627	0.759	0.891	0.990
乙炔气	m³	25.20	0.209	0.264	0.319	0.374	0.407
青铅	kg	13.40	26.892	37.923	47.110	56.873	67.327
油麻	kg	5.50	0.987	1.392	1.730	2.090	2.474
焦炭	kg	1.50	9.744	12.663	15.414	18.900	22.365
木柴	kg	0.95	1.050	1.260	1.260	1.470	1.470
其他材料费	元	–	0.100	0.140	0.180	0.210	0.250
机械 汽车式起重机 5t	台班	546.38	0.068	0.085	–	–	–
载货汽车 5t	台班	507.79	0.034	0.034	0.043	0.043	0.051
汽车式起重机 8t	台班	728.19	–	–	0.102	0.128	0.136

工作内容: 检查及清扫管材,切管,管道安装,化铅,打麻,打铅口。

单位:10m

定　额　编　号			10-1-228	10-1-229	10-1-230	10-1-231	10-1-232
项　　　　目			公称直径（mm）				
			900 以内	1000 以内	1200 以内	1400 以内	1600 以内
基　　价　（元）			**1767.07**	**2127.05**	**2644.56**	**3568.43**	**4303.59**
其中	人　工　费　（元）		514.64	534.72	662.96	952.88	1186.64
	材　料　费　（元）		1120.95	1389.29	1768.91	2341.48	2822.70
	机　械　费　（元）		131.48	203.04	212.69	274.07	294.25
名　　称	单位	单价(元)	数		量		
人工 综合工日	工日	80.00	6.433	6.684	8.287	11.911	14.833
材料 铸铁管	m	—	(10.000)	(10.000)	(10.000)	(10.000)	(10.000)
氧气	m³	3.60	1.100	1.232	1.342	1.452	1.584
乙炔气	m³	25.20	0.462	0.517	0.561	0.605	0.660
青铅	kg	13.40	78.408	97.621	124.950	166.439	201.074
油麻	kg	5.50	2.879	3.585	4.589	6.113	7.386
焦炭	kg	1.50	24.507	27.888	31.731	36.120	41.097
木柴	kg	0.95	1.890	1.890	2.436	2.436	3.129
其他材料费	元	—	0.290	0.360	0.460	0.610	0.730
机械 载货汽车 5t	台班	507.79	0.051	0.077	0.077	—	—
汽车式起重机 8t	台班	728.19	0.145	—	—	—	—
汽车式起重机 16t	台班	1071.52	—	0.153	0.162	—	—
汽车式起重机 20t	台班	1205.93	—	—	—	0.179	0.187
载货汽车 8t	台班	619.25	—	—	—	0.094	0.111

18. 承插铸铁管（膨胀水泥接口）

工作内容: 检查及清扫管材,切管,管道安装,调制接口材料,接口,养护。

单位:10m

定　额　编　号			10-1-233	10-1-234	10-1-235	10-1-236	10-1-237
项　　　　目			公称直径（mm）				
			75 以内	100 以内	150 以内	200 以内	300 以内
基　　　价　（元）			**52.29**	**54.94**	**70.30**	**111.25**	**171.87**
其中	人　工　费　（元）		48.80	50.08	63.44	101.52	114.40
	材　料　费　（元）		3.49	4.86	6.86	9.73	12.34
	机　械　费　（元）		–	–	–	–	45.13
名　称	单位	单价（元）	数				量
人工 综合工日	工日	80.00	0.610	0.626	0.793	1.269	1.430
材料 铸铁管	m	–	(10.000)	(10.000)	(10.000)	(10.000)	(10.000)
氧气	m³	3.60	0.055	0.099	0.132	0.231	0.264
乙炔气	m³	25.20	0.022	0.044	0.055	0.099	0.110
膨胀水泥	kg	0.84	1.749	2.178	3.201	4.114	5.500
油麻	kg	5.50	0.231	0.284	0.420	0.536	0.725
其他材料费	元	–	–	–	–	–	0.010
机械 汽车式起重机 5t	台班	546.38	–	–	–	–	0.051
载货汽车 5t	台班	507.79	–	–	–	–	0.034

工作内容:检查及清扫管材,切管,管道安装,调制接口材料,接口,养护。

单位:10m

定 额 编 号			10-1-238	10-1-239	10-1-240	10-1-241	10-1-242
项 目			公称直径(mm)				
			400 以内	500 以内	600 以内	700 以内	800 以内
基 价 (元)			**191.73**	**240.62**	**303.93**	**395.55**	**420.11**
其中	人 工 费 (元)		118.48	151.36	176.40	242.96	251.84
	材 料 费 (元)		18.83	25.55	31.42	37.55	43.34
	机 械 费 (元)		54.42	63.71	96.11	115.04	124.93
名 称	单位	单价(元)	数			量	
人工 综合工日	工日	80.00	1.481	1.892	2.205	3.037	3.148
材料 铸铁管	m	–	(10.000)	(10.000)	(10.000)	(10.000)	(10.000)
氧气	m³	3.60	0.495	0.627	0.759	0.891	0.990
乙炔气	m³	25.20	0.209	0.264	0.319	0.374	0.407
膨胀水泥	kg	0.84	7.546	10.648	13.222	15.961	18.898
油麻	kg	5.50	0.987	1.397	1.733	2.090	2.478
其他材料费	元	–	0.010	0.010	0.010	0.020	0.020
机械 汽车式起重机 5t	台班	546.38	0.068	0.085	–	–	–
载货汽车 5t	台班	507.79	0.034	0.034	0.043	0.043	0.051
汽车式起重机 8t	台班	728.19	–	–	0.102	0.128	0.136

工作内容:检查及清扫管材,切管,管道安装,调制接口材料,接口,养护。

单位:10m

定　额　编　号				10-1-243	10-1-244	10-1-245	10-1-246	10-1-247
项　　　目				公称直径（mm）				
				900 以内	1000 以内	1200 以内	1400 以内	1600 以内
基　　价　（元）				**505.26**	**598.69**	**697.75**	**912.23**	**1091.29**
其中	人　工　费　（元）			323.84	335.44	411.36	544.80	686.64
	材　料　费　（元）			49.94	60.21	73.70	93.36	110.40
	机　械　费　（元）			131.48	203.04	212.69	274.07	294.25
名　　称		单位	单价(元)	数		量		
人工	综合工日	工日	80.00	4.048	4.193	5.142	6.810	8.583
材料	铸铁管	m	–	(10.000)	(10.000)	(10.000)	(10.000)	(10.000)
	氧气	m³	3.60	1.100	1.232	1.342	1.452	1.584
	乙炔气	m³	25.20	0.462	0.517	0.561	0.605	0.660
	膨胀水泥	kg	0.84	22.011	27.401	35.068	46.706	56.441
	油麻	kg	5.50	2.877	3.581	4.589	6.111	7.382
	其他材料费	元	–	0.020	0.030	0.030	0.040	0.050
机械	载货汽车 5t	台班	507.79	0.051	0.077	0.077	–	–
	汽车式起重机 8t	台班	728.19	0.145	–	–	–	–
	汽车式起重机 16t	台班	1071.52	–	0.153	0.162	–	–
	汽车式起重机 20t	台班	1205.93	–	–	–	0.179	0.187
	载货汽车 8t	台班	619.25	–	–	–	0.094	0.111

19. 预应力(自应力)混凝土管(胶圈接口)

工作内容:检查及清扫管材、管道安装、上胶圈、对口、调直、牵引。

单位:10m

定 额 编 号			10-1-248	10-1-249	10-1-250	10-1-251	10-1-252	10-1-253
项 目			公称直径(mm)					
			300以内	400以内	500以内	600以内	700以内	800以内
基 价 (元)			**255.04**	**350.27**	**436.33**	**535.91**	**691.88**	**732.92**
其中	人 工 费 (元)		145.52	221.20	275.20	332.96	435.84	452.96
	材 料 费 (元)		40.99	44.22	59.46	62.74	88.10	92.62
	机 械 费 (元)		68.53	84.85	101.67	140.21	167.94	187.34
名 称	单位	单价(元)	数			量		
人工	综合工日	工日	80.00	1.819	2.765	3.440	4.162	5.448	5.662
材料	预应力混凝土管	m	–	(10.000)	(10.000)	(10.000)	(10.000)	(10.000)	(10.000)
	橡胶圈DN300	个	19.13	2.060	–	–	–	–	–
	橡胶圈DN400	个	20.60	–	2.060	–	–	–	–
	橡胶圈DN500	个	27.80	–	–	2.060	–	–	–
	橡胶圈DN600	个	29.20	–	–	–	2.060	–	–
	橡胶圈DN700	个	41.32	–	–	–	–	2.060	–
	橡胶圈DN800	个	43.32	–	–	–	–	–	2.060
	润滑油	kg	9.87	0.160	0.180	0.221	0.260	0.300	0.340
	其他材料费	元	–	–	0.010	0.010	0.020	0.020	0.020
机械	汽车式起重机5t	台班	546.38	0.085	0.102	0.119	–	–	–
	汽车式起重机8t	台班	728.19	–	–	–	0.136	0.170	0.187
	载货汽车5t	台班	507.79	0.026	0.034	0.043	0.043	0.043	0.051
	电动卷扬机(双筒慢速)50kN	台班	174.28	0.051	0.068	0.085	0.111	0.128	0.145

工作内容:检查及清扫管材、管道安装、上胶圈、对口、调直、牵引。

单位:10m

定 额 编 号			10-1-254	10-1-255	10-1-256	10-1-257	10-1-258	10-1-259
项　　　目			公称直径（mm）					
			900 以内	1000 以内	1200 以内	1400 以内	1600 以内	1800 以内
基　　价　（元）			**957.40**	**1215.60**	**1475.29**	**1809.24**	**2228.25**	**2568.07**
其中	人　工　费　（元）		648.48	670.96	880.32	1062.08	1274.48	1529.20
	材　料　费　（元）		98.29	209.35	224.32	260.59	311.08	353.50
	机　械　费　（元）		210.63	335.29	370.65	486.57	642.69	685.37
名　　　称	单位	单价（元）	数			量		
人工 综合工日	工日	80.00	8.106	8.387	11.004	13.276	15.931	19.115
材料 预应力混凝土管	m	—	(10.000)	(10.000)	(10.000)	(10.000)	(10.000)	(10.000)
橡胶圈 DN900	个	45.88	2.060	—	—	—	—	—
橡胶圈 DN1000	个	99.60	—	2.060	—	—	—	—
橡胶圈 DN1200	个	106.48	—	—	2.060	—	—	—
橡胶圈 DN1400	个	123.60	—	—	—	2.060	—	—
橡胶圈 DN1600	个	147.72	—	—	—	—	2.060	—

· 62 ·

定 额 编 号			10-1-254	10-1-255	10-1-256	10-1-257	10-1-258	10-1-259
项 目			公称直径（mm）					
			900 以内	1000 以内	1200 以内	1400 以内	1600 以内	1800 以内
材料	橡胶圈 DN1800	个 167.92	–	–	–	–	–	2.060
	润滑油	kg 9.87	0.380	0.420	0.500	0.600	0.680	0.760
	其他材料费	元 –	0.030	0.030	0.040	0.050	0.070	0.080
机械	汽车式起重机 8t	台班 728.19	0.213	–	–	–	–	–
	汽车式起重机 16t	台班 1071.52	–	0.238	0.264	–	–	–
	汽车式起重机 20t	台班 1205.93	–	–	–	0.298	–	–
	汽车式起重机 32t	台班 1360.20	–	–	–	–	0.323	0.349
	载货汽车 5t	台班 507.79	0.051	–	–	–	–	–
	载货汽车 8t	台班 619.25	–	0.077	0.077	–	–	–
	载货汽车 10t	台班 782.33	–	–	–	0.102	–	–
	载货汽车 15t	台班 1159.71	–	–	–	–	0.128	0.128
	电动卷扬机（双筒慢速）50kN	台班 174.28	0.170	0.187	0.230	0.272	0.315	0.357

20. 普通混凝土管(外套环式石棉水泥接口)

工作内容:槽上搬运、排管、下管、调直、找平、清理管口、调运砂浆、填缝、抹带、压实、养生。

单位:10m

定 额 编 号				10-1-260	10-1-261	10-1-262	10-1-263	10-1-264	10-1-265
项 目				公称直径(mm)					
				300 以内	400 以内	500 以内	600 以内	700 以内	800 以内
基 价 (元)				**262.04**	**303.08**	**368.10**	**446.45**	**507.88**	**577.31**
其中	人 工 费 (元)			245.52	281.28	338.00	337.44	382.88	432.88
	材 料 费 (元)			16.52	21.80	30.10	36.19	41.99	47.58
	机 械 费 (元)			–	–	–	72.82	83.01	96.85
名 称	单位	单价(元)		数			量		
人工 综合工日	工日	80.00		3.069	3.516	4.225	4.218	4.786	5.411
材料 普通混凝土管 DN300	m			–	(10.000)	–	–	–	–
普通混凝土管 DN400	m			–	(10.000)	–	–	–	–
普通混凝土管 DN500	m			–	–	(10.000)	–	–	–
普通混凝土管 DN600	m			–	–	–	(10.000)	–	–
普通混凝土管 DN700	m			–	–	–	–	(10.000)	–
普通混凝土管 DN800	m			–	–	–	–	–	(10.000)

续前

定　额　编　号			10-1-260	10-1-261	10-1-262	10-1-263	10-1-264	10-1-265
项　　　　　目			公称直径（mm）					
			300 以内	400 以内	500 以内	600 以内	700 以内	800 以内
材 料	外套环（钢制或混凝土）DN300	个	–	(5.000)	–	–	–	–
	外套环（钢制或混凝土）DN400	个	–	–	(5.000)	–	–	–
	外套环（钢制或混凝土）DN500	个	–	–	–	(5.000)	–	–
	外套环（钢制或混凝土）DN600	个	–	–	–	–	(5.000)	–
	外套环（钢制或混凝土）DN700	个	–	–	–	–	–	(5.000)
	外套环（钢制或混凝土）DN800	个	–	–	–	–	–	(5.000)
	普通硅酸盐水泥 42.5	kg	0.36	2.510	3.527	5.684	7.331	8.700	10.548
	石棉绒	kg	5.70	0.817	1.079	1.830	2.190	2.517	2.876
	油麻	kg	5.50	1.838	2.415	2.940	3.518	4.095	4.568
	水	t	4.00	0.111	0.137	0.169	0.196	0.228	0.259
	其他材料费	元	–	0.410	0.550	0.780	0.930	1.080	1.230
机 械	汽车式起重机 8t	台班	728.19	–	–	–	0.100	0.114	0.133

工作内容:槽上搬运、排管、下管、调直、找平、清理管口、调运砂浆、填缝、抹带、压实、养生。　　　　　　単位:10m

定　额　编　号			10-1-266	10-1-267	10-1-268	10-1-269	10-1-270	10-1-271
项　　　　　　目			公称直径（mm）					
			900 以内	1000 以内	1200 以内	1400 以内	1600 以内	1800 以内
基　　　价　（元）			**694.04**	**825.71**	**968.07**	**1119.83**	**1480.72**	**1750.44**
其中	人　　工　　费　（元）		508.96	595.04	654.72	756.32	939.28	1095.12
	材　　料　　费　（元）		67.84	82.85	99.81	135.62	162.31	196.18
	机　　械　　费　（元）		117.24	147.82	213.54	227.89	379.13	459.14
名　　　　　称	单位	单价(元)	数			量		
人工 综合工日	工日	80.00	6.362	7.438	8.184	9.454	11.741	13.689
材料 普通混凝土管 DN900	m	-	(10.000)	-	-	-	-	-
普通混凝土管 DN1000	m	-	-	(10.000)	-	-	-	-
普通混凝土管 DN1200	m	-	-	-	(10.000)	-	-	-
普通混凝土管 DN1400	m	-	-	-	-	(10.000)	-	-
普通混凝土管 DN1600	m	-	-	-	-	-	(10.000)	-
普通混凝土管 DN1800	m	-	-	-	-	-	-	(10.000)
外套环(钢制或混凝土)DN900	个	-	(5.000)	-	-	-	-	-
外套环(钢制或混凝土)DN1000	个	-	-	(5.000)	-	-	-	-

续前

定　额　编　号			10-1-266	10-1-267	10-1-268	10-1-269	10-1-270	10-1-271
项　　　　　目			公称直径（mm）					
			900 以内	1000 以内	1200 以内	1400 以内	1600 以内	1800 以内
材 料	外套环(钢制或混凝土)DN1200	个	–	–	–	(5.000)	–	–	–
	外套环(钢制或混凝土)DN1400	个	–	–	–	–	(5.000)	–	–
	外套环(钢制或混凝土)DN1600	个	–	–	–	–	–	(5.000)	–
	外套环(钢制或混凝土)DN1800	个	–	–	–	–	–	–	(5.000)
	普通硅酸盐水泥 42.5	kg	0.36	13.518	17.986	22.926	32.655	40.092	48.814
	石棉绒	kg	5.70	3.889	5.458	6.536	9.347	11.209	13.562
	油麻	kg	5.50	6.895	7.625	9.139	11.900	14.175	17.125
	水	t	4.00	0.287	0.319	0.354	0.386	0.430	0.480
	其他材料费	元	–	1.740	2.050	2.620	3.590	4.300	5.200
机 械	汽车式起重机 8t	台班	728.19	0.161	0.203	–	–	–	–
	汽车式起重机 12t	台班	888.68	–	–	0.227	0.242	–	–
	汽车式起重机 16t	台班	1071.52	–	–	–	–	0.336	0.407
	叉式起重机 3t	台班	513.25	–	–	0.023	0.025	–	–
	叉式起重机 6t	台班	561.63	–	–	–	–	0.034	0.041

二、中压管道

1. 碳钢管(电弧焊)

工作内容:管子切口,坡口加工,坡口磨平,管口组对、焊接,垂直运输,管道安装。

单位:10m

定 额 编 号			10-1-272	10-1-273	10-1-274	10-1-275	10-1-276	10-1-277
项 目			公称直径(mm)					
			15 以内	20 以内	25 以内	32 以内	40 以内	50 以内
基 价(元)			**39.43**	**46.72**	**52.91**	**60.55**	**68.38**	**78.39**
其中	人 工 费(元)		34.08	38.24	42.24	47.52	53.12	58.80
	材 料 费(元)		1.24	1.75	2.46	2.92	3.13	4.06
	机 械 费(元)		4.11	6.73	8.21	10.11	12.13	15.53
名 称	单位	单价(元)	数			量		
人工 综合工日*	工日	80.00	0.426	0.478	0.528	0.594	0.664	0.735
材料 中压碳钢管	m	—	(9.720)	(9.720)	(9.720)	(9.720)	(9.720)	(9.570)
电焊条 结422 φ3.2	kg	6.70	0.032	0.064	0.079	0.098	0.112	0.191
氧气	m³	3.60	0.001	0.001	0.001	0.009	0.010	0.013
乙炔气	m³	25.20	0.001	0.001	0.001	0.003	0.003	0.004
尼龙砂轮片 φ100	片	7.60	0.013	0.026	0.032	0.041	0.047	0.054
尼龙砂轮片 φ500	片	15.00	0.004	0.006	0.008	0.010	0.012	0.018
其他材料费	元	—	0.840	1.000	1.540	1.690	1.730	1.950
机械 电焊机(综合)	台班	183.97	0.022	0.036	0.044	0.054	0.065	0.083
砂轮切割机 φ500	台班	9.52	0.001	0.002	0.003	0.003	0.003	0.003
电焊条烘干箱 60×50×75cm³	台班	28.84	0.002	0.003	0.003	0.005	0.005	0.008

工作内容:管子切口,坡口加工,坡口磨平,管口组对、焊接,垂直运输,管道安装。

定　额　编　号			10-1-278	10-1-279	10-1-280	10-1-281	10-1-282	10-1-283
项　　目			公称直径（mm）					
			65 以内	80 以内	100 以内	125 以内	150 以内	200 以内
基　　价　（元）			**98.87**	**123.96**	**235.39**	**273.68**	**298.33**	**419.42**
其中	人　工　费　（元）		71.76	88.80	101.68	102.56	109.92	152.56
	材　料　费　（元）		6.22	10.71	15.19	16.67	21.56	35.48
	机　械　费　（元）		20.89	24.45	118.52	154.45	166.85	231.38
名　　称	单位	单价(元)	数			量		
人工	综合工日	工日	80.00	0.897	1.110	1.271	1.282	1.374	1.907
材料	中压碳钢管	m	－	(9.570)	(9.570)	(9.570)	(9.410)	(9.410)	(9.410)
	电焊条 结422 ϕ3.2	kg	6.70	0.320	0.377	0.639	0.749	1.074	2.040
	氧气	m³	3.60	0.107	0.424	0.585	0.662	0.832	1.256
	乙炔气	m³	25.20	0.035	0.141	0.195	0.221	0.277	0.419
	尼龙砂轮片 ϕ100	片	7.60	0.079	0.093	0.144	0.169	0.238	0.426
	其他材料费	元	－	2.210	2.400	2.790	2.410	2.580	3.490
机械	电焊机(综合)	台班	183.97	0.112	0.131	0.178	0.214	0.266	0.392
	电焊条烘干箱 60×50×75cm³	台班	28.84	0.010	0.012	0.016	0.020	0.025	0.037
	汽车式起重机 8t	台班	728.19	－	－	－	0.009	0.011	0.020
	吊装机械综合(1)	台班	1312.50	－	－	0.065	0.078	0.078	0.100
	载货汽车 8t	台班	619.25	－	－	－	0.009	0.011	0.020

工作内容:管子切口,坡口加工,坡口磨平,管口组对、焊接,垂直运输,管道安装。

单位:10m

定 额 编 号			10-1-284	10-1-285	10-1-286	10-1-287	10-1-288	10-1-289
项 目			公称直径（mm）					
			250 以内	300 以内	350 以内	400 以内	450 以内	500 以内
基 价 （元）			**562.44**	**609.72**	**708.15**	**846.71**	**1013.37**	**1146.98**
其中	人 工 费 （元）		187.04	199.28	236.24	280.96	355.20	415.84
	材 料 费 （元）		51.42	57.21	73.79	94.86	114.82	132.47
	机 械 费 （元）		323.98	353.23	398.12	470.89	543.35	598.67
名 称	单位	单价(元)	数		量			
人工 综合工日	工日	80.00	2.338	2.491	2.953	3.512	4.440	5.198
材料 中压碳钢管	m	–	(9.360)	(9.360)	(9.360)	(9.360)	(9.250)	(9.250)
电焊条 结422 φ3.2	kg	6.70	3.318	3.829	5.710	7.802	9.692	11.582
氧气	m³	3.60	1.700	1.862	2.024	2.425	2.837	3.061
乙炔气	m³	25.20	0.567	0.621	0.675	0.808	0.946	1.020
尼龙砂轮片 φ100	片	7.60	0.647	0.682	0.925	1.194	1.436	1.665
其他材料费	元	–	3.860	4.020	4.210	4.420	4.920	5.490
机械 电焊机(综合)	台班	183.97	0.513	0.583	0.653	0.836	0.996	1.155
电焊条烘干箱 60×50×75cm³	台班	28.84	0.047	0.054	0.062	0.080	0.095	0.111
汽车式起重机 8t	台班	728.19	0.034	0.046	0.054	0.069	0.086	0.105
吊装机械综合(1)	台班	1312.50	0.139	0.139	0.155	0.169	0.184	0.184
载货汽车 8t	台班	619.25	0.034	0.046	0.054	0.069	0.086	0.105

2. 碳钢管(氩电联焊)

工作内容: 管子切口,坡口加工,坡口磨平,管口组对、焊接,管口封闭,垂直运输,管道安装。

单位:10m

定 额 编 号			10-1-290	10-1-291	10-1-292	10-1-293	10-1-294	10-1-295
项 目			公称直径(mm)					
			15 以内	20 以内	25 以内	32 以内	40 以内	50 以内
基 价 (元)			**42.18**	**46.91**	**53.78**	**60.93**	**68.59**	**88.41**
其中	人 工 费 (元)		37.36	41.28	46.48	52.64	59.04	67.12
	材 料 费 (元)		2.04	2.49	3.25	3.71	3.95	5.45
	机 械 费 (元)		2.78	3.14	4.05	4.58	5.60	15.84
名 称	单位	单价(元)	数			量		
人工 综合工日	工日	80.00	0.467	0.516	0.581	0.658	0.738	0.839
材料 中压碳钢管	m	–	(9.720)	(9.720)	(9.720)	(9.720)	(9.720)	(9.570)
电焊条 结422 φ3.2	kg	6.70	0.001	0.001	0.003	0.004	0.004	0.137
碳钢焊丝	kg	14.40	0.015	0.018	0.021	0.023	0.025	0.028
氧气	m³	3.60	0.001	0.001	0.001	0.009	0.010	0.013
乙炔气	m³	25.20	0.001	0.001	0.001	0.003	0.003	0.004
氩气	m³	15.00	0.043	0.052	0.058	0.063	0.068	0.078
铈钨棒	g	0.39	0.086	0.094	0.113	0.131	0.142	0.155
尼龙砂轮片 φ100	片	7.60	0.013	0.026	0.032	0.041	0.047	0.055
尼龙砂轮片 φ500	片	15.00	0.004	0.006	0.008	0.010	0.012	0.018
其他材料费	元	–	0.950	1.090	1.620	1.790	1.840	2.060
机械 电焊机(综合)	台班	183.97	0.003	0.003	0.006	0.007	0.010	0.063
氩弧焊机 500A	台班	116.61	0.019	0.022	0.025	0.028	0.032	0.035
砂轮切割机 φ500	台班	9.52	0.001	0.002	0.003	0.003	0.003	0.005
电焊条烘干箱 60×50×75cm³	台班	28.84	–	–	–	–	–	0.005

工作内容:管子切口,坡口加工,坡口磨平,管口组对、焊接,管口封闭,垂直运输,管道安装。　　　　　单位:10m

定　额　编　号			10-1-296	10-1-297	10-1-298	10-1-299	10-1-300	10-1-301
项　　　　　目			公称直径（mm）					
			65 以内	80 以内	100 以内	125 以内	150 以内	200 以内
基　　价　（元）			**113.94**	**135.02**	**250.82**	**295.84**	**327.67**	**458.68**
其中	人　工　费　（元）		81.84	97.68	113.36	117.44	122.72	169.76
	材　料　费　（元）		11.05	12.63	17.57	19.53	24.83	38.75
	机　械　费　（元）		21.05	24.71	119.89	158.87	180.12	250.17
名　　　称	单位	单价(元)	数			量		
人工	综合工日	工日	80.00	1.023	1.221	1.417	1.468	1.534	2.122
材料	中压碳钢管	m	－	(9.570)	(9.570)	(9.570)	(9.410)	(9.410)	(9.410)
	电焊条 结422 φ3.2	kg	6.70	0.237	0.279	0.506	0.592	0.879	1.747
	碳钢焊丝	kg	14.40	0.035	0.042	0.054	0.064	0.077	0.106
	氧气	m³	3.60	0.338	0.379	0.519	0.585	0.827	1.256
	乙炔气	m³	25.20	0.112	0.126	0.173	0.195	0.276	0.419
	氩气	m³	15.00	0.098	0.118	0.151	0.179	0.215	0.296

定 额 编 号			10-1-296	10-1-297	10-1-298	10-1-299	10-1-300	10-1-301
项　　　目			公称直径（mm）					
			65 以内	80 以内	100 以内	125 以内	150 以内	200 以内
材	铈钨棒	g	0.39	0.196	0.235	0.302	0.358	0.429	0.593
	尼龙砂轮片 ϕ100	片	7.60	0.079	0.093	0.144	0.169	0.210	0.248
	尼龙砂轮片 ϕ500	片	15.00	0.028	0.033	0.046	0.054	–	–
料	其他材料费	元	–	2.350	2.550	3.010	2.700	2.910	3.880
机	电焊机(综合)	台班	183.97	0.085	0.099	0.143	0.173	0.220	0.337
	氩弧焊机 500A	台班	116.61	0.044	0.053	0.067	0.080	0.096	0.133
	砂轮切割机 ϕ500	台班	9.52	0.005	0.006	0.009	0.009	–	–
	电焊条烘干箱 $60 \times 50 \times 75cm^3$	台班	28.84	0.008	0.009	0.013	0.015	0.020	0.031
	半自动切割机 100mm	台班	96.23	–	–	–	–	0.069	0.099
	汽车式起重机 8t	台班	728.19	–	–	–	0.011	0.014	0.023
械	吊装机械综合(1)	台班	1312.50	–	–	0.065	0.078	0.078	0.100
	载货汽车 8t	台班	619.25	–	–	–	0.011	0.014	0.023

工作内容:管子切口,坡口加工,坡口磨平,管口组对、焊接,管口封闭,垂直运输,管道安装。 单位:10m

定 额 编 号			10-1-302	10-1-303	10-1-304	10-1-305	10-1-306	10-1-307
项 目			公称直径（mm）					
			250 以内	300 以内	350 以内	400 以内	450 以内	500 以内
基 价 （元）			**615.73**	**669.24**	**772.47**	**920.41**	**1058.20**	**1246.23**
其 中	人 工 费 （元）		208.32	222.72	263.20	312.16	336.00	459.04
	材 料 费 （元）		54.88	60.89	76.20	96.69	121.61	133.74
	机 械 费 （元）		352.53	385.63	433.07	511.56	600.59	653.45
名 称	单位	单价(元)	数			量		
人工 综合工日	工日	80.00	2.604	2.784	3.290	3.902	4.200	5.738
材 料	中压碳钢管	m	–	(9.360)	(9.360)	(9.360)	(9.360)	(9.250)	(9.250)
	电焊条 结 422 φ3.2	kg	6.70	2.918	3.427	5.185	7.147	9.649	10.679
	碳钢焊丝	kg	14.40	0.132	0.136	0.140	0.158	0.178	0.198
	氧气	m³	3.60	1.700	1.862	2.024	2.425	2.837	3.061
	乙炔气	m³	25.20	0.567	0.621	0.675	0.808	0.946	1.020
	氩气	m³	15.00	0.370	0.381	0.391	0.441	0.498	0.554
	铈钨棒	g	0.39	0.740	0.761	0.782	0.883	0.995	1.107
	尼龙砂轮片 φ100	片	7.60	0.373	0.391	0.533	0.691	0.865	0.960
	其他材料费	元	–	4.350	4.630	4.930	5.230	5.910	6.580
机 械	电焊机(综合)	台班	183.97	0.454	0.524	0.595	0.768	0.966	1.068
	氩弧焊机 500A	台班	116.61	0.165	0.170	0.174	0.197	0.222	0.247
	电焊条烘干箱 60×50×75cm³	台班	28.84	0.042	0.049	0.056	0.073	0.092	0.102
	半自动切割机 100mm	台班	96.23	0.127	0.133	0.139	0.162	0.188	0.201
	汽车式起重机 8t	台班	728.19	0.040	0.054	0.063	0.080	0.100	0.122
	吊装机械综合(1)	台班	1312.50	0.139	0.139	0.155	0.169	0.184	0.184
	载货汽车 8t	台班	619.25	0.040	0.054	0.063	0.080	0.100	0.122

3. 不锈钢管(电弧焊)

工作内容:管子切口,坡口加工,坡口磨平,管口组对、焊接,管口封闭,垂直运输,管道安装,焊缝钝化。

单位:10m

定 额 编 号			10-1-308	10-1-309	10-1-310	10-1-311	10-1-312	10-1-313
项 目			公称直径（mm）					
			15 以内	20 以内	25 以内	32 以内	40 以内	50 以内
基 价 （元）			**54.61**	**57.47**	**62.78**	**70.51**	**82.78**	**114.36**
其中	人 工 费 （元）		46.48	47.76	49.36	54.64	61.84	85.36
	材 料 费 （元）		2.76	3.23	4.87	5.64	7.70	11.46
	机 械 费 （元）		5.37	6.48	8.55	10.23	13.24	17.54
名 称	单位	单价(元)	数			量		
人工 综合工日	工日	80.00	0.581	0.597	0.617	0.683	0.773	1.067
材料 中压不锈钢管	m	-	(9.840)	(9.840)	(9.840)	(9.840)	(9.740)	(9.740)
不锈钢电焊条302	kg	40.00	0.032	0.040	0.058	0.072	0.111	0.191
尼龙砂轮片 $\phi100$	片	7.60	0.027	0.033	0.053	0.066	0.093	0.137
尼龙砂轮片 $\phi500$	片	15.00	0.005	0.006	0.012	0.014	0.017	0.019
其他材料费	元	-	1.200	1.290	1.970	2.050	2.300	2.490
机械 电焊机(综合)	台班	183.97	0.025	0.031	0.042	0.051	0.067	0.090
砂轮切割机 $\phi500$	台班	9.52	0.001	0.001	0.003	0.003	0.004	0.005
电动空气压缩机 6m³/min	台班	338.45	0.002	0.002	0.002	0.002	0.002	0.002
电焊条烘干箱 60×50×75cm³	台班	28.84	0.003	0.003	0.004	0.005	0.007	0.009

工作内容: 管子切口,坡口加工,坡口磨平,管口组对、焊接,管口封闭,垂直运输,管道安装,焊缝钝化。　　　　　　单位:10m

定　额　编　号			10-1-314	10-1-315	10-1-316	10-1-317	10-1-318	10-1-319
项　　　　　目			公称直径（mm）					
			65 以内	80 以内	100 以内	125 以内	150 以内	200 以内
基　　　价　（元）			**156.68**	**190.97**	**242.34**	**381.53**	**438.67**	**649.40**
其中	人　工　费　（元）		114.32	121.28	141.68	144.08	162.64	242.08
	材　料　费　（元）		17.67	20.56	32.09	36.32	50.53	92.65
	机　械　费　（元）		24.69	49.13	68.57	201.13	225.50	314.67
名　　称	单位	单价(元)	数			量		
人工 综合工日	工日	80.00	1.429	1.516	1.771	1.801	2.033	3.026
材料	中压不锈钢管	m	–	(9.740)	(9.530)	(9.530)	(9.530)	(9.380)	(9.380)
	不锈钢电焊条 302	kg	40.00	0.318	0.374	0.637	0.746	1.064	2.013
	尼龙砂轮片 ϕ100	片	7.60	0.181	0.219	0.258	0.303	0.426	0.764
	尼龙砂轮片 ϕ500	片	15.00	0.034	0.041	0.062	–	–	–
	其他材料费	元	–	3.060	3.320	3.720	4.180	4.730	6.320
机械	电焊机（综合）	台班	183.97	0.128	0.151	0.221	0.258	0.323	0.479
	砂轮切割机 ϕ500	台班	9.52	0.009	0.012	0.014	–	–	–
	电动空气压缩机 6m³/min	台班	338.45	0.002	0.002	0.002	0.002	0.002	0.002
	电焊条烘干箱 60×50×75cm³	台班	28.84	0.013	0.015	0.022	0.026	0.032	0.048
	等离子弧焊机 400A	台班	226.59	–	0.054	0.071	0.094	0.116	0.167
	汽车式起重机 8t	台班	728.19	–	–	–	0.011	0.014	0.023
	吊装机械综合(1)	台班	1312.50	–	–	–	0.078	0.078	0.100
	载货汽车 8t	台班	619.25	–	–	–	0.011	0.014	0.023
	电动空气压缩机 1m³/min	台班	146.17	–	0.054	0.071	0.094	0.116	0.167

工作内容:管子切口,坡口加工,坡口磨平,管口组对、焊接,管口封闭,垂直运输,管道安装,焊缝钝化。　　　　　　单位:10m

定　额　编　号				10-1-320	10-1-321	10-1-322	10-1-323
项　　　　　目				公称直径（mm）			
				250 以内	300 以内	350 以内	400 以内
基　　　价（元）				**873.84**	**1080.35**	**1374.24**	**1673.75**
其中	人　工　费（元）			290.72	345.60	410.88	468.16
	材　料　费（元）			148.44	221.67	327.26	441.02
	机　械　费（元）			434.68	513.08	636.10	764.57
名　　　　　称		单位	单价(元)	数		量	
人工	综合工日	工日	80.00	3.634	4.320	5.136	5.852
材料	中压不锈钢管	m	–	(9.380)	(9.380)	(9.380)	(9.530)
	不锈钢电焊条 302	kg	40.00	3.308	5.024	7.534	10.328
	尼龙砂轮片 $\phi100$	片	7.60	1.160	1.631	2.187	2.302
	其他材料费	元	–	7.300	8.310	9.280	10.400
机械	电焊机(综合)	台班	183.97	0.659	0.871	1.188	1.529
	电动空气压缩机 6m³/min	台班	338.45	0.002	0.002	0.002	0.002
	电焊条烘干箱 60×50×75cm³	台班	28.84	0.066	0.088	0.119	0.153
	等离子弧焊机 400A	台班	226.59	0.218	0.275	0.332	0.395
	汽车式起重机 8t	台班	728.19	0.035	0.048	0.064	0.081
	吊装机械综合(1)	台班	1312.50	0.139	0.139	0.155	0.169
	载货汽车 8t	台班	619.25	0.035	0.048	0.064	0.081
	电动空气压缩机 1m³/min	台班	146.17	0.218	0.275	0.332	0.395

4.不锈钢管(氩电联焊)

工作内容:管子切口,坡口加工,管口组对、焊接,管口封闭,垂直运输,管道安装,焊缝钝化。

单位:10m

定　额　编　号			10-1-324	10-1-325	10-1-326	10-1-327
项　　　　目			公称直径（mm）			
			50 以内	65 以内	80 以内	100 以内
基　　　价　（元）			**125.35**	**178.15**	**201.84**	**244.36**
其中	人　工　费　（元）		89.28	120.80	136.72	153.92
	材　料　费　（元）		10.20	16.70	19.85	31.12
	机　械　费　（元）		25.87	40.65	45.27	59.32
名　　　称	单位	单价（元）	数		量	
人工 综合工日	工日	80.00	1.116	1.510	1.709	1.924
材料 中压不锈钢管	m	–	(9.740)	(9.740)	(9.530)	(9.530)
不锈钢电焊条 302	kg	40.00	0.115	0.232	0.273	0.499
不锈钢氩弧焊丝 1Cr18Ni9Ti	kg	32.00	0.033	0.045	0.056	0.072
氩气	m^3	15.00	0.093	0.124	0.157	0.202
铈钨棒	g	0.39	0.156	0.194	0.231	0.299
尼龙砂轮片 φ100	片	7.60	0.059	0.088	0.104	0.150
尼龙砂轮片 φ500	片	15.00	0.019	0.034	0.041	0.062
其他材料费	元	–	2.350	2.870	3.290	3.640
机械 电焊机（综合）	台班	183.97	0.060	0.099	0.116	0.173
氩弧焊机 500A	台班	116.61	0.055	0.069	0.081	0.106
砂轮切割机 φ500	台班	9.52	0.005	0.009	0.012	0.014
普通车床 630mm×2000mm	台班	187.70	0.031	0.055	0.055	0.057
电动葫芦（单速）3t	台班	54.90	0.031	0.055	0.055	0.057
电动空气压缩机 6m³/min	台班	338.45	0.002	0.002	0.002	0.002
电焊条烘干箱 60×50×75cm³	台班	28.84	0.006	0.010	0.012	0.017

工作内容:管子切口,坡口加工,管口组对、焊接,管口封闭,垂直运输,管道安装,焊缝钝化。

单位:10m

定　额　编　号				10-1-328	10-1-329	10-1-330
项　　　目				公称直径(mm)		
				125 以内	150 以内	200 以内
基　　价　(元)				**387.16**	**433.29**	**632.42**
其中	人　工　费　(元)			163.52	176.16	256.40
	材　料　费　(元)			35.72	49.29	89.52
	机　械　费　(元)			187.92	207.84	286.50
	名　　　称	单位	单价(元)	数		量
人工	综合工日	工日	80.00	2.044	2.202	3.205
材料	中压不锈钢管	m	—	(9.530)	(9.380)	(9.380)
	不锈钢电焊条 302	kg	40.00	0.584	0.864	1.712
	不锈钢氩弧焊丝 1Cr18Ni9Ti	kg	32.00	0.092	0.110	0.156
	氩气	m³	15.00	0.257	0.308	0.437
	铈钨棒	g	0.39	0.354	0.424	0.585
	尼龙砂轮片 φ100	片	7.60	0.176	0.239	0.410

单位:10m

定　额　编　号			10-1-328	10-1-329	10-1-330
项　　　　　　目			公称直径（mm）		
			125 以内	150 以内	200 以内
材料 其他材料费	元	–	4.090	4.610	6.150
机 电焊机(综合)	台班	183.97	0.201	0.265	0.411
氩弧焊机 500A	台班	116.61	0.126	0.146	0.199
普通车床 630mm×2000mm	台班	187.70	0.058	0.060	0.068
电动葫芦(单速) 3t	台班	54.90	0.058	0.060	0.068
电动空气压缩机 6m³/min	台班	338.45	0.002	0.002	0.002
电焊条烘干箱 60×50×75cm³	台班	28.84	0.020	0.026	0.041
等离子弧焊机 400A	台班	226.59	0.010	0.013	0.019
汽车式起重机 8t	台班	728.19	0.011	0.014	0.023
吊装机械综合(1)	台班	1312.50	0.078	0.078	0.100
械 载货汽车 8t	台班	619.25	0.011	0.014	0.023
电动空气压缩机 1m³/min	台班	146.17	0.010	0.013	0.019

工作内容：管子切口,坡口加工,管口组对、焊接,管口封闭,垂直运输,管道安装,焊缝钝化。

单位:10m

定 额 编 号				10-1-331	10-1-332	10-1-333	10-1-334
项 目				公称直径（mm）			
				250 以内	300 以内	350 以内	400 以内
基 价 （元）				**835.42**	**1013.72**	**1281.17**	**1571.69**
其中	人 工 费 （元）			301.44	352.24	415.28	480.56
	材 料 费 （元）			141.98	211.07	310.40	424.08
	机 械 费 （元）			392.00	450.41	555.49	667.05
名 称		单位	单价(元)	数		量	
人工	综合工日	工日	80.00	3.768	4.403	5.191	6.007
材料	中压不锈钢管	m	–	(9.380)	(9.380)	(9.380)	(9.380)
	不锈钢电焊条 302	kg	40.00	2.896	4.484	6.828	9.447
	不锈钢氩弧焊丝 1Cr18Ni9Ti	kg	32.00	0.195	0.238	0.276	0.346
	氩气	m³	15.00	0.546	0.666	0.774	0.970
	铈钨棒	g	0.39	0.731	0.870	1.009	1.114
	尼龙砂轮片 φ100	片	7.60	0.573	0.758	0.991	1.321

定 额 编 号			10-1-331	10-1-332	10-1-333	10-1-334
项 目			公称直径（mm）			
			250 以内	300 以内	350 以内	400 以内
材料	其他材料费	元	–	7.070	8.000	8.910	10.100
机 械	电焊机(综合)	台班	183.97	0.552	0.708	0.980	1.273
	氩弧焊机 500A	台班	116.61	0.254	0.298	0.323	0.365
	等离子弧焊机 400A	台班	226.59	0.025	0.031	0.037	0.044
	普通车床 630mm×2000mm	台班	187.70	0.081	0.099	0.126	0.159
	汽车式起重机 8t	台班	728.19	0.035	0.048	0.064	0.081
	吊装机械综合(1)	台班	1312.50	0.139	0.139	0.155	0.169
	载货汽车 8t	台班	619.25	0.035	0.048	0.064	0.081
	电动葫芦(单速) 3t	台班	54.90	0.081	0.099	0.126	0.159
	电动空气压缩机 1m³/min	台班	146.17	0.025	0.031	0.037	0.044
	电动空气压缩机 6m³/min	台班	338.45	0.002	0.002	0.002	0.002
	电焊条烘干箱 60×50×75cm³	台班	28.84	0.055	0.071	0.098	0.128

5. 合金钢管(电弧焊)

工作内容:光谱分析,管子切口,坡口加工,管口组对、焊接,管口封闭,垂直运输,管道安装。

单位:10m

定 额 编 号			10-1-335	10-1-336	10-1-337	10-1-338	10-1-339	10-1-340
项 目			公称直径（mm）					
			15 以内	20 以内	25 以内	32 以内	40 以内	50 以内
基 价（元）			**61.44**	**72.77**	**80.39**	**90.72**	**100.40**	**125.04**
其中	人 工 费（元）		48.88	55.44	60.00	66.56	73.20	86.24
	材 料 费（元）		3.04	4.64	5.99	7.15	8.14	12.34
	机 械 费（元）		9.52	12.69	14.40	17.01	19.06	26.46
名 称	单位	单价（元）	数			量		
人工	综合工日	工日	80.00	0.611	0.693	0.750	0.832	0.915	1.078
材料	碳钢管(合金钢管)	m	–	(9.840)	(9.840)	(9.840)	(9.840)	(9.840)	(9.840)
	低合金钢耐热电焊条	kg	47.25	0.031	0.062	0.076	0.094	0.108	0.186
	氧气	m³	3.60	0.005	0.006	0.007	0.008	0.011	0.012
	乙炔气	m³	25.20	0.002	0.002	0.002	0.003	0.004	0.004
	尼龙砂轮片 $\phi100$	片	7.60	0.030	0.036	0.041	0.049	0.055	0.071
	尼龙砂轮片 $\phi500$	片	15.00	0.004	0.005	0.008	0.010	0.012	0.018
	其他材料费	元	–	1.220	1.290	1.890	2.080	2.300	2.600
机械	电焊机(综合)	台班	183.97	0.026	0.041	0.049	0.061	0.071	0.093
	砂轮切割机 $\phi500$	台班	9.52	0.001	0.001	0.003	0.003	0.003	0.003
	普通车床 630mm×2000mm	台班	187.70	0.018	0.020	0.021	0.023	0.024	0.032
	光谱仪	台班	143.99	0.009	0.009	0.009	0.009	0.009	0.009
	电动葫芦(单速) 3t	台班	54.90	–	–	–	–	–	0.032
	电焊条烘干箱 60×50×75cm³	台班	28.84	0.002	0.003	0.004	0.005	0.006	0.009

工作内容:光谱分析,管子切口,坡口加工,管口组对、焊接,管口封闭,垂直运输,管道安装。

单位:10m

定 额 编 号			10-1-341	10-1-342	10-1-343	10-1-344	10-1-345	10-1-346
项 目			公称直径(mm)					
			65 以内	80 以内	100 以内	125 以内	150 以内	200 以内
基 价 (元)			**168.67**	**184.66**	**230.91**	**368.06**	**404.49**	**589.63**
其中	人 工 费 (元)		113.68	122.64	144.40	152.96	157.52	227.12
	材 料 费 (元)		18.99	22.16	35.42	40.64	56.55	103.35
	机 械 费 (元)		36.00	39.86	51.09	174.46	190.42	259.16
名 称	单位	单价(元)	数			量		
人工 综合工日	工日	80.00	1.421	1.533	1.805	1.912	1.969	2.839
材料 碳钢管(合金钢管)	m	—	(9.840)	(9.530)	(9.530)	(9.530)	(9.530)	(9.380)
低合金钢耐热电焊条	kg	47.25	0.309	0.364	0.619	0.725	1.035	1.958
氧气	m³	3.60	0.021	0.023	0.031	0.035	0.133	0.203
乙炔气	m³	25.20	0.007	0.008	0.010	0.012	0.045	0.068
尼龙砂轮片 φ100	片	7.60	0.100	0.116	0.162	0.190	0.253	0.428
尼龙砂轮片 φ500	片	15.00	0.028	0.033	0.046	0.054	—	—
其他材料费	元	—	2.960	3.300	3.890	3.700	4.110	5.140
机械 电焊机(综合)	台班	183.97	0.127	0.150	0.209	0.241	0.299	0.437
砂轮切割机 φ500	台班	9.52	0.051	0.006	0.009	0.009	—	—
光谱仪	台班	143.99	0.051	0.051	0.052	0.053	0.055	0.063
普通车床 630mm×2000mm	台班	187.70	0.009	0.009	0.009	0.009	0.009	0.009
电动葫芦(单速)3t	台班	54.90	0.051	0.051	0.052	0.053	0.055	0.063
电焊条烘干箱 60×50×75cm³	台班	28.84	0.011	0.013	0.018	0.021	0.027	0.040
半自动切割机 100mm	台班	96.23	—	—	—	—	0.008	0.012
汽车式起重机 8t	台班	728.19	—	—	—	0.011	0.014	0.023
吊装机械综合(1)	台班	1312.50	—	—	0.078	0.078	0.078	0.100
载货汽车 8t	台班	619.25	—	—	0.011	0.011	0.014	0.023

工作内容: 光谱分析,管子切口,坡口加工,管口组对、焊接,管口封闭,垂直运输,管道安装。

单位:10m

定 额 编 号			10-1-347	10-1-348	10-1-349	10-1-350	10-1-351	10-1-352
项 目			公称直径(mm)					
			250 以内	300 以内	350 以内	400 以内	450 以内	500 以内
基 价 (元)			**800.52**	**975.97**	**1232.34**	**1546.59**	**1974.28**	**2227.90**
其中	人 工 费 (元)		271.76	315.68	370.00	455.12	513.44	624.48
	材 料 费 (元)		165.47	247.35	365.79	498.46	665.98	737.09
	机 械 费 (元)		363.29	412.94	496.55	593.01	794.86	866.33
名 称	单位	单价(元)	数			量		
人工 综合工日	工日	80.00	3.397	3.946	4.625	5.689	6.418	7.806
材料 碳钢管(合金钢管)	m	—	(9.380)	(9.380)	(9.380)	(9.380)	(9.380)	(9.380)
低合金钢耐热电焊条	kg	47.25	3.216	4.886	7.326	10.043	13.506	14.947
氧气	m³	3.60	0.288	0.371	0.437	0.543	0.611	0.672
乙炔气	m³	25.20	0.096	0.124	0.145	0.181	0.204	0.224
尼龙砂轮片 $\phi100$	片	7.60	0.534	0.703	0.916	1.219	1.477	1.641
其他材料费	元	—	6.000	6.680	7.450	8.150	9.260	10.310
机械 电焊机(综合)	台班	183.97	0.570	0.711	0.949	1.205	1.505	1.666
普通车床 630mm×2000mm	台班	187.70	0.074	0.092	0.116	0.145	0.185	0.201
光谱仪	台班	143.99	0.009	0.009	0.009	0.009	0.009	0.009
电动葫芦(单速)3t	台班	54.90	0.074	0.092	0.116	0.145	—	—
电焊条烘干箱 60×50×75cm³	台班	28.84	0.052	0.065	0.089	0.115	0.144	0.159
半自动切割机 100mm	台班	96.23	0.014	0.015	0.017	0.020	0.025	0.027
汽车式起重机 8t	台班	728.19	0.040	0.054	0.063	0.080	0.100	0.122
吊装机械综合(1)	台班	1312.50	0.139	0.139	0.155	0.169	0.184	0.184
载货汽车 8t	台班	619.25	0.040	0.054	0.063	0.080	0.100	0.122
电动双梁桥式起重机 20t/5t	台班	536.00	—	—	—	—	0.185	0.201

6. 合金钢管(氩电联焊)

工作内容:光谱分析,管子切口,坡口加工,管口组对、焊接,管口封闭,垂直运输,管道安装。

单位:10m

定　额　编　号				10-1-353	10-1-354	10-1-355	10-1-356	10-1-357	10-1-358	10-1-359
项　　　　　目				公称直径(mm)						
				50 以内	65 以内	80 以内	100 以内	125 以内	150 以内	200 以内
基　　　价　　(元)				**124.74**	**169.30**	**185.66**	**233.27**	**371.64**	**397.58**	**595.78**
其中	人　工　费　(元)			87.28	114.96	124.24	146.96	156.16	161.60	233.44
	材　料　费　(元)			11.01	17.16	20.05	32.36	37.82	51.72	95.82
	机　械　费　(元)			26.45	37.18	41.37	53.95	177.66	184.26	266.52
名　　　　称		单位	单价(元)	数			量			
人工	综合工日	工日	80.00	1.091	1.437	1.553	1.837	1.952	2.020	2.918
材料	碳钢管(合金钢管)	m	—	(9.840)	(9.840)	(9.530)	(9.530)	(9.530)	(9.530)	(9.380)
	低合金钢耐热电焊条	kg	47.25	0.132	0.226	0.266	0.486	0.568	0.840	1.665
	合金钢氩弧焊丝	kg	16.20	0.028	0.035	0.042	0.054	0.064	0.077	0.106
	氧气	m³	3.60	0.012	0.021	0.023	0.031	0.035	0.117	0.203
	乙炔气	m³	25.20	0.004	0.007	0.008	0.010	0.012	0.039	0.068
	氩气	m³	15.00	0.078	0.098	0.118	0.151	0.179	0.215	0.296
	铈钨棒	g	0.39	0.155	0.196	0.235	0.302	0.358	0.429	0.593

定 额 编 号			10-1-353	10-1-354	10-1-355	10-1-356	10-1-357	10-1-358	10-1-359
项 目			公称直径（mm）						
			50 以内	65 以内	80 以内	100 以内	125 以内	150 以内	200 以内
材料	尼龙砂轮片 $\phi100$	片	7.60	0.073	0.098	0.114	0.159	0.288	0.248	0.419
	尼龙砂轮片 $\phi500$	片	15.00	0.018	0.028	0.033	0.046	0.054	—	—
	其他材料费	元	—	2.120	2.950	3.290	3.880	3.690	4.100	5.130
机械	电焊机(综合)	台班	183.97	0.070	0.097	0.114	0.170	0.196	0.249	0.377
	砂轮切割机 $\phi500$	台班	9.52	0.003	0.005	0.006	0.009	0.009	—	—
	普通车床 630mm × 2000mm	台班	187.70	0.032	0.051	0.051	0.052	0.053	0.055	0.063
	电焊条烘干箱 60 × 50 × 75cm³	台班	28.84	0.006	0.009	0.009	0.014	0.017	0.022	0.034
	半自动切割机 100mm	台班	96.23	—	—	—	—	—	0.008	0.012
	电动葫芦(单速) 3t	台班	54.90	0.032	0.051	0.051	0.052	0.053	0.055	0.063
	光谱仪	台班	143.99	0.009	0.009	0.009	0.009	0.009	0.009	0.009
	吊装机械综合(1)	台班	1312.50	—	—	—	—	0.078	0.078	0.100
	汽车式起重机 8t	台班	728.19	—	—	—	—	0.011	0.014	0.023
	氩弧焊机 500A	台班	116.61	0.037	0.046	0.055	0.071	0.083	0.010	0.139
	载货汽车 8t	台班	619.25	—	—	—	—	0.011	0.014	0.023

工作内容:光谱分析,管子切口,坡口加工,管口组对、焊接,管口封闭,垂直运输,管道安装。　　　　　　　　　　　　　　单位:10m

定　额　编　号			10-1-360	10-1-361	10-1-362	10-1-363	10-1-364	10-1-365
项　　　　目			公称直径（mm）					
			250 以内	300 以内	350 以内	400 以内	450 以内	500 以内
基　　价　（元）			**806.78**	**885.28**	**1068.76**	**1329.81**	**1668.06**	**1889.09**
其中	人　工　费　（元）		280.40	297.12	346.80	426.72	477.12	584.56
	材　料　费　（元）		154.89	180.91	264.91	361.55	483.54	535.29
	机　械　费　（元）		371.49	407.25	457.05	541.54	707.40	769.24
名　　　称	单位	单价(元)	数			量		
人工 综合工日	工日	80.00	3.505	3.714	4.335	5.334	5.964	7.307
材料 碳钢管(合金钢管)	m	–	(9.380)	(9.380)	(9.380)	(9.380)	(9.380)	(9.380)
低合金钢耐热电焊条	kg	47.25	2.816	3.334	5.077	7.025	9.512	10.527
合金钢氩弧焊丝	kg	16.20	0.132	0.136	0.140	0.158	0.178	0.198
氧气	m³	3.60	0.288	0.293	0.344	0.429	0.482	0.530
乙炔气	m³	25.20	0.096	0.098	0.114	0.143	0.161	0.177
氩气	m³	15.00	0.370	0.381	0.391	0.441	0.498	0.554
铈钨棒	g	0.39	0.740	0.761	0.782	0.883	0.995	1.107

续前

定 额 编 号			10-1-360	10-1-361	10-1-362	10-1-363	10-1-364	10-1-365
项 目			公称直径（mm）					
			250 以内	300 以内	350 以内	400 以内	450 以内	500 以内
材料	尼龙砂轮片 φ100	片	7.60	0.580	0.703	0.764	1.016	1.230	1.367
	其他材料费	元	—	5.990	6.300	6.670	7.230	8.220	9.180
机械	电焊机（综合）	台班	183.97	0.506	0.584	0.661	0.847	1.065	1.178
	氩弧焊机 500A	台班	116.61	0.173	0.178	0.183	0.207	0.232	0.258
	半自动切割机 100mm	台班	96.23	0.014	0.014	0.014	0.015	0.020	0.021
	普通车床 630mm×2000mm	台班	187.70	0.074	0.081	0.088	0.111	0.141	0.152
	光谱仪	台班	143.99	0.009	0.009	0.009	0.009	0.009	0.009
	汽车式起重机 8t	台班	728.19	0.040	0.054	0.063	0.080	0.100	0.122
	吊装机械综合（1）	台班	1312.50	0.139	0.139	0.155	0.169	0.184	0.184
	载货汽车 8t	台班	619.25	0.040	0.054	0.063	0.080	0.100	0.122
	电动双梁桥式起重机 20t/5t	台班	536.00	—	—	—	—	0.141	0.152
	电动葫芦（单速）3t	台班	54.90	0.074	0.081	0.088	0.111	—	—
	电焊条烘干箱 60×50×75cm³	台班	28.84	0.045	0.054	0.062	0.080	0.101	0.112

7. 铜管（氧乙炔焊）

工作内容：管子切口，坡口加工，坡口磨平，管口组对、焊前预热，焊接，垂直运输，管道安装。

单位：10m

定 额 编 号			10-1-366	10-1-367	10-1-368	10-1-369	10-1-370
项 目			管外径（mm）				
			20 以内	30 以内	40 以内	50 以内	65 以内
基 价 （元）			**42.52**	**59.32**	**76.18**	**90.78**	**102.00**
其中	人 工 费 （元）		38.08	52.88	67.04	79.68	87.76
	材 料 费 （元）		4.43	6.42	9.11	11.06	14.18
	机 械 费 （元）		0.01	0.02	0.03	0.04	0.06
名 称	单位	单价（元）	数		量		
人工 综合工日	工日	80.00	0.476	0.661	0.838	0.996	1.097
材料 中压铜管	m	—	(10.000)	(10.000)	(10.000)	(10.000)	(10.000)
铜气焊丝	kg	38.00	0.033	0.051	0.068	0.086	0.113
氧气	m³	3.60	0.126	0.195	0.267	0.335	0.435
乙炔气	m³	25.20	0.052	0.080	0.110	0.139	0.181
尼龙砂轮片 φ100	片	7.60	0.042	0.079	0.107	0.135	0.190
尼龙砂轮片 φ500	片	15.00	0.005	0.007	0.012	0.016	0.018
硼砂	kg	3.60	0.007	0.010	0.014	0.017	0.022
其他材料费	元	—	0.990	1.020	1.750	1.760	1.970
机械 砂轮切割机 φ500	台班	9.52	0.001	0.002	0.003	0.004	0.006

工作内容:管子切口,坡口加工,坡口磨平,管口组对、焊前预热、焊接,垂直运输,管道安装。

单位:10m

定　额　编　号			10-1-371	10-1-372	10-1-373	10-1-374	10-1-375
项　　　　目			管外径(mm)				
			75 以内	85 以内	100 以内	120 以内	150 以内
基　　价　　(元)			**111.20**	**187.47**	**202.72**	**344.10**	**391.92**
其中	人　工　费　(元)		94.64	114.16	117.68	132.64	153.60
	材　料　费　(元)		16.49	27.09	30.99	37.49	46.60
	机　械　费　(元)		0.07	46.22	54.05	173.97	191.72
名　　　　称	单位	单价(元)	数		量		
人工 综合工日	工日	80.00	1.183	1.427	1.471	1.658	1.920
材料 中压铜管	m	—	(9.800)	(9.880)	(9.880)	(9.880)	(9.880)
铜气焊丝	kg	38.00	0.132	0.223	0.256	0.312	0.390
氧气	m³	3.60	0.510	0.871	0.988	1.191	1.495
乙炔气	m³	25.20	0.212	0.360	0.408	0.493	0.619
尼龙砂轮片 ϕ100	片	7.60	0.224	0.533	0.606	0.791	0.998
尼龙砂轮片 ϕ500	片	15.00	0.021	—	—	—	—
硼砂	kg	3.60	0.026	0.044	0.049	0.060	0.075
其他材料费	元	—	2.180	2.200	2.640	2.700	2.940
机械 砂轮切割机 ϕ500	台班	9.52	0.007	—	—	—	—
等离子弧焊机 400A	台班	226.59	—	0.124	0.145	0.174	0.218
电动空气压缩机 1m³/min	台班	146.17	—	0.124	0.145	0.174	0.218
汽车式起重机 8t	台班	728.19	—	—	—	0.005	0.006
吊装机械综合(1)	台班	1312.50	—	—	—	0.078	0.078
载货汽车 8t	台班	619.25	—	—	—	0.005	0.006

工作内容：管子切口，坡口加工，坡口磨平，管口组对、焊前预热，焊接，垂直运输，管道安装。

单位：10m

定　额　编　号				10-1-376	10-1-377	10-1-378	10-1-379
项　　　　　目				管外径（mm）			
				185 以内	200 以内	250 以内	300 以内
基　　　价　（元）				**493.93**	**577.48**	**729.11**	**844.58**
其中	人　工　费　（元）			194.32	232.00	280.40	335.84
	材　料　费　（元）			57.31	88.41	110.78	135.74
	机　械　费　（元）			242.30	257.07	337.93	373.00
名　　　　称		单位	单价（元）	数			量
人工	综合工日	工日	80.00	2.429	2.900	3.505	4.198
材料	中压铜管	m	－	(9.880)	(9.880)	(9.880)	(9.880)
	铜气焊丝	kg	38.00	0.483	0.802	1.007	1.210
	氧气	m³	3.60	1.858	2.949	3.702	4.439
	乙炔气	m³	25.20	0.768	1.214	1.521	1.827
	尼龙砂轮片 φ100	片	7.60	1.240	1.705	2.147	2.588
	硼砂	kg	3.60	0.092	0.156	0.196	0.235
	其他材料费	元	－	3.160	3.210	3.830	7.220
机械	等离子弧焊机 400A	台班	226.59	0.269	0.305	0.381	0.457
	电动空气压缩机 1m³/min	台班	146.17	0.269	0.305	0.381	0.457
	汽车式起重机 8t	台班	728.19	0.008	0.009	0.010	0.015
	吊装机械综合(1)	台班	1312.50	0.100	0.100	0.139	0.139
	载货汽车 8t	台班	619.25	0.008	0.009	0.010	0.015

8. 螺旋卷管(电弧焊)

工作内容: 管子切口,坡口加工,坡口磨平,管口组对、焊接,垂直运输,管道安装。

单位:10m

定 额 编 号			10-1-380	10-1-381	10-1-382	10-1-383	10-1-384	10-1-385
项 目			公称直径(mm)					
			200 以内	250 以内	300 以内	350 以内	400 以内	450 以内
基 价 (元)			**253.50**	**295.99**	**334.17**	**384.35**	**431.37**	**507.27**
其中	人 工 费 (元)		94.88	111.28	130.24	153.04	179.68	223.68
	材 料 费 (元)		12.35	16.69	19.11	24.23	26.91	29.66
	机 械 费 (元)		146.27	168.02	184.82	207.08	224.78	253.93
名 称	单位	单价(元)	数			量		
人工 综合工日	工日	80.00	1.186	1.391	1.628	1.913	2.246	2.796
材料 螺旋卷管	m	—	(9.880)	(9.880)	(9.880)	(9.880)	(9.880)	(9.780)
电焊条 结422 ϕ3.2	kg	6.70	0.578	0.867	1.034	1.408	1.593	1.790
氧气	m³	3.60	0.574	0.724	0.802	0.961	1.046	1.130
乙炔气	m³	25.20	0.191	0.242	0.267	0.320	0.349	0.377
尼龙砂轮片 ϕ100	片	7.60	0.144	0.211	0.253	0.339	0.384	0.431
其他材料费	元	—	0.500	0.570	0.640	0.700	0.760	0.820
机械 电焊机(综合)	台班	183.97	0.099	0.130	0.156	0.190	0.214	0.242
汽车式起重机 8t	台班	728.19	0.014	0.020	0.024	0.028	0.031	0.040
吊装机械综合(1)	台班	1312.50	0.083	0.089	0.094	0.102	0.109	0.118
载货汽车 8t	台班	619.25	0.014	0.020	0.024	0.028	0.031	0.040
电焊条烘干箱 60×50×75cm³	台班	28.84	0.009	0.012	0.014	0.018	0.020	0.022

工作内容:管子切口,坡口加工,坡口磨平,管口组对、焊接,垂直运输,管道安装。

单位:10m

定　额　编　号			10-1-386	10-1-387	10-1-388	10-1-389	10-1-390	10-1-391
项　　　　　目			公称直径（mm）					
			500 以内	600 以内	700 以内	800 以内	900 以内	1000 以内
基　　　　价　（元）			**584.17**	**714.71**	**821.80**	**934.31**	**1052.93**	**1225.08**
其中	人　工　费　（元）		265.04	318.88	372.48	423.68	477.20	529.28
	材　料　费　（元）		32.45	46.30	52.65	59.97	67.05	74.43
	机　械　费　（元）		286.68	349.53	396.67	450.66	508.68	621.37
名　　　　称	单位	单价（元）	数			量		
人工 综合工日	工日	80.00	3.313	3.986	4.656	5.296	5.965	6.616
材料	螺旋卷管	m	—	(9.780)	(9.780)	(9.670)	(9.670)	(9.670)	(9.570)
	电焊条 结422 φ3.2	kg	6.70	1.999	3.159	3.616	4.153	4.665	5.177
	氧气	m³	3.60	1.211	1.584	1.769	1.996	2.224	2.446
	乙炔气	m³	25.20	0.404	0.528	0.589	0.666	0.741	0.821
	尼龙砂轮片 φ100	片	7.60	0.478	0.667	0.764	0.872	0.979	1.087
	其他材料费	元	—	0.880	1.060	1.410	1.550	1.670	1.990
机械	电焊机(综合)	台班	183.97	0.269	0.377	0.431	0.492	0.553	0.613
	汽车式起重机 8t	台班	728.19	0.044	0.058	0.066	0.083	0.102	0.113
	吊装机械综合(1)	台班	1312.50	0.135	0.153	0.173	0.188	0.204	0.270
	载货汽车 8t	台班	619.25	0.044	0.058	0.066	0.083	0.102	0.113
	电焊条烘干箱 60×50×75cm³	台班	28.84	0.025	0.042	0.048	0.054	0.061	0.068

三、高压管道

1. 碳钢管(电弧焊)

工作内容:管子切口,坡口加工,管口组对、焊接,管口封闭,垂直运输,管道安装。

单位:10m

	定　额　编　号			10-1-392	10-1-393	10-1-394	10-1-395	10-1-396	10-1-397
	项　　　目			公称直径（mm）					
				15 以内	20 以内	25 以内	32 以内	40 以内	50 以内
	基　　价　（元）			**123.44**	**137.90**	**158.74**	**199.33**	**214.87**	**235.15**
其中	人　工　费　（元）			111.04	121.12	132.64	168.88	181.12	195.28
	材　料　费　（元）			2.27	2.94	4.47	5.59	6.20	8.36
	机　械　费　（元）			10.13	13.84	21.63	24.86	27.55	31.51
	名　　　称	单位	单价(元)	数			量		
人工	综合工日	工日	80.00	1.388	1.514	1.658	2.111	2.264	2.441
材料	高压碳钢管	m	－	(9.690)	(9.690)	(9.690)	(9.690)	(9.690)	(9.530)
	电焊条 结422 φ3.2	kg	6.70	0.088	0.144	0.239	0.347	0.403	0.626
	尼龙砂轮片 φ100	片	7.60	0.015	0.021	0.031	0.042	0.051	0.066
	尼龙砂轮片 φ500	片	15.00	0.006	0.010	0.015	0.021	0.026	0.038
	其他材料费	元	－	1.480	1.670	2.410	2.630	2.720	3.090
机械	电焊机(综合)	台班	183.97	0.031	0.043	0.056	0.072	0.085	0.105
	砂轮切割机 φ500	台班	9.52	0.002	0.003	0.003	0.004	0.004	0.005
	普通车床 630mm×2000mm	台班	187.70	0.023	0.031	0.046	0.047	0.048	0.049
	电动葫芦(单速)3t	台班	54.90	－	－	0.046	0.047	0.048	0.049
	电焊条烘干箱 60×50×75cm³	台班	28.84	0.003	0.003	0.005	0.006	0.008	0.009

工作内容:管子切口,坡口加工,管口组对,焊接,管口封闭,垂直运输,管道安装。

单位:10m

定　额　编　号			10-1-398	10-1-399	10-1-400	10-1-401	10-1-402	10-1-403
项　　　　　目			公称直径（mm）					
			65 以内	80 以内	100 以内	125 以内	150 以内	200 以内
基　　　价　（元）			**265.06**	**385.09**	**513.65**	**629.90**	**826.82**	**1091.67**
其中	人　工　费　（元）		213.20	228.56	300.80	356.80	454.00	571.84
	材　料　费　（元）		12.45	16.37	23.64	35.92	53.59	84.59
	机　械　费　（元）		39.41	140.16	189.21	237.18	319.23	435.24
名　　　称	单位	单价(元)	数			量		
人工	综合工日	工日	80.00	2.665	2.857	3.760	4.460	5.675	7.148
材料	高压碳钢管	m	—	(9.530)	(9.530)	(9.530)	(9.380)	(9.380)	(9.380)
	电焊条 结422 φ3.2	kg	6.70	1.081	1.541	2.410	4.159	6.540	10.178
	尼龙砂轮片 φ100	片	7.60	0.102	0.126	0.132	0.165	0.196	0.680
	尼龙砂轮片 φ500	片	15.00	0.057	0.077	—	—	—	—
	氧气	m³	3.60	—	—	0.151	0.183	0.267	0.375
	乙炔气	m³	25.20	—	—	0.050	0.061	0.089	0.125
	其他材料费	元	—	3.580	3.930	4.690	4.600	5.080	6.730
机械	电焊机(综合)	台班	183.97	0.142	0.181	0.277	0.403	0.587	0.899
	砂轮切割机 φ500	台班	9.52	0.006	0.008	—	—	—	—
	普通车床 630mm×2000mm	台班	187.70	0.053	0.058	0.067	0.140	0.153	0.229
	电动葫芦(单速) 3t	台班	54.90	0.053	0.058	0.067	0.140	0.153	0.229
	电焊条烘干箱 60×50×75cm³	台班	28.84	0.013	0.017	0.025	0.037	0.054	0.083
	半自动切割机 100mm	台班	96.23	—	—	—	—	0.010	0.016
	汽车式起重机 8t	台班	728.19	—	0.010	0.015	0.020	0.028	0.048
	吊装机械综合(1)	台班	1312.50	—	0.060	0.077	0.077	0.102	0.111
	载货汽车 8t	台班	619.25	—	0.010	0.015	0.020	0.028	0.048

工作内容：管子切口,坡口加工,管口组对,焊接,管口封闭,垂直运输,管道安装。

单位:10m

定 额 编 号			10-1-404	10-1-405	10-1-406	10-1-407	10-1-408	10-1-409
项 目			公称直径（mm）					
			250 以内	300 以内	350 以内	400 以内	450 以内	500 以内
基 价 （元）			**1513.10**	**1663.05**	**2039.38**	**2392.54**	**2959.49**	**3360.61**
其中	人 工 费 （元）		662.64	720.80	842.48	965.04	1112.96	1252.80
	材 料 费 （元）		121.53	136.14	180.29	236.58	306.97	372.13
	机 械 费 （元）		728.93	806.11	1016.61	1190.92	1539.56	1735.68
名 称	单位	单价(元)	数			量		
人工	综合工日	工日	80.00	8.283	9.010	10.531	12.063	13.912	15.660

名 称	单位	单价(元)	数量					
人工 综合工日	工日	80.00	8.283	9.010	10.531	12.063	13.912	15.660
材料 高压碳钢管	m	—	(9.320)	(9.320)	(9.320)	(9.320)	(9.220)	(9.220)
电焊条 结422 φ3.2	kg	6.70	14.922	16.944	23.001	30.747	40.291	49.030
尼龙砂轮片 φ100	片	7.60	1.004	1.017	1.329	1.666	1.965	2.449
氧气	m³	3.60	0.513	0.564	0.614	0.706	0.946	1.081
乙炔气	m³	25.20	0.171	0.188	0.205	0.235	0.315	0.360
其他材料费	元	—	7.770	8.120	8.710	9.450	10.740	12.050
机械 电焊机(综合)	台班	183.97	1.306	1.425	1.867	2.428	3.158	3.844
普通车床 630mm×2000mm	台班	187.70	0.276	0.309	0.343	0.375	0.466	0.507
电焊条烘干箱 60×50×75cm³	台班	28.84	0.122	0.133	0.173	0.227	0.297	0.361
半自动切割机 100mm	台班	96.23	0.036	0.037	0.046	0.052	0.063	0.084
汽车式起重机 8t	台班	728.19	0.068	0.091	0.134	0.168	0.235	0.262
吊装机械综合(1)	台班	1312.50	0.145	0.145	0.179	0.179	0.221	0.221
载货汽车 8t	台班	619.25	0.068	0.091	0.134	0.168	0.235	0.262
电动双梁桥式起重机 20t/5t	台班	536.00	0.276	0.309	0.343	0.375	0.466	0.507

2.碳钢管(氩电联焊)

工作内容:管子切口,坡口加工,管口组对、焊接,管口封闭,垂直运输,管道安装。

单位:10m

定　额　编　号			10-1-410	10-1-411	10-1-412	10-1-413	10-1-414	10-1-415
项　　　　　目			公称直径（mm）					
			15 以内	20 以内	25 以内	32 以内	40 以内	50 以内
基　　　　价　　（元）			**123.65**	**138.65**	**158.87**	**198.89**	**213.97**	**245.24**
其中	人　工　费　（元）		114.48	126.08	138.80	176.56	189.52	202.72
	材　料　费　（元）		2.93	3.99	5.66	6.90	7.76	9.26
	机　械　费　（元）		6.24	8.58	14.41	15.43	16.69	33.26
名　　称	单位	单价（元）	数			量		
人工 综合工日	工日	80.00	1.431	1.576	1.735	2.207	2.369	2.534
材料 高压碳钢管	m	－	(9.690)	(9.690)	(9.690)	(9.690)	(9.690)	(9.530)
电焊条 结422 φ3.2	kg	6.70	0.121	0.223	0.318	0.432	0.498	0.581
碳钢焊丝	kg	14.40	0.011	0.013	0.015	0.017	0.019	0.020
氩气	m^3	15.00	0.018	0.022	0.029	0.032	0.043	0.057
铈钨棒	g	0.39	0.024	0.043	0.062	0.084	0.101	0.114
尼龙砂轮片 φ100	片	7.60	0.015	0.020	0.028	0.037	0.044	0.069
尼龙砂轮片 φ500	片	15.00	0.006	0.010	0.015	0.021	0.026	0.038
其他材料费	元	－	1.480	1.660	2.420	2.650	2.740	3.090
机械 电焊机(综合)	台班	183.97	0.004	0.006	0.008	0.009	0.012	0.098
氩弧焊机 500A	台班	116.61	0.010	0.014	0.015	0.020	0.024	0.026
砂轮切割机 φ500	台班	9.52	0.002	0.003	0.003	0.004	0.004	0.005
普通车床 630mm×2000mm	台班	187.70	0.023	0.031	0.046	0.047	0.048	0.049
电动葫芦(单速)3t	台班	54.90	－	－	0.046	0.047	0.048	0.049
电焊条烘干箱 60×50×75cm³	台班	28.84	－	－	－	－	－	0.009

工作内容:管子切口,坡口加工,管口组对、焊接,管口封闭,垂直运输,管道安装。

单位:10m

定 额 编 号			10-1-416	10-1-417	10-1-418	10-1-419	10-1-420	10-1-421
项 目			公称直径(mm)					
			65 以内	80 以内	100 以内	125 以内	150 以内	200 以内
基 价 (元)			**275.16**	**394.47**	**528.65**	**647.89**	**846.67**	**1119.01**
其中	人 工 费 (元)		221.28	237.20	312.80	370.88	470.96	594.32
	材 料 费 (元)		13.25	16.30	24.08	36.95	54.34	85.60
	机 械 费 (元)		40.63	140.97	191.77	240.06	321.37	439.09
名 称	单位	单价(元)	数			量		
人工 综合工日	工日	80.00	2.766	2.965	3.910	4.636	5.887	7.429
材料 高压碳钢管	m	–	(9.530)	(9.530)	(9.530)	(9.380)	(9.380)	(9.380)
电焊条 结422 φ3.2	kg	6.70	0.968	1.217	2.057	3.847	6.097	9.506
碳钢焊丝	kg	14.40	0.027	0.035	0.047	0.054	0.064	0.096
氩气	m³	15.00	0.075	0.099	0.132	0.153	0.177	0.270
氧气	m³	3.60	–	–	0.151	0.183	0.267	0.375
乙炔气	m³	25.20	–	–	0.050	0.061	0.089	0.125
铈钨棒	g	0.39	0.150	0.199	0.264	0.306	0.353	0.539

单位:10m

定 额 编 号				10-1-416	10-1-417	10-1-418	10-1-419	10-1-420	10-1-421
项 目				公称直径（mm）					
				65 以内	80 以内	100 以内	125 以内	150 以内	200 以内
材 料	尼龙砂轮片 φ100	片	7.60	0.099	0.131	0.138	0.158	0.197	0.666
	尼龙砂轮片 φ500	片	15.00	0.057	0.077	–	–	–	–
	其他材料费	元	–	3.580	3.930	4.690	4.590	5.070	6.710
机 械	电焊机(综合)	台班	183.97	0.128	0.158	0.254	0.376	0.549	0.844
	氩弧焊机 500A	台班	116.61	0.033	0.044	0.059	0.068	0.079	0.121
	普通车床 630mm×2000mm	台班	187.70	0.053	0.058	0.067	0.140	0.153	0.229
	电动葫芦(单速) 3t	台班	54.90	0.053	0.058	0.067	0.140	0.153	0.229
	电焊条烘干箱 60×50×75cm³	台班	28.84	0.011	0.014	0.022	0.034	0.051	0.078
	汽车式起重机 8t	台班	728.19	–	0.010	0.015	0.020	0.028	0.048
	吊装机械综合(1)	台班	1312.50	–	0.060	0.077	0.077	0.102	0.111
	载货汽车 8t	台班	619.25	–	0.010	0.015	0.020	0.028	0.048
	砂轮切割机 φ500	台班	9.52	0.006	0.008	–	–	–	–
	半自动切割机 100mm	台班	96.23	–	–	–	–	0.010	0.016

工作内容:管子切口,坡口加工,管口组对、焊接,管口封闭,垂直运输,管道安装。

单位:10m

定 额 编 号			10-1-422	10-1-423	10-1-424	10-1-425	10-1-426	10-1-427
项 目			公称直径（mm）					
			250 以内	300 以内	350 以内	400 以内	450 以内	500 以内
基 价 （元）			**1522.80**	**1657.04**	**2068.78**	**2421.54**	**2981.01**	**3384.82**
其 中	人 工 费 （元）		689.76	747.52	872.96	998.96	1148.64	1293.60
	材 料 费 （元）		119.68	134.40	178.84	233.47	300.92	364.92
	机 械 费 （元）		713.36	775.12	1016.98	1189.11	1531.45	1726.30
名 称	单位	单价(元)	数		量			
人工 综合工日	工日	80.00	8.622	9.344	10.912	12.487	14.358	16.170
材 料 高压碳钢管	m	–	(9.320)	(9.320)	(9.320)	(9.320)	(9.220)	(9.220)
电焊条 结422 φ3.2	kg	6.70	13.958	15.927	21.666	29.017	38.112	46.377
碳钢焊丝	kg	14.40	0.105	0.113	0.132	0.150	0.152	0.188
氩气	m³	15.00	0.294	0.317	0.370	0.420	0.426	0.527
氧气	m³	3.60	0.422	0.468	0.614	0.706	0.946	1.081
乙炔气	m³	25.20	0.141	0.156	0.205	0.235	0.315	0.360

续前

定 额 编 号			10-1-422	10-1-423	10-1-424	10-1-425	10-1-426	10-1-427
项 目			公称直径（mm）					
			250 以内	300 以内	350 以内	400 以内	450 以内	500 以内
材 料	铈钨棒	g	0.39	0.586	0.633	0.741	0.840	0.852	1.055
	尼龙砂轮片 φ100	片	7.60	0.983	0.996	1.300	1.630	1.922	2.396
	其他材料费	元	–	7.470	7.870	8.680	9.420	10.710	12.000
机 械	电焊机(综合)	台班	183.97	1.227	1.345	1.766	2.301	2.996	3.647
	氩弧焊机 500A	台班	116.61	0.132	0.142	0.165	0.188	0.190	0.235
	普通车床 630mm×2000mm	台班	187.70	0.247	0.264	0.343	0.375	0.466	0.507
	电焊条烘干箱 60×50×75cm^3	台班	28.84	0.113	0.124	0.163	0.214	0.281	0.342
	半自动切割机 100mm	台班	96.23	0.036	0.037	0.046	0.052	0.063	0.084
	载货汽车 8t	台班	619.25	0.068	0.091	0.134	0.168	0.235	0.262
	汽车式起重机 8t	台班	728.19	0.068	0.091	0.134	0.168	0.235	0.262
	吊装机械综合(1)	台班	1312.50	0.145	0.145	0.179	0.179	0.221	0.221
	电动双梁桥式起重机 20t/5t	台班	536.00	0.256	0.264	0.343	0.375	0.466	0.507

3. 不锈钢管(电弧焊)

工作内容:管子切口,坡口加工,管口组对、焊接,管口封闭,垂直运输,管道安装,焊缝钝化。 单位:10m

定 额 编 号			10-1-428	10-1-429	10-1-430	10-1-431	10-1-432	10-1-433
项 目			公称直径(mm)					
			15 以内	20 以内	25 以内	32 以内	40 以内	50 以内
基 价 (元)			**133.78**	**147.54**	**169.39**	**216.75**	**240.57**	**264.85**
其中	人 工 费 (元)		117.68	126.80	138.96	178.00	193.04	207.92
	材 料 费 (元)		4.55	6.19	10.25	12.34	16.07	21.42
	机 械 费 (元)		11.55	14.55	20.18	26.41	31.46	35.51
名 称	单位	单价(元)	数			量		
人工 综合工日	工日	80.00	1.471	1.585	1.737	2.225	2.413	2.599
材料 高压不锈钢管	m	–	(9.840)	(9.840)	(9.840)	(9.840)	(9.740)	(9.740)
不锈钢电焊条 302	kg	40.00	0.070	0.106	0.179	0.225	0.305	0.427
尼龙砂轮片 ϕ100	片	7.60	0.030	0.039	0.054	0.070	0.089	0.122
尼龙砂轮片 ϕ500	片	15.00	0.008	0.011	0.021	0.025	0.031	0.035
其他材料费	元	–	1.400	1.490	2.360	2.430	2.730	2.890
机械 电焊机(综合)	台班	183.97	0.033	0.043	0.062	0.078	0.093	0.112
砂轮切割机 ϕ500	台班	9.52	0.002	0.003	0.004	0.006	0.008	0.009
普通车床 630mm×2000mm	台班	187.70	0.025	0.031	0.042	0.048	0.055	0.057
电动葫芦(单速) 3t	台班	54.90	–	–	–	0.038	0.055	0.057
电动空气压缩机 6m³/min	台班	338.45	0.002	0.002	0.002	0.002	0.002	0.002
电焊条烘干箱 60×50×75cm³	台班	28.84	0.003	0.004	0.006	0.008	0.009	0.011

工作内容:管子切口,坡口加工,管口组对、焊接,管口封闭,垂直运输,管道安装,焊缝钝化。　　　　　　　　单位:10m

定　额　编　号			10-1-434	10-1-435	10-1-436	10-1-437	10-1-438	10-1-439
项　　　　　目			公称直径（mm）					
			65 以内	80 以内	100 以内	125 以内	150 以内	200 以内
基　　价　（元）			**343.83**	**555.34**	**651.65**	**767.33**	**961.30**	**1579.11**
其中	人　工　费　（元）		267.04	369.36	379.76	409.84	459.92	714.72
	材　料　费　（元）		30.93	50.10	74.30	123.59	185.65	380.25
	机　械　费　（元）		45.86	135.88	197.59	233.90	315.73	484.14
名　　　称	单位	单价（元）	数			量		
人工 综合工日	工日	80.00	3.338	4.617	4.747	5.123	5.749	8.934
材料 高压不锈钢管	m	–	(9.740)	(9.530)	(9.530)	(9.530)	(9.380)	(9.380)
不锈钢电焊条 302	kg	40.00	0.614	1.087	1.685	2.878	4.380	9.051
尼龙砂轮片 φ100	片	7.60	0.184	0.246	0.336	0.472	0.656	1.290
尼龙砂轮片 φ500	片	15.00	0.058	0.077	–	–	–	–
其他材料费	元	–	4.100	3.600	4.350	4.880	5.460	8.410
机械 电焊机(综合)	台班	183.97	0.162	0.217	0.292	0.426	0.604	1.131
砂轮切割机 φ500	台班	9.52	0.013	0.016	–	–	–	–
普通车床 630mm×2000mm	台班	187.70	0.061	0.065	0.070	0.084	0.100	0.207
电动葫芦(单速) 3t	台班	54.90	0.061	0.065	0.070	0.084	0.100	0.207
电动空气压缩机 6m³/min	台班	338.45	0.002	0.002	0.002	0.002	0.002	0.002
电焊条烘干箱 60×50×75cm³	台班	28.84	0.016	0.021	0.029	0.043	0.060	0.113
等离子弧焊机 400A	台班	226.59	–	–	0.011	0.014	0.017	0.031
汽车式起重机 8t	台班	728.19	–	–	0.015	0.020	0.028	0.048
吊装机械综合(1)	台班	1312.50	–	0.060	0.077	0.077	0.102	0.111
载货汽车 8t	台班	619.25	–	–	0.015	0.020	0.028	0.048
电动空气压缩机 1m³/min	台班	146.17	–	–	0.011	0.014	0.017	0.031

工作内容:管子切口,坡口加工,管口组对、焊接,管口封闭,垂直运输,管道安装,焊缝钝化。

单位:10m

定 额 编 号			10-1-440	10-1-441	10-1-442	10-1-443
项 目			公称直径(mm)			
			250 以内	300 以内	350 以内	400 以内
基 价(元)			**2121.69**	**2958.08**	**3707.93**	**4978.36**
其中	人 工 费(元)		862.08	1037.44	1170.32	1395.52
	材 料 费(元)		571.40	840.94	1143.14	1316.89
	机 械 费(元)		688.21	1079.70	1394.47	2265.95
名 称	单位	单价(元)	数		量	
人工 综合工日	工日	80.00	10.776	12.968	14.629	17.444
材料 高压不锈钢管	m	—	(9.380)	(9.380)	(9.380)	(9.530)
不锈钢电焊条302	kg	40.00	13.692	20.218	27.619	31.767
尼龙砂轮片 φ100	片	7.60	1.867	2.819	3.475	4.234
其他材料费	元	—	9.530	10.800	11.970	14.030
机械 电焊机(综合)	台班	183.97	1.637	2.417	3.165	3.705
普通车床 630mm×2000mm	台班	187.70	0.341	0.413	0.502	3.976
电动葫芦(单速) 3t	台班	54.90	0.341	—	—	—
电动空气压缩机 6m³/min	台班	338.45	0.002	0.002	0.002	0.002
电焊条烘干箱 60×50×75cm³	台班	28.84	0.163	0.242	0.316	0.371
等离子弧焊机 400A	台班	226.59	0.042	0.049	0.067	0.076
汽车式起重机 8t	台班	728.19	0.069	0.089	0.133	0.189
吊装机械综合(1)	台班	1312.50	0.145	0.145	0.179	0.179
载货汽车 8t	台班	619.25	0.069	0.089	0.133	0.189
电动双梁桥式起重机 20t/5t	台班	536.00	—	0.413	0.502	0.576
电动空气压缩机 1m³/min	台班	146.17	0.042	0.049	0.067	0.076

4. 不锈钢管（氩电联焊）

工作内容: 管子切口,坡口加工,管口组对、焊接,管口封闭,垂直运输,管道安装,焊缝钝化。

单位:10m

定 额 编 号			10-1-444	10-1-445	10-1-446	10-1-447	10-1-448	10-1-449
项 目			公称直径（mm）					
			15 以内	20 以内	25 以内	32 以内	40 以内	50 以内
基 价 （元）			**131.22**	**142.49**	**159.36**	**201.47**	**222.53**	**255.03**
其中	人 工 费 （元）		117.84	127.20	140.24	179.60	195.84	207.84
	材 料 费 （元）		3.79	4.10	5.39	5.76	6.41	12.76
	机 械 费 （元）		9.59	11.19	13.73	16.11	20.28	34.43
名 称	单位	单价(元)	数			量		
人工 综合工日	工日	80.00	1.473	1.590	1.753	2.245	2.448	2.598
材料 高压不锈钢管	m	–	(9.840)	(9.840)	(9.840)	(9.840)	(9.740)	(9.740)
不锈钢电焊条 302	kg	40.00	–	–	–	–	–	0.136
不锈钢氩弧焊丝 1Cr18Ni9Ti	kg	32.00	0.026	0.028	0.030	0.032	0.034	0.036
氩气	m³	15.00	0.078	0.082	0.088	0.091	0.095	0.103
铈钨棒	g	0.39	0.128	0.131	0.136	0.142	0.148	0.153
尼龙砂轮片 φ100	片	7.60	0.029	0.037	0.052	0.067	0.086	0.153
尼龙砂轮片 φ500	片	15.00	0.008	0.011	0.021	0.025	0.031	0.035
其他材料费	元	–	1.400	1.480	2.350	2.430	2.720	2.880
机械 电焊机(综合)	台班	183.97	–	–	–	–	–	0.070
氩弧焊机 500A	台班	116.61	0.036	0.040	0.044	0.049	0.053	0.058
砂轮切割机 φ500	台班	9.52	0.002	0.003	0.004	0.006	0.008	0.009
普通车床 630mm×2000mm	台班	187.70	0.025	0.031	0.042	0.038	0.055	0.057
电动葫芦(单速) 3t	台班	54.90	–	–	–	0.046	0.055	0.057
电动空气压缩机 6m³/min	台班	338.45	0.002	0.002	0.002	0.002	0.002	0.002
电焊条烘干箱 60×50×75cm³	台班	28.84	–	–	–	–	–	0.007

工作内容:管子切口,坡口加工,管口组对,焊接,管口封闭,垂直运输,管道安装,焊缝钝化。

定 额 编 号			10-1-450	10-1-451	10-1-452	10-1-453	10-1-454	10-1-455
项 目			公称直径（mm）					
			65 以内	80 以内	100 以内	125 以内	150 以内	200 以内
基 价 （元）			350.34	469.85	672.04	802.57	980.24	1577.08
其 中	人 工 费 （元）		269.04	370.32	396.88	445.44	482.48	745.52
	材 料 费 （元）		30.81	40.14	73.72	121.17	181.02	354.55
	机 械 费 （元）		50.49	59.39	201.44	235.96	316.74	477.01
名 称	单位	单价(元)	数			量		
人工 综合工日	工日	80.00	3.363	4.629	4.961	5.568	6.031	9.319
材 料	高压不锈钢管	m	—	(9.740)	(9.530)	(9.530)	(9.530)	(9.380)	(9.380)
	不锈钢电焊条 302	kg	40.00	0.512	0.713	1.503	2.632	4.034	8.034
	不锈钢氩弧焊丝 1Cr18Ni9Ti	kg	32.00	0.053	0.064	0.090	0.100	0.124	0.208
	氩气	m³	15.00	0.148	0.180	0.252	0.281	0.349	0.582
	铈钨棒	g	0.39	0.186	0.221	0.258	0.273	0.354	0.607
	尼龙砂轮片 ϕ100	片	7.60	0.180	0.227	0.329	0.462	0.642	1.211
	尼龙砂轮片 ϕ500	片	15.00	0.058	0.077	—	—	—	—

定 额 编 号			10-1-450	10-1-451	10-1-452	10-1-453	10-1-454	10-1-455
项 目			公称直径（mm）					
			65 以内	80 以内	100 以内	125 以内	150 以内	200 以内
材料	其他材料费	元	–	4.100	3.910	4.340	4.860	5.440	8.360
机 械	电焊机(综合)	台班	183.97	0.138	0.171	0.237	0.354	0.507	0.915
	氩弧焊机 500A	台班	116.61	0.078	0.093	0.121	0.133	0.164	0.285
	砂轮切割机 ϕ500	台班	9.52	0.013	0.016	–	–	–	–
	普通车床 630mm×2000mm	台班	187.70	0.061	0.065	0.070	0.084	0.100	0.207
	电动葫芦(单速) 3t	台班	54.90	0.061	0.065	0.070	0.084	0.100	0.207
	电动空气压缩机 6m³/min	台班	338.45	0.002	0.002	0.002	0.002	0.002	0.002
	电焊条烘干箱 60×50×75cm³	台班	28.84	0.014	0.017	0.024	0.036	0.051	0.091
	等离子弧焊机 400A	台班	226.59	–	–	0.011	0.014	0.017	0.031
	汽车式起重机 8t	台班	728.19	–	–	0.015	0.020	0.028	0.048
	吊装机械综合(1)	台班	1312.50	–	–	0.077	0.077	0.102	0.111
	载货汽车 8t	台班	619.25	–	–	0.015	0.020	0.028	0.048
	电动空气压缩机 1m³/min	台班	146.17	–	–	0.011	0.014	0.017	0.031

工作内容:管子切口,坡口加工,管口组对、焊接,管口封闭,垂直运输,管道安装,焊缝钝化。

定 额 编 号			10-1-456	10-1-457	10-1-458	10-1-459
项 目			公称直径（mm）			
			250 以内	300 以内	350 以内	400 以内
基 价 （元）			**2056.45**	**2843.58**	**3628.48**	**4466.84**
其中	人 工 费 （元）		853.44	1022.96	1158.08	1408.88
	材 料 费 （元）		530.59	773.95	1102.42	1379.49
	机 械 费 （元）		672.42	1046.67	1367.98	1678.47
名 称	单位	单价（元）	数		量	
人工 综合工日	工日	80.00	10.668	12.787	14.476	17.611
材料 高压不锈钢管	m	—	(9.380)	(9.380)	(9.380)	(9.380)
不锈钢电焊条 302	kg	40.00	12.205	17.917	25.896	32.444
不锈钢氩弧焊丝 1Cr18Ni9Ti	kg	32.00	0.261	0.355	0.384	0.465
氩气	m^3	15.00	0.731	0.991	1.076	1.301
铈钨棒	g	0.39	0.767	1.156	1.192	1.517
尼龙砂轮片 φ100	片	7.60	1.752	2.619	3.400	4.314

续前

定 额 编 号			10-1-456	10-1-457	10-1-458	10-1-459
项 目			公称直径（mm）			
			250 以内	300 以内	350 以内	400 以内
材料	其他材料费	元	–	9.460	10.690	11.850	13.960
机械	电焊机(综合)	台班	183.97	1.329	1.951	2.700	3.382
	氩弧焊机 500A	台班	116.61	0.358	0.513	0.518	0.667
	普通车床 630mm×2000mm	台班	187.70	0.341	0.405	0.502	0.622
	电动葫芦(单速) 3t	台班	54.90	0.341	–	–	–
	电动空气压缩机 6m³/min	台班	338.45	0.002	0.002	0.002	0.002
	电焊条烘干箱 60×50×75cm³	台班	28.84	0.133	0.196	0.269	0.338
	等离子弧焊机 400A	台班	226.59	0.042	0.049	0.067	0.076
	汽车式起重机 8t	台班	728.19	0.069	0.089	0.133	0.189
	吊装机械综合(1)	台班	1312.50	0.145	0.145	0.179	0.179
	载货汽车 8t	台班	619.25	0.069	0.089	0.133	0.189
	电动双梁桥式起重机 20t/5t	台班	536.00	–	0.405	0.502	0.622
	电动空气压缩机 1m³/min	台班	146.17	0.042	0.049	0.067	0.076

5. 合金钢管(电弧焊)

工作内容:光谱分析,管子切口,坡口加工,管口组对、焊接,管口封闭,垂直运输,管道安装。

单位:10m

定额编号			10-1-460	10-1-461	10-1-462	10-1-463	10-1-464	10-1-465
项目			公称直径(mm)					
			15以内	20以内	25以内	32以内	40以内	50以内
基价(元)			**82.53**	**148.86**	**166.38**	**212.39**	**233.51**	**258.60**
其中	人工费(元)		65.04	126.08	135.36	172.56	185.04	198.72
	材料费(元)		5.16	7.25	11.38	13.92	17.98	24.88
	机械费(元)		12.33	15.53	19.64	25.91	30.49	35.00
名称	单位	单价(元)	数		量			
人工 综合工日	工日	80.00	0.813	1.576	1.692	2.157	2.313	2.484
材料 碳钢管(合金钢管)	m	–	(9.840)	(9.840)	(9.840)	(9.840)	(9.840)	(9.840)
低合金钢耐热电焊条	kg	47.25	0.070	0.110	0.179	0.225	0.304	0.436
尼龙砂轮片 φ100	片	7.60	0.031	0.038	0.047	0.059	0.072	0.095
尼龙砂轮片 φ500	片	15.00	0.006	0.009	0.013	0.016	0.022	0.030
其他材料费	元	–	1.530	1.630	2.370	2.600	2.740	3.110
机械 电焊机(综合)	台班	183.97	0.036	0.047	0.060	0.076	0.090	0.113
砂轮切割机 φ500	台班	9.52	0.001	0.003	0.003	0.003	0.004	0.004
普通车床 630mm×2000mm	台班	187.70	0.023	0.029	0.038	0.043	0.051	0.052
光谱仪	台班	143.99	0.009	0.009	0.009	0.009	0.009	0.009
电动葫芦(单速)3t	台班	54.90	–	–	–	0.043	0.051	0.052
电焊条烘干箱 60×50×75cm³	台班	28.84	0.003	0.004	0.005	0.006	0.008	0.009

工作内容:光谱分析,管子切口,坡口加工,管口组对、焊接,管口封闭,垂直运输,管道安装。

单位:10m

定　额　编　号			10-1-466	10-1-467	10-1-468	10-1-469	10-1-470	10-1-471
项　　　　目			公称直径（mm）					
			65 以内	80 以内	100 以内	125 以内	150 以内	200 以内
基　　　价　　（元）			**309.29**	**441.49**	**584.47**	**709.35**	**957.43**	**1488.18**
其中	人　工　费　（元）		218.48	230.96	309.28	347.84	449.44	584.88
	材　料　费　（元）		46.58	67.24	87.52	143.98	214.79	459.88
	机　械　费　（元）		44.23	143.29	187.67	217.53	293.20	443.42
名　　　称	单位	单价(元)	数			量		
人工 综合工日	工日	80.00	2.731	2.887	3.866	4.348	5.618	7.311
材料 碳钢管(合金钢管)	m	－	(9.840)	(9.840)	(9.840)	(9.840)	(9.840)	(9.840)
低合金钢耐热电焊条	kg	47.25	0.870	1.286	1.681	2.848	4.320	9.439
氧气	m³	3.60	－	－	0.123	0.177	0.200	0.312
乙炔气	m³	25.20	－	－	0.041	0.059	0.067	0.104
尼龙砂轮片 φ100	片	7.60	0.143	0.181	0.244	0.339	0.400	0.462
尼龙砂轮片 φ500	片	15.00	0.051	0.070	－	－	－	－
其他材料费	元	－	3.620	4.050	4.760	4.710	5.220	6.630
机械 电焊机(综合)	台班	183.97	0.157	0.191	0.266	0.373	0.519	0.961
砂轮切割机 φ500	台班	9.52	0.006	0.007	－	－	－	－
普通车床 630mm×2000mm	台班	187.70	0.056	0.058	0.064	0.077	0.093	0.210
光谱仪	台班	143.99	0.009	0.009	0.009	0.009	0.009	0.009
电动葫芦(单速)3t	台班	54.90	0.056	0.058	0.064	0.077	0.093	0.210
电焊条烘干箱 60×50×75cm³	台班	28.84	0.014	0.017	0.022	0.032	0.045	0.086
半自动切割机 100mm	台班	96.23	－	－	－	－	0.010	0.016
汽车式起重机 8t	台班	728.19	－	0.010	0.015	0.020	0.028	0.048
吊装机械综合(1)	台班	1312.50	－	0.060	0.077	0.077	0.102	0.111
载货汽车 8t	台班	619.25	－	0.010	0.015	0.020	0.028	0.048

工作内容:光谱分析,管子切口,坡口加工,管口组对、焊接,管口封闭,垂直运输,管道安装。　　　　　　　　　　单位:10m

定　额　编　号			10-1-472	10-1-473	10-1-474	10-1-475	10-1-476	10-1-477
项　　　　　目			公称直径（mm）					
			250 以内	300 以内	350 以内	400 以内	450 以内	500 以内
基　　　　　价　（元）			**2030.04**	**2291.27**	**2801.24**	**3593.75**	**4142.58**	**5255.03**
其中	人　工　费　（元）		689.76	739.92	827.12	1006.32	1124.48	1304.24
	材　料　费　（元）		677.40	750.31	971.02	1364.53	1556.32	2170.52
	机　械　费　（元）		662.88	801.04	1003.10	1222.90	1461.78	1780.27
名　　　　称	单位	单价（元）	数			量		
人工	综合工日	工日	80.00	8.622	9.249	10.339	12.579	14.056	16.303

名　　　　称	单位	单价（元）	数量					
人工 综合工日	工日	80.00	8.622	9.249	10.339	12.579	14.056	16.303
材料 碳钢管(合金钢管)	m	–	(9.380)	(9.380)	(9.380)	(9.380)	(9.380)	(9.380)
低合金钢耐热电焊条	kg	47.25	14.005	15.519	19.980	28.179	32.136	44.978
氧气	m³	3.60	0.390	0.468	0.506	0.706	0.807	0.901
乙炔气	m³	25.20	0.130	0.156	0.169	0.235	0.269	0.300
尼龙砂轮片 φ100	片	7.60	0.470	0.476	1.672	2.065	2.400	3.032
其他材料费	元	–	7.410	7.800	8.180	8.910	9.970	11.460
机械 电焊机(综合)	台班	183.97	1.383	1.465	1.856	2.453	2.799	3.885
普通车床 630mm×2000mm	台班	187.70	0.285	0.290	0.326	0.411	0.450	0.558
光谱仪	台班	143.99	0.009	0.009	0.009	0.009	0.009	0.009
电动葫芦(单速) 3t	台班	54.90	0.218	–	–	–	–	–
电焊条烘干箱 60×50×75cm³	台班	28.84	0.125	0.134	0.173	0.228	0.260	0.364
半自动切割机 100mm	台班	96.23	0.032	0.037	0.041	0.052	0.059	0.071
汽车式起重机 8t	台班	728.19	0.068	0.091	0.134	0.168	0.235	0.262
吊装机械综合(1)	台班	1312.50	0.145	0.145	0.179	0.179	0.221	0.221
载货汽车 8t	台班	619.25	0.068	0.091	0.134	0.168	0.235	0.262
电动双梁桥式起重机 20t/5t	台班	536.00	0.099	0.290	0.326	0.411	0.450	0.558

6. 合金钢管(氩电联焊)

工作内容:光谱分析,管子切口,坡口加工,管口组对、焊接,管口封闭,垂直运输,管道安装。

单位:10m

定 额 编 号			10-1-478	10-1-479	10-1-480	10-1-481	10-1-482	10-1-483
项 目			公称直径（mm）					
			15以内	20以内	25以内	32以内	40以内	50以内
基 价 （元）			**92.66**	**156.31**	**169.84**	**212.35**	**229.11**	**260.93**
其中	人 工 费 （元）		65.12	126.72	136.88	174.56	188.16	200.32
	材 料 费 （元）		18.80	19.29	20.55	21.60	22.21	24.02
	机 械 费 （元）		8.74	10.30	12.41	16.19	18.74	36.59
名 称	单位	单价(元)	数			量		
人工 综合工日	工日	80.00	0.814	1.584	1.711	2.182	2.352	2.504
材料 碳钢管(合金钢管)	m	–	(9.840)	(9.840)	(9.840)	(9.840)	(9.840)	(9.840)
低合金钢耐热电焊条	kg	47.25	0.337	0.342	0.348	0.361	0.365	0.387
合金钢氩弧焊丝	kg	16.20	0.014	0.016	0.018	0.020	0.022	0.024
氩气	m³	15.00	0.050	0.052	0.057	0.060	0.063	0.066
铈钨棒	g	0.39	0.118	0.120	0.123	0.127	0.130	0.132
尼龙砂轮片 φ100	片	7.60	0.030	0.037	0.046	0.057	0.070	0.099
尼龙砂轮片 φ500	片	15.00	0.006	0.009	0.013	0.016	0.022	0.030
其他材料费	元	–	1.540	1.630	2.370	2.600	2.750	3.100
机械 电焊机(综合)	台班	183.97	0.003	0.004	0.005	0.007	0.009	0.102
氩弧焊机 500A	台班	116.61	0.022	0.024	0.026	0.027	0.029	0.031
砂轮切割机 φ500	台班	9.52	0.001	0.002	0.003	0.003	0.004	0.004
普通车床 630mm×2000mm	台班	187.70	0.023	0.029	0.038	0.043	0.051	0.052
光谱仪	台班	143.99	0.009	0.009	0.009	0.009	0.009	0.009
电动葫芦(单速)3t	台班	54.90	–	–	–	0.043	0.051	0.052
电焊条烘干箱 60×50×75cm³	台班	28.84	–	–	–	–	–	0.009

工作内容: 光谱分析,管子切口,坡口加工,管口组对、焊接,管口封闭,垂直运输,管道安装。

单位:10m

定 额 编 号			10-1-484	10-1-485	10-1-486	10-1-487	10-1-488	10-1-489
项 目			公称直径（mm）					
			65 以内	80 以内	100 以内	125 以内	150 以内	200 以内
基 价 （元）			**308.85**	**439.38**	**584.69**	**706.67**	**933.77**	**1471.16**
其中	人 工 费 （元）		220.16	230.96	312.40	350.96	450.96	616.24
	材 料 费 （元）		43.33	62.89	81.98	135.65	191.79	415.38
	机 械 费 （元）		45.36	145.53	190.31	220.06	291.02	439.54
名 称	单位	单价（元）	数		量			
人工 综合工日	工日	80.00	2.752	2.887	3.905	4.387	5.637	7.703
材料 碳钢管(合金钢管)	m	－	(9.840)	(9.530)	(9.530)	(9.530)	(9.530)	(9.380)
低合金钢耐热电焊条	kg	47.25	0.765	1.152	1.505	2.610	3.752	8.383
合金钢氩弧焊丝	kg	16.20	0.029	0.033	0.047	0.049	0.060	0.094
氩气	m³	15.00	0.080	0.094	0.131	0.138	0.168	0.261
氧气	m³	3.60	－	－	0.123	0.177	0.200	0.312
乙炔气	m³	25.20	－	－	0.041	0.059	0.067	0.104
铈钨棒	g	0.39	0.161	0.188	0.262	0.276	0.337	0.523

续前

定 额 编 号			10-1-484	10-1-485	10-1-486	10-1-487	10-1-488	10-1-489
项 目			公称直径（mm）					
			65 以内	80 以内	100 以内	125 以内	150 以内	200 以内
材 料	尼龙砂轮片 ϕ100	片	7.60	0.140	0.177	0.239	0.332	0.431	0.432
	尼龙砂轮片 ϕ500	片	15.00	0.051	0.070	—	—	—	—
	其他材料费	元	–	3.620	4.040	4.750	4.710	5.200	6.610
机 械	电焊机(综合)	台班	183.97	0.140	0.173	0.242	0.346	0.458	0.864
	氩弧焊机 500A	台班	116.61	0.037	0.044	0.061	0.065	0.079	0.122
	砂轮切割机 ϕ500	台班	9.52	0.006	0.007	—	—	—	—
	普通车床 630mm×2000mm	台班	187.70	0.056	0.060	0.064	0.077	0.093	0.210
	光谱仪	台班	143.99	0.009	0.009	0.009	0.009	0.009	0.009
	电动葫芦(单速) 3t	台班	54.90	0.056	0.060	0.064	0.077	0.093	0.210
	电焊条烘干箱 60×50×75cm³	台班	28.84	0.012	0.015	0.020	0.029	0.039	0.077
	半自动切割机 100mm	台班	96.23	—	—	—	—	0.010	0.016
	汽车式起重机 8t	台班	728.19	—	0.010	0.015	0.020	0.028	0.048
	吊装机械综合(1)	台班	1312.50	—	0.060	0.077	0.077	0.102	0.111
	载货汽车 8t	台班	619.25	—	0.010	0.015	0.020	0.028	0.048

工作内容:光谱分析,管子切口,坡口加工,管口组对、焊接,管口封闭,垂直运输,管道安装。

定 额 编 号			10-1-490	10-1-491	10-1-492	10-1-493	10-1-494	10-1-495
项 目			公称直径（mm）					
			250 以内	300 以内	350 以内	400 以内	450 以内	500 以内
基 价 （元）			**2037.32**	**2295.67**	**2801.84**	**3578.28**	**4319.73**	**5207.06**
其中	人 工 费 （元）		731.28	781.52	874.80	1060.96	1206.48	1371.84
	材 料 费 （元）		640.53	712.53	922.33	1297.54	1612.05	2065.46
	机 械 费 （元）		665.51	801.62	1004.71	1219.78	1501.20	1769.76
名 称	单位	单价(元)	数			量		
人工 综合工日	工日	80.00	9.141	9.769	10.935	13.262	15.081	17.148
材料 碳钢管(合金钢管)	m	—	(9.380)	(9.380)	(9.380)	(9.380)	(9.380)	(9.380)
低合金钢耐热电焊条	kg	47.25	13.100	14.588	18.781	26.593	33.088	42.545
合金钢氩弧焊丝	kg	16.20	0.099	0.104	0.137	0.138	0.156	0.173
氩气	m³	15.00	0.276	0.291	0.383	0.386	0.435	0.484
氧气	m³	3.60	0.390	0.468	0.506	0.706	0.807	0.901
乙炔气	m³	25.20	0.130	0.156	0.169	0.235	0.269	0.300
铈钨棒	g	0.39	0.553	0.582	0.766	0.772	0.871	0.969

单位:10m

定 额 编 号			10-1-490	10-1-491	10-1-492	10-1-493	10-1-494	10-1-495
项 目			公称直径（mm）					
			250 以内	300 以内	350 以内	400 以内	450 以内	500 以内
材料	尼龙砂轮片 φ100	片	7.60	0.464	0.470	1.636	2.021	2.574	2.966
	其他材料费	元	－	7.390	7.780	8.150	8.870	10.000	11.420
机械	电焊机(综合)	台班	183.97	1.301	1.384	1.753	2.324	2.877	3.687
	氩弧焊机 500A	台班	116.61	0.129	0.135	0.179	0.180	0.213	0.227
	普通车床 630mm×2000mm	台班	187.70	0.285	0.290	0.326	0.411	0.450	0.558
	光谱仪	台班	143.99	0.009	0.009	0.009	0.009	0.009	0.009
	电动葫芦(单速) 3t	台班	54.90	0.271	－	－	－	－	－
	电焊条烘干箱 60×50×75cm³	台班	28.84	0.117	0.125	0.162	0.215	0.268	0.345
	半自动切割机 100mm	台班	96.23	0.032	0.037	0.041	0.052	0.059	0.071
	汽车式起重机 8t	台班	728.19	0.068	0.091	0.134	0.168	0.235	0.262
	吊装机械综合(1)	台班	1312.50	0.145	0.145	0.179	0.179	0.221	0.221
	载货汽车 8t	台班	619.25	0.068	0.091	0.134	0.168	0.235	0.262
	电动双梁桥式起重机 20t/5t	台班	536.00	0.099	0.290	0.326	0.411	0.450	0.558

第二章　管　件　连　接

说　　明

一、本章定额与第一章直管安装配套使用。

二、现场在主管上挖眼接管三通及摔制异径管，均按实际数量执行本章子目，但不得再执行管件制作定额。

三、在管道上安装的仪表一次部件，执行本章管件连接相应子目乘以系数0.7。

四、仪表的温度计扩大管制作安装，执行本章管件连接相应子目乘以系数1.5。

五、波纹补偿器安装，执行本章管件连接相应子目，人工乘系数1.2。

六、方形补偿器安装：直管部分执行第一章管道安装相应子目；弯头部分执行本章管件连接相应子目。

七、管件用法兰连接时执行法兰安装相应定额子目，管件本身安装不再计算安装费。

八、管件制作执行本册第五章相应定额。

工程量计算规则

管件连接不分种类以"10个"为计量单位，其中包括弯头、三通、异径管、管接头、管帽。

一、低压管件

1. 碳钢管件(螺纹连接)

工作内容:管子切口,套丝,上零件。

单位:10 个

定　额　编　号			10-2-1	10-2-2	10-2-3	10-2-4	10-2-5	10-2-6
项　　　　目			公称直径（mm）					
			15 以内	20 以内	25 以内	32 以内	40 以内	50 以内
基　　价　（元）			**72.00**	**90.27**	**117.78**	**137.83**	**168.50**	**212.63**
其中	人　工　费　（元）		68.88	86.32	110.40	128.16	157.28	198.48
	材　料　费　（元）		3.06	3.83	7.11	9.26	10.77	13.61
	机　械　费　（元）		0.06	0.12	0.27	0.41	0.45	0.54
名　　称	单位	单价(元)	数			量		
人工 综合工日	工日	80.00	0.861	1.079	1.380	1.602	1.966	2.481
材料 低压碳钢螺纹连接管件	个	－	(10.100)	(10.100)	(10.100)	(10.100)	(10.100)	(10.100)
氧气	m³	3.60	0.001	0.001	0.180	0.260	0.300	0.360
乙炔气	m³	25.20	0.001	0.001	0.070	0.100	0.116	0.138
尼龙砂轮片 φ500	片	15.00	0.076	0.100	0.124	0.156	0.182	0.260
其他材料费	元	－	1.890	2.300	2.840	3.460	4.040	4.940
机械 砂轮切割机 φ500	台班	9.52	0.006	0.013	0.028	0.043	0.047	0.057

2. 碳钢管件(氧乙炔焊)

工作内容:管子切口,坡口加工,坡口磨平,管口组对、焊接。

单位:10个

定 额 编 号				10-2-7	10-2-8	10-2-9	10-2-10	10-2-11	10-2-12
项 目				公称直径（mm）					
				15 以内	20 以内	25 以内	32 以内	40 以内	50 以内
基 价 （元）				**99.69**	**131.11**	**152.56**	**172.45**	**191.38**	**219.52**
其中	人 工 费 （元）			83.76	109.68	122.00	134.40	146.64	158.96
	材 料 费 （元）			9.62	13.21	19.99	25.50	29.02	42.54
	机 械 费 （元）			6.31	8.22	10.57	12.55	15.72	18.02
名 称		单位	单价(元)	数			量		
人工	综合工日	工日	80.00	1.047	1.371	1.525	1.680	1.833	1.987
材料	低压碳钢对焊管件	个	–	(10.000)	(10.000)	(10.000)	(10.000)	(10.000)	(10.000)
	碳钢气焊条	kg	5.85	0.208	0.252	0.374	0.458	0.524	0.790
	氧气	m³	3.60	0.500	0.620	0.920	1.214	1.380	2.072
	乙炔气	m³	25.20	0.200	0.240	0.360	0.464	0.526	0.790
	尼龙砂轮片 φ100	片	7.60	0.017	0.020	0.148	0.185	0.212	0.343
	尼龙砂轮片 φ500	片	15.00	0.076	0.100	0.124	0.156	0.182	0.260
	其他材料费	元	–	0.290	1.800	2.430	3.010	3.390	4.040
机械	电焊机(综合)	台班	183.97	0.034	0.044	0.056	0.066	0.083	0.095
	砂轮切割机 φ500	台班	9.52	0.006	0.013	0.028	0.043	0.047	0.057

3. 碳钢管件(电弧焊)

工作内容: 管子切口,坡口加工,坡口磨平,管口组对、焊接。

单位:10个

定 额 编 号			10-2-13	10-2-14	10-2-15	10-2-16	10-2-17	10-2-18
项 目			公称直径(mm)					
			15 以内	20 以内	25 以内	32 以内	40 以内	50 以内
基 价 (元)			**94.51**	**124.51**	**179.24**	**218.65**	**255.89**	**312.36**
其中	人 工 费 (元)		47.04	61.60	95.04	113.92	135.04	161.04
	材 料 费 (元)		3.60	6.66	10.47	13.86	15.81	21.19
	机 械 费 (元)		43.87	56.25	73.73	90.87	105.04	130.13
名 称	单位	单价(元)	数			量		
人工 综合工日	工日	80.00	0.588	0.770	1.188	1.424	1.688	2.013
材料 低压碳钢对焊管件	个	–	(10.000)	(10.000)	(10.000)	(10.000)	(10.000)	(10.000)
电焊条 结422 ϕ3.2	kg	6.70	0.292	0.374	0.590	0.730	0.838	1.160
氧气	m³	3.60	0.001	0.001	0.001	0.074	0.080	0.092
乙炔气	m³	25.20	0.001	0.001	0.001	0.024	0.026	0.030
尼龙砂轮片 ϕ100	片	7.60	0.018	0.099	0.279	0.347	0.397	0.569
尼龙砂轮片 ϕ500	片	15.00	0.076	0.100	0.124	0.156	0.182	0.260
其他材料费	元	–	0.340	1.870	2.510	3.120	3.500	4.110
机械 电焊机(综合)	台班	183.97	0.235	0.301	0.394	0.485	0.561	0.695
砂轮切割机 ϕ500	台班	9.52	0.006	0.013	0.028	0.043	0.047	0.057
电焊条烘干箱 $60 \times 50 \times 75 cm^3$	台班	28.84	0.020	0.026	0.034	0.043	0.048	0.060

工作内容:管子切口,坡口加工,坡口磨平,管口组对、焊接。

单位:10 个

定　　额　　编　　号			10-2-19	10-2-20	10-2-21	10-2-22	10-2-23	10-2-24
项　　　　　　　　目			公称直径（mm）					
			65 以内	80 以内	100 以内	125 以内	150 以内	200 以内
基　　　　价　　（元）			**462.05**	**532.97**	**740.41**	**820.96**	**1087.17**	**1496.90**
其中	人　　工　　费　（元）		203.52	231.68	294.00	328.80	458.48	591.84
	材　　料　　费　（元）		49.73	57.59	92.31	91.07	121.17	183.75
	机　　械　　费　（元）		208.80	243.70	354.10	401.09	507.52	721.31
名　　　　　称	单位	单价(元)	数			量		
人工 综合工日	工日	80.00	2.544	2.896	3.675	4.110	5.731	7.398
材料 低压碳钢对焊管件	个	－	(10.000)	(10.000)	(10.000)	(10.000)	(10.000)	(10.000)
电焊条 结422 φ3.2	kg	6.70	2.076	2.456	4.572	5.068	6.690	11.018
氧气	m³	3.60	1.984	2.248	3.370	3.468	4.606	6.389
乙炔气	m³	25.20	0.661	0.751	1.124	1.155	1.535	2.131
尼龙砂轮片 φ100	片	7.60	0.882	1.037	1.743	1.793	2.453	3.330
其他材料费	元	－	5.320	6.240	7.970	1.900	2.440	7.920
机械 电焊机(综合)	台班	183.97	1.119	1.306	1.897	2.149	2.720	3.800
电焊条烘干箱 60×50×75cm³	台班	28.84	0.102	0.119	0.177	0.199	0.247	0.350
汽车式起重机 8t	台班	728.19	－	－	－	－	－	0.009
载货汽车 8t	台班	619.25	－	－	－	－	－	0.009

工作内容: 管子切口,坡口加工,坡口磨平,管口组对、焊接。

单位:10 个

定 额 编 号			10-2-25	10-2-26	10-2-27	10-2-28	10-2-29	10-2-30
项 目			公称直径(mm)					
			250 以内	300 以内	350 以内	400 以内	450 以内	500 以内
基 价 (元)			**2151.45**	**2522.65**	**3132.92**	**3543.49**	**4288.21**	**4807.76**
其中	人 工 费 (元)		826.48	938.40	1109.36	1251.92	1470.40	1636.80
	材 料 费 (元)		301.19	352.74	514.32	576.42	780.65	874.17
	机 械 费 (元)		1023.78	1231.51	1509.24	1715.15	2037.16	2296.79
名 称	单位	单价(元)	数			量		
人工 综合工日	工日	80.00	10.331	11.730	13.867	15.649	18.380	20.460
材料 低压碳钢对焊管件	个	—	(10.000)	(10.000)	(10.000)	(10.000)	(10.000)	(10.000)
电焊条 结 422 φ3.2	kg	6.70	21.668	25.850	40.970	46.362	68.596	75.834
氧气	m³	3.60	9.513	10.745	14.075	15.520	18.062	20.941
乙炔气	m³	25.20	3.172	3.583	4.692	5.174	6.021	6.981
尼龙砂轮片 φ100	片	7.60	4.326	5.173	7.726	8.758	11.878	13.148
其他材料费	元	—	8.960	11.260	12.190	12.980	14.030	14.850
机械 电焊机(综合)	台班	183.97	5.377	6.440	7.846	8.877	10.443	11.545
电焊条烘干箱 60×50×75cm³	台班	28.84	0.498	0.593	0.740	0.836	0.984	1.088
汽车式起重机 8t	台班	728.19	0.015	0.022	0.033	0.043	0.065	0.105
载货汽车 8t	台班	619.25	0.015	0.022	0.033	0.043	0.065	0.105

4. 碳钢管件(氩电联焊)

工作内容: 管子切口,坡口加工,坡口磨平,管口组对、焊接。

单位:10 个

定 额 编 号			10-2-31	10-2-32	10-2-33	10-2-34	10-2-35	10-2-36
项 目			公称直径（mm）					
			15 以内	20 以内	25 以内	32 以内	40 以内	50 以内
基 价（元）			**91.35**	**121.08**	**175.95**	**214.53**	**251.80**	**285.66**
其中	人 工 费（元）		50.32	65.92	100.80	120.96	143.44	168.40
	材 料 费（元）		9.88	15.22	23.53	30.06	34.34	39.54
	机 械 费（元）		31.15	39.94	51.62	63.51	74.02	77.72
名 称	单位	单价(元)	数			量		
人工 综合工日	工日	80.00	0.629	0.824	1.260	1.512	1.793	2.105
材料 低压碳钢对焊管件	个	–	(10.000)	(10.000)	(10.000)	(10.000)	(10.000)	(10.000)
电焊条 结 422 φ3.2	kg	6.70	0.008	0.012	0.014	0.018	0.024	0.030
碳钢焊丝	kg	14.40	0.138	0.176	0.282	0.350	0.400	0.424
氧气	m³	3.60	0.001	0.001	0.001	0.074	0.080	0.092
乙炔气	m³	25.20	0.001	0.001	0.001	0.024	0.026	0.030
氩气	m³	15.00	0.386	0.492	0.790	0.980	1.120	1.200
铈钨棒	g	0.39	0.772	0.984	1.580	1.960	2.240	2.404
尼龙砂轮片 φ100	片	7.60	0.032	0.190	0.330	0.409	0.469	0.673
尼龙砂轮片 φ500	片	15.00	0.076	0.100	0.124	0.156	0.182	0.260
其他材料费	元	–	0.340	1.870	2.510	3.120	3.510	4.190
机械 电焊机(综合)	台班	183.97	0.034	0.044	0.056	0.066	0.083	0.095
氩弧焊机 500A	台班	116.61	0.213	0.272	0.352	0.437	0.500	0.512
砂轮切割机 φ500	台班	9.52	0.006	0.013	0.028	0.043	0.047	0.057

工作内容:管子切口,坡口加工,坡口磨平,管口组对、焊接。　　　　　　　　　　　　　　　　　　　　单位:10 个

定　额　编　号			10-2-37	10-2-38	10-2-39	10-2-40	10-2-41	10-2-42
项　　　　目			公称直径（mm）					
			65 以内	80 以内	100 以内	125 以内	150 以内	200 以内
基　　价　　（元）			**465.23**	**538.73**	**788.86**	**845.95**	**1169.20**	**1663.64**
其中	人　工　费　（元）		220.64	252.80	326.40	356.08	480.64	635.28
	材　料　费　（元）		68.88	80.58	118.15	121.96	159.16	246.11
	机　械　费　（元）		175.71	205.35	344.31	367.91	529.40	782.25
名　　　　称	单位	单价(元)	数			量		
人工 综合工日	工日	80.00	2.758	3.160	4.080	4.451	6.008	7.941
材料 低压碳钢对焊管件	个	–	(10.000)	(10.000)	(10.000)	(10.000)	(10.000)	(10.000)
电焊条 结422 ϕ3.2	kg	6.70	1.032	1.230	2.912	3.098	4.656	8.116
碳钢焊丝	kg	14.40	0.438	0.518	0.660	0.784	0.938	1.296
氧气	m³	3.60	1.434	1.628	2.416	2.456	4.358	6.389
乙炔气	m³	25.20	0.478	0.544	0.806	0.818	1.451	2.131
氩气	m³	15.00	1.226	1.450	1.848	2.196	2.626	3.628
铈钨棒	g	0.39	2.452	2.900	3.696	4.392	5.252	7.256
尼龙砂轮片 ϕ100	片	7.60	1.050	1.235	1.731	1.781	2.437	4.137
料 尼龙砂轮片 ϕ500	片	15.00	0.380	0.450	0.665	0.705	–	–
其他材料费	元	–	5.420	6.290	7.830	1.700	2.240	7.680
机 电焊机(综合)	台班	183.97	0.597	0.692	1.323	1.352	1.916	2.851
氩弧焊机 500A	台班	116.61	0.547	0.648	0.825	0.981	1.173	1.620
砂轮切割机 ϕ500	台班	9.52	0.072	0.085	0.135	0.142	–	–
电焊条烘干箱 60×50×75cm³	台班	28.84	0.049	0.058	0.119	0.119	0.167	0.255
半自动切割机 100mm	台班	96.23	–	–	–	–	0.367	0.513
械 汽车式起重机 8t	台班	728.19	–	–	–	–	–	0.009
载货汽车 8t	台班	619.25	–	–	–	–	–	0.009

工作内容:管子切口,坡口加工,坡口磨平,管口组对、焊接。

单位:10 个

定 额 编 号			10-2-43	10-2-44	10-2-45	10-2-46	10-2-47	10-2-48
项 目			公称直径（mm）					
			250 以内	300 以内	350 以内	400 以内	450 以内	500 以内
基 价 （元）			**2418.42**	**2839.86**	**3550.78**	**4015.57**	**4870.06**	**5450.00**
其中	人 工 费 （元）		897.20	1025.44	1222.80	1381.84	1631.60	1813.44
	材 料 费 （元）		368.18	433.33	603.79	678.12	894.90	995.45
	机 械 费 （元）		1153.04	1381.09	1724.19	1955.61	2343.56	2641.11
名 称	单位	单价(元)	数			量		
人工 综合工日	工日	80.00	11.215	12.818	15.285	17.273	20.395	22.668
材料 低压碳钢对焊管件	个	—	(10.000)	(10.000)	(10.000)	(10.000)	(10.000)	(10.000)
电焊条 结422 φ3.2	kg	6.70	17.700	21.114	34.984	39.590	60.228	66.586
碳钢焊丝	kg	14.40	1.604	1.926	2.222	2.522	2.834	3.142
氧气	m³	3.60	9.513	10.745	14.075	15.520	18.482	20.941
乙炔气	m³	25.20	3.172	3.583	4.692	5.174	6.161	6.981
氩气	m³	15.00	4.492	5.392	6.222	7.062	7.936	8.798
铈钨棒	g	0.39	8.984	10.784	12.444	14.124	15.872	17.596
料 尼龙砂轮片 φ100	片	7.60	4.302	5.144	7.684	8.710	11.819	13.082
其他材料费	元	—	8.730	10.980	11.910	12.660	13.720	14.510
机 电焊机(综合)	台班	183.97	4.440	5.323	6.739	7.626	9.216	10.190
氩弧焊机 500A	台班	116.61	2.004	2.407	2.778	3.152	3.543	3.927
电焊条烘干箱 60×50×75cm³	台班	28.84	0.405	0.483	0.629	0.712	0.862	0.954
半自动切割机 100mm	台班	96.23	0.734	0.806	1.017	1.108	1.273	1.450
械 汽车式起重机 8t	台班	728.19	0.015	0.022	0.033	0.043	0.065	0.105
载货汽车 8t	台班	619.25	0.015	0.022	0.033	0.043	0.065	0.105

5. 碳钢板卷管件(电弧焊)

工作内容:管子切口,坡口加工,坡口磨平,管口组对、焊接。

单位:10 个

定 额 编 号				10-2-49	10-2-50	10-2-51	10-2-52	10-2-53	10-2-54
项 目				公称直径(mm)					
				200 以内	250 以内	300 以内	350 以内	400 以内	450 以内
基 价(元)				**1068.24**	**1316.53**	**1586.84**	**2146.09**	**2427.85**	**2745.67**
其中	人 工 费(元)			438.24	543.60	674.24	859.60	970.24	1108.72
	材 料 费(元)			205.40	242.93	276.11	425.03	472.58	521.72
	机 械 费(元)			424.60	530.00	636.49	861.46	985.03	1115.23
名 称		单位	单价(元)	数			量		
人工	综合工日	工日	80.00	5.478	6.795	8.428	10.745	12.128	13.859
材料	碳钢板卷管件	个	–	(10.000)	(10.000)	(10.000)	(10.000)	(10.000)	(10.000)
	电焊条 结422 ϕ3.2	kg	6.70	11.018	13.978	16.666	30.034	33.970	38.152
	氧气	m³	3.60	8.640	9.665	10.481	13.907	15.110	16.275
	乙炔气	m³	25.20	2.881	3.222	3.494	4.635	5.037	5.425
	尼龙砂轮片 ϕ100	片	7.60	2.498	3.127	3.734	6.020	6.818	7.665
	其他材料费	元	–	8.890	9.520	10.290	11.180	11.840	12.550
机械	电焊机(综合)	台班	183.97	2.247	2.790	3.339	4.515	5.105	5.760
	汽车式起重机 8t	台班	728.19	0.004	0.007	0.010	0.014	0.024	0.030
	载货汽车 8t	台班	619.25	0.004	0.007	0.010	0.014	0.024	0.030
	电焊条烘干箱 60×50×75cm³	台班	28.84	0.202	0.253	0.303	0.415	0.469	0.525

工作内容:管子切口,坡口加工,坡口磨平,管口组对、焊接。

单位:10 个

定 额 编 号			10-2-55	10-2-56	10-2-57	10-2-58	10-2-59	10-2-60
项 目			公称直径（mm）					
			500 以内	600 以内	700 以内	800 以内	900 以内	1000 以内
基 价 （元）			**3046.41**	**3887.55**	**4447.86**	**5188.15**	**5871.56**	**6723.99**
其中	人 工 费 （元）		1227.92	1299.92	1485.84	1708.16	1914.64	2152.24
	材 料 费 （元）		572.76	775.77	873.10	1077.93	1203.59	1464.33
	机 械 费 （元）		1245.73	1811.86	2088.92	2402.06	2753.33	3107.42
名 称	单位	单价(元)	数			量		
人工 综合工日	工日	80.00	15.349	16.249	18.573	21.352	23.933	26.903
材料 碳钢板卷管件	个	–	(10.000)	(10.000)	(10.000)	(10.000)	(10.000)	(10.000)
电焊条 结422 φ3.2	kg	6.70	42.670	63.617	72.813	93.364	104.866	129.423
氧气	m³	3.60	17.415	21.567	23.558	28.665	31.750	37.438
乙炔气	m³	25.20	5.806	7.190	7.853	9.555	10.585	12.640
尼龙砂轮片 φ100	片	7.60	8.495	9.111	10.428	10.978	12.331	15.241
其他材料费	元	–	13.300	21.460	23.300	24.980	26.230	28.060
机械 电焊机(综合)	台班	183.97	6.409	9.299	10.657	12.179	13.674	15.321
汽车式起重机 8t	台班	728.19	0.037	0.053	0.070	0.091	0.144	0.178
载货汽车 8t	台班	619.25	0.037	0.053	0.070	0.091	0.144	0.178
电焊条烘干箱 60×50×75cm³	台班	28.84	0.583	1.030	1.180	1.348	1.515	1.698

工作内容:管子切口,坡口加工,坡口磨平,管口组对、焊接。

单位:10 个

定 额 编 号			10-2-61	10-2-62	10-2-63	10-2-64	10-2-65	10-2-66
项 目			公称直径（mm）					
			1200 以内	1400 以内	1600 以内	1800 以内	2000 以内	2200 以内
基 价 （元）			**8179.47**	**10166.77**	**11763.95**	**13292.89**	**14881.02**	**16489.27**
其中	人 工 费 （元）		2631.28	3125.04	3571.60	4025.44	4486.00	4942.40
	材 料 费 （元）		1754.11	2411.00	2783.81	3116.86	3449.90	3785.35
	机 械 费 （元）		3794.08	4630.73	5408.54	6150.59	6945.12	7761.52
名 称	单位	单价(元)	数			量		
人工 综合工日	工日	80.00	32.891	39.063	44.645	50.318	56.075	61.780
材料 碳钢板卷管件	个	–	(10.000)	(10.000)	(10.000)	(10.000)	(10.000)	(10.000)
电焊条 结422 φ3.2	kg	6.70	155.013	221.537	252.955	284.378	315.795	347.213
氧气	m³	3.60	45.265	58.002	68.338	75.997	83.651	91.307
乙炔气	m³	25.20	15.089	19.334	22.779	25.333	27.884	30.436
尼龙砂轮片 φ100	片	7.60	18.260	25.504	29.129	32.753	36.377	40.002
其他材料费	元	–	33.550	36.850	47.580	50.620	53.790	59.320
机械 电焊机(综合)	台班	183.97	18.437	21.755	24.838	27.932	31.018	34.106
汽车式起重机 8t	台班	728.19	0.255	0.415	0.564	0.685	0.846	1.023
载货汽车 8t	台班	619.25	0.255	0.415	0.564	0.685	0.846	1.023
电焊条烘干箱 60×50×75cm³	台班	28.84	2.033	2.402	2.744	3.084	3.426	3.766

工作内容:管子切口,坡口加工,坡口磨平,管口组对、焊接。

定 额 编 号			10-2-67	10-2-68	10-2-69	10-2-70
项 目			公称直径（mm）			
			2400 以内	2600 以内	2800 以内	3000 以内
基 价 （元）			**18121.68**	**22238.63**	**24192.93**	**26077.00**
其中	人 工 费 （元）		5398.16	6434.32	7008.32	7509.60
	材 料 费 （元）		4122.66	5254.05	5648.48	6042.45
	机 械 费 （元）		8600.86	10550.26	11536.13	12524.95
名 称	单位	单价(元)	数		量	
人工 综合工日	工日	80.00	67.477	80.429	87.604	93.870
材料 碳钢板卷管件	个	–	(10.000)	(10.000)	(10.000)	(10.000)
电焊条 结422 ϕ3.2	kg	6.70	378.631	496.925	535.022	573.114
氧气	m³	3.60	99.325	119.805	128.439	137.048
乙炔气	m³	25.20	33.107	39.935	42.813	45.681
尼龙砂轮片 ϕ100	片	7.60	43.626	55.173	59.408	63.644
其他材料费	元	–	62.410	67.680	71.060	74.360
机械 电焊机(综合)	台班	183.97	37.194	46.085	49.712	53.231
汽车式起重机 8t	台班	728.19	1.217	1.428	1.656	1.901
载货汽车 8t	台班	619.25	1.217	1.428	1.656	1.901
电焊条烘干箱 60×50×75cm³	台班	28.84	4.107	5.127	5.522	5.914

6. 不锈钢管件(电弧焊)

工作内容:管子切口,坡口加工,坡口磨平,管口组对、焊接,焊缝钝化。

单位:10 个

	定 额 编 号			10-2-71	10-2-72	10-2-73	10-2-74	10-2-75	10-2-76
	项 目			公称直径（mm）					
				15 以内	20 以内	25 以内	32 以内	40 以内	50 以内
	基 价 （元）			**107.74**	**140.07**	**186.61**	**225.96**	**381.64**	**444.45**
其 中	人 工 费 （元）			58.96	80.00	104.88	126.64	200.88	230.72
	材 料 费 （元）			16.60	20.63	29.75	36.24	53.37	63.15
	机 械 费 （元）			32.18	39.44	51.98	63.08	127.39	150.58
	名 称	单位	单价(元)	数			量		
人工	综合工日	工日	80.00	0.737	1.000	1.311	1.583	2.511	2.884
材 料	低压不锈钢对焊管件	个	–	(10.000)	(10.000)	(10.000)	(10.000)	(10.000)	(10.000)
	不锈钢电焊条 302	kg	40.00	0.238	0.300	0.450	0.558	0.838	0.998
	尼龙砂轮片 ϕ100	片	7.60	0.288	0.358	0.462	0.566	1.098	1.308
	尼龙砂轮片 ϕ500	片	15.00	0.104	0.124	0.208	0.240	0.277	0.282
	其他材料费	元	–	3.330	4.050	5.120	6.020	7.350	9.060
机 械	电焊机(综合)	台班	183.97	0.141	0.179	0.245	0.304	0.648	0.772
	砂轮切割机 ϕ500	台班	9.52	0.009	0.022	0.048	0.053	0.058	0.061
	电动空气压缩机 6m³/min	台班	338.45	0.017	0.017	0.017	0.017	0.017	0.017
	电焊条烘干箱 60×50×75cm³	台班	28.84	0.014	0.019	0.024	0.031	0.065	0.077

工作内容:管子切口,坡口加工,坡口磨平,管口组对、焊接,焊缝钝化。

单位:10 个

定　额　编　号			10-2-77	10-2-78	10-2-79	10-2-80	10-2-81	10-2-82
项　　　　目			公称直径（mm）					
			65 以内	80 以内	100 以内	125 以内	150 以内	200 以内
基　　　价　（元）			**604.36**	**806.49**	**1049.13**	**1264.17**	**1686.21**	**2333.83**
其中	人　工　费　（元）		294.24	326.32	359.76	401.12	496.08	671.84
	材　料　费　（元）		96.75	113.10	173.53	190.09	314.40	439.61
	机　械　费　（元）		213.37	367.07	515.84	672.96	875.73	1222.38
名　　　称	单位	单价(元)	数			量		
人工 综合工日	工日	80.00	3.678	4.079	4.497	5.014	6.201	8.398
材料 低压不锈钢对焊管件	个	–	(10.000)	(10.000)	(10.000)	(10.000)	(10.000)	(10.000)
不锈钢电焊条 302	kg	40.00	1.560	1.832	3.130	3.658	6.412	8.858
尼龙砂轮片 φ100	片	7.60	2.117	2.468	2.646	3.096	4.390	6.738
尼龙砂轮片 φ500	片	15.00	0.405	0.496	0.730	–	–	–
其他材料费	元	–	12.190	13.620	17.270	20.240	24.560	34.080
机械 电焊机(综合)	台班	183.97	1.105	1.297	1.901	2.220	3.028	4.184
电动空气压缩机 1m³/min	台班	146.17	–	0.316	0.410	0.677	0.816	1.134
电动空气压缩机 6m³/min	台班	338.45	0.017	0.017	0.017	0.017	0.017	0.017
电焊条烘干箱 60×50×75cm³	台班	28.84	0.111	0.129	0.190	0.223	0.303	0.418
砂轮切割机 φ500	台班	9.52	0.118	0.125	0.215	–	–	–
等离子弧焊机 400A	台班	226.59	–	0.316	0.410	0.677	0.816	1.134
汽车式起重机 8t	台班	728.19	–	–	–	–	–	0.009
载货汽车 8t	台班	619.25	–	–	–	–	–	0.009

工作内容:管子切口,坡口加工,坡口磨平,管口组对、焊接,焊缝钝化。

单位:10 个

定 额 编 号			10-2-83	10-2-84	10-2-85	10-2-86
项 目			公称直径（mm）			
			250 以内	300 以内	350 以内	400 以内
基 价 （元）			**3496.47**	**4446.77**	**5161.93**	**5838.64**
其中	人 工 费 （元）		915.20	1109.28	1276.80	1437.68
	材 料 费 （元）		826.44	1163.59	1351.35	1528.85
	机 械 费 （元）		1754.83	2173.90	2533.78	2872.11
名 称	单位	单价（元）	数		量	
人工 综合工日	工日	80.00	11.440	13.866	15.960	17.971
材料 低压不锈钢对焊管件	个	–	(10.000)	(*10.000)	(10.000)	(10.000)
不锈钢电焊条 302	kg	40.00	18.194	25.876	30.058	34.002
尼龙砂轮片 $\phi100$	片	7.60	7.373	10.267	11.948	13.532
其他材料费	元	–	42.650	50.520	58.230	65.930
机械 电焊机(综合)	台班	183.97	6.312	7.856	9.126	10.322
等离子弧焊机 400A	台班	226.59	1.474	1.799	2.088	2.360
汽车式起重机 8t	台班	728.19	0.015	0.022	0.033	0.043
载货汽车 8t	台班	619.25	0.015	0.022	0.033	0.043
电动空气压缩机 $1m^3/min$	台班	146.17	1.474	1.799	2.088	2.360
电动空气压缩机 $6m^3/min$	台班	338.45	0.017	0.017	0.017	0.017
电焊条烘干箱 $60\times50\times75cm^3$	台班	28.84	0.631	0.785	0.913	1.032

7. 不锈钢管件(氩电联焊)

工作内容:管子切口,坡口加工,坡口磨平,管口组对、焊接,焊缝钝化。

单位:10 个

定 额 编 号			10-2-87	10-2-88	10-2-89	10-2-90	10-2-91	10-2-92
项 目			公称直径(mm)					
			50 以内	65 以内	80 以内	100 以内	125 以内	150 以内
基 价 (元)			**517.00**	**671.54**	**770.86**	**1019.87**	**1229.39**	**1661.19**
其中	人 工 费 (元)		238.16	307.60	348.64	470.96	531.60	654.80
	材 料 费 (元)		78.93	102.95	122.46	161.00	176.66	275.39
	机 械 费 (元)		199.91	260.99	299.76	387.91	521.13	731.00
名 称	单位	单价(元)	数			量		
人工 综合工日	工日	80.00	2.977	3.845	4.358	5.887	6.645	8.185
材料 低压不锈钢对焊管件	个	–	(10.000)	(10.000)	(10.000)	(10.000)	(10.000)	(10.000)
不锈钢电焊条 302	kg	40.00	0.790	1.008	1.182	1.516	1.768	3.640
不锈钢氩弧焊丝 1Cr18Ni9Ti	kg	32.00	0.362	0.474	0.576	0.776	0.926	1.128
氩气	m³	15.00	1.012	1.328	1.614	2.174	2.592	3.158
铈钨棒	g	0.39	1.880	2.432	2.868	3.720	4.368	5.220

定 额 编 号			10-2-87	10-2-88	10-2-89	10-2-90	10-2-91	10-2-92
项 目			公称直径（mm）					
			50 以内	65 以内	80 以内	100 以内	125 以内	150 以内
材	尼龙砂轮片 ϕ100	片	7.60	0.938	1.196	1.408	1.812	2.118	2.692
	尼龙砂轮片 ϕ500	片	15.00	0.282	0.405	0.496	0.730	－	－
料	其他材料费	元	－	8.470	11.430	13.280	16.750	19.630	23.830
机	电焊机(综合)	台班	183.97	0.513	0.655	0.768	0.986	1.149	1.916
	氩弧焊机 500A	台班	116.61	0.624	0.801	0.933	1.224	1.447	1.685
	电焊条烘干箱 $60 \times 50 \times 75 cm^3$	台班	28.84	0.051	0.065	0.077	0.099	0.116	0.192
	砂轮切割机 ϕ500	台班	9.52	0.061	0.118	0.125	0.215	－	－
	等离子弧焊机 400A	台班	226.59	－	－	－	－	0.199	0.240
	普通车床 630mm × 2000mm	台班	187.70	0.133	0.158	0.167	0.219	0.238	0.335
	电动葫芦(单速) 3t	台班	54.90	－	0.158	0.167	0.219	0.238	0.335
械	电动空气压缩机 $1m^3$/min	台班	146.17	－	－	－	－	0.199	0.240
	电动空气压缩机 $6m^3$/min	台班	338.45	0.017	0.017	0.017	0.017	0.017	0.017

工作内容:管子切口,坡口加工,坡口磨平,管口组对、焊接,焊缝钝化。

单位:10 个

定 额 编 号			10-2-93	10-2-94	10-2-95	10-2-96	10-2-97
项 目			公称直径（mm）				
			200 以内	250 以内	300 以内	350 以内	400 以内
基 价 （元）			**2564.68**	**3495.36**	**4443.69**	**5113.06**	**5774.41**
其中	人 工 费 （元）		920.56	1140.80	1366.80	1554.80	1738.96
	材 料 费 （元）		508.93	812.56	1142.54	1337.79	1526.13
	机 械 费 （元）		1135.19	1542.00	1934.35	2220.47	2509.32
名 称	单位	单价（元）	数			量	
人工 综合工日	工日	80.00	11.507	14.260	17.085	19.435	21.737
材料 低压不锈钢对焊管件	个	–	(10.000)	(10.000)	(10.000)	(10.000)	(10.000)
不锈钢电焊条 302	kg	40.00	8.044	14.270	21.006	24.404	27.604
不锈钢氩弧焊丝 1Cr18Ni9Ti	kg	32.00	1.580	2.016	2.496	3.044	3.614
氩气	m³	15.00	4.424	5.644	6.988	8.522	10.118
铈钨棒	g	0.39	7.156	8.936	10.640	12.420	14.088
尼龙砂轮片 φ100	片	7.60	4.502	6.286	8.490	9.892	11.214
其他材料费	元	–	33.240	41.330	48.930	56.370	63.830
机械 电焊机(综合)	台班	183.97	3.419	4.928	6.448	7.490	8.473
氩弧焊机 500A	台班	116.61	2.287	2.943	3.420	3.783	4.289
普通车床 630mm×2000mm	台班	187.70	0.352	0.372	0.403	0.415	0.427
电动空气压缩机 1m³/min	台班	146.17	0.339	0.434	0.530	0.614	0.694
电动空气压缩机 6m³/min	台班	338.45	0.017	0.017	0.017	0.017	0.017
电焊条烘干箱 60×50×75cm³	台班	28.84	0.342	0.493	0.644	0.750	0.847
等离子弧焊机 400A	台班	226.59	0.339	0.434	0.530	0.614	0.694
汽车式起重机 8t	台班	728.19	0.009	0.015	0.022	0.033	0.043
电动葫芦(单速) 3t	台班	54.90	0.352	0.372	0.403	0.415	0.427
载货汽车 8t	台班	619.25	0.009	0.015	0.022	0.033	0.043

8. 合金钢管件(电弧焊)

工作内容: 管件光谱分析,管子切口,坡口加工,管口组对、焊接。

单位:10个

定 额 编 号				10-2-98	10-2-99	10-2-100	10-2-101	10-2-102	10-2-103	10-2-104
项 目				公称直径 (mm)						
				15 以内	20 以内	25 以内	32 以内	40 以内	50 以内	65 以内
基 价 (元)				**113.32**	**187.77**	**246.35**	**293.07**	**330.87**	**406.27**	**625.91**
其中	人 工 费 (元)			57.28	97.12	116.08	136.96	155.76	183.92	253.36
	材 料 费 (元)			20.29	24.65	37.81	46.49	53.29	72.04	121.64
	机 械 费 (元)			35.75	66.00	92.46	109.62	121.82	150.31	250.91
名 称		单位	单价(元)	数			量			
人工	综合工日	工日	80.00	0.716	1.214	1.451	1.712	1.947	2.299	3.167
材料	低压合金钢对焊管件	个	–	(10.000)	(10.000)	(10.000)	(10.000)	(10.000)	(10.000)	(10.000)
	低合金钢耐热电焊条	kg	47.25	0.284	0.362	0.576	0.712	0.814	1.130	2.024
	氧气	m³	3.60	0.042	0.046	0.056	0.066	0.072	0.100	0.144
	乙炔气	m³	25.20	0.014	0.016	0.018	0.022	0.024	0.034	0.048
	尼龙砂轮片 φ100	片	7.60	0.222	0.178	0.366	0.448	0.512	0.620	0.862
	尼龙砂轮片 φ500	片	15.00	0.076	0.100	0.124	0.156	0.182	0.260	0.380
	其他材料费	元	–	3.540	4.120	5.300	6.310	7.340	8.820	12.030
机械	电焊机(综合)	台班	183.97	0.184	0.233	0.372	0.461	0.525	0.660	1.114
	砂轮切割机 φ500	台班	9.52	0.006	0.013	0.028	0.043	0.047	0.057	0.072
	普通车床 630mm×2000mm	台班	187.70	–	0.112	0.114	0.116	0.117	0.134	0.168
	光谱仪	台班	143.99	0.009	0.009	0.009	0.009	0.009	0.009	0.009
	电动葫芦(单速) 3t	台班	54.90	–	–	–	–	–	–	0.168
	电焊条烘干箱 60×50×75cm³	台班	28.84	0.019	0.024	0.037	0.046	0.053	0.066	0.112

工作内容:管件光谱分析,管子切口,坡口加工,管口组对、焊接。

单位:10 个

定　额　编　号			10-2-105	10-2-106	10-2-107	10-2-108	10-2-109	10-2-110	10-2-111
项　　　　目			公称直径 (mm)						
			80 以内	100 以内	125 以内	150 以内	200 以内	250 以内	300 以内
基　　　价　（元）			**727.53**	**1043.28**	**1148.11**	**1372.75**	**2096.73**	**3191.91**	**3786.87**
其中	人　工　费　（元）		294.96	373.44	398.48	435.68	690.80	937.28	1074.80
	材　料　费　（元）		142.75	251.88	271.96	343.55	579.19	1101.67	1311.43
	机　械　费　（元）		289.82	417.96	477.67	593.52	826.74	1152.96	1400.64
名　　　　　称	单位	单价(元)	数			量			
人工 综合工日	工日	80.00	3.687	4.668	4.981	5.446	8.635	11.716	13.435
材料 低压合金钢对焊管件	个	–	(10.000)	(10.000)	(10.000)	(10.000)	(10.000)	(10.000)	(10.000)
低合金钢耐热电焊条	kg	47.25	2.372	4.450	4.926	6.234	10.724	21.090	25.160
氧气	m³	3.60	0.160	0.242	0.270	1.436	2.201	3.299	3.707
乙炔气	m³	25.20	0.054	0.080	0.090	0.477	0.733	1.100	1.235
尼龙砂轮片 $\phi100$	片	7.60	1.012	1.498	1.608	2.106	3.216	5.060	6.058
尼龙砂轮片 $\phi500$	片	15.00	0.450	0.665	0.705	–	–	–	–
其他材料费	元	–	14.290	17.370	13.170	15.800	21.640	27.120	32.110
机械 电焊机(综合)	台班	183.97	1.306	1.936	2.193	2.712	3.856	5.477	6.533
砂轮切割机 $\phi500$	台班	9.52	0.085	0.135	0.142	–	–	–	–
半自动切割机 100mm	台班	96.23	–	–	–	0.109	0.150	0.218	0.618
普通车床 630mm×2000mm	台班	187.70	0.180	0.221	0.269	0.309	0.323	0.359	0.369
光谱仪	台班	143.99	0.009	0.009	0.009	0.009	0.009	0.009	0.009
汽车式起重机 8t	台班	728.19	–	–	–	–	0.009	0.015	0.022
载货汽车 8t	台班	619.25	–	–	–	–	0.009	0.015ᴿ	0.022
电动葫芦(单速) 3t	台班	54.90	0.180	0.221	0.269	0.309	0.323	0.359	0.369
电焊条烘干箱 60×50×75cm³	台班	28.84	0.131	0.194	0.219	0.272	0.386	0.547	0.653

工作内容:管件光谱分析,管子切口,坡口加工,管口组对、焊接。

单位:10 个

定　额　编　号				10-2-112	10-2-113	10-2-114	10-2-115
项　　　　　目				公称直径（mm）			
				350 以内	400 以内	450 以内	500 以内
基　　价　（元）				**4986.70**	**5587.98**	**7267.60**	**8074.98**
其中	人　工　费　（元）			1238.00	1346.32	1587.84	1757.28
	材　料　费　（元）			2049.33	2321.49	3393.96	3751.92
	机　械　费　（元）			1699.37	1920.17	2285.80	2565.78
名　　　　称		单位	单价(元)	数		量	
人工	综合工日	工日	80.00	15.475	16.829	19.848	21.966
材料	低压合金钢对焊管件	个	－	(10.000)	(10.000)	(10.000)	(10.000)
	低合金钢耐热电焊条	kg	47.25	40.026	45.294	67.194	74.284
	氧气	m³	3.60	4.745	5.336	6.410	7.053
	乙炔气	m³	25.20	1.582	1.778	2.137	2.351
	尼龙砂轮片 φ100	片	7.60	8.404	9.884	12.430	13.774
	其他材料费	元	－	37.280	42.210	47.650	52.680
机械	电焊机(综合)	台班	183.97	8.136	9.206	10.832	11.975
	半自动切割机 100mm	台班	96.23	0.279	0.313	0.360	0.422
	普通车床 630mm×2000mm	台班	187.70	0.439	0.456	0.570	0.597
	光谱仪	台班	143.99	0.009	0.009	0.009	0.009
	汽车式起重机 8t	台班	728.19	0.033	0.043	0.065	0.105
	载货汽车 8t	台班	619.25	0.033	0.043	0.065	0.105
	电动葫芦(单速) 3t	台班	54.90	0.439	0.456	0.570	0.597
	电焊条烘干箱 60×50×75cm³	台班	28.84	0.814	0.921	1.083	1.197

9.合金钢管件(氩电联焊)

工作内容:管件光谱分析,管子切口,坡口加工,管口组对、焊接。

单位:10个

定 额 编 号			10-2-116	10-2-117	10-2-118	10-2-119	10-2-120	10-2-121	10-2-122
项 目			公称直径(mm)						
			50 以内	65 以内	80 以内	100 以内	125 以内	150 以内	200 以内
基 价 (元)			**444.72**	**574.10**	**667.61**	**1117.79**	**1182.19**	**1456.89**	**2129.79**
其中	人 工 费 (元)		210.96	265.36	309.12	498.72	523.12	581.76	780.96
	材 料 费 (元)		75.80	98.47	115.75	218.45	225.76	303.51	519.53
	机 械 费 (元)		157.96	210.27	242.74	400.62	433.31	571.62	829.30
名 称	单位	单价(元)	数			量			
人工 综合工日	工日	80.00	2.637	3.317	3.864	6.234	6.539	7.272	9.762
材料 低压合金钢对焊管件	个	–	(10.000)	(10.000)	(10.000)	(10.000)	(10.000)	(10.000)	(10.000)
低合金钢耐热电焊条	kg	47.25	0.772	0.980	1.146	2.908	2.956	4.200	7.822
合金钢氩弧焊丝	kg	16.20	0.338	0.438	0.518	0.660	0.784	0.938	1.296
氧气	m³	3.60	0.100	0.144	0.160	0.242	0.270	1.436	2.201
乙炔气	m³	25.20	0.034	0.048	0.054	0.080	0.090	0.477	0.733
氩气	m³	15.00	0.946	1.226	1.450	1.848	2.196	2.626	3.628
铈钨棒	g	0.39	1.892	2.452	2.900	3.696	4.392	5.252	7.256

单位:10 个

定　额　编　号			10-2-116	10-2-117	10-2-118	10-2-119	10-2-120	10-2-121	10-2-122
项　　　目			公称直径（mm）						
			50 以内	65 以内	80 以内	100 以内	125 以内	150 以内	200 以内
材料	尼龙砂轮片 ϕ100	片	7.60	0.664	0.844	0.990	1.464	1.574	2.060	3.148
	尼龙砂轮片 ϕ500	片	15.00	0.260	0.380	0.450	0.665	0.705	－	－
	其他材料费	元	－	8.760	11.880	14.120	17.200	12.960	15.580	21.380
机械	电焊机(综合)	台班	183.97	0.425	0.539	0.631	1.304	1.316	1.829	2.812
	氩弧焊机 500A	台班	116.61	0.442	0.573	0.678	0.864	1.025	1.227	1.695
	砂轮切割机 ϕ500	台班	9.52	0.057	0.072	0.085	0.135	0.142	－	－
	半自动切割机 100mm	台班	96.23	－	－	－	－	－	0.109	0.150
	普通车床 630mm×2000mm	台班	187.70	0.134	0.168	0.180	0.221	0.269	0.309	0.323
	光谱仪	台班	143.99	0.009	0.009	0.009	0.009	0.009	0.009	0.009
	汽车式起重机 8t	台班	728.19	－	－	－	－	－	－	0.009
	载货汽车 8t	台班	619.25	－	－	－	－	－	－	0.009
	电动葫芦(单速) 3t	台班	54.90	－	0.168	0.180	0.221	0.269	0.309	0.323
	电焊条烘干箱 60×50×75cm³	台班	28.84	0.043	0.054	0.063	0.131	0.131	0.184	0.281

工作内容:管件光谱分析,管子切口,坡口加工,管口组对、焊接。

单位:10个

定　额　编　号			10-2-123	10-2-124	10-2-125	10-2-126	10-2-127	10-2-128
项　　　　　目			公称直径（mm）					
			250 以内	300 以内	350 以内	400 以内	450 以内	500 以内
基　　　价　（元）			**3290.99**	**3870.36**	**5155.15**	**5779.17**	**7504.05**	**8340.21**
其中	人　工　费　（元）		1075.84	1239.68	1445.52	1579.68	1870.80	2071.44
	材　料　费　（元）		1009.97	1202.64	1898.92	2151.83	3167.33	3502.04
	机　械　费　（元）		1205.18	1428.04	1810.71	2047.66	2465.92	2766.73
名　　　　称	单位	单价(元)	数			量		
人工 综合工日	工日	80.00	13.448	15.496	18.069	19.746	23.385	25.893
材料 低压合金钢对焊管件	个	–	(10.000)	(10.000)	(10.000)	(10.000)	(10.000)	(10.000)
低合金钢耐热电焊条	kg	47.25	17.122	20.424	34.040	38.522	58.826	65.036
合金钢氩弧焊丝	kg	16.20	1.604	1.926	2.222	2.522	2.834	3.142
氧气	m³	3.60	3.299	3.707	4.745	5.336	6.410	7.053
乙炔气	m³	25.20	1.100	1.235	1.582	1.778	2.137	2.351
氩气	m³	15.00	4.492	5.392	6.222	7.062	7.936	8.798

定 额 编 号			10-2-123	10-2-124	10-2-125	10-2-126	10-2-127	10-2-128
项 目			公称直径（mm）					
			250 以内	300 以内	350 以内	400 以内	450 以内	500 以内
材	铈钨棒	g	0.39	8.984	10.784	12.444	14.124	15.872	17.596
	尼龙砂轮片 φ100	片	7.60	4.950	5.928	8.214	9.670	12.162	13.476
料	其他材料费	元	–	26.870	31.800	36.980	41.860	47.300	52.300
机	电焊机(综合)	台班	183.97	4.447	5.307	6.919	7.830	9.483	10.486
	氩弧焊机 500A	台班	116.61	2.098	2.519	2.905	3.298	3.706	4.109
	半自动切割机 100mm	台班	96.23	0.218	0.231	0.279	0.313	0.360	0.422
	普通车床 630mm×2000mm	台班	187.70	0.359	0.369	0.439	0.456	0.570	0.597
	光谱仪	台班	143.99	0.009	0.009	0.009	0.009	0.009	0.009
	汽车式起重机 8t	台班	728.19	0.015	0.022	0.033	0.043	0.065	0.105
	载货汽车 8t	台班	619.25	0.015	0.022	0.033	0.043	0.065	0.105
械	电动葫芦(单速) 3t	台班	54.90	0.359	0.369	0.439	0.456	0.570	0.597
	电焊条烘干箱 60×50×75cm³	台班	28.84	0.445	0.530	0.692	0.784	0.949	1.049

10. 铜管件（氧乙炔焊）

工作内容:管子切口,坡口加工,坡口磨平,管口组对、焊前预热,焊接。

单位:10 个

定 额 编 号			10-2-129	10-2-130	10-2-131	10-2-132	10-2-133
项 目			管外径（mm）				
			20 以内	30 以内	40 以内	50 以内	65 以内
基 价 （元）			**156.33**	**233.27**	**298.80**	**334.98**	**422.92**
其中	人 工 费 （元）		135.60	202.16	252.72	278.40	336.96
	材 料 费 （元）		20.65	30.76	45.54	55.92	85.08
	机 械 费 （元）		0.08	0.35	0.54	0.66	0.88
名 称	单位	单价(元)	数		量		
人工 综合工日	工日	80.00	1.695	2.527	3.159	3.480	4.212
材料 低压铜管件	个	－	(10.000)	(10.000)	(10.000)	(10.000)	(10.000)
铜气焊丝	kg	38.00	0.162	0.243	0.353	0.423	0.951
氧气	m³	3.60	0.950	1.403	2.081	2.607	3.188
乙炔气	m³	25.20	0.365	0.540	0.800	1.003	1.226
硼砂	kg	3.60	0.040	0.081	0.110	0.133	0.283
尼龙砂轮片 φ500	片	15.00	0.093	0.135	0.216	0.250	0.280
其他材料费	元	－	0.340	0.550	0.840	0.960	1.350
机械 砂轮切割机 φ500	台班	9.52	0.008	0.037	0.057	0.069	0.092

工作内容:管子切口,坡口加工,坡口磨平,管口组对、焊前预热,焊接。

定　额　编　号			10-2-134	10-2-135	10-2-136	10-2-137	10-2-138
项　　　　目			管外径（mm）				
			75 以内	85 以内	100 以内	120 以内	150 以内
基　　　价　　　（元）			**459.11**	**636.89**	**1093.72**	**1346.59**	**1599.14**
其中	人　工　费　（元）		357.12	421.28	489.60	594.72	666.00
	材　料　费　（元）		101.03	111.24	172.46	233.73	285.66
	机　械　费　（元）		0.96	104.37	431.66	518.14	647.48
名　　　　　称	单位	单价(元)	数		量		
人工	综合工日	工日	80.00	4.464	5.266	6.120	7.434	8.325
材料	低压铜管件	个	–	(10.000)	(10.000)	(10.000)	(10.000)	(10.000)
	铜气焊丝	kg	38.00	1.113	1.295	2.317	3.336	4.170
	氧气	m³	3.60	3.851	4.440	5.348	6.834	8.051
	乙炔气	m³	25.20	1.481	1.708	2.057	2.629	3.097
	硼砂	kg	3.60	0.344	0.385	0.448	0.538	0.672
	尼龙砂轮片 φ500	片	15.00	0.315	–	–	–	–
	尼龙砂轮片 φ100	片	7.60	–	–	1.262	1.526	1.920
	其他材料费	元	–	1.590	1.620	2.120	2.570	3.160
机械	砂轮切割机 φ500	台班	9.52	0.101	–	–	–	–
	等离子弧焊机 400A	台班	226.59	–	0.280	1.158	1.390	1.737
	电动空气压缩机 1m³/min	台班	146.17	–	0.280	1.158	1.390	1.737

工作内容:管子切口,坡口加工,坡口磨平,管口组对、焊前预热,焊接。

单位:10 个

定　额　编　号				10-2-139	10-2-140	10-2-141	10-2-142
项　　　　　目				管外径（mm）			
				185 以内	200 以内	250 以内	300 以内
基　　　　价　（元）				**1971.22**	**2159.79**	**2599.93**	**3200.89**
其中	人　工　费　（元）			801.52	865.68	975.92	1250.32
	材　料　费　（元）			358.75	418.30	524.66	625.96
	机　械　费　（元）			810.95	875.81	1099.35	1324.61
名　　　　　称		单位	单价（元）	数			量
人工	综合工日	工日	80.00	10.019	10.821	12.199	15.629
材料	低压铜管件	个	–	(10.000)	(10.000)	(10.000)	(10.000)
	铜气焊丝	kg	38.00	5.143	5.560	6.977	8.367
	氧气	m³	3.60	10.389	13.518	16.923	20.018
	乙炔气	m³	25.20	3.996	5.199	6.509	7.700
	硼砂	kg	3.60	0.829	0.896	1.120	1.344
	尼龙砂轮片 φ100	片	7.60	2.380	2.577	3.235	3.892
	其他材料费	元	–	4.140	4.530	5.970	7.490
机械	等离子弧焊机 400A	台班	226.59	2.143	2.317	2.895	3.474
	电动空气压缩机 1m³/min	台班	146.17	2.143	2.317	2.895	3.474
	汽车式起重机 8t	台班	728.19	0.009	0.009	0.015	0.022
	载货汽车 8t	台班	619.25	0.009	0.009	0.015	0.022

11. 塑料管件(热风焊)

工作内容:管子切口,坡口加工,坡口磨平,管口组对、焊接。 单位:10个

定 额 编 号				10-2-143	10-2-144	10-2-145	10-2-146	10-2-147
项 目				管外径(mm)				
				20 以内	25 以内	32 以内	40 以内	50 以内
基 价 (元)				**92.79**	**112.34**	**141.35**	**192.12**	**245.04**
其中	人 工 费 (元)			50.96	61.28	76.48	103.44	137.68
	材 料 费 (元)			1.88	2.24	2.73	3.70	8.80
	机 械 费 (元)			39.95	48.82	62.14	84.98	98.56
名 称		单位	单价(元)	数		量		
人工	综合工日	工日	80.00	0.637	0.766	0.956	1.293	1.721
材料	管件	套	－	(10.000)	(10.000)	(10.000)	(10.000)	(10.000)
	塑料焊条	kg	11.00	0.018	0.022	0.028	0.046	0.080
	电	kW·h	0.85	1.404	1.716	2.184	2.988	3.464
	电阻丝	根	8.00	0.022	0.026	0.026	0.032	0.042
	其他材料费	元	－	0.310	0.330	0.360	0.400	4.640
机械	电动空气压缩机 0.6m³/min	台班	130.54	0.306	0.374	0.476	0.651	0.755

工作内容:管子切口,坡口加工,坡口磨平,管口组对、焊接。

定　额　编　号			10-2-148	10-2-149	10-2-150	10-2-151	10-2-152
项　　　　　目			管外径（mm）				
			75 以内	90 以内	110 以内	125 以内	150 以内
基　　　　价　　（元）			**357.99**	**464.89**	**606.67**	**618.39**	**885.53**
其中	人　工　费　（元）		192.72	252.32	321.76	331.12	472.72
	材　料　费　（元）		13.46	15.86	20.58	22.94	33.34
	机　械　费　（元）		151.81	196.71	264.33	264.33	379.47
名　　　称	单位	单价（元）	数			量	
人工 综合工日	工日	80.00	2.409	3.154	4.022	4.139	5.909
材料 管件	套	—	(10.000)	(10.000)	(10.000)	(10.000)	(10.000)
塑料焊条	kg	11.00	0.164	0.230	0.476	0.476	1.025
电	kW·h	0.85	5.328	6.904	9.282	9.282	13.330
电阻丝	根	8.00	0.042	0.056	0.056	0.058	0.066
其他材料费	元	—	6.790	7.010	7.010	9.350	10.210
机械 木工圆锯机 φ500mm	台班	27.63	0.009	0.009	0.009	0.009	0.009
电动空气压缩机 0.6m³/min	台班	130.54	1.161	1.505	2.023	2.023	2.905

工作内容:管子切口,坡口加工,坡口磨平,管口组对、焊接。

单位:10 个

定 额 编 号				10-2-153	10-2-154	10-2-155
项 目				管外径(mm)		
				180 以内	200 以内	250 以内
基 价 (元)				**968.97**	**1263.66**	**2581.88**
其中	人 工 费 (元)			507.84	647.84	1236.32
	材 料 费 (元)			35.48	50.26	89.45
	机 械 费 (元)			425.65	565.56	1256.11
名 称		单位	单价(元)	数		量
人工	综合工日	工日	80.00	6.348	8.098	15.454
材料	管件	套	—	(10.000)	(10.000)	(10.000)
	塑料焊条	kg	11.00	1.117	1.997	3.340
	电	kW·h	0.85	14.520	19.434	43.421
	电阻丝	根	8.00	0.066	0.068	0.076
	其他材料费	元	—	10.320	11.230	15.190
机械	木工圆锯机 φ500mm	台班	27.63	0.013	0.017	0.017
	电动空气压缩机 0.6m³/min	台班	130.54	3.165	4.236	9.464
	汽车式起重机 8t	台班	728.19	0.009	0.009	0.015
	载货汽车 8t	台班	619.25	0.009	0.009	0.015

12. 塑料管件(承插粘接)

工作内容:管子切口,坡口加工,坡口磨平,管口组对、粘接。

单位:10 个

定　额　编　号			10-2-156	10-2-157	10-2-158	10-2-159	10-2-160
项　　　　　目			管外径（mm）				
			20 以内	25 以内	32 以内	40 以内	50 以内
基　　　价　（元）			**20.42**	**24.68**	**30.18**	**38.79**	**67.50**
其中	人　工　费　（元）		18.00	21.68	26.48	34.08	57.44
	材　料　费　（元）		2.42	3.00	3.70	4.71	10.06
	机　械　费　（元）		－	－	－	－	－
名　　称	单位	单价(元)	数			量	
人工 综合工日	工日	80.00	0.225	0.271	0.331	0.426	0.718
材料 承插塑料管件	个	－	(10.000)	(10.000)	(10.000)	(10.000)	(10.000)
环氧粘接剂	kg	43.70	0.034	0.042	0.052	0.066	0.082
其他材料费	元	－	0.930	1.160	1.430	1.830	6.480

工作内容:管子切口,坡口加工,坡口磨平,管口组对、粘接。

单位:10个

定 额 编 号			10-2-161	10-2-162	10-2-163	10-2-164	10-2-165
项 目			管外径（mm）				
			75 以内	90 以内	110 以内	125 以内	150 以内
基 价 （元）			**99.19**	**116.97**	**144.90**	**165.56**	**208.09**
其 中	人 工 费 （元）		84.08	100.24	121.44	139.84	177.84
	材 料 费 （元）		14.86	16.48	23.21	25.47	30.00
	机 械 费 （元）		0.25	0.25	0.25	0.25	0.25
名 称	单位	单价(元)	数		量		
人工 综合工日	工日	80.00	1.051	1.253	1.518	1.748	2.223
材 承插塑料管件	个	–	(10.000)	(10.000)	(10.000)	(10.000)	(10.000)
环氧粘接剂	kg	43.70	0.124	0.148	0.252	0.286	0.344
料 其他材料费	元	–	9.440	10.010	12.200	12.970	14.970
机械 木工圆锯机 φ500mm	台班	27.63	0.009	0.009	0.009	0.009	0.009

工作内容:管子切口,坡口加工,坡口磨平,管口组对、粘接。

定　额　编　号			10-2-166	10-2-167	10-2-168
项　　　　　目			管外径（mm）		
			180 以内	200 以内	250 以内
基　　　价　（元）			**250.32**	**283.31**	**383.46**
其 中	人　工　费　（元）		201.84	230.56	311.04
	材　料　费　（元）		35.99	40.15	51.74
	机　械　费　（元）		12.49	12.60	20.68
名　　　　称	单位	单价（元）	数		量
人 工	综合工日	工日	80.00	2.523	2.882	3.888
材 料	承插塑料管件	个	－	(10.000)	(10.000)	(10.000)
	环氧粘接剂	kg	43.70	0.412	0.458	0.572
	其他材料费	元	－	17.990	20.140	26.740
机 械	木工圆锯机 $\phi500mm$	台班	27.63	0.013	0.017	0.017
	汽车式起重机 8t	台班	728.19	0.009	0.009	0.015
	载货汽车 8t	台班	619.25	0.009	0.009	0.015

13. 塑料管件(热熔连接)

工作内容:管子切口,坡口加工,坡口磨平,管口组对、管件安装。

单位:10 个

定 额 编 号				10-2-169	10-2-170	10-2-171	10-2-172
项 目				管外径(mm)			
				110 以内	160 以内	200 以内	250 以内
基 价 (元)				**109.14**	**194.90**	**223.90**	**299.58**
其中	人 工 费 (元)			105.28	175.04	199.52	269.28
	材 料 费 (元)			1.00	1.00	1.00	1.00
	机 械 费 (元)			2.86	18.86	23.38	29.30
名 称		单位	单价(元)	数		量	
人工	综合工日	工日	80.00	1.316	2.188	2.494	3.366
材料	中密度聚乙烯管件电熔熔接	个	–	(10.000)	(10.000)	(10.000)	(10.000)
	其他材料费	元	–	1.000	1.000	1.000	1.000
机械	木工圆锯机 ϕ500mm	台班	27.63	0.009	0.017	0.017	0.021
	热熔焊接机 SHD–160C	台班	67.01	0.039	–	–	–
	热熔焊接机 SHD–630	台班	322.67	–	0.057	0.071	0.089

工作内容:管子切口,坡口加工,坡口磨平,管口组对、管件安装。 单位:10个

定 额 编 号				10-2-173	10-2-174	10-2-175	10-2-176
项 目				管外径（mm）			
				315 以内	355 以内	400 以内	500 以内
基 价 （元）				**377.48**	**424.85**	**478.64**	**598.29**
其中	人 工 费 （元）			339.68	382.48	430.88	538.56
	材 料 费 （元）			1.00	1.00	1.00	1.00
	机 械 费 （元）			36.80	41.37	46.76	58.73
名 称		单位	单价(元)	数		量	
人工	综合工日	工日	80.00	4.246	4.781	5.386	6.732
材料	中密度聚乙烯管件电熔熔接	个	−	(10.000)	(10.000)	(10.000)	(10.000)
	其他材料费	元	−	1.000	1.000	1.000	1.000
机械	木工圆锯机 φ500mm	台班	27.63	0.024	0.026	0.034	0.047
	热熔焊接机 SHD－630	台班	322.67	0.112	0.126	0.142	0.178

14. 塑料管件(胶圈接口)

工作内容:切管、坡口、清理工作面、管件安装、上胶圈。

单位:10 个

定 额 编 号			10-2-177	10-2-178	10-2-179	10-2-180	10-2-181
项 目			管外径（mm）				
			90 以内	100 以内	125 以内	160 以内	200 以内
基 价 （元）			**130.47**	**143.67**	**156.42**	**191.43**	**212.57**
其中	人 工 费 （元）		104.64	115.28	122.72	155.04	172.56
	材 料 费 （元）		25.11	27.62	32.98	35.45	38.99
	机 械 费 （元）		0.72	0.77	0.72	0.94	1.02
名 称	单位	单价(元)	数		量		
人工 综合工日	工日	80.00	1.308	1.441	1.534	1.938	2.157
材料 承插塑料管件	个	–	(10.000)	(10.000)	(10.000)	(10.000)	(10.000)
橡胶圈	个	–	(23.690)	(23.690)	(23.690)	(23.690)	(23.690)
砂布	张	3.00	6.000	6.600	8.000	8.000	8.800
润滑油	kg	9.87	0.720	0.792	0.910	1.160	1.276
机械 木工圆锯机 φ500mm	台班	27.63	0.026	0.028	0.026	0.034	0.037

工作内容:切管、坡口、清理工作面、管件安装、上胶圈。

单位:10 个

定　额　编　号				10-2-182	10-2-183	10-2-184	10-2-185	10-2-186
项　　　　　目				管外径（mm）				
				250 以内	315 以内	355 以内	400 以内	500 以内
基　　价　（元）				**320.16**	**378.13**	**448.06**	**493.11**	**565.90**
其中	人　工　费　（元）			264.88	316.56	381.12	419.92	484.48
	材　料　费　（元）			54.09	60.16	65.53	71.53	79.07
	机　械　费　（元）			1.19	1.41	1.41	1.66	2.35
名　　　称		单位	单价（元）	数		量		
人工	综合工日	工日	80.00	3.311	3.957	4.764	5.249	6.056
材料	承插塑料管件	个	－	(10.000)	(10.000)	(10.000)	(10.000)	(10.000)
	橡胶圈	个	－	(23.690)	(23.690)	(23.690)	(23.690)	(23.690)
	砂布	张	3.00	12.700	14.000	15.000	17.000	18.000
	润滑油	kg	9.87	1.620	1.840	2.080	2.080	2.540
机械	木工圆锯机 $\phi500mm$	台班	27.63	0.043	0.051	0.051	0.060	0.085

15. 承插铸铁管件（石棉水泥接口）

工作内容：切管，管口处理，管件安装，调制接口材料，接口，养护。

单位：10个

定 额 编 号			10-2-187	10-2-188	10-2-189	10-2-190	10-2-191	10-2-192
项 目			公称直径（mm）					
			75 以内	100 以内	150 以内	200 以内	300 以内	400 以内
基 价 （元）			**400.67**	**472.31**	**583.85**	**740.28**	**1066.84**	**1420.09**
其中	人 工 费 （元）		360.40	372.00	507.28	634.48	814.00	1038.40
	材 料 费 （元）		40.27	100.31	76.57	105.80	171.87	254.28
	机 械 费 （元）		－	－	－	－	80.97	127.41
名 称	单位	单价（元）	数			量		
人工 综合工日	工日	80.00	4.505	4.650	6.341	7.931	10.175	12.980
材料 铸铁管件	个	－	(10.000)	(10.000)	(10.000)	(10.000)	(10.000)	(10.000)
氧气	m³	3.60	0.440	0.750	1.010	1.830	2.640	4.950
乙炔气	m³	25.20	0.180	0.310	0.420	0.750	1.100	2.070
普通硅酸盐水泥 32.5	kg	0.33	9.130	11.350	16.700	21.470	35.970	49.280
石棉绒	kg	5.70	3.650	4.530	6.660	8.570	14.350	19.680
油麻	kg	5.50	1.830	10.840	3.340	4.310	7.250	9.870
其他材料费	元	－	0.270	0.610	0.510	0.670	1.110	1.570
机械 汽车式起重机 5t	台班	546.38	－	－	－	－	0.085	0.170
载货汽车 5t	台班	507.79	－	－	－	－	0.068	0.068

工作内容: 切管,管口处理,管件安装,调制接口材料,接口,养护。

定 额 编 号			10-2-193	10-2-194	10-2-195	10-2-196	10-2-197
项 目			公称直径（mm）				
			500 以内	600 以内	700 以内	800 以内	900 以内
基 价 （元）			**1907.75**	**2513.09**	**3403.86**	**3592.30**	**4913.00**
其中	人 工 费 （元）		1384.48	1729.92	2535.04	2630.96	3672.72
	材 料 费 （元）		349.41	430.53	516.18	600.06	693.32
	机 械 费 （元）		173.86	352.64	352.64	361.28	546.96
名 称	单位	单价(元)	数		量		
人工 综合工日	工日	80.00	17.306	21.624	31.688	32.887	45.909
材料	铸铁管件	个	—	(10.000)	(10.000)	(10.000)	(10.000)	(10.000)
	氧气	m³	3.60	6.270	7.590	8.910	9.900	11.000
	乙炔气	m³	25.20	2.640	3.190	3.740	4.070	4.620
	普通硅酸盐水泥 32.5	kg	0.33	69.520	86.350	104.280	123.420	143.770
	石棉绒	kg	5.70	27.780	34.440	41.620	49.300	57.400
	油麻	kg	5.50	13.970	17.330	20.900	24.780	28.770
	其他材料费	元	—	2.190	2.700	3.260	3.830	4.440
机械	汽车式起重机 5t	台班	546.38	0.255	—	—	—	—
	载货汽车 5t	台班	507.79	0.068	0.085	0.085	0.102	0.102
	汽车式起重机 8t	台班	728.19	—	0.425	0.425	0.425	0.680

工作内容:切管,管口处理,管件安装,调制接口材料,接口,养护。

单位:10 个

定 额 编 号				10-2-198	10-2-199	10-2-200	10-2-201
项 目				公称直径（mm）			
				1000 以内	1200 以内	1400 以内	1600 以内
基 价 （元）				**5468.50**	**7485.08**	**10281.75**	**13818.55**
其中	人 工 费 （元）			3818.88	5450.88	7796.24	10850.80
	材 料 费 （元）			843.29	1045.72	1344.67	1600.85
	机 械 费 （元）			806.33	988.48	1140.84	1366.90
名 称		单位	单价（元）	数		量	
人工	综合工日	工日	80.00	47.736	68.136	97.453	135.635
材料	铸铁管件	个	—	(10.000)	(10.000)	(10.000)	(10.000)
	氧气	m³	3.60	12.320	13.420	14.520	15.840
	乙炔气	m³	25.20	5.170	5.610	6.050	6.600
	普通硅酸盐水泥 32.5	kg	0.33	178.860	229.020	305.030	368.500
	石棉绒	kg	5.70	71.440	91.430	121.770	147.190
	油麻	kg	5.50	35.810	45.890	61.110	73.820
	其他材料费	元	—	5.470	6.910	9.080	10.910
机械	汽车式起重机 16t	台班	1071.52	0.680	0.850	—	—
	汽车式起重机 20t	台班	1205.93	—	—	0.850	1.020
	载货汽车 5t	台班	507.79	0.153	0.153	—	—
	载货汽车 8t	台班	619.25	—	—	0.187	0.221

16. 承插铸铁管件(青铅接口)

工作内容: 切管,管口处理,管件安装,化铅,接口。

单位:10个

定 额 编 号			10-2-202	10-2-203	10-2-204	10-2-205	10-2-206
项 目			公称直径（mm）				
			75 以内	100 以内	150 以内	200 以内	300 以内
基 价 （元）			**1126.81**	**1316.71**	**1879.79**	**2427.18**	**3756.58**
其中	人 工 费 （元）		409.36	422.96	566.48	731.68	848.00
	材 料 费 （元）		717.45	893.75	1313.31	1695.50	2827.61
	机 械 费 （元）		–	–	–	–	80.97
名 称	单位	单价(元)	数		量		
人工 综合工日	工日	80.00	5.117	5.287	7.081	9.146	10.600
材料 铸铁管件	个	–	(10.000)	(10.000)	(10.000)	(10.000)	(10.000)
青铅	kg	13.40	49.720	61.880	91.040	117.120	196.170
氧气	m³	3.60	0.440	0.750	1.010	1.830	2.640
乙炔气	m³	25.20	0.180	0.310	0.420	0.750	1.100
油麻	kg	5.50	1.830	2.270	3.340	4.310	7.200
焦炭	kg	1.50	21.000	24.780	35.490	45.570	70.980
木柴	kg	0.95	1.760	2.200	4.400	4.400	8.800
其他材料费	元	–	1.840	2.300	3.370	4.360	7.280
机械 汽车式起重机 5t	台班	546.38	–	–	–	–	0.085
载货汽车 5t	台班	507.79	–	–	–	–	0.068

工作内容: 切管,管口处理,管件安装,化铅,接口。

单位:10 个

定　　额　　编　　号			10-2-207	10-2-208	10-2-209	10-2-210	10-2-211
项　　　　　目			公称直径（mm）				
			400 以内	500 以内	600 以内	700 以内	800 以内
基　　　价　　（元）			**5273.76**	**7448.63**	**9393.83**	**12163.10**	**13824.05**
其中	人　工　费　（元）		1251.92	1810.88	2264.40	3628.48	3791.68
	材　料　费　（元）		3894.43	5463.89	6776.79	8181.98	9671.09
	机　械　费　（元）		127.41	173.86	352.64	352.64	361.28
名　　称	单位	单价(元)	数				量
人工	综合工日	工日	80.00	15.649	22.636	28.305	45.356	47.396
材料	铸铁管件	个	–	(10.000)	(10.000)	(10.000)	(10.000)	(10.000)
	青铅	kg	13.40	268.920	379.230	471.100	568.770	673.270
	氧气	m³	3.60	4.950	6.270	7.590	8.910	9.900
	乙炔气	m³	25.20	2.070	2.640	3.190	3.740	4.070
	油麻	kg	5.50	9.870	13.920	17.300	20.900	24.740
	焦炭	kg	1.50	97.440	126.630	154.140	189.000	223.650
	木柴	kg	0.95	11.000	13.200	13.200	15.400	15.400
	其他材料费	元	–	10.020	14.060	17.440	21.060	24.890
机械	汽车式起重机 5t	台班	546.38	0.170	0.255	–	–	–
	载货汽车 5t	台班	507.79	0.068	0.068	0.085	0.085	0.102
	汽车式起重机 8t	台班	728.19	–	–	0.425	0.425	0.425

工作内容:切管,管口处理,管件安装,化铅,接口。

定 额 编 号			10-2-212	10-2-213	10-2-214	10-2-215	10-2-216
项 目			公称直径(mm)				
			900 以内	1000 以内	1200 以内	1400 以内	1600 以内
基 价 (元)			**17088.17**	**20183.35**	**26075.48**	**34867.29**	**44046.80**
其中	人 工 费 (元)		5304.72	5450.88	7355.60	10255.76	14385.44
	材 料 费 (元)		11236.49	13926.14	17731.40	23470.69	28294.46
	机 械 费 (元)		546.96	806.33	988.48	1140.84	1366.90
名 称	单位	单价(元)	数		量		
人工 综合工日	工日	80.00	66.309	68.136	91.945	128.197	179.818
材料 铸铁管件	个	—	(10.000)	(10.000)	(10.000)	(10.000)	(10.000)
青铅	kg	13.40	784.080	976.210	1249.500	1664.390	2010.740
氧气	m³	3.60	11.000	12.320	13.420	14.520	15.840
乙炔气	m³	25.20	4.620	5.170	5.610	6.050	6.600
油麻	kg	5.50	28.790	35.850	45.890	61.130	73.860
焦炭	kg	1.50	245.070	278.880	317.310	361.200	410.970
木柴	kg	0.95	19.800	19.800	25.520	25.520	32.780
其他材料费	元	—	29.030	35.980	45.810	60.870	73.370
机械 载货汽车 5t	台班	507.79	0.102	0.153	0.153	—	—
汽车式起重机 8t	台班	728.19	0.680	—	—	—	—
汽车式起重机 16t	台班	1071.52	—	0.680	0.850	—	—
汽车式起重机 20t	台班	1205.93	—	—	—	0.850	1.020
载货汽车 8t	台班	619.25	—	—	—	0.187	0.221

17. 承插铸铁管件(膨胀水泥接口)

工作内容:切管,管口处理,管件安装,调制接口材料,接口,养护。

单位:10 个

定 额 编 号			10-2-217	10-2-218	10-2-219	10-2-220	10-2-221
项 目			公称直径(mm)				
			75 以内	100 以内	150 以内	200 以内	300 以内
基 价 (元)			**336.14**	**354.01**	**496.33**	**650.40**	**840.64**
其中	人 工 费 (元)		308.08	316.24	442.00	573.28	635.84
	材 料 费 (元)		28.06	37.77	54.33	77.12	123.83
	机 械 费 (元)		–	–	–	–	80.97
名 称	单位	单价(元)	数		量		
人工	综合工日	工日	80.00	3.851	3.953	5.525	7.166	7.948
材料	铸铁管件	个	–	(10.000)	(10.000)	(10.000)	(10.000)	(10.000)
	氧气	m³	3.60	0.440	0.750	1.010	1.830	2.640
	乙炔气	m³	25.20	0.180	0.310	0.420	0.750	1.100
	膨胀水泥	kg	0.84	13.990	17.400	25.590	32.870	55.000
	油麻	kg	5.50	1.830	2.270	3.340	4.310	7.250
	其他材料费	元	–	0.120	0.160	0.240	0.320	0.530
机械	汽车式起重机 5t	台班	546.38	–	–	–	–	0.085
	载货汽车 5t	台班	507.79	–	–	–	–	0.068

工作内容:切管,管口处理,管件安装,调制接口材料,接口,养护。

单位:10 个

定　额　编　号			10-2-222	10-2-223	10-2-224	10-2-225	10-2-226
项　　　　目			公称直径（mm）				
			400 以内	500 以内	600 以内	700 以内	800 以内
基　　　价　（元）			**1206.00**	**1652.30**	**2278.28**	**3061.32**	**3235.55**
其中	人　工　费　（元）		890.16	1222.00	1610.24	2331.76	2439.20
	材　料　费　（元）		188.43	256.44	315.40	376.92	435.07
	机　械　费　（元）		127.41	173.86	352.64	352.64	361.28
名　　　称	单位	单价(元)	数		量		
人工 综合工日	工日	80.00	11.127	15.275	20.128	29.147	30.490
材料 铸铁管件	个	–	(10.000)	(10.000)	(10.000)	(10.000)	(10.000)
氧气	m³	3.60	4.950	6.270	7.590	8.910	9.900
乙炔气	m³	25.20	2.070	2.640	3.190	3.740	4.070
膨胀水泥	kg	0.84	75.460	106.480	132.220	159.610	188.980
油麻	kg	5.50	9.870	13.970	17.330	20.900	24.780
其他材料费	元	–	0.770	1.060	1.310	1.570	1.830
机械 汽车式起重机 5t	台班	546.38	0.170	0.255	–	–	–
载货汽车 5t	台班	507.79	0.068	0.068	0.085	0.085	0.102
汽车式起重机 8t	台班	728.19	–	–	0.425	0.425	0.425

工作内容: 切管,管口处理,管件安装,调制接口材料,接口,养护。

单位:10个

定 额 编 号				10-2-227	10-2-228	10-2-229	10-2-230	10-2-231
项 目				公称直径（mm）				
				900 以内	1000 以内	1200 以内	1400 以内	1600 以内
基 价 （元）				**4270.06**	**4982.75**	**6590.33**	**8831.91**	**12620.90**
其中	人 工 费 （元）			3221.84	3572.08	4862.00	6753.76	10145.60
	材 料 费 （元）			501.26	604.34	739.85	937.31	1108.40
	机 械 费 （元）			546.96	806.33	988.48	1140.84	1366.90
名 称		单位	单价(元)	数			量	
人工	综合工日	工日	80.00	40.273	44.651	60.775	84.422	126.820
材料	铸铁管件	个	–	(10.000)	(10.000)	(10.000)	(10.000)	(10.000)
	氧气	m³	3.60	11.000	12.320	13.420	14.520	15.840
	乙炔气	m³	25.20	4.620	5.170	5.610	6.050	6.600
	膨胀水泥	kg	0.84	220.110	274.010	350.680	467.060	564.410
	油麻	kg	5.50	28.770	35.810	45.890	61.110	73.820
	其他材料费	元	–	2.110	2.580	3.200	4.140	4.940
机械	载货汽车 5t	台班	507.79	0.102	0.153	0.153	–	–
	汽车式起重机 8t	台班	728.19	0.680	–	–	–	–
	汽车式起重机 16t	台班	1071.52	–	0.680	0.850	–	–
	汽车式起重机 20t	台班	1205.93	–	–	–	0.850	1.020
	载货汽车 8t	台班	619.25	–	–	–	0.187	0.221

18. 承插预应力混凝土管转换件(石棉水泥接口)

工作内容:管件安装、接口、养护。

单位:10个

定 额 编 号			10-2-232	10-2-233	10-2-234	10-2-235	10-2-236	10-2-237
项 目			公称直径(mm)					
			300 以内	400 以内	500 以内	600 以内	700 以内	800 以内
基 价 (元)			**1539.31**	**2542.33**	**3517.11**	**4850.31**	**5455.90**	**6060.83**
其中	人 工 费 (元)		1415.12	2402.48	3322.48	4250.00	4766.80	5275.44
	材 料 费 (元)		124.19	139.85	194.63	247.67	336.46	424.11
	机 械 费 (元)		–	–	–	352.64	352.64	361.28
名 称	单位	单价(元)	数			量		
人工	综合工日	工日	80.00	17.689	30.031	41.531	53.125	59.585	65.943
材料	混凝土转换件	个	–	(10.000)	(10.000)	(10.000)	(10.000)	(10.000)	(10.000)
	普通硅酸盐水泥 32.5	kg	0.33	34.320	38.610	53.460	68.420	92.620	116.930
	石棉绒	kg	5.70	13.630	15.270	21.320	27.160	36.900	46.540
	油麻	kg	5.50	5.990	6.830	9.450	11.970	16.280	20.480
	其他材料费	元	–	2.230	2.500	3.490	4.440	6.030	7.610
机械	汽车式起重机 8t	台班	728.19	–	–	–	0.425	0.425	0.425
	载货汽车 5t	台班	507.79	–	–	–	0.085	0.085	0.102

工作内容:管件安装、接口、养护。

单位:10个

定　额　编　号				10-2-238	10-2-239	10-2-240	10-2-241	10-2-242	10-2-243
项　　　　目				公称直径（mm）					
				900 以内	1000 以内	1200 以内	1400 以内	1600 以内	1800 以内
基　　　价　（元）				**7141.27**	**8301.80**	**10941.84**	**13551.52**	**16236.12**	**18920.88**
其中	人　工　费　（元）			6053.36	6839.44	8890.32	10940.56	12992.08	15043.68
	材　料　费　（元）			540.95	656.03	1063.04	1470.12	1877.14	2284.23
	机　械　费　（元）			546.96	806.33	988.48	1140.84	1366.90	1592.97
名　　称		单位	单价（元）	数			量		
人工	综合工日	工日	80.00	75.667	85.493	111.129	136.757	162.401	188.046
材料	混凝土转换件	个	–	(10.000)	(10.000)	(10.000)	(10.000)	(10.000)	(10.000)
	普通硅酸盐水泥 32.5	kg	0.33	148.940	180.950	293.150	405.350	517.550	629.750
	石棉绒	kg	5.70	59.250	71.850	116.540	161.230	205.920	250.610
	油麻	kg	5.50	26.250	31.820	51.450	71.090	90.720	110.360
	其他材料费	元	–	9.700	11.760	19.050	26.350	33.640	40.960
机械	汽车式起重机 8t	台班	728.19	0.680	–	–	–	–	–
	汽车式起重机 16t	台班	1071.52	–	0.680	0.850	–	–	–
	汽车式起重机 20t	台班	1205.93	–	–	–	0.850	1.020	1.190
	载货汽车 5t	台班	507.79	0.102	0.153	0.153	–	–	–
	载货汽车 8t	台班	619.25	–	–	–	0.187	0.221	0.255

二、中压管件

1. 碳钢管件(电弧焊)

工作内容:管子切口,坡口加工,坡口磨平,管口组对、焊接。

单位:10 个

定 额 编 号			10-2-244	10-2-245	10-2-246	10-2-247	10-2-248	10-2-249
项 目			公称直径(mm)					
			15 以内	20 以内	25 以内	32 以内	40 以内	50 以内
基 价 (元)			**114.09**	**173.18**	**219.61**	**267.20**	**325.65**	**406.58**
其中	人 工 费 (元)		68.40	93.52	122.24	145.12	185.68	212.40
	材 料 费 (元)		5.26	10.96	13.44	18.00	20.56	32.03
	机 械 费 (元)		40.43	68.70	83.93	104.08	119.41	162.15
名 称	单位	单价(元)	数			量		
人工 综合工日	工日	80.00	0.855	1.169	1.528	1.814	2.321	2.655
材料 中压碳钢对焊管件	个	–	(10.000)	(10.000)	(10.000)	(10.000)	(10.000)	(10.000)
电焊条 结422 φ3.2	kg	6.70	0.368	0.730	0.894	1.108	1.270	2.186
氧气	m³	3.60	0.001	0.001	0.001	0.106	0.116	0.156
乙炔气	m³	25.20	0.001	0.001	0.001	0.036	0.038	0.052
尼龙砂轮片 φ100	片	7.60	0.142	0.255	0.314	0.394	0.454	0.762
尼龙砂轮片 φ500	片	15.00	0.076	0.128	0.160	0.203	0.237	0.361
其他材料费	元	–	0.550	2.180	2.630	3.250	3.670	4.310
机械 电焊机(综合)	台班	183.97	0.216	0.366	0.447	0.554	0.636	0.864
砂轮切割机 φ500	台班	9.52	0.006	0.031	0.045	0.057	0.062	0.073
电焊条烘干箱 60×50×75cm³	台班	28.84	0.022	0.037	0.044	0.056	0.063	0.087

工作内容:管子切口,坡口加工,坡口磨平,管口组对、焊接。

定 额 编 号			10-2-250	10-2-251	10-2-252	10-2-253	10-2-254	10-2-255
项 目			公称直径（mm）					
			65 以内	80 以内	100 以内	125 以内	150 以内	200 以内
基 价 （元）			**547.76**	**632.45**	**846.42**	**1025.85**	**1260.87**	**1884.87**
其中	人 工 费 （元）		249.28	282.96	361.12	466.32	542.32	773.84
	材 料 费 （元）		76.12	87.74	123.72	136.14	181.36	303.85
	机 械 费 （元）		222.36	261.75	361.58	423.39	537.19	807.18
名 称	单位	单价（元）	数			量		
人工 综合工日	工日	80.00	3.116	3.537	4.514	5.829	6.779	9.673
材料 中压碳钢对焊管件	个	–	(10.000)	(10.000)	(10.000)	(10.000)	(10.000)	(10.000)
电焊条 结422 ϕ3.2	kg	6.70	3.638	4.284	7.284	8.530	12.172	23.032
氧气	m³	3.60	2.954	3.328	4.619	5.286	6.534	9.911
乙炔气	m³	25.20	0.985	1.109	1.539	1.761	2.179	3.304
尼龙砂轮片 ϕ100	片	7.60	1.417	1.678	1.502	1.766	2.469	2.934
其他材料费	元	–	5.520	6.360	8.090	2.160	2.610	8.300
机械 电焊机(综合)	台班	183.97	1.190	1.401	1.935	2.266	2.875	4.255
电焊条烘干箱 60×50×75cm³	台班	28.84	0.119	0.139	0.194	0.226	0.287	0.425
汽车式起重机 8t	台班	728.19	–	–	–	–	–	0.009
载货汽车 8t	台班	619.25	–	–	–	–	–	0.009

工作内容:管子切口,坡口加工,坡口磨平,管口组对、焊接。

单位:10 个

定 额 编 号			10-2-256	10-2-257	10-2-258	10-2-259	10-2-260	10-2-261
项 目			公称直径（mm）					
			250 以内	300 以内	350 以内	400 以内	450 以内	500 以内
基 价 （元）			**2535.64**	**3262.26**	**4202.98**	**5341.76**	**6690.74**	**7439.33**
其中	人 工 费 （元）		1022.00	1279.44	1477.76	1805.52	2202.08	2435.52
	材 料 费 （元）		457.34	648.91	903.19	1189.49	1533.24	1688.63
	机 械 费 （元）		1056.30	1333.91	1822.03	2346.75	2955.42	3315.18
名 称	单位	单价（元）	数			量		
人工 综合工日	工日	80.00	12.775	15.993	18.472	22.569	27.526	30.444
材料 中压碳钢对焊管件	个	–	(10.000)	(10.000)	(10.000)	(10.000)	(10.000)	(10.000)
电焊条 结 422 ϕ3.2	kg	6.70	37.840	57.478	86.186	118.158	158.896	175.842
氧气	m³	3.60	13.409	17.096	20.839	25.196	29.269	31.747
乙炔气	m³	25.20	4.471	5.698	6.948	8.399	9.756	10.582
尼龙砂轮片 ϕ100	片	7.60	4.414	6.162	8.239	10.675	13.370	14.830
其他材料费	元	–	9.320	11.840	13.020	14.340	15.810	16.820
机械 电焊机(综合)	台班	183.97	5.545	6.980	9.513	12.249	15.348	16.985
电焊条烘干箱 60×50×75cm³	台班	28.84	0.554	0.699	0.952	1.226	1.535	1.698
汽车式起重机 8t	台班	728.19	0.015	0.022	0.033	0.043	0.065	0.105
载货汽车 8t	台班	619.25	0.015	0.022	0.033	0.043	0.065	0.105

2. 碳钢管件(氩电联焊)

工作内容:管子切口,坡口加工,坡口磨平,管口组对、焊接。

单位:10 个

定　额　编　号			10-2-262	10-2-263	10-2-264	10-2-265	10-2-266	10-2-267
项　　　　目			公称直径 (mm)					
			15 以内	20 以内	25 以内	32 以内	40 以内	50 以内
基　　价　(元)			**111.27**	**164.50**	**209.78**	**254.32**	**311.65**	**414.23**
其中	人　工　费　(元)		71.76	95.92	125.68	148.96	190.88	203.60
	材　料　费　(元)		13.33	27.00	33.06	42.31	48.46	47.46
	机　械　费　(元)		26.18	41.58	51.04	63.05	72.31	163.17
名　　　称	单位	单价(元)	数			量		
人工 综合工日	工日	80.00	0.897	1.199	1.571	1.862	2.386	2.545
材料 中压碳钢对焊管件	个	–	(10.000)	(10.000)	(10.000)	(10.000)	(10.000)	(10.000)
电焊条 结422 ϕ3.2	kg	6.70	–	–	–	–	–	1.556
碳钢焊丝	kg	14.40	0.180	0.358	0.438	0.542	0.622	0.326
氧气	m³	3.60	0.001	0.001	0.001	0.106	0.116	0.156
乙炔气	m³	25.20	0.001	0.001	0.001	0.036	0.038	0.052
氩气	m³	15.00	0.504	1.002	1.226	1.518	1.742	0.912
铈钨棒	g	0.39	1.008	2.004	2.452	3.036	3.484	1.824
尼龙砂轮片 ϕ100	片	7.60	0.139	0.252	0.310	0.390	0.449	0.616
尼龙砂轮片 ϕ500	片	15.00	0.076	0.128	0.160	0.203	0.237	0.361
其他材料费	元	–	0.560	2.170	2.620	3.250	3.670	5.980
机械 电焊机(综合)	台班	183.97	–	–	–	–	–	0.615
氩弧焊机 500A	台班	116.61	0.224	0.354	0.434	0.536	0.615	0.408
砂轮切割机 ϕ500	台班	9.52	0.006	0.031	0.045	0.057	0.062	0.073
电焊条烘干箱 60×50×75cm³	台班	28.84	–	–	–	–	–	0.061

工作内容:管子切口,坡口加工,坡口磨平,管口组对、焊接。

单位:10个

定 额 编 号			10-2-268	10-2-269	10-2-270	10-2-271	10-2-272	10-2-273
项 目			公称直径(mm)					
			65 以内	80 以内	100 以内	125 以内	150 以内	200 以内
基 价 (元)			**594.94**	**693.06**	**911.30**	**1100.17**	**1383.73**	**2086.41**
其中	人 工 费 (元)		281.76	324.16	385.60	491.52	548.08	789.20
	材 料 费 (元)		89.84	104.93	148.14	165.26	217.41	353.49
	机 械 费 (元)		223.34	263.97	377.56	443.39	618.24	943.72
名 称	单位	单价(元)	数			量		
人工 综合工日	工日	80.00	3.522	4.052	4.820	6.144	6.851	9.865
材料 中压碳钢对焊管件	个	—	(10.000)	(10.000)	(10.000)	(10.000)	(10.000)	(10.000)
电焊条 结422 φ3.2	kg	6.70	2.656	3.124	5.712	6.688	9.882	19.590
碳钢焊丝	kg	14.40	0.412	0.494	0.634	0.752	0.902	1.246
氧气	m³	3.60	2.152	2.420	3.308	3.742	6.434	9.911
乙炔气	m³	25.20	0.718	0.806	1.102	1.246	2.145	3.304
氩气	m³	15.00	1.154	1.384	1.776	2.106	2.526	3.488
铈钨棒	g	0.39	2.308	2.768	3.552	4.212	5.052	6.976
尼龙砂轮片 φ100	片	7.60	1.099	1.300	1.493	1.756	2.455	2.918
料 尼龙砂轮片 φ500	片	15.00	0.554	0.659	0.913	1.076	—	—
其他材料费	元	—	5.400	6.260	7.990	2.030	2.480	8.140
机 电焊机(综合)	台班	183.97	0.869	1.022	1.518	1.777	2.334	3.619
氩弧焊机 500A	台班	116.61	0.515	0.617	0.792	0.940	1.127	1.557
砂轮切割机 φ500	台班	9.52	0.095	0.112	0.166	0.178	—	—
电焊条烘干箱 60×50×75cm³	台班	28.84	0.087	0.102	0.151	0.179	0.233	0.362
半自动切割机 100mm	台班	96.23	—	—	—	—	0.527	0.767
械 汽车式起重机 8t	台班	728.19	—	—	—	—	—	0.009
载货汽车 8t	台班	619.25	—	—	—	—	—	0.009

工作内容:管子切口,坡口加工,坡口磨平,管口组对、焊接。

单位:10 个

定　额　编　号			10-2-274	10-2-275	10-2-276	10-2-277	10-2-278	10-2-279
项　　　　目			公称直径（mm）					
			250 以内	300 以内	350 以内	400 以内	450 以内	500 以内
基　　　价　（元）			**2807.63**	**3599.15**	**4583.13**	**5749.36**	**7129.65**	**7925.35**
其中	人　工　费　（元）		1045.28	1309.04	1510.72	1831.20	2217.20	2455.12
	材　料　费　（元）		516.47	715.58	974.39	1263.40	1608.57	1772.95
	机　械　费　（元）		1245.88	1574.53	2098.02	2654.76	3303.88	3697.28
名　　　称	单位	单价(元)	数		量			
人工 综合工日	工日	80.00	13.066	16.363	18.884	22.890	27.715	30.689
材料 中压碳钢对焊管件	个	–	(10.000)	(10.000)	(10.000)	(10.000)	(10.000)	(10.000)
电焊条 结422 ϕ3.2	kg	6.70	33.126	51.296	78.108	108.074	146.346	161.954
碳钢焊丝	kg	14.40	1.554	1.852	2.148	2.426	2.734	3.042
氧气	m^3	3.60	13.409	17.096	20.839	25.196	29.269	31.747
乙炔气	m^3	25.20	4.471	5.698	6.948	8.399	9.756	10.582
氩气	m^3	15.00	4.352	5.186	6.014	6.792	7.656	8.518
铈钨棒	g	0.39	8.704	10.372	12.028	13.584	15.312	17.036
料 尼龙砂轮片 ϕ100	片	7.60	4.392	6.133	8.201	10.625	13.309	14.762
其他材料费	元	–	9.150	11.650	12.800	14.080	15.500	16.490
机 电焊机(综合)	台班	183.97	4.855	6.229	8.622	11.203	14.136	15.643
氩弧焊机 500A	台班	116.61	1.943	2.315	2.684	3.033	3.417	3.803
电焊条烘干箱 60×50×75cm^3	台班	28.84	0.486	0.622	0.862	1.120	1.413	1.564
半自动切割机 100mm	台班	96.23	0.955	1.154	1.346	1.557	1.834	1.968
械 汽车式起重机 8t	台班	728.19	0.015	0.022	0.033	0.043	0.065	0.105
载货汽车 8t	台班	619.25	0.015	0.022	0.033	0.043	0.065	0.105

3. 不锈钢管件(电弧焊)

工作内容: 管子切口,坡口加工,坡口磨平,管口组对、焊接,焊缝钝化。

定 额 编 号			10-2-280	10-2-281	10-2-282	10-2-283	10-2-284	10-2-285
项 目			公称直径（mm）					
			15 以内	20 以内	25 以内	32 以内	40 以内	50 以内
基 价 （元）			**188.83**	**218.88**	**313.00**	**374.99**	**470.11**	**617.80**
其中	人 工 费 （元）		105.84	118.00	174.64	205.84	243.92	297.36
	材 料 费 （元）		22.60	27.65	40.84	49.90	71.64	115.03
	机 械 费 （元）		60.39	73.23	97.52	119.25	154.55	205.41
名 称	单位	单价(元)	数			量		
人工 综合工日	工日	80.00	1.323	1.475	2.183	2.573	3.049	3.717
材料 中压不锈钢对焊管件	个	–	(10.000)	(10.000)	(10.000)	(10.000)	(10.000)	(10.000)
不锈钢电焊条302	kg	40.00	0.378	0.466	0.688	0.852	1.304	2.250
尼龙砂轮片 φ100	片	7.60	0.280	0.346	0.525	0.655	0.898	1.308
尼龙砂轮片 φ500	片	15.00	0.104	0.124	0.239	0.277	0.338	0.377
其他材料费	元	–	3.790	4.520	5.740	6.690	7.590	9.430
机械 电焊机(综合)	台班	183.97	0.292	0.360	0.488	0.604	0.792	1.063
砂轮切割机 φ500	台班	9.52	0.009	0.022	0.060	0.065	0.082	0.106
电动空气压缩机 6m³/min	台班	338.45	0.017	0.017	0.017	0.017	0.017	0.017
电焊条烘干箱 60×50×75cm³	台班	28.84	0.029	0.036	0.049	0.061	0.080	0.107

工作内容:管子切口,坡口加工,坡口磨平,管口组对、焊接,焊缝钝化。

单位:10 个

定 额 编 号			10-2-286	10-2-287	10-2-288	10-2-289	10-2-290	10-2-291
项 目			公称直径（mm）					
			65 以内	80 以内	100 以内	125 以内	150 以内	200 以内
基 价 （元）			**791.66**	**1048.11**	**1483.15**	**1792.22**	**2219.87**	**3439.05**
其中	人 工 费 （元）		308.16	361.12	468.16	552.00	612.32	866.72
	材 料 费 （元）		192.97	222.03	358.64	398.24	563.14	1026.63
	机 械 费 （元）		290.53	464.96	656.35	841.98	1044.41	1545.70
名 称	单位	单价(元)	数		量			
人工 综合工日	工日	80.00	3.852	4.514	5.852	6.900	7.654	10.834
材料 中压不锈钢对焊管件	个	–	(10.000)	(10.000)	(10.000)	(10.000)	(10.000)	(10.000)
不锈钢电焊条 302	kg	40.00	3.744	4.404	7.492	8.772	12.520	23.686
尼龙砂轮片 φ100	片	7.60	2.698	2.582	2.980	3.505	4.901	5.825
尼龙砂轮片 φ500	片	15.00	0.671	0.826	1.242	–	–	–
其他材料费	元	–	12.640	13.860	17.680	20.720	25.090	34.920
机械 电焊机(综合)	台班	183.97	1.515	1.783	2.599	3.043	3.801	5.639
砂轮切割机 φ500	台班	9.52	0.179	0.238	0.295	–	–	–
电动空气压缩机 6m³/min	台班	338.45	0.017	0.017	0.017	0.017	0.017	0.017
电焊条烘干箱 60×50×75cm³	台班	28.84	0.151	0.179	0.260	0.304	0.381	0.564
等离子弧焊机 400A	台班	226.59	–	0.332	0.435	0.718	0.881	1.272
汽车式起重机 8t	台班	728.19	–	–	–	–	–	0.009
载货汽车 8t	台班	619.25	–	–	–	–	–	0.009
电动空气压缩机 1m³/min	台班	146.17	–	0.332	0.435	0.718	0.881	1.272

工作内容:管子切口,坡口加工,坡口磨平,管口组对、焊接,焊缝钝化。

单位:10 个

定　额　编　号			10-2-292	10-2-293	10-2-294	10-2-295
项　　　　目			公称直径（mm）			
			250 以内	300 以内	350 以内	400 以内
基　　　价　（元）			**4876.92**	**6647.17**	**9132.98**	**11858.31**
其中	人　工　费　（元）		1117.04	1405.92	1796.96	2217.20
	材　料　费　（元）		1666.82	2509.12	3729.96	5090.37
	机　械　费　（元）		2093.06	2732.13	3606.06	4550.74
名　　称	单位	单价(元)	数		量	
人工 综合工日	工日	80.00	13.963	17.574	22.462	27.715
材料 中压不锈钢对焊管件	个	–	(10.000)	(10.000)	(10.000)	(10.000)
不锈钢电焊条 302	kg	40.00	38.916	59.108	88.634	121.510
尼龙砂轮片 φ100	片	7.60	8.769	12.244	16.375	21.213
其他材料费	元	–	43.540	51.750	60.150	68.750
机械 电焊机(综合)	台班	183.97	7.747	10.253	13.977	17.993
等离子弧焊机 400A	台班	226.59	1.662	2.095	2.533	3.018
汽车式起重机 8t	台班	728.19	0.015	0.022	0.033	0.043
载货汽车 8t	台班	619.25	0.015	0.022	0.033	0.043
电动空气压缩机 1m³/min	台班	146.17	1.662	2.095	2.533	3.018
电动空气压缩机 6m³/min	台班	338.45	0.017	0.017	0.017	0.017
电焊条烘干箱 60×50×75cm³	台班	28.84	0.775	1.025	1.397	1.799

4. 不锈钢管件(氩电联焊)

工作内容: 管子切口,坡口加工,坡口磨平,管口组对、焊接,焊缝钝化。

单位:10 个

定 额 编 号			10-2-296	10-2-297	10-2-298	10-2-299
项 目			公称直径(mm)			
			50 以内	65 以内	80 以内	100 以内
基 价 (元)			**655.10**	**990.30**	**1139.40**	**1529.36**
其中	人 工 费 (元)		288.80	408.08	466.16	558.72
	材 料 费 (元)		105.29	181.75	217.64	354.17
	机 械 费 (元)		261.01	400.47	455.60	616.47
名 称	单位	单价(元)	数		量	
人工 综合工日	工日	80.00	3.610	5.101	5.827	6.984
材料 中压不锈钢对焊管件	个	–	(10.000)	(10.000)	(10.000)	(10.000)
不锈钢电焊条 302	kg	40.00	1.350	2.732	3.214	5.872
不锈钢氩弧焊丝 1Cr18Ni9Ti	kg	32.00	0.390	0.522	0.660	0.852
氩气	m³	15.00	1.092	1.462	1.848	2.386
铈钨棒	g	0.39	1.836	2.284	2.720	3.516
尼龙砂轮片 $\phi100$	片	7.60	0.984	1.480	1.754	2.514
尼龙砂轮片 $\phi500$	片	15.00	0.377	0.671	0.826	1.242
其他材料费	元	–	8.580	11.630	13.460	17.130
机械 电焊机(综合)	台班	183.97	0.709	1.161	1.365	2.028
氩弧焊机 500A	台班	116.61	0.651	0.813	0.950	1.246
砂轮切割机 $\phi500$	台班	9.52	0.106	0.179	0.238	0.295
普通车床 630mm×2000mm	台班	187.70	0.189	0.335	0.337	0.345
电动葫芦(单速) 3t	台班	54.90	0.189	0.335	0.337	0.345
电动空气压缩机 6m³/min	台班	338.45	0.017	0.017	0.017	0.017
电焊条烘干箱 60×50×75cm³	台班	28.84	0.071	0.116	0.136	0.202

工作内容:管子切口,坡口加工,坡口磨平,管口组对、焊接,焊缝钝化。

单位:10 个

定 额 编 号				10-2-300	10-2-301	10-2-302
项 目				公称直径（mm）		
				125 以内	150 以内	200 以内
基 价 （元）				**1890.56**	**2331.55**	**3561.64**
其中	人 工 费 （元）			705.44	798.08	1096.56
	材 料 费 （元）			399.20	559.10	1030.44
	机 械 费 （元）			785.92	974.37	1434.64
名 称		单位	单价(元)	数		量
人工	综合工日	工日	80.00	8.818	9.976	13.707
材料	中压不锈钢对焊管件	个	–	(10.000)	(10.000)	(10.000)
	不锈钢电焊条 302	kg	40.00	6.876	10.164	20.146
	不锈钢氩弧焊丝 1Cr18Ni9Ti	kg	32.00	1.080	1.294	1.834
	氩气	m³	15.00	3.024	3.624	5.136
	铈钨棒	g	0.39	4.168	4.984	6.888
	尼龙砂轮片 φ100	片	7.60	2.966	4.016	6.896
	其他材料费	元	–	20.070	24.310	33.780
机械	电焊机(综合)	台班	183.97	2.373	3.121	4.840
	氩弧焊机 500A	台班	116.61	1.484	1.720	2.339
	等离子弧焊机 400A	台班	226.59	0.212	0.259	0.374
	普通车床 630mm×2000mm	台班	187.70	0.349	0.364	0.413
	电动葫芦(单速) 3t	台班	54.90	0.349	0.364	0.413
	电动空气压缩机 1m³/min	台班	146.17	0.212	0.259	0.374
	电动空气压缩机 6m³/min	台班	338.45	0.017	0.017	0.017
	电焊条烘干箱 60×50×75cm³	台班	28.84	0.238	0.313	0.485
	汽车式起重机 8t	台班	728.19	–	–	0.009
	载货汽车 8t	台班	619.25	–	–	0.009

工作内容:管子切口,坡口加工,坡口磨平,管口组对、焊接,焊缝钝化。

单位:10 个

定 额 编 号			10-2-303	10-2-304	10-2-305	10-2-306
项 目			公称直径（mm）			
			250 以内	300 以内	350 以内	400 以内
基 价 （元）			**4861.82**	**6427.20**	**8716.93**	**11287.97**
其中	人 工 费 （元）		1336.56	1602.40	1989.84	2407.92
	材 料 费 （元）		1636.13	2448.35	3617.13	4953.21
	机 械 费 （元）		1889.13	2376.45	3109.96	3926.84
名 称	单位	单价(元)	数		量	
人工 综合工日	工日	80.00	16.707	20.030	24.873	30.099
材料 中压不锈钢对焊管件	个	–	(10.000)	(10.000)	(10.000)	(10.000)
不锈钢电焊条 302	kg	40.00	34.068	52.750	80.328	111.144
不锈钢氩弧焊丝 1Cr18Ni9Ti	kg	32.00	2.292	2.800	3.250	4.074
氩气	m³	15.00	6.416	7.840	9.100	11.408
铈钨棒	g	0.39	8.600	10.236	11.872	13.408
尼龙砂轮片 φ100	片	7.60	7.698	10.194	13.322	17.762
其他材料费	元	–	41.970	49.680	57.630	65.740
机械 电焊机(综合)	台班	183.97	6.491	8.327	11.528	14.977
氩弧焊机 500A	台班	116.61	2.992	3.505	3.800	4.293
等离子弧焊机 400A	台班	226.59	0.489	0.616	0.745	0.887
普通车床 630mm×2000mm	台班	187.70	0.491	0.605	0.762	0.962
汽车式起重机 8t	台班	728.19	0.015	0.022	0.033	0.043
载货汽车 8t	台班	619.25	0.015	0.022	0.033	0.043
电动葫芦(单速) 3t	台班	54.90	0.491	0.605	0.762	0.962
电动空气压缩机 1m³/min	台班	146.17	0.489	0.616	0.745	0.887
电动空气压缩机 6m³/min	台班	338.45	0.017	0.017	0.017	0.017
电焊条烘干箱 60×50×75cm³	台班	28.84	0.649	0.833	1.153	1.498

5.合金钢管件(电弧焊)

工作内容:管件光谱分析,管子切口,坡口加工,管口组对、焊接。

单位:10 个

定 额 编 号			10-2-307	10-2-308	10-2-309	10-2-310	10-2-311	10-2-312
项 目			公称直径（mm）					
			15 以内	20 以内	25 以内	32 以内	40 以内	50 以内
基 价 （元）			**178.52**	**270.97**	**314.20**	**376.41**	**431.92**	**585.54**
其中	人 工 费 （元）		87.28	126.64	142.32	168.00	194.24	237.52
	材 料 费 （元）		24.58	43.77	53.82	66.50	77.96	120.73
	机 械 费 （元）		66.66	100.56	118.06	141.91	159.72	227.29
名 称	单位	单价(元)	数			量		
人工 综合工日	工日	80.00	1.091	1.583	1.779	2.100	2.428	2.969
材料 中压合金钢对焊管件	个	–	(10.000)	(10.000)	(10.000)	(10.000)	(10.000)	(10.000)
低合金钢耐热电焊条	kg	47.25	0.368	0.730	0.894	1.108	1.270	2.186
氧气	m³	3.60	0.056	0.068	0.080	0.094	0.128	0.146
乙炔气	m³	25.20	0.018	0.022	0.026	0.032	0.042	0.048
尼龙砂轮片 φ100	片	7.60	0.240	0.310	0.378	0.470	0.540	0.726
尼龙砂轮片 φ500	片	15.00	0.076	0.128	0.160	0.203	0.237	0.361
其他材料费	元	–	3.570	4.200	5.360	6.390	8.770	4.770
机械 电焊机(综合)	台班	183.97	0.238	0.403	0.491	0.610	0.699	0.950
砂轮切割机 φ500	台班	9.52	0.006	0.031	0.045	0.057	0.062	0.073
普通车床 630mm×2000mm	台班	187.70	0.111	0.126	0.131	0.139	0.145	0.197
光谱仪	台班	143.99	0.009	0.009	0.009	0.009	0.009	0.009
电动葫芦(单速) 3t	台班	54.90	–	–	–	–	–	0.197
电焊条烘干箱 60×50×75cm³	台班	28.84	0.024	0.041	0.049	0.061	0.070	0.095

工作内容:管件光谱分析,管子切口,坡口加工,管口组对,焊接。 单位:10 个

定 额 编 号			10-2-313	10-2-314	10-2-315	10-2-316	10-2-317	10-2-318
项 目			公称直径（mm）					
			65 以内	80 以内	100 以内	125 以内	150 以内	200 以内
基 价 （元）			**841.00**	**973.57**	**1389.25**	**1568.66**	**1939.33**	**3018.73**
其中	人 工 费 （元）		316.16	368.64	518.00	566.88	610.56	824.88
	材 料 费 （元）		203.32	239.82	394.08	455.49	640.85	1190.91
	机 械 费 （元）		321.52	365.11	477.17	546.29	687.92	1002.94
名 称	单位	单价(元)	数			量		
人工 综合工日	工日	80.00	3.952	4.608	6.475	7.086	7.632	10.311
材料 中压合金钢对焊管件	个	–	(10.000)	(10.000)	(10.000)	(10.000)	(10.000)	(10.000)
低合金钢耐热电焊条	kg	47.25	3.638	4.284	7.284	8.530	12.172	23.032
氧气	m³	3.60	0.242	0.272	0.366	0.410	2.278	3.557
乙炔气	m³	25.20	0.080	0.090	0.122	0.136	0.759	1.186
尼龙砂轮片 φ100	片	7.60	1.064	1.260	1.802	2.337	2.872	4.922
尼龙砂轮片 φ500	片	15.00	0.554	0.659	0.913	1.076	–	–
其他材料费	元	–	12.140	14.690	18.130	13.640	16.570	22.550
机械 电焊机(综合)	台班	183.97	1.309	1.540	2.128	2.492	3.162	4.680
砂轮切割机 φ500	台班	9.52	0.095	0.112	0.166	0.178	–	–
普通车床 630mm×2000mm	台班	187.70	0.308	0.309	0.316	0.320	0.333	0.379
光谱仪	台班	143.99	0.009	0.009	0.009	0.009	0.009	0.009
电动葫芦(单速) 3t	台班	54.90	0.308	0.309	0.316	0.320	0.333	0.379
电焊条烘干箱 60×50×75cm³	台班	28.84	0.131	0.155	0.213	0.250	0.316	0.468
半自动切割机 100mm	台班	96.23	–	–	–	–	0.156	0.240
汽车式起重机 8t	台班	728.19	–	–	–	–	–	0.009
载货汽车 8t	台班	619.25	–	–	–	–	–	0.009

工作内容:管件光谱分析,管子切口,坡口加工,管口组对、焊接。

单位:10 个

定 额 编 号			10-2-319	10-2-320	10-2-321	10-2-322	10-2-323	10-2-324
项 目			公称直径(mm)					
			250 以内	300 以内	350 以内	400 以内	450 以内	500 以内
基 价 (元)			**4299.15**	**5802.55**	**8036.58**	**10519.89**	**14187.66**	**15721.11**
其中	人 工 费 (元)		1074.08	1276.72	1540.24	1829.60	2249.52	2488.24
	材 料 费 (元)		1928.17	2895.52	4292.84	5862.06	7833.49	8668.96
	机 械 费 (元)		1296.90	1630.31	2203.50	2828.23	4104.65	4563.91
名 称	单位	单价(元)	数			量		
人工 综合工日	工日	80.00	13.426	15.959	19.253	22.870	28.119	31.103
材料 中压合金钢对焊管件	个	–	(10.000)	(10.000)	(10.000)	(10.000)	(10.000)	(10.000)
低合金钢耐热电焊条	kg	47.25	37.840	57.478	86.186	118.158	158.896	175.842
氧气	m³	3.60	4.967	6.436	7.595	9.506	10.741	11.837
乙炔气	m³	25.20	1.661	2.144	2.532	3.169	3.580	3.946
尼龙砂轮片 φ100	片	7.60	6.866	9.086	11.872	15.826	19.194	21.344
其他材料费	元	–	28.310	33.430	39.180	44.740	50.900	56.160
机械 电焊机(综合)	台班	183.97	6.100	7.679	10.465	13.474	16.883	18.683
普通车床 630mm×2000mm	台班	187.70	0.451	0.554	0.699	0.882	1.125	1.214
光谱仪	台班	143.99	0.009	0.009	0.009	0.009	0.009	0.009
电动葫芦(单速)3t	台班	54.90	0.451	0.554	0.699	0.882	–	–
电焊条烘干箱 60×50×75cm³	台班	28.84	0.610	0.768	1.047	1.348	1.688	1.868
半自动切割机 100mm	台班	96.23	0.272	0.313	0.340	0.388	0.488	0.536
汽车式起重机 8t	台班	728.19	0.015	0.022	0.033	0.043	0.065	0.105
载货汽车 8t	台班	619.25	0.015	0.022	0.033	0.043	0.065	0.105
电动双梁桥式起重机 20t/5t	台班	536.00	–	–	–	–	1.125	1.214

6. 合金钢管件(氩电联焊)

工作内容:管件光谱分析,管子切口,坡口加工,管口组对、焊接。

单位:10个

定 额 编 号				10-2-325	10-2-326	10-2-327	10-2-328	10-2-329	10-2-330	10-2-331
项 目				公称直径(mm)						
				50 以内	65 以内	80 以内	100 以内	125 以内	150 以内	200 以内
基 价 (元)				**586.45**	**830.72**	**964.17**	**1393.56**	**1576.59**	**1958.22**	**3064.20**
其中	人 工 费 (元)			249.76	330.96	386.96	547.68	602.56	657.36	899.28
	材 料 费 (元)			110.61	181.55	214.54	357.69	413.35	586.50	1102.52
	机 械 费 (元)			226.08	318.21	362.67	488.19	560.68	714.36	1062.40
名 称		单位	单价(元)	数				量		
人工	综合工日	工日	80.00	3.122	4.137	4.837	6.846	7.532	8.217	11.241
材料	中压合金钢对焊管件	个	–	(10.000)	(10.000)	(10.000)	(10.000)	(10.000)	(10.000)	(10.000)
	低合金钢耐热电焊条	kg	47.25	1.556	2.656	3.124	5.712	6.688	9.882	19.590
	合金钢氩弧焊丝	kg	16.20	0.326	0.412	0.494	0.634	0.752	0.902	1.246
	氧气	m³	3.60	0.146	0.242	0.272	0.366	0.410	2.278	3.557
	乙炔气	m³	25.20	0.048	0.080	0.090	0.122	0.136	0.759	1.186
	氩气	m³	15.00	0.912	1.154	1.384	1.776	2.106	2.526	3.488
	铈钨棒	g	0.39	1.824	2.308	2.768	3.552	4.212	5.052	6.976

定 额 编 号			10-2-325	10-2-326	10-2-327	10-2-328	10-2-329	10-2-330	10-2-331
项 目			公称直径（mm）						
			50 以内	65 以内	80 以内	100 以内	125 以内	150 以内	200 以内
材	尼龙砂轮片 φ100	片	7.60	0.750	1.042	1.232	1.762	2.286	2.810	4.816
	尼龙砂轮片 φ500	片	15.00	0.361	0.554	0.659	0.913	1.076	−	−
料	其他材料费	元	−	4.570	12.050	14.590	18.020	13.510	16.420	22.370
	电焊机(综合)	台班	183.97	0.677	0.955	1.124	1.669	1.955	2.567	3.981
机	氩弧焊机 500A	台班	116.61	0.427	0.539	0.646	0.830	0.984	1.180	1.630
	砂轮切割机 φ500	台班	9.52	0.073	0.095	0.112	0.166	0.178	−	−
	半自动切割机 100mm	台班	96.23	−	−	−	−	−	0.156	0.240
	普通车床 630mm × 2000mm	台班	187.70	0.197	0.308	0.309	0.316	0.320	0.333	0.379
	光谱仪	台班	143.99	0.009	0.009	0.009	0.009	0.009	0.009	0.009
	汽车式起重机 8t	台班	728.19	−	−	−	−	−	−	0.009
	载货汽车 8t	台班	619.25	−	−	−	−	−	−	0.009
械	电动葫芦(单速) 3t	台班	54.90	0.197	0.308	0.309	0.316	0.320	0.333	0.379
	电焊条烘干箱 60 × 50 × 75cm³	台班	28.84	0.068	0.095	0.112	0.167	0.196	0.257	0.398

工作内容:管件光谱分析,管子切口,坡口加工,管口组对、焊接。

定 额 编 号			10-2-332	10-2-333	10-2-334	10-2-335	10-2-336	10-2-337
项 目			公称直径（mm）					
			250 以内	300 以内	350 以内	400 以内	450 以内	500 以内
基 价 （元）			**4365.88**	**5875.96**	**8072.77**	**10503.50**	**14103.50**	**15632.98**
其中	人 工 费 （元）		1175.92	1404.24	1686.48	1991.28	2428.88	2688.48
	材 料 费 （元）		1797.93	2713.58	4038.65	5529.16	7402.13	8192.52
	机 械 费 （元）		1392.03	1758.14	2347.64	2983.06	4272.49	4751.98
名 称	单位	单价(元)	数			量		
人工 综合工日	工日	80.00	14.699	17.553	21.081	24.891	30.361	33.606
材料 中压合金钢对焊管件	个	-	(10.000)	(10.000)	(10.000)	(10.000)	(10.000)	(10.000)
低合金钢耐热电焊条	kg	47.25	33.126	51.296	78.108	108.074	146.346	161.954
合金钢氩弧焊丝	kg	16.20	1.554	1.852	2.148	2.426	2.734	3.042
氧气	m³	3.60	4.967	6.436	7.595	9.506	10.741	11.837
乙炔气	m³	25.20	1.661	2.144	2.532	3.169	3.580	3.946
氩气	m³	15.00	4.352	5.186	6.014	6.792	7.656	8.518

定　额　编　号			10-2-332	10-2-333	10-2-334	10-2-335	10-2-336	10-2-337
项　　　　目			公称直径（mm）					
			250 以内	300 以内	350 以内	400 以内	450 以内	500 以内
材料	铈钨棒	g	0.39	8.704	10.372	12.028	13.584	15.312	17.036
	尼龙砂轮片 ϕ100	片	7.60	6.716	8.890	11.616	15.484	18.778	20.882
	其他材料费	元	–	28.100	33.240	38.920	44.430	50.580	55.740
机械	电焊机(综合)	台班	183.97	5.341	6.851	9.484	12.323	15.550	17.207
	氩弧焊机 500A	台班	116.61	2.032	2.423	2.808	3.172	3.575	3.978
	半自动切割机 100mm	台班	96.23	0.272	0.313	0.340	0.388	0.488	0.536
	普通车床 630mm×2000mm	台班	187.70	0.451	0.554	0.699	0.882	1.125	1.214
	光谱仪	台班	143.99	0.009	0.009	0.009	0.009	0.009	0.009
	汽车式起重机 8t	台班	728.19	0.015	0.022	0.033	0.043	0.065	0.105
	载货汽车 8t	台班	619.25	0.015	0.022	0.033	0.043	0.065	0.105
	电动双梁桥式起重机 20t/5t	台班	536.00	–	–	–	–	1.125	1.214
	电动葫芦（单速）3t	台班	54.90	0.451	0.554	0.699	0.882	–	–
	电焊条烘干箱 60×50×75cm³	台班	28.84	0.534	0.685	0.949	1.233	1.556	1.720

7. 铜管件(氧乙炔焊)

工作内容: 管子切口,坡口加工,坡口磨平,管口组对,焊前预热,焊接。

单位:10 个

定 额 编 号			10-2-338	10-2-339	10-2-340	10-2-341	10-2-342
项 目			管外径(mm)				
			20 以内	30 以内	40 以内	50 以内	65 以内
基 价 (元)			**188.16**	**290.62**	**372.23**	**430.16**	**525.54**
其中	人 工 费 (元)		158.48	242.80	303.28	334.00	404.32
	材 料 费 (元)		29.60	47.47	68.31	95.29	120.07
	机 械 费 (元)		0.08	0.35	0.64	0.87	1.15
名 称	单位	单价(元)	数		量		
人工 综合工日	工日	80.00	1.981	3.035	3.791	4.175	5.054
材料 中压铜管件	个	–	(10.000)	(10.000)	(10.000)	(10.000)	(10.000)
铜气焊丝	kg	38.00	0.220	0.420	0.580	0.980	1.280
氧气	m³	3.60	1.330	1.964	2.913	3.650	4.463
乙炔气	m³	25.20	0.512	0.755	1.120	1.404	1.717
硼砂	kg	3.60	0.044	0.089	0.121	0.146	0.311
尼龙砂轮片 φ100	片	7.60	0.200	0.300	0.309	0.391	0.515
料 尼龙砂轮片 φ500	片	15.00	0.093	0.135	0.249	0.325	0.368
其他材料费	元	–	0.480	0.790	1.040	1.160	1.540
机械 砂轮切割机 φ500	台班	9.52	0.008	0.037	0.067	0.091	0.121

工作内容:管子切口,坡口加工,坡口磨平,管口组对,焊前预热,焊接。

单位:10 个

定 额 编 号			10-2-343	10-2-344	10-2-345	10-2-346	10-2-347
项 目			管外径（mm）				
			75 以内	85 以内	100 以内	120 以内	150 以内
基 价 （元）			**572.31**	**1071.02**	**1145.35**	**1423.82**	**1764.90**
其中	人 工 费 （元）		428.40	505.52	501.12	622.32	770.24
	材 料 费 （元）		142.64	180.81	197.29	265.10	324.06
	机 械 费 （元）		1.27	384.69	446.94	536.40	670.60
名 称	单位	单价(元)	数		量		
人工 综合工日	工日	80.00	5.355	6.319	6.264	7.779	9.628
材料 中压铜管件	个	–	(10.000)	(10.000)	(10.000)	(10.000)	(10.000)
铜气焊丝	kg	38.00	1.500	2.160	2.450	3.500	4.380
氧气	m³	3.60	5.391	6.216	6.417	8.200	9.661
乙炔气	m³	25.20	2.073	2.391	2.468	3.154	3.716
硼砂	kg	3.60	0.378	0.424	0.650	0.784	0.986
尼龙砂轮片 φ100	片	7.60	0.606	1.638	1.854	2.249	2.841
尼龙砂轮片 φ500	片	15.00	0.414	–	–	–	–
其他材料费	元	–	1.820	2.120	2.460	3.180	4.060
机械 砂轮切割机 φ500	台班	9.52	0.133	–	–	–	–
等离子弧焊机 400A	台班	226.59	–	1.032	1.199	1.439	1.799
电动空气压缩机 1m³/min	台班	146.17	–	1.032	1.199	1.439	1.799

工作内容:管子切口,坡口加工,坡口磨平,管口组对,焊前预热,焊接。

单位:10 个

定 额 编 号			10-2-348	10-2-349	10-2-350	10-2-351
项 目			管外径（mm）			
			185 以内	200 以内	250 以内	300 以内
基 价 （元）			**2173.95**	**2607.11**	**3139.04**	**3863.99**
其中	人 工 费 （元）		926.16	1038.80	1171.12	1500.32
	材 料 费 （元）		408.14	615.34	772.02	923.13
	机 械 费 （元）		839.65	952.97	1195.90	1440.54
名 称	单位	单价(元)	数		量	
人工 综合工日	工日	80.00	11.577	12.985	14.639	18.754
材料 中压铜管件	个	—	(10.000)	(10.000)	(10.000)	(10.000)
铜气焊丝	kg	38.00	5.420	9.160	11.500	13.820
氧气	m³	3.60	12.467	16.222	20.308	24.022
乙炔气	m³	25.20	4.795	6.239	7.810	9.239
硼砂	kg	3.60	1.210	2.061	2.576	3.091
尼龙砂轮片 φ100	片	7.60	3.530	5.049	6.364	7.679
其他材料费	元	—	5.280	5.850	7.460	9.180
机械 等离子弧焊机 400A	台班	226.59	2.220	2.524	3.154	3.785
电动空气压缩机 1m³/min	台班	146.17	2.220	2.524	3.154	3.785
汽车式起重机 8t	台班	728.19	0.009	0.009	0.015	0.022
载货汽车 8t	台班	619.25	0.009	0.009	0.015	0.022

8. 螺旋卷管件(电弧焊)

工作内容: 管子切口,坡口加工,坡口磨平,管口组对、焊接。

单位:10 个

定 额 编 号			10-2-352	10-2-353	10-2-354	10-2-355	10-2-356	10-2-357
项 目			公称直径（mm）					
			200 以内	250 以内	300 以内	350 以内	400 以内	450 以内
基 价 （元）			**1141.96**	**1498.58**	**1798.25**	**2201.57**	**2490.20**	**2810.72**
其中	人 工 费 （元）		471.04	605.52	746.48	891.12	1005.20	1148.48
	材 料 费 （元）		241.34	325.12	372.15	475.77	529.76	585.36
	机 械 费 （元）		429.58	567.94	679.62	834.68	955.24	1076.88
名 称	单位	单价(元)	数			量		
人工 综合工日	工日	80.00	5.888	7.569	9.331	11.139	12.565	14.356
材料 螺旋卷管件	个	—	(10.000)	(10.000)	(10.000)	(10.000)	(10.000)	(10.000)
电焊条 结 422 ϕ3.2	kg	6.70	14.156	21.090	25.160	34.408	38.928	43.724
氧气	m³	3.60	9.580	11.769	12.811	15.108	16.440	17.716
乙炔气	m³	25.20	3.194	3.923	4.271	5.035	5.481	5.906
尼龙砂轮片 ϕ100	片	7.60	2.964	4.326	5.173	6.932	7.854	8.833
其他材料费	元	—	8.990	9.710	10.510	11.280	11.950	12.670
机械 电焊机(综合)	台班	183.97	2.270	2.989	3.565	4.366	4.939	5.547
汽车式起重机 8t	台班	728.19	0.004	0.007	0.010	0.014	0.024	0.030
载货汽车 8t	台班	619.25	0.004	0.007	0.010	0.014	0.024	0.030
电焊条烘干箱 60×50×75cm³	台班	28.84	0.228	0.299	0.357	0.437	0.495	0.554

工作内容: 管子切口,坡口加工,坡口磨平,管口组对、焊接。

单位:10 个

定 额 编 号			10-2-358	10-2-359	10-2-360	10-2-361	10-2-362	10-2-363
项 目			公称直径（mm）					
			500 以内	600 以内	700 以内	800 以内	900 以内	1000 以内
基 价 （元）			**3108.39**	**4242.48**	**4860.83**	**5544.61**	**6269.53**	**6973.94**
其中	人 工 费 （元）		1270.56	1568.32	1797.44	2043.44	2287.60	2533.92
	材 料 费 （元）		639.96	941.98	1068.10	1210.00	1351.98	1496.70
	机 械 费 （元）		1197.87	1732.18	1995.29	2291.17	2629.95	2943.32
名 称	单位	单价（元）	数		量			
人工 综合工日	工日	80.00	15.882	19.604	22.468	25.543	28.595	31.674
材料 螺旋卷管件	个	–	（10.000）	（10.000）	（10.000）	（10.000）	（10.000）	（10.000）
电焊条 结422 φ3.2	kg	6.70	48.434	77.163	88.342	100.764	113.184	125.608
氧气	m³	3.60	18.963	25.186	27.548	30.872	34.227	37.438
乙炔气	m³	25.20	6.322	8.395	9.183	10.290	11.410	12.640
尼龙砂轮片 φ100	片	7.60	9.793	14.033	16.071	18.334	20.598	22.862
其他材料费	元	–	13.440	16.110	23.480	25.100	26.350	28.070
机械 电焊机(综合)	台班	183.97	6.144	8.864	10.146	11.574	13.001	14.429
汽车式起重机 8t	台班	728.19	0.037	0.053	0.070	0.091	0.144	0.178
载货汽车 8t	台班	619.25	0.037	0.053	0.070	0.091	0.144	0.178
电焊条烘干箱 60×50×75cm³	台班	28.84	0.614	1.042	1.193	1.362	1.530	1.698

三、高压管件

1. 碳钢管件(电弧焊)

工作内容:管子切口,坡口加工,坡口磨平,管口组对、焊接。

单位:10 个

定 额 编 号			10-2-364	10-2-365	10-2-366	10-2-367	10-2-368	10-2-369
项 目			公称直径(mm)					
			15 以内	20 以内	25 以内	32 以内	40 以内	50 以内
基 价 (元)			**191.38**	**271.64**	**382.47**	**458.76**	**527.73**	**630.27**
其中	人 工 费 (元)		94.16	133.04	175.52	207.76	246.00	285.20
	材 料 费 (元)		11.82	20.94	31.38	43.46	50.73	74.24
	机 械 费 (元)		85.40	117.66	175.57	207.54	231.00	270.83
名 称	单位	单价(元)	数			量		
人工 综合工日	工日	80.00	1.177	1.663	2.194	2.597	3.075	3.565
材料 高压碳钢对焊管件	个	–	(10.000)	(10.000)	(10.000)	(10.000)	(10.000)	(10.000)
电焊条 结422 ϕ3.2	kg	6.70	0.800	1.652	2.758	3.996	4.644	7.210
尼龙砂轮片 ϕ100	片	7.60	0.180	0.250	0.362	0.496	0.602	0.774
尼龙砂轮片 ϕ500	片	15.00	0.121	0.196	0.301	0.427	0.512	0.750
其他材料费	元	–	3.280	5.030	5.640	6.510	7.360	8.800
机械 电焊机(综合)	台班	183.97	0.316	0.439	0.571	0.738	0.859	1.057
砂轮切割机 ϕ500	台班	9.52	0.026	0.055	0.071	0.081	0.088	0.110
普通车床 630mm×2000mm	台班	187.70	0.139	0.187	0.281	0.284	0.287	0.298
电动葫芦(单速) 3t	台班	54.90	–	–	0.281	0.284	0.287	0.298
电焊条烘干箱 60×50×75cm³	台班	28.84	0.032	0.044	0.058	0.073	0.087	0.105

工作内容: 管子切口,坡口加工,坡口磨平,管口组对、焊接。

单位:10 个

定 额 编 号			10-2-370	10-2-371	10-2-372	10-2-373	10-2-374	10-2-375
项 目			公称直径(mm)					
			65 以内	80 以内	100 以内	125 以内	150 以内	200 以内
基 价 (元)			**798.85**	**995.74**	**1519.74**	**2294.68**	**3203.02**	**4908.09**
其 中	人 工 费 (元)		317.52	372.88	610.48	838.80	1090.08	1666.96
	材 料 费 (元)		121.07	165.59	254.83	404.30	624.09	966.04
	机 械 费 (元)		360.26	457.27	654.43	1051.58	1488.85	2275.09
名 称	单位	单价(元)	数			量		
人工 综合工日	工日	80.00	3.969	4.661	7.631	10.485	13.626	20.837
材 料	高压碳钢对焊管件	个	–	(10.000)	(10.000)	(10.000)	(10.000)	(10.000)	(10.000)
	电焊条 结422 φ3.2	kg	6.70	12.390	17.525	27.811	48.551	76.533	119.214
	尼龙砂轮片 φ100	片	7.60	1.196	1.464	1.865	2.795	3.984	6.427
	尼龙砂轮片 φ500	片	15.00	1.145	1.546	–	–	–	–
	氧气	m³	3.60	–	–	3.024	3.653	5.339	7.508
	乙炔气	m³	25.20	–	–	1.008	1.218	1.780	2.503
	其他材料费	元	–	11.790	13.860	18.030	13.920	16.960	28.360
机 械	电焊机(综合)	台班	183.97	1.505	1.935	2.883	4.344	6.409	9.838
	砂轮切割机 φ500	台班	9.52	0.121	0.145	–	–	–	–
	半自动切割机 100mm	台班	96.23	–	–	–	–	0.209	0.331
	普通车床 630mm×2000mm	台班	187.70	0.321	0.350	0.405	0.850	0.929	1.386
	电焊条烘干箱 60×50×75cm³	台班	28.84	0.151	0.193	0.287	0.434	0.641	0.984
	电动葫芦(单速) 3t	台班	54.90	0.321	0.350	0.405	0.850	0.929	1.386
	汽车式起重机 8t	台班	728.19	–	0.007	0.013	0.025	0.034	0.051
	载货汽车 8t	台班	619.25	–	0.007	0.013	0.025	0.034	0.051

工作内容:管子切口,坡口加工,坡口磨平,管口组对、焊接。

定 额 编 号			10-2-376	10-2-377	10-2-378	10-2-379	10-2-380	10-2-381
项 目			公称直径（mm）					
			250 以内	300 以内	350 以内	400 以内	450 以内	500 以内
基 价 （元）			**7843.37**	**11166.24**	**15057.94**	**19064.84**	**23788.45**	**29115.24**
其 中	人 工 费 （元）		2374.32	3344.56	4462.88	5646.00	6892.88	8449.04
	材 料 费 （元）		1403.21	2084.65	2912.35	3840.52	4847.16	6026.67
	机 械 费 （元）		4065.84	5737.03	7682.71	9578.32	12048.41	14639.53
名 称	单位	单价(元)	数			量		
人工 综合工日	工日	80.00	29.679	41.807	55.786	70.575	86.161	105.613
材 料	高压碳钢对焊管件	个	–	(10.000)	(10.000)	(10.000)	(10.000)	(10.000)	(10.000)
	电焊条 结422 φ3.2	kg	6.70	175.111	269.048	379.674	507.933	642.628	803.579
	尼龙砂轮片 φ100	片	7.60	9.483	12.966	17.595	22.056	25.232	32.120
	氧气	m³	3.60	10.252	11.699	15.342	17.641	23.647	27.025
	乙炔气	m³	25.20	3.417	3.891	5.114	5.880	7.882	9.008
	其他材料费	元	–	34.880	43.320	50.710	58.060	66.030	74.290
机 械	电焊机(综合)	台班	183.97	14.311	21.175	28.815	37.544	47.498	59.395
	电焊条烘干箱 60×50×75cm³	台班	28.84	1.431	2.117	2.882	3.754	4.751	5.939
	普通车床 630mm×2000mm	台班	187.70	1.671	2.114	2.736	3.000	3.724	4.056
	半自动切割机 100mm	台班	96.23	0.706	0.937	1.153	1.301	1.580	2.111
	汽车式起重机 8t	台班	728.19	0.085	0.119	0.154	0.198	0.242	0.299
	载货汽车 8t	台班	619.25	0.085	0.119	0.154	0.198	0.242	0.299
	电动双梁桥式起重机 20t/5t	台班	536.00	1.671	2.114	2.736	3.000	3.724	4.056

2. 碳钢管件(氩电联焊)

工作内容:管子切口,坡口加工,坡口磨平,管口组对、焊接。

单位:10 个

定 额 编 号			10-2-382	10-2-383	10-2-384	10-2-385	10-2-386	10-2-387
项 目			公称直径（mm）					
			15 以内	20 以内	25 以内	32 以内	40 以内	50 以内
基 价 （元）			**193.42**	**318.23**	**456.56**	**544.09**	**623.97**	**679.36**
其中	人 工 费 （元）		96.32	148.56	199.84	237.12	279.36	302.88
	材 料 费 （元）		30.76	60.35	85.72	108.45	125.47	85.08
	机 械 费 （元）		66.34	109.32	171.00	198.52	219.14	291.40
名 称	单位	单价(元)	数		量			
人工 综合工日	工日	80.00	1.204	1.857	2.498	2.964	3.492	3.786
材料 高压碳钢对焊管件	个	–	(10.000)	(10.000)	(10.000)	(10.000)	(10.000)	(10.000)
电焊条 结422 φ3.2	kg	6.70	–	–	–	–	–	6.680
碳钢焊丝	kg	14.40	0.416	0.862	1.246	1.572	1.816	0.240
氩气	m³	15.00	1.164	2.414	3.488	4.402	5.084	0.672
铈钨棒	g	0.39	2.328	4.828	6.976	8.804	10.168	1.344
尼龙砂轮片 φ100	片	7.60	0.170	0.240	0.330	0.440	0.520	0.820
尼龙砂轮片 φ500	片	15.00	0.121	0.196	0.301	0.427	0.512	0.750
其他材料费	元	–	3.290	5.080	5.710	6.600	7.460	8.780
机械 电焊机(综合)	台班	183.97	–	–	–	–	–	0.979
氩弧焊机 500A	台班	116.61	0.343	0.632	0.876	1.105	1.275	0.301
砂轮切割机 φ500	台班	9.52	0.026	0.055	0.071	0.081	0.088	0.110
普通车床 630mm×2000mm	台班	187.70	0.139	0.187	0.281	0.284	0.287	0.298
电动葫芦(单速)3t	台班	54.90	–	–	0.281	0.284	0.287	0.298
电焊条烘干箱 60×50×75cm³	台班	28.84	–	–	–	–	–	0.099

工作内容:管子切口,坡口加工,坡口磨平,管口组对、焊接。

单位:10 个

定　额　编　号			10-2-388	10-2-389	10-2-390	10-2-391	10-2-392	10-2-393
项　　　目			公称直径（mm）					
			65 以内	80 以内	100 以内	125 以内	150 以内	200 以内
基　　　价　（元）			**842.47**	**1035.86**	**1579.53**	**2377.53**	**3276.35**	**5023.87**
其中	人　工　费　（元）		336.16	395.52	642.08	876.88	1129.28	1727.92
	材　料　费　（元）		130.40	166.74	257.46	416.86	631.82	978.06
	机　械　费　（元）		375.91	473.60	679.99	1083.79	1515.25	2317.89
名　　　称	单位	单价(元)	数			量		
人工	综合工日	工日	80.00	4.202	4.944	8.026	10.961	14.116	21.599
材料	高压碳钢对焊管件	个	－	(10.000)	(10.000)	(10.000)	(10.000)	(10.000)	(10.000)
	电焊条 结422 φ3.2	kg	6.70	11.058	13.963	23.472	44.861	71.297	111.272
	碳钢焊丝	kg	14.40	0.316	0.418	0.550	0.645	0.743	1.134
	氩气	m³	15.00	0.884	1.171	1.540	1.804	2.080	3.175
	氧气	m³	3.60	－	－	3.024	3.653	5.339	7.508
	乙炔气	m³	25.20	－	－	1.008	1.218	1.780	2.503

	定　额　编　号			10-2-388	10-2-389	10-2-390	10-2-391	10-2-392	10-2-393
	项　　　　　目			公称直径（mm）					
				65 以内	80 以内	100 以内	125 以内	150 以内	200 以内
材	铈钨棒	g	0.39	1.768	2.343	3.080	3.608	4.160	6.349
	尼龙砂轮片 ϕ100	片	7.60	1.170	1.540	1.808	2.744	3.904	6.291
	尼龙砂轮片 ϕ500	片	15.00	1.145	1.546	–	–	–	–
料	其他材料费	元	–	11.740	13.800	17.950	13.840	16.860	28.190
机	电焊机(综合)	台班	183.97	1.343	1.696	2.591	4.014	5.971	9.183
	氩弧焊机 500A	台班	116.61	0.394	0.523	0.687	0.805	0.928	1.417
	砂轮切割机 ϕ500	台班	9.52	0.121	0.145	–	–	–	–
	半自动切割机 100mm	台班	96.23	–	–	–	–	0.209	0.331
	普通车床 630mm×2000mm	台班	187.70	0.321	0.350	0.405	0.850	0.929	1.386
	电焊条烘干箱 60×50×75cm³	台班	28.84	0.134	0.169	0.258	0.401	0.598	0.917
	电动葫芦(单速) 3t	台班	54.90	0.321	0.350	0.405	0.850	0.929	1.386
械	汽车式起重机 8t	台班	728.19	–	0.007	0.013	0.025	0.034	0.051
	载货汽车 8t	台班	619.25	–	0.007	0.013	0.025	0.034	0.051

工作内容:管子切口,坡口加工,坡口磨平,管口组对、焊接。

单位:10个

定 额 编 号			10-2-394	10-2-395	10-2-396	10-2-397	10-2-398	10-2-399
项 目			公称直径（mm）					
			250 以内	300 以内	350 以内	400 以内	450 以内	500 以内
基 价 （元）			7671.32	11426.37	15040.29	18783.92	23657.44	28739.73
其中	人 工 费 （元）		2381.12	3460.64	4528.32	5662.64	6942.08	8464.16
	材 料 费 （元）		1338.57	2119.67	2867.45	3718.30	4765.99	5859.71
	机 械 费 （元）		3951.63	5846.06	7644.52	9402.98	11949.37	14415.86
名 称	单位	单价(元)	数			量		
人工 综合工日	工日	80.00	29.764	43.258	56.604	70.783	86.776	105.802
材料 高压碳钢对焊管件	个	—	(10.000)	(10.000)	(10.000)	(10.000)	(10.000)	(10.000)
电焊条 结422 φ3.2	kg	6.70	153.454	258.171	354.590	469.502	609.684	755.731
碳钢焊丝	kg	14.40	1.484	1.847	2.178	2.440	2.488	3.082
氩气	m³	15.00	4.154	5.170	6.098	6.831	6.839	8.629
氧气	m³	3.60	10.252	11.699	15.342	17.641	23.647	25.404
乙炔气	m³	25.20	3.417	3.891	5.114	5.880	7.882	8.468
铈钨棒	g	0.39	8.308	10.341	12.197	13.662	13.667	17.257
尼龙砂轮片 φ100	片	7.60	8.691	12.958	17.075	21.144	24.760	31.248
其他材料费	元	—	34.440	43.090	50.230	57.330	65.430	73.430
电焊机(综合)	台班	183.97	12.542	20.318	26.912	34.702	45.064	55.859
氩弧焊机 500A	台班	116.61	1.855	2.308	2.722	3.050	3.051	3.852
电焊条烘干箱 60×50×75cm³	台班	28.84	1.255	2.032	2.691	3.471	4.507	5.585
普通车床 630mm×2000mm	台班	187.70	1.671	2.114	2.736	3.000	3.724	4.056
半自动切割机 100mm	台班	96.23	0.706	0.937	1.153	1.301	1.580	1.985
汽车式起重机 8t	台班	728.19	0.085	0.119	0.154	0.198	0.242	0.299
载货汽车 8t	台班	619.25	0.085	0.119	0.154	0.198	0.242	0.299
电动双梁桥式起重机 20t/5t	台班	536.00	1.671	2.114	2.736	3.000	3.724	4.056

3. 不锈钢管件(电弧焊)

工作内容:管子切口,坡口加工,坡口磨平,管口组对、焊接,焊缝钝化。

单位:10个

定 额 编 号				10-2-400	10-2-401	10-2-402	10-2-403	10-2-404	10-2-405
项 目				公称直径（mm）					
				15 以内	20 以内	25 以内	32 以内	40 以内	50 以内
基 价 （元）				**281.29**	**368.09**	**517.64**	**664.90**	**798.07**	**961.47**
其中	人 工 费 （元）			133.04	171.52	226.88	290.80	338.48	392.88
	材 料 费 （元）			41.27	60.66	100.41	125.51	167.35	230.48
	机 械 费 （元）			106.98	135.91	190.35	248.59	292.24	338.11
名 称	单位	单价(元)		数			量		
人工 综合工日	工日	80.00		1.663	2.144	2.836	3.635	4.231	4.911
材料 高压不锈钢对焊管件	个	–		(10.000)	(10.000)	(10.000)	(10.000)	(10.000)	(10.000)
不锈钢电焊条 302	kg	40.00		0.824	1.248	2.104	2.642	3.584	5.018
尼龙砂轮片 $\phi100$	片	7.60		0.350	0.454	0.630	0.824	1.046	1.438
尼龙砂轮片 $\phi500$	片	15.00		0.155	0.217	0.423	0.503	0.617	0.690
其他材料费	元	–		3.320	4.030	5.120	6.020	6.790	8.480
机械 电焊机(综合)	台班	183.97		0.389	0.505	0.729	0.916	1.088	1.324
砂轮切割机 $\phi500$	台班	9.52		0.040	0.071	0.093	0.112	0.150	0.182
普通车床 630mm×2000mm	台班	187.70		0.150	0.187	0.253	0.291	0.337	0.343
电动葫芦(单速) 3t	台班	54.90		–	–	–	0.291	0.337	0.343
电动空气压缩机 6m³/min	台班	338.45		0.017	0.017	0.017	0.017	0.017	0.017
电焊条烘干箱 60×50×75cm³	台班	28.84		0.039	0.051	0.073	0.092	0.109	0.133

工作内容:管子切口,坡口加工,坡口磨平,管口组对、焊接,焊缝钝化。

单位:10 个

定 额 编 号			10-2-406	10-2-407	10-2-408	10-2-409	10-2-410	10-2-411
项 目			公称直径(mm)					
			65 以内	80 以内	100 以内	125 以内	150 以内	200 以内
基 价 (元)			**1348.71**	**1851.40**	**2617.99**	**3776.61**	**5269.33**	**9931.15**
其中	人 工 费 (元)		569.92	702.00	930.16	1162.08	1468.16	2489.84
	材 料 费 (元)		330.99	566.73	839.95	1414.94	2144.67	4368.67
	机 械 费 (元)		447.80	582.67	847.88	1199.59	1656.50	3072.64
名 称	单位	单价(元)	数			量		
人工 综合工日	工日	80.00	7.124	8.775	11.627	14.526	18.352	31.123
材料 高压不锈钢对焊管件	个	–	(10.000)	(10.000)	(10.000)	(10.000)	(10.000)	(10.000)
不锈钢电焊条 302	kg	40.00	7.129	12.646	19.820	33.816	51.534	106.039
尼龙砂轮片 $\phi100$	片	7.60	2.138	2.867	3.954	5.548	7.714	12.106
尼龙砂轮片 $\phi500$	片	15.00	1.094	1.561	–	–	–	–
其他材料费	元	–	13.170	15.690	17.100	20.140	24.680	35.100
机械 电焊机(综合)	台班	183.97	1.881	2.517	3.437	5.008	7.111	13.255
电焊条烘干箱 $60 \times 50 \times 75cm^3$	台班	28.84	0.189	0.251	0.343	0.500	0.711	1.326
砂轮切割机 $\phi500$	台班	9.52	0.235	0.322	–	–	–	–
等离子弧焊机 400A	台班	226.59	–	–	0.216	0.274	0.344	0.513
普通车床 630mm $\times$2000mm	台班	187.70	0.364	0.388	0.420	0.504	0.610	1.361
电动空气压缩机 $1m^3/min$	台班	146.17	–	–	0.216	0.274	0.344	0.513
电动空气压缩机 $6m^3/min$	台班	338.45	0.017	0.017	0.017	0.017	0.017	0.017
电动葫芦(单速)3t	台班	54.90	0.364	0.388	0.420	0.504	0.610	1.361
汽车式起重机 8t	台班	728.19	–	0.007	0.013	0.025	0.034	0.051
载货汽车 8t	台班	619.25	–	0.007	0.013	0.025	0.034	0.051

工作内容:管子切口,坡口加工,坡口磨平,管口组对、焊接,焊缝钝化。

单位:10 个

定 额 编 号				10-2-412	10-2-413	10-2-414	10-2-415
项 目				公称直径（mm）			
				250 以内	300 以内	350 以内	400 以内
基 价 （元）				**14450.12**	**21527.00**	**28223.56**	**33190.43**
其中	人 工 费 （元）			3249.04	4453.28	5264.32	6426.80
	材 料 费 （元）			6682.34	9614.60	13230.28	15226.54
	机 械 费 （元）			4518.74	7459.12	9728.96	11537.09
名 称		单位	单价(元)	数		量	
人工	综合工日	工日	80.00	40.613	55.666	65.804	80.335
材料	高压不锈钢对焊管件	个	-	(10.000)	(10.000)	(10.000)	(10.000)
	不锈钢电焊条 302	kg	40.00	162.583	234.078	323.009	371.374
	尼龙砂轮片 φ100	片	7.60	17.755	26.070	32.498	39.461
	其他材料费	元	-	44.080	53.350	62.940	71.680
机械	电焊机(综合)	台班	183.97	19.437	27.985	37.001	43.296
	电焊条烘干箱 60×50×75cm³	台班	28.84	1.945	2.799	3.700	4.330
	等离子弧焊机 400A	台班	226.59	0.771	0.953	1.247	1.558
	普通车床 630mm×2000mm	台班	187.70	1.975	2.361	2.953	3.584
	汽车式起重机 8t	台班	728.19	0.085	0.119	0.154	0.198
	载货汽车 8t	台班	619.25	0.085	0.119	0.154	0.198
	电动双梁桥式起重机 20t/5t	台班	536.00	-	2.361	2.953	3.584
	电动葫芦(单速) 3t	台班	54.90	1.975	-	-	-
	电动空气压缩机 1m³/min	台班	146.17	0.771	0.953	1.247	1.558
	电动空气压缩机 6m³/min	台班	338.45	0.017	0.017	0.017	0.017

4. 不锈钢管件(氩电联焊)

工作内容: 管子切口,坡口加工,坡口磨平,管口组对、焊接、焊缝钝化。

单位:10个

定 额 编 号			10-2-416	10-2-417	10-2-418	10-2-419	10-2-420	10-2-421
项 目			公称直径（mm）					
			15 以内	20 以内	25 以内	32 以内	40 以内	50 以内
基 价 （元）			**264.36**	**355.60**	**513.98**	**662.67**	**809.62**	**1011.01**
其 中	人 工 费 （元）		133.84	176.56	241.44	309.28	361.92	437.52
	材 料 费 （元）		41.07	60.55	99.24	124.50	165.03	225.98
	机 械 费 （元）		89.45	118.49	173.30	228.89	282.67	347.51
名 称	单位	单价(元)	数			量		
人工 综合工日	工日	80.00	1.673	2.207	3.018	3.866	4.524	5.469
材 料	高压不锈钢对焊管件	个	–	(10.000)	(10.000)	(10.000)	(10.000)	(10.000)	(10.000)
	不锈钢氩弧焊丝 1Cr18Ni9Ti	kg	32.00	0.432	0.656	1.092	1.378	1.878	2.620
	氩气	m³	15.00	1.210	1.838	3.058	3.858	5.260	7.336
	铈钨棒	g	0.39	2.308	3.496	5.892	7.404	10.048	14.056
	尼龙砂轮片 φ100	片	7.60	0.336	0.438	0.608	0.794	1.010	1.386
	尼龙砂轮片 φ500	片	15.00	0.155	0.217	0.423	0.503	0.503	0.503
	其他材料费	元	–	3.320	4.040	5.160	6.070	6.890	8.540
机 械	氩弧焊机 500A	台班	116.61	0.473	0.660	1.022	1.299	1.666	2.208
	砂轮切割机 φ500	台班	9.52	0.040	0.071	0.093	0.112	0.093	0.112
	普通车床 630mm×2000mm	台班	187.70	0.150	0.187	0.253	0.291	0.337	0.343
	电动葫芦(单速)3t	台班	54.90	–	–	–	0.291	0.337	0.343
	电动空气压缩机 6m³/min	台班	338.45	0.017	0.017	0.017	0.017	0.017	0.017

工作内容:管子切口,坡口加工,坡口磨平,管口组对、焊接,焊缝钝化。

单位:10 个

定 额 编 号			10-2-422	10-2-423	10-2-424	10-2-425	10-2-426	10-2-427
项 目			公称直径（mm）					
			65 以内	80 以内	100 以内	125 以内	150 以内	200 以内
基 价 （元）			**1457.03**	**1811.87**	**2669.47**	**3801.40**	**5220.09**	**9659.15**
其	人 工 费 （元）		600.80	722.24	942.64	1166.56	1463.12	2465.44
中	材 料 费 （元）		340.37	461.68	833.36	1400.86	2090.45	4163.66
	机 械 费 （元）		515.86	627.95	893.47	1233.98	1666.52	3030.05
名 称	单位	单价(元)	数		量			
人工 综合工日	工日	80.00	7.510	9.028	11.783	14.582	18.289	30.818
材 高压不锈钢对焊管件	个	–	(10.000)	(10.000)	(10.000)	(10.000)	(10.000)	(10.000)
不锈钢电焊条 302	kg	40.00	6.164	8.583	17.688	31.259	47.464	96.949
不锈钢氩弧焊丝 1Cr18Ni9Ti	kg	32.00	0.634	0.780	1.060	1.184	1.466	2.306
氩气	m^3	15.00	1.775	2.181	2.968	3.315	4.106	6.456
铈钨棒	g	0.39	2.246	2.658	3.036	3.245	4.168	7.335
料 尼龙砂轮片 ϕ100	片	7.60	2.170	2.734	3.868	5.485	7.548	10.222

定 额 编 号			10-2-422	10-2-423	10-2-424	10-2-425	10-2-426	10-2-427
项 目			公称直径（mm）					
			65 以内	80 以内	100 以内	125 以内	150 以内	200 以内
材料	尼龙砂轮片 $\phi500$	片	15.00	1.094	1.561	–	–	–	–
	其他材料费	元	–	13.120	15.450	16.820	19.940	24.400	34.520
机 械	电焊机(综合)	台班	183.97	1.660	2.062	2.791	4.212	5.960	11.045
	氩弧焊机 500A	台班	116.61	0.938	1.117	1.426	1.570	1.930	3.176
	电焊条烘干箱 $60 \times 50 \times 75 cm^3$	台班	28.84	0.166	0.207	0.279	0.422	0.597	1.105
	砂轮切割机 $\phi500$	台班	9.52	0.235	0.322	–	–	–	–
	等离子弧焊机 400A	台班	226.59	–	–	0.216	0.274	0.344	0.513
	普通车床 630mm×2000mm	台班	187.70	0.364	0.388	0.420	0.504	0.610	1.361
	电动空气压缩机 $1m^3/min$	台班	146.17	–	–	0.216	0.274	0.344	0.513
	电动空气压缩机 $6m^3/min$	台班	338.45	0.017	0.017	0.017	0.017	0.017	0.017
	电动葫芦(单速) 3t	台班	54.90	0.364	0.388	0.420	0.504	0.610	1.361
	汽车式起重机 8t	台班	728.19	–	0.007	0.013	0.025	0.034	0.051
	载货汽车 8t	台班	619.25	–	0.007	0.013	0.025	0.034	0.051

工作内容:管子切口,坡口加工,坡口磨平,管口组对、焊接,焊缝钝化。

单位:10 个

定 额 编 号					10-2-428	10-2-429	10-2-430	10-2-431
项 目					公称直径（mm）			
					250 以内	300 以内	350 以内	400 以内
基 价 （元）					**14081.66**	**20702.70**	**27220.97**	**34913.20**
其中	人 工 费 （元）				3349.12	4555.20	5332.00	6890.88
	材 料 费 （元）				6341.96	8954.97	12508.59	16184.76
	机 械 费 （元）				4390.58	7192.53	9380.38	11837.56
名 称		单位	单价(元)		数		量	
人工	综合工日	工日	80.00		41.864	56.940	66.650	86.136
材料	高压不锈钢对焊管件	个	–		(10.000)	(10.000)	(10.000)	(10.000)
	不锈钢电焊条 302	kg	40.00		149.133	211.104	298.132	386.290
	不锈钢氩弧焊丝 1Cr18Ni9Ti	kg	32.00		2.918	3.908	4.166	5.161
	氩气	m³	15.00		8.172	10.942	11.666	14.450
	铈钨棒	g	0.39		9.400	13.619	13.731	18.060
	尼龙砂轮片 φ100	片	7.60		14.967	21.609	27.390	35.963

	定 额 编 号			10-2-428	10-2-429	10-2-430	10-2-431
	项 目			公称直径（mm）			
				250 以内	300 以内	350 以内	400 以内
材料	其他材料费	元	–	43.270	52.080	61.490	70.900
机	电焊机(综合)	台班	183.97	16.235	22.983	31.079	40.268
	氩弧焊机 500A	台班	116.61	4.032	5.673	6.500	7.429
	电焊条烘干箱 $60 \times 50 \times 75cm^3$	台班	28.84	1.624	2.298	3.108	4.026
	等离子弧焊机 400A	台班	226.59	0.771	0.953	1.247	1.558
	普通车床 $630mm \times 2000mm$	台班	187.70	1.975	2.361	2.953	3.584
	电动葫芦(单速) 3t	台班	54.90	1.975	–	–	–
	汽车式起重机 8t	台班	728.19	0.085	0.128	0.154	0.198
	载货汽车 8t	台班	619.25	0.085	0.119	0.154	0.198
	电动双梁桥式起重机 20t/5t	台班	536.00	–	2.361	2.953	3.584
械	电动空气压缩机 $1m^3/min$	台班	146.17	0.771	0.953	1.247	1.558
	电动空气压缩机 $6m^3/min$	台班	338.45	0.017	0.017	0.017	0.017

5. 合金钢管件(电弧焊)

工作内容:管件光谱分析,管子切口,坡口加工,管口组对、焊接。 单位:10 个

定　额　编　号			10-2-432	10-2-433	10-2-434	10-2-435	10-2-436	10-2-437
项　　　　　目			公称直径(mm)					
			15 以内	20 以内	25 以内	32 以内	40 以内	50 以内
基　　　价　(元)			**253.93**	**354.65**	**464.12**	**586.69**	**713.26**	**872.90**
其中	人　工　费　(元)		116.08	166.64	196.72	241.76	281.68	328.24
	材　料　费　(元)		45.21	69.28	110.37	138.32	185.62	257.93
	机　械　费　(元)		92.64	118.73	157.03	206.61	245.96	286.73
名　　称	单位	单价(元)	数			量		
人工 综合工日	工日	80.00	1.451	2.083	2.459	3.022	3.521	4.103
材料 高压合金钢对焊管件	个	–	(10.000)	(10.000)	(10.000)	(10.000)	(10.000)	(10.000)
低合金钢耐热电焊条	kg	47.25	0.800	1.260	2.046	2.570	3.484	4.880
尼龙砂轮片 φ100	片	7.60	0.254	0.342	0.450	0.584	0.744	1.012
尼龙砂轮片 φ500	片	15.00	0.114	0.176	0.253	0.327	0.432	0.600
其他材料费	元	–	3.770	4.510	6.480	7.540	8.870	10.660
机械 电焊机(综合)	台班	183.97	0.349	0.452	0.598	0.751	0.904	1.114
砂轮切割机 φ500	台班	9.52	0.021	0.050	0.066	0.074	0.084	0.088
普通车床 630mm×2000mm	台班	187.70	0.138	0.173	0.231	0.265	0.309	0.315
光谱仪	台班	143.99	0.009	0.009	0.009	0.009	0.009	0.009
电动葫芦(单速) 3t	台班	54.90	–	–	–	0.265	0.309	0.315
电焊条烘干箱 60×50×75cm³	台班	28.84	0.036	0.046	0.060	0.075	0.090	0.112

工作内容:管件光谱分析,管子切口,坡口加工,管口组对、焊接。 单位:10 个

定　额　编　号			10-2-438	10-2-439	10-2-440	10-2-441	10-2-442	10-2-443
项　　　　目			公称直径（mm）					
			65 以内	80 以内	100 以内	125 以内	150 以内	200 以内
基　价（元）			**1318.64**	**1683.90**	**2333.35**	**3447.23**	**4898.98**	**9547.30**
其中	人　工　费（元）		426.80	486.40	757.76	954.00	1223.84	2061.36
	材　料　费（元）		509.19	735.99	982.27	1643.44	2478.18	5231.36
	机　械　费（元）		382.65	461.51	593.32	849.79	1196.96	2254.58
名　　　　称	单位	单价（元）	数			量		
人工 综合工日	工日	80.00	5.335	6.080	9.472	11.925	15.298	25.767
材料 高压合金钢对焊管件	个	－	(10.000)	(10.000)	(10.000)	(10.000)	(10.000)	(10.000)
低合金钢耐热电焊条	kg	47.25	9.902	14.451	19.272	32.881	50.112	107.184
氧气	m³	3.60	－	－	2.450	3.540	3.997	6.235
乙炔气	m³	25.20	－	－	0.817	1.180	1.332	2.078
尼龙砂轮片 φ100	片	7.60	1.570	1.978	2.766	3.877	5.386	8.123
尼龙砂轮片 φ500	片	15.00	1.013	1.390	－	－	－	－
其他材料费	元	－	14.190	17.300	21.240	17.870	21.500	30.370
机械 电焊机(综合)	台班	183.97	1.596	1.930	2.576	3.749	5.324	9.873
砂轮切割机 φ500	台班	9.52	0.118	0.143	－	－	－	－
普通车床 630mm×2000mm	台班	187.70	0.338	0.366	0.384	0.471	0.559	1.272
光谱仪	台班	143.99	0.009	0.009	0.009	0.009	0.009	0.009
电动葫芦(单速) 3t	台班	54.90	0.338	0.366	0.384	0.471	0.559	1.272
电焊条烘干箱 60×50×75cm³	台班	28.84	0.160	0.193	0.258	0.376	0.532	0.987
半自动切割机 100mm	台班	96.23	－	－	－	－	0.202	0.324
汽车式起重机 8t	台班	728.19	－	0.007	0.013	0.025	0.034	0.051
载货汽车 8t	台班	619.25	－	0.007	0.013	0.025	0.034	0.051

工作内容：管件光谱分析，管子切口，坡口加工，管口组对、焊接。 单位：10 个

定 额 编 号			10-2-444	10-2-445	10-2-446	10-2-447	10-2-448	10-2-449
项 目			公称直径（mm）					
			250 以内	300 以内	350 以内	400 以内	450 以内	500 以内
基 价 （元）			**14427.24**	**21499.04**	**27353.48**	**36198.47**	**45883.43**	**58678.01**
其中	人 工 费 （元）		2773.60	3749.12	4433.36	5673.76	6867.12	8611.44
	材 料 费 （元）		7998.90	11899.42	15493.57	21025.73	27278.17	35224.30
	机 械 费 （元）		3654.74	5850.50	7426.55	9498.98	11738.14	14842.27
名 称	单位	单价（元）	数			量		
人工 综合工日	工日	80.00	34.670	46.864	55.417	70.922	85.839	107.643
材料 高压合金钢对焊管件	个	－	(10.000)	(10.000)	(10.000)	(10.000)	(10.000)	(10.000)
低合金钢耐热电焊条	kg	47.25	164.125	245.305	319.751	434.805	565.365	730.645
氧气	m³	3.60	9.491	11.699	14.019	17.641	20.478	24.300
乙炔气	m³	25.20	3.164	3.891	4.673	5.880	6.826	8.100
尼龙砂轮片 φ100	片	7.60	12.027	16.006	21.355	27.792	33.872	44.384
其他材料费	元	－	38.690	46.940	54.810	58.290	61.510	72.410
机械 电焊机(综合)	台班	183.97	14.755	21.237	27.683	36.299	45.968	59.406
普通车床 630mm×2000mm	台班	187.70	1.724	2.253	2.680	3.210	3.700	4.359
光谱仪	台班	143.99	0.009	0.009	0.009	0.009	0.009	0.009
电动葫芦(单速) 3t	台班	54.90	1.287	－	－	－	－	－
电焊条烘干箱 60×50×75cm³	台班	28.84	1.476	2.123	2.768	3.630	4.597	5.941
半自动切割机 100mm	台班	96.23	0.647	0.937	1.097	1.301	1.494	1.904
汽车式起重机 8t	台班	728.19	0.085	0.119	0.154	0.198	0.242	0.299
载货汽车 8t	台班	619.25	0.085	0.119	0.154	0.198	0.242	0.299
电动双梁桥式起重机 20t/5t	台班	536.00	0.607	2.253	2.680	3.210	3.700	4.359

6. 合金钢管件(氩电联焊)

工作内容:管件光谱分析,管子切口,坡口加工,管口组对、焊接。

单位:10个

定 额 编 号			10-2-450	10-2-451	10-2-452	10-2-453	10-2-454	10-2-455
项 目			公称直径(mm)					
			15 以内	20 以内	25 以内	32 以内	40 以内	50 以内
基 价 (元)			**220.28**	**320.77**	**434.06**	**549.71**	**682.13**	**794.58**
其中	人 工 费 (元)		117.12	173.52	215.28	265.36	318.24	369.92
	材 料 费 (元)		33.78	50.74	77.99	97.72	130.57	158.37
	机 械 费 (元)		69.38	96.51	140.79	186.63	233.32	266.29
名 称	单位	单价(元)	数			量		
人工 综合工日	工日	80.00	1.464	2.169	2.691	3.317	3.978	4.624
材料 高压合金钢对焊管件	个	—	(10.000)	(10.000)	(10.000)	(10.000)	(10.000)	(10.000)
合金钢氩弧焊丝	kg	16.20	0.416	0.658	1.066	1.340	1.816	2.184
氩气	m³	15.00	1.164	1.842	2.984	3.752	5.084	6.116
铈钨棒	g	0.39	2.328	3.684	5.968	7.504	10.168	12.232
尼龙砂轮片 φ100	片	7.60	0.244	0.330	0.434	0.564	0.718	0.880
尼龙砂轮片 φ500	片	15.00	0.114	0.176	0.253	0.327	0.432	0.600
其他材料费	元	—	5.110	5.870	6.540	7.610	8.990	10.790
机械 氩弧焊机 500A	台班	116.61	0.360	0.534	0.819	1.032	1.340	1.610
砂轮切割机 φ500	台班	9.52	0.021	0.050	0.066	0.074	0.084	0.088
普通车床 630mm×2000mm	台班	187.70	0.138	0.173	0.231	0.265	0.309	0.315
光谱仪	台班	143.99	0.009	0.009	0.009	0.009	0.009	0.009
电动葫芦(单速)3t	台班	54.90	—	—	—	0.265	0.309	0.315

工作内容:管件光谱分析,管子切口,坡口加工,管口组对、焊接。

单位:10 个

定　额　编　号			10-2-456	10-2-457	10-2-458	10-2-459	10-2-460	10-2-461
项　　　　　目			公称直径(mm)					
			65 以内	80 以内	100 以内	125 以内	150 以内	200 以内
基　　　价　(元)			**1315.24**	**1703.32**	**2337.32**	**3452.62**	**4839.61**	**9419.94**
其中	人　工　费　(元)		447.20	515.20	794.96	996.08	1270.96	2133.20
	材　料　费　(元)		471.07	698.72	917.15	1567.27	2335.61	4985.49
	机　械　费　(元)		396.97	489.40	625.21	889.27	1233.04	2301.25
名　　　　　称	单位	单价(元)	数			量		
人工 综合工日	工日	80.00	5.590	6.440	9.937	12.451	15.887	26.665
材料 高压合金钢对焊管件	个	–	(10.000)	(10.000)	(10.000)	(10.000)	(10.000)	(10.000)
低合金钢耐热电焊条	kg	47.25	8.670	13.160	17.202	30.524	46.154	100.396
合金钢氩弧焊丝	kg	16.20	0.338	0.394	0.550	0.588	0.752	1.132
氧气	m³	3.60	–	–	2.450	3.540	3.997	6.235
乙炔气	m³	25.20	–	–	0.817	1.180	1.332	2.078
氩气	m³	15.00	0.946	1.104	1.540	1.645	2.106	3.171
铈钨棒	g	0.39	1.892	2.208	3.080	3.289	4.212	6.342

定 额 编 号			10-2-456	10-2-457	10-2-458	10-2-459	10-2-460	10-2-461
项 目			公称直径（mm）					
			65 以内	80 以内	100 以内	125 以内	150 以内	200 以内
材	尼龙砂轮片 φ100	片	7.60	1.536	1.974	2.706	3.849	5.270	8.995
	尼龙砂轮片 φ500	片	15.00	1.013	1.390	–	–	–	–
料	其他材料费	元	–	14.140	17.250	21.170	17.800	21.410	30.230
机	电焊机(综合)	台班	183.97	1.397	1.758	2.298	3.481	4.903	9.249
	氩弧焊机 500A	台班	116.61	0.442	0.515	0.719	0.768	0.984	1.480
	砂轮切割机 φ500	台班	9.52	0.118	0.143	–	–	–	–
	普通车床 630mm×2000mm	台班	187.70	0.338	0.366	0.384	0.471	0.559	1.272
	光谱仪	台班	143.99	0.009	0.009	0.009	0.009	0.009	0.009
	电动葫芦(单速) 3t	台班	54.90	0.338	0.366	0.384	0.471	0.559	1.102
	电焊条烘干箱 60×50×75cm³	台班	28.84	0.139	0.175	0.230	0.349	0.490	0.925
	半自动切割机 100mm	台班	96.23	–	–	–	–	0.202	0.324
械	汽车式起重机 8t	台班	728.19	–	0.007	0.013	0.025	0.034	0.051
	载货汽车 8t	台班	619.25		0.007	0.013	0.025	0.034	0.051

工作内容:管件光谱分析,管子切口,坡口加工,管口组对、焊接。

定　额　编　号			10-2-462	10-2-463	10-2-464	10-2-465	10-2-466	10-2-467
项　　　　目			公称直径(mm)					
			250 以内	300 以内	350 以内	400 以内	450 以内	500 以内
基　　　价　(元)			**14258.54**	**23219.15**	**26599.00**	**36020.95**	**44480.97**	**56155.57**
其中	人　工　费　(元)		2994.56	4243.20	4731.76	6040.16	7268.08	9013.76
	材　料　费　(元)		7593.18	12696.58	14566.55	20614.69	25736.80	32764.56
	机　械　费　(元)		3670.80	6279.37	7300.69	9366.10	11476.09	14377.25
名　　　称	单位	单价(元)	数			量		
人工	综合工日	工日	80.00	37.432	53.040	59.147	75.502	90.851	112.672
材料	高压合金钢对焊管件	个	–	(10.000)	(10.000)	(10.000)	(10.000)	(10.000)	(10.000)
	低合金钢耐热电焊条	kg	47.25	153.454	259.080	297.327	423.185	528.676	681.818
	合金钢氩弧焊丝	kg	16.20	1.484	1.880	2.183	2.199	2.807	2.880
	氧气	m³	3.60	9.461	11.699	14.019	17.641	20.478	24.300
	乙炔气	m³	25.20	3.164	3.891	4.673	5.880	6.826	8.100
	氩气	m³	15.00	4.154	5.266	6.112	6.157	7.859	7.884

续前

定 额 编 号			10-2-462	10-2-463	10-2-464	10-2-465	10-2-466	10-2-467
项 目			公称直径（mm）					
			250 以内	300 以内	350 以内	400 以内	450 以内	500 以内
材	铈钨棒	g	0.39	8.308	10.532	12.224	12.315	15.718	15.769
	尼龙砂轮片 φ100	片	7.60	13.243	20.266	23.269	29.007	36.945	1.894
料	其他材料费	元	－	38.450	47.310	40.960	54.280	60.850	71.600
机	电焊机（综合）	台班	183.97	13.796	22.429	25.741	34.408	42.984	55.434
	氩弧焊机 500A	台班	116.61	1.941	2.459	2.855	2.876	3.670	3.720
	普通车床 630mm×2000mm	台班	187.70	1.724	2.253	2.680	3.210	3.700	4.359
	光谱仪	台班	143.99	0.009	0.009	0.009	0.009	0.009	0.009
	电动葫芦（单速）3t	台班	54.90	1.117	－	－	－	－	－
	电焊条烘干箱 60×50×75cm³	台班	28.84	1.379	2.243	2.574	3.440	4.298	5.544
	半自动切割机 100mm	台班	96.23	0.647	0.937	1.097	1.301	1.494	1.904
	汽车式起重机 8t	台班	728.19	0.085	0.119	0.154	0.198	0.242	0.299
械	载货汽车 8t	台班	619.25	0.085	0.119	0.154	0.198	0.242	0.298
	电动双梁桥式起重机 15t/3t	台班	500.21	0.607	2.253	2.680	3.210	3.700	4.359

第三章 阀 门 安 装

说　　明

一、本章适用于低、中、高压管道上的各种阀门安装。

二、阀门安装子目综合考虑了壳体压力试验、解体研磨工作内容。高压对焊阀门子目不包括壳体压力试验、解体研磨内容，发生时另行计算。

三、调节阀门安装定额仅包括安装工序内容，配合安装工作内容由仪表专业考虑。

四、安全阀门包括壳体压力试验及调试内容。

五、电动阀门安装包括电动机的安装。

六、各种法兰阀门安装，定额中只包括一个垫片和一副法兰用的螺栓。透镜垫和螺栓本身价格另计，其中螺栓按实际用量加损耗量计算。

七、定额内垫片材质与实际不符时，可按实际调整。

八、仪表的流量计安装，执行阀门安装相应子目乘以系数0.7。

九、波纹补偿器法兰连接，执行法兰阀门安装相应子目，人工乘系数1.2。

十、带底座的阀门安装，只考虑了斜垫铁的找平因素，如满足不了设计，垫铁量可按实调整；若需二次灌浆，执行《冶金工业建设工程预算定额》（2012年版）第三册《机械设备安装工程》（上、下册）预算定额相应子目。

工程量计算规则

一、各种阀门按不同压力、连接形式,不分种类以"个"为计量单位。压力等级按设计图纸规定执行相应定额。

二、各种法兰阀门安装与配套法兰的安装,应分别计算工程量;螺栓与透镜垫的安装费已包括在定额内,其本身价格另行计算;螺栓的规格数量,如设计未作规定时,可根据法兰阀门的压力和法兰密封形式,按定额附录的"法兰螺栓重量表"计算。

三、减压阀直径按高压侧计算。

四、阀门安装综合考虑了壳体压力试验(包括强度试验和严密性试验)、解体研磨工序内容,执行定额时,不得因现场情况不同而调整。

一、低压阀门

1. 螺纹阀门

工作内容: 阀门壳体压力试验,阀门解体检查及研磨,管子切口,套丝,上阀门。

单位:个

定　额　编　号			10-3-1	10-3-2	10-3-3	10-3-4	10-3-5	10-3-6
项　　　　　目			公称直径（mm）					
			15 以内	20 以内	25 以内	32 以内	40 以内	50 以内
基　　　价　（元）			**22.56**	**23.90**	**26.53**	**32.33**	**36.62**	**41.85**
其中	人　工　费　（元）		14.80	15.92	18.24	23.52	25.60	30.40
	材　料　费　（元）		3.71	3.92	4.22	4.73	5.09	5.51
	机　械　费　（元）		4.05	4.06	4.07	4.08	5.93	5.94
名　　称	单位	单价(元)	数			量		
人工	综合工日	工日	80.00	0.185	0.199	0.228	0.294	0.320	0.380
材料	低压螺纹阀门	个	－	(1.020)	(1.020)	(1.010)	(1.010)	(1.010)	(1.010)
	电焊条 结422 φ3.2	kg	6.70	0.165	0.165	0.165	0.165	0.165	0.165
	尼龙砂轮片 φ500	片	15.00	0.008	0.010	0.012	0.016	0.018	0.026
	其他材料费	元	－	2.480	2.660	2.930	3.380	3.710	4.010
机械	直流弧焊机 20kW	台班	84.19	0.026	0.026	0.026	0.026	0.026	0.026
	砂轮切割机 φ500	台班	9.52	0.001	0.002	0.003	0.004	0.005	0.006
	试压泵 60MPa	台班	154.06	0.012	0.012	0.012	0.012	0.024	0.024

2. 焊接阀门

工作内容: 阀门壳体压力试验,阀门解体检查及研磨,管子切口,管口组对、焊接。

单位:个

定 额 编 号			10-3-7	10-3-8	10-3-9	10-3-10	10-3-11	10-3-12
项 目			公称直径(mm)					
			15 以内	20 以内	25 以内	32 以内	40 以内	50 以内
基 价 (元)			**29.03**	**31.02**	**34.71**	**40.55**	**46.16**	**53.75**
其中	人 工 费 (元)		13.44	14.56	16.16	19.76	21.60	26.48
	材 料 费 (元)		4.84	5.12	5.55	6.31	6.90	7.55
	机 械 费 (元)		10.75	11.34	13.00	14.48	17.66	19.72
名 称	单位	单价(元)	数			量		
人工 综合工日	工日	80.00	0.168	0.182	0.202	0.247	0.270	0.331
材料 低压焊接阀门	个	—	(1.000)	(1.000)	(1.000)	(1.000)	(1.000)	(1.000)
电焊条 结422 φ3.2	kg	6.70	0.209	0.214	0.228	0.247	0.259	0.282
氧气	m³	3.60	0.141	0.141	0.141	0.148	0.149	0.150
乙炔气	m³	25.20	0.047	0.047	0.047	0.049	0.050	0.050
尼龙砂轮片 φ100	片	7.60	0.003	0.004	0.005	0.007	0.019	0.023
尼龙砂轮片 φ500	片	15.00	0.008	0.010	0.012	0.016	0.018	0.026
其他材料费	元	—	1.600	1.810	2.110	2.590	2.950	3.300
机械 电焊机(综合)	台班	183.97	0.048	0.051	0.060	0.068	0.075	0.086
砂轮切割机 φ500	台班	9.52	0.001	0.002	0.003	0.004	0.005	0.006
试压泵 60MPa	台班	154.06	0.012	0.012	0.012	0.012	0.024	0.024
电焊条烘干箱 60×50×75cm³	台班	28.84	0.002	0.003	0.003	0.003	0.004	0.005

3. 法兰阀门

工作内容:阀门壳体压力试验,阀门解体检查及研磨,阀门安装,垂直运输。

单位:个

定　额　编　号			10-3-13	10-3-14	10-3-15	10-3-16	10-3-17	10-3-18
项　　　　　目			公称直径（mm）					
			15 以内	20 以内	25 以内	32 以内	40 以内	50 以内
基　　　价　（元）			**25.44**	**25.63**	**25.95**	**28.10**	**30.30**	**33.43**
其中	人　工　费　（元）		17.92	17.92	17.92	19.76	19.76	22.64
	材　料　费　（元）		3.48	3.67	3.99	4.30	4.65	4.90
	机　械　费　（元）		4.04	4.04	4.04	4.04	5.89	5.89
名　　　称	单位	单价（元）	数			量		
人工	综合工日	工日	80.00	0.224	0.224	0.224	0.247	0.247	0.283
材料	低压法兰阀门	个	–	(1.000)	(1.000)	(1.000)	(1.000)	(1.000)	(1.000)
	电焊条 结422 φ3.2	kg	6.70	0.165	0.165	0.165	0.165	0.165	0.165
	石棉橡胶板 低压 0.8~1.0	kg	13.20	0.010	0.020	0.040	0.040	0.060	0.070
	其他材料费	元	–	2.240	2.300	2.360	2.670	2.750	2.870
机械	直流弧焊机 20kW	台班	84.19	0.026	0.026	0.026	0.026	0.026	0.026
	试压泵 60MPa	台班	154.06	0.012	0.012	0.012	0.012	0.024	0.024

注：表中人工费、材料费、机械费的单价列分别对应人工、材料、机械各项数量栏。

工作内容:阀门壳体压力试验,阀门解体检查及研磨,阀门安装,垂直运输。

单位:个

定 额 编 号			10-3-19	10-3-20	10-3-21	10-3-22	10-3-23	10-3-24
项 目			公称直径（mm）					
			65 以内	80 以内	100 以内	125 以内	150 以内	200 以内
基 价 （元）			**47.62**	**56.31**	**72.91**	**94.40**	**111.77**	**240.45**
其中	人 工 费 （元）		35.92	43.20	57.52	72.88	83.60	131.04
	材 料 费 （元）		5.35	6.15	7.65	9.32	11.35	13.84
	机 械 费 （元）		6.35	6.96	7.74	12.20	16.82	95.57
名 称	单位	单价(元)	数			量		
人工 综合工日	工日	80.00	0.449	0.540	0.719	0.911	1.045	1.638
材料 低压法兰阀门	个	–	(1.000)	(1.000)	(1.000)	(1.000)	(1.000)	(1.000)
电焊条 结422 φ3.2	kg	6.70	0.165	0.165	0.165	0.165	0.165	0.165
石棉橡胶板 低压 0.8~1.0	kg	13.20	0.090	0.130	0.170	0.230	0.280	0.330
其他材料费	元	–	3.060	3.330	4.300	5.180	6.550	8.380
机械 直流弧焊机 20kW	台班	84.19	0.026	0.026	0.026	0.026	0.026	0.026
试压泵 60MPa	台班	154.06	0.027	0.031	0.036	0.065	0.095	0.095
吊装机械综合(1)	台班	1312.50	–	–	–	–	–	0.060

工作内容:阀门壳体压力试验,阀门解体检查及研磨,阀门安装,垂直运输。 单位:个

定 额 编 号				10-3-25	10-3-26	10-3-27	10-3-28	10-3-29	10-3-30
项 目				公称直径(mm)					
				250 以内	300 以内	350 以内	400 以内	450 以内	500 以内
基 价 (元)				**319.79**	**363.42**	**450.53**	**516.95**	**613.96**	**664.94**
其 中	人 工 费 (元)			194.24	235.20	256.00	308.64	358.64	403.52
	材 料 费 (元)			17.85	20.52	25.53	30.73	41.73	45.98
	机 械 费 (元)			107.70	107.70	169.00	177.58	213.59	215.44
名 称		单位	单价(元)	数			量		
人 工	综合工日	工日	80.00	2.428	2.940	3.200	3.858	4.483	5.044
材 料	低压法兰阀门	个	–	(1.000)	(1.000)	(1.000)	(1.000)	(1.000)	(1.000)
	电焊条 结 422 φ3.2	kg	6.70	0.165	0.165	0.165	0.165	0.165	0.165
	石棉橡胶板 低压 0.8~1.0	kg	13.20	0.370	0.400	0.540	0.690	0.810	0.830
	其他材料费	元	–	11.860	14.130	17.300	20.520	29.930	33.920
机 械	直流弧焊机 20kW	台班	84.19	0.026	0.026	0.026	0.026	0.026	0.026
	试压泵 60MPa	台班	154.06	0.095	0.095	0.107	0.119	0.131	0.143
	汽车式起重机 8t	台班	728.19	0.009	0.009	0.020	0.025	0.026	0.026
	吊装机械综合(1)	台班	1312.50	0.060	0.060	0.094	0.094	0.119	0.119
	载货汽车 8t	台班	619.25	0.009	0.009	0.020	0.025	0.026	0.026

工作内容:阀门壳体压力试验,阀门解体检查及研磨,阀门安装,垂直运输。　　　　　　　　　　　　单位:个

定　额　编　号			10-3-31	10-3-32	10-3-33	10-3-34	10-3-35	10-3-36
项　　　　　目			公称直径（mm）					
			600 以内	700 以内	800 以内	900 以内	1000 以内	1200 以内
基　　　价　（元）			**936.04**	**1180.45**	**1422.38**	**1641.66**	**1901.37**	**2543.42**
其中	人　工　费　（元）		524.00	689.52	817.68	954.24	1104.72	1436.40
	材　料　费　（元）		55.71	65.50	81.91	94.68	111.09	129.12
	机　械　费　（元）		356.33	425.43	522.79	592.74	685.56	977.90
名　　　称	单位	单价(元)	数			量		
人工	综合工日	工日	80.00	6.550	8.619	10.221	11.928	13.809	17.955
材料	低压法兰阀门	个	—	(1.000)	(1.000)	(1.000)	(1.000)	(1.000)	(1.000)
	电焊条 结422 φ3.2	kg	6.70	0.165	0.165	0.165	0.165	0.165	0.292
	石棉橡胶板 低压 0.8~1.0	kg	13.20	0.840	1.030	1.160	1.300	1.310	1.460
	其他材料费	元	—	43.520	50.800	65.490	76.410	92.690	107.890
机械	直流弧焊机 20kW	台班	84.19	0.026	0.026	0.026	0.026	0.026	0.451
	试压泵 60MPa	台班	154.06	0.143	0.155	0.167	0.167	0.167	0.179
	汽车式起重机 8t	台班	728.19	0.039	0.048	0.077	0.088	0.115	0.155
	吊装机械综合(1)	台班	1312.50	0.213	0.255	0.298	0.340	0.383	0.536
	载货汽车 8t	台班	619.25	0.039	0.048	0.077	0.088	0.115	0.155

工作内容:阀门壳体压力试验,阀门解体检查及研磨,阀门安装,垂直运输。

单位:个

定　额　编　号			10-3-37	10-3-38	10-3-39	10-3-40
项　　　　目			公称直径（mm）			
			1400 以内	1600 以内	1800 以内	2000 以内
基　　　价　（元）			**2916.01**	**3335.80**	**3904.44**	**4429.48**
其中	人　工　费　（元）		1642.16	1905.28	2260.48	2595.12
	材　料　费　（元）		166.56	202.71	243.64	290.89
	机　械　费　（元）		1107.29	1227.81	1400.32	1543.47
名　　　称	单位	单价(元)	数　　　量			
人工 综合工日	工日	80.00	20.527	23.816	28.256	32.439
材料 低压法兰阀门	个	－	(1.000)	(1.000)	(1.000)	(1.000)
电焊条 结422 φ3.2	kg	6.70	0.292	0.292	0.567	0.567
石棉橡胶板 低压0.8~1.0	kg	13.20	2.160	2.450	2.600	2.900
其他材料费	元	－	136.090	168.410	205.520	248.810
机械 直流弧焊机 20kW	台班	84.19	0.451	0.451	0.876	0.876
试压泵 60MPa	台班	154.06	0.179	0.179	0.179	0.179
汽车式起重机 8t	台班	728.19	0.177	0.208	0.252	0.292
吊装机械综合(1)	台班	1312.50	0.612	0.672	0.731	0.799
载货汽车 8t	台班	619.25	0.177	0.208	0.252	0.292

4.齿轮、液压传动、电动阀门

工作内容:阀门壳体压力试验,阀门解体检查及研磨,阀门调试,阀门安装,垂直运输。

单位:个

定 额 编 号			10-3-41	10-3-42	10-3-43	10-3-44	10-3-45
项 目			公称直径(mm)				
			100 以内	125 以内	150 以内	200 以内	250 以内
基 价 (元)			**95.87**	**123.12**	**140.41**	**299.05**	**389.43**
其中	人 工 费 (元)		80.48	101.60	112.24	175.20	249.44
	材 料 费 (元)		7.65	9.32	11.35	13.84	17.85
	机 械 费 (元)		7.74	12.20	16.82	110.01	122.14
名 称	单位	单价(元)	数		量		
人工 综合工日	工日	80.00	1.006	1.270	1.403	2.190	3.118
材料 齿轮、液压、电动法兰阀门	个	–	(1.000)	(1.000)	(1.000)	(1.000)	(1.000)
电焊条 结422 φ3.2	kg	6.70	0.165	0.165	0.165	0.165	0.165
石棉橡胶板 低压 0.8~1.0	kg	13.20	0.170	0.230	0.280	0.330	0.370
其他材料费	元	–	4.300	5.180	6.550	8.380	11.860
机械 直流弧焊机 20kW	台班	84.19	0.026	0.026	0.026	0.026	0.026
汽车式起重机 8t	台班	728.19	–	–	–	–	0.009
吊装机械综合(1)	台班	1312.50	–	–	–	0.071	0.071
载货汽车 8t	台班	619.25	–	–	–	–	0.009
试压泵 60MPa	台班	154.06	0.036	0.065	0.095	0.095	0.095

工作内容：阀门壳体压力试验,阀门解体检查及研磨,阀门调试,阀门安装,垂直运输。

单位:个

定 额 编 号			10-3-46	10-3-47	10-3-48	10-3-49	10-3-50
项 目			公称直径（mm）				
			300 以内	350 以内	400 以内	450 以内	500 以内
基 价 （元）			**446.34**	**584.63**	**675.86**	**798.82**	**861.64**
其中	人 工 费 （元）		303.68	366.48	443.92	512.00	568.72
	材 料 费 （元）		20.52	25.53	30.73	41.73	45.98
	机 械 费 （元）		122.14	192.62	201.21	245.09	246.94
名 称	单位	单价(元)	数			量	
人工 综合工日	工日	80.00	3.796	4.581	5.549	6.400	7.109
材料 齿轮、液压、电动法兰阀门	个	－	(1.000)	(1.000)	(1.000)	(1.000)	(1.000)
电焊条 结422 φ3.2	kg	6.70	0.165	0.165	0.165	0.165	0.165
石棉橡胶板 低压 0.8~1.0	kg	13.20	0.400	0.540	0.690	0.810	0.830
其他材料费	元	－	14.130	17.300	20.520	29.930	33.920
机械 直流弧焊机 20kW	台班	84.19	0.026	0.026	0.026	0.026	0.026
汽车式起重机 8t	台班	728.19	0.009	0.020	0.025	0.026	0.026
吊装机械综合(1)	台班	1312.50	0.071	0.112	0.112	0.143	0.143
载货汽车 8t	台班	619.25	0.009	0.020	0.025	0.026	0.026
试压泵 60MPa	台班	154.06	0.095	0.107	0.119	0.131	0.143

工作内容:阀门壳体压力试验,阀门解体检查及研磨,阀门调试,阀门安装,垂直运输。　　　　　　　　　　单位:个

定　额　编　号			10-3-51	10-3-52	10-3-53	10-3-54	10-3-55
项　　　　　目			公称直径（mm）				
			600 以内	700 以内	800 以内	900 以内	1000 以内
基　　价　（元）			**1180.05**	**1477.95**	**1804.38**	**2106.91**	**2446.88**
其中	人　工　费　（元）		712.88	920.08	1122.24	1330.24	1550.48
	材　料　费　（元）		55.71	65.50	81.91	94.68	111.09
	机　械　费　（元）		411.46	492.37	600.23	681.99	785.31
名　　　称	单位	单价(元)	数		量		
人工 综合工日	工日	80.00	8.911	11.501	14.028	16.628	19.381
材料 齿轮、液压、电动法兰阀门	个	—	(1.000)	(1.000)	(1.000)	(1.000)	(1.000)
电焊条 结422 φ3.2	kg	6.70	0.165	0.165	0.165	0.165	0.165
石棉橡胶板 低压 0.8~1.0	kg	13.20	0.840	1.030	1.160	1.300	1.310
其他材料费	元	—	43.520	50.800	65.490	76.410	92.690
机械 直流弧焊机 20kW	台班	84.19	0.026	0.026	0.026	0.026	0.026
汽车式起重机 8t	台班	728.19	0.039	0.048	0.077	0.088	0.115
吊装机械综合（1）	台班	1312.50	0.255	0.306	0.357	0.408	0.459
载货汽车 8t	台班	619.25	0.039	0.048	0.077	0.088	0.115
试压泵 60MPa	台班	154.06	0.143	0.155	0.167	0.167	0.167

工作内容: 阀门壳体压力试验,阀门解体检查及研磨,阀门调试,阀门安装,垂直运输。

单位:个

定　额　编　号			10-3-56	10-3-57	10-3-58	10-3-59	10-3-60
项　　　　　目			公称直径（mm）				
			1200 以内	1400 以内	1600 以内	1800 以内	2000 以内
基　　　价　（元）			**3228.02**	**3667.10**	**4211.92**	**4901.98**	**5621.96**
其中	人　工　费　（元）		1980.56	2233.12	2605.52	3066.40	3577.60
	材　料　费　（元）		129.12	166.56	202.71	243.64	290.89
	机　械　费　（元）		1118.34	1267.42	1403.69	1591.94	1753.47
名　　　　称	单位	单价（元）	数			量	
人工	综合工日	工日	80.00	24.757	27.914	32.569	38.330	44.720
材料	齿轮、液压、电动法兰阀门	个	–	(1.000)	(1.000)	(1.000)	(1.000)	(1.000)
	电焊条 结422 φ3.2	kg	6.70	0.292	0.292	0.292	0.567	0.567
	石棉橡胶板 低压0.8~1.0	kg	13.20	1.460	2.160	2.450	2.600	2.900
	其他材料费	元	–	107.890	136.090	168.410	205.520	248.810
机械	直流弧焊机 20kW	台班	84.19	0.451	0.451	0.451	0.876	0.876
	汽车式起重机 8t	台班	728.19	0.155	0.177	0.208	0.252	0.292
	吊装机械综合(1)	台班	1312.50	0.643	0.734	0.806	0.877	0.959
	载货汽车 8t	台班	619.25	0.155	0.177	0.208	0.252	0.292
	试压泵 60MPa	台班	154.06	0.179	0.179	0.179	0.179	0.179

5.调节阀门

工作内容:阀门安装,垂直运输。

单位:个

定 额 编 号			10-3-61	10-3-62	10-3-63	10-3-64	10-3-65	10-3-66
项 目			公称直径（mm）					
			20 以内	25 以内	32 以内	40 以内	50 以内	65 以内
基 价 （元）			**21.14**	**21.41**	**21.41**	**21.67**	**21.80**	**38.07**
其中	人 工 费 （元）		20.88	20.88	20.88	20.88	20.88	36.88
	材 料 费 （元）		0.26	0.53	0.53	0.79	0.92	1.19
	机 械 费 （元）		–	–	–	–	–	–
名 称	单位	单价(元)	数			量		
人工 综合工日	工日	80.00	0.261	0.261	0.261	0.261	0.261	0.461
材料 低压调节阀门	个	–	(1.000)	(1.000)	(1.000)	(1.000)	(1.000)	(1.000)
料 石棉橡胶板 低压 0.8~1.0	kg	13.20	0.020	0.040	0.040	0.060	0.070	0.090

工作内容:阀门安装,垂直运输。

单位:个

定　额　编　号			10-3-67	10-3-68	10-3-69	10-3-70	10-3-71	10-3-72
项　　　　　目			公称直径（mm）					
			80 以内	100 以内	125 以内	150 以内	200 以内	250 以内
基　　　价　　（元）			**39.72**	**58.08**	**71.52**	**74.26**	**178.07**	**236.88**
其中	人　工　费　（元）		38.00	55.84	68.48	70.56	94.96	141.12
	材　料　费　（元）		1.72	2.24	3.04	3.70	4.36	4.88
	机　械　费　（元）		–	–	–	–	78.75	90.88
名　　　称	单位	单价（元）	数			量		
人工 综合工日	工日	80.00	0.475	0.698	0.856	0.882	1.187	1.764
材料 低压调节阀门	个	–	(1.000)	(1.000)	(1.000)	(1.000)	(1.000)	(1.000)
石棉橡胶板 低压 0.8~1.0	kg	13.20	0.130	0.170	0.230	0.280	0.330	0.370
机 汽车式起重机 8t	台班	728.19	–	–	–	–	–	0.009
吊装机械综合(1)	台班	1312.50	–	–	–	–	0.060	0.060
械 载货汽车 8t	台班	619.25	–	–	–	–	–	0.009

工作内容:阀门安装,垂直运输。

单位:个

定 额 编 号			10-3-73	10-3-74	10-3-75	10-3-76	10-3-77
项 目			公称直径（mm）				
			300 以内	350 以内	400 以内	450 以内	500 以内
基 价 （元）			**254.88**	**318.81**	**350.73**	**412.07**	**430.50**
其中	人 工 费 （元）		158.72	161.36	184.56	210.16	228.32
	材 料 费 （元）		5.28	7.13	9.11	10.69	10.96
	机 械 费 （元）		90.88	150.32	157.06	191.22	191.22
名 称	单位	单价(元)	数			量	
人工 综合工日	工日	80.00	1.984	2.017	2.307	2.627	2.854
材料 低压调节阀门	个	–	(1.000)	(1.000)	(1.000)	(1.000)	(1.000)
石棉橡胶板 低压 0.8~1.0	kg	13.20	0.400	0.540	0.690	0.810	0.830
机械 汽车式起重机 8t	台班	728.19	0.009	0.020	0.025	0.026	0.026
吊装机械综合(1)	台班	1312.50	0.060	0.094	0.094	0.119	0.119
载货汽车 8t	台班	619.25	0.009	0.020	0.025	0.026	0.026

6. 安全阀门

工作内容:阀门壳体压力试验,阀门调试,阀门安装,垂直运输。

单位:个

定 额 编 号			10-3-78	10-3-79	10-3-80	10-3-81	10-3-82	10-3-83
项 目			公称直径(mm)					
			20 以内	25 以内	32 以内	40 以内	50 以内	65 以内
基 价 (元)			50.89	51.23	53.83	55.87	58.50	84.39
其中	人 工 费 (元)		38.80	38.80	40.64	40.64	42.56	67.20
	材 料 费 (元)		7.28	7.62	7.92	8.27	8.51	8.99
	机 械 费 (元)		4.81	4.81	5.27	6.96	7.43	8.20
名 称	单位	单价(元)	数			量		
人工	综合工日	工日	80.00	0.485	0.485	0.508	0.508	0.532	0.840
材料	低压安全阀门	个	—	(1.000)	(1.000)	(1.000)	(1.000)	(1.000)	(1.000)
	电焊条 结422 φ3.2	kg	6.70	0.165	0.165	0.165	0.165	0.165	·0.165
	石棉橡胶板 低压 0.8~1.0	kg	13.20	0.020	0.040	0.040	0.060	0.070	0.090
	其他材料费	元	—	·5.910	5.990	6.290	6.370	6.480	6.700
机械	直流弧焊机 20kW	台班	84.19	0.026	0.026	0.026	0.026	0.026	0.026
	试压泵 60MPa	台班	154.06	0.017	0.017	0.020	0.031	0.034	0.039

工作内容:阀门壳体压力试验,阀门调试,阀门安装,垂直运输。

单位:个

定 额 编 号			10-3-84	10-3-85	10-3-86	10-3-87	10-3-88
项 目			公称直径(mm)				
			80 以内	100 以内	125 以内	150 以内	200 以内
基 价 (元)			**89.00**	**122.12**	**156.60**	**165.62**	**219.41**
其中	人 工 费 (元)		70.24	97.52	120.40	124.16	172.08
	材 料 费 (元)		9.79	14.55	16.29	18.32	24.19
	机 械 费 (元)		8.97	10.05	19.91	23.14	23.14
名 称	单位	单价(元)	数		量		
人工 综合工日	工日	80.00	0.878	1.219	1.505	1.552	2.151
材料 低压安全阀门	个	—	(1.000)	(1.000)	(1.000)	(1.000)	(1.000)
电焊条 结422 φ3.2	kg	6.70	0.165	0.165	0.165	0.165	0.165
石棉橡胶板 低压 0.8~1.0	kg	13.20	0.130	0.170	0.230	0.280	0.330
其他材料费	元	—	6.970	11.200	12.150	13.520	18.730
机械 直流弧焊机 20kW	台班	84.19	0.026	0.026	0.026	0.026	0.026
试压泵 60MPa	台班	154.06	0.044	0.051	0.115	0.136	0.136

7.塑料阀门

工作内容:阀门壳体压力试验,管子切口,管口组对,法兰焊接,阀门安装,垂直运输。 单位:个

定 额 编 号			10-3-89	10-3-90	10-3-91	10-3-92	10-3-93	10-3-94
项 目			公称直径(mm)					
			20 以内	25 以内	32 以内	40 以内	50 以内	65 以内
基 价 (元)			**41.33**	**47.41**	**51.36**	**59.86**	**70.90**	**89.65**
其中	人 工 费 (元)		23.84	27.44	29.92	34.80	39.04	51.92
	材 料 费 (元)		7.65	8.69	9.64	11.90	14.26	17.32
	机 械 费 (元)		9.84	11.28	11.80	13.16	17.60	20.41
名 称	单位	单价(元)	数			量		
人工 综合工日	工日	80.00	0.298	0.343	0.374	0.435	0.488	0.649
材料 塑料阀门	个	–	(1.000)	(1.000)	(1.000)	(1.000)	(1.000)	(1.000)
塑料法兰(带螺栓)	片	–	(2.000)	(2.000)	(2.000)	(2.000)	(2.000)	(2.000)
塑料焊条	kg	11.00	0.003	0.004	0.004	0.007	0.014	0.016
电焊条 结422 ϕ3.2	kg	6.70	0.165	0.165	0.165	0.165	0.165	0.165
电	kW·h	0.85	0.220	0.270	0.287	0.294	0.449	0.533
石棉橡胶板 低压 0.8~1.0	kg	13.20	0.020	0.040	0.040	0.060	0.070	0.090
电阻丝	根	8.00	0.003	0.003	0.003	0.004	0.004	0.004
其他材料费	元	–	6.040	6.760	7.690	9.640	11.660	14.370
机械 直流弧焊机 20kW	台班	84.19	0.026	0.026	0.026	0.026	0.026	0.026
试压泵 60MPa	台班	154.06	0.009	0.009	0.009	0.017	0.017	0.020
电动空气压缩机 0.6m³/min	台班	130.54	0.048	0.059	0.063	0.064	0.098	0.116

工作内容:阀门壳体压力试验,管子切口,管口组对,法兰焊接,阀门安装,垂直运输。

单位:个

定 额 编 号			10-3-95	10-3-96	10-3-97	10-3-98	10-3-99	10-3-100
项 目			公称直径(mm)					
			80 以内	100 以内	125 以内	150 以内	200 以内	250 以内
基 价 (元)			**103.33**	**127.05**	**168.93**	**201.35**	**283.11**	**464.24**
其中	人 工 费 (元)		56.80	68.96	86.88	103.36	159.20	292.24
	材 料 费 (元)		23.33	30.75	39.99	47.99	58.38	90.02
	机 械 费 (元)		23.20	27.34	42.06	50.00	65.53	81.98
名 称	单位	单价(元)	数			量		
人工 综合工日	工日	80.00	0.710	0.862	1.086	1.292	1.990	3.653
材料 塑料阀门	个	–	(1.000)	(1.000)	(1.000)	(1.000)	(1.000)	(1.000)
塑料法兰(带螺栓)	片	–	(2.000)	(2.000)	(2.000)	(2.000)	(2.000)	(2.000)
塑料焊条	kg	11.00	0.021	0.038	0.054	0.067	0.119	0.428
电焊条 结422 ϕ3.2	kg	6.70	0.165	0.165	0.165	0.165	0.165	0.165
电	kW·h	0.85	0.621	0.743	1.148	1.315	1.856	2.558
石棉橡胶板 低压 0.8~1.0	kg	13.20	0.130	0.170	0.230	0.280	0.330	0.370
料 电阻丝	根	8.00	0.005	0.006	0.006	0.007	0.007	0.008
其他材料费	元	–	19.710	26.300	34.230	41.280	49.980	77.080
机 直流弧焊机 20kW	台班	84.19	0.026	0.026	0.026	0.026	0.026	0.026
试压泵 60MPa	台班	154.06	0.022	0.026	0.047	0.068	0.068	0.068
械 电动空气压缩机 0.6m³/min	台班	130.54	0.135	0.162	0.250	0.286	0.405	0.531

二、中压阀门

1. 螺纹阀门

工作内容:阀门壳体压力试验,阀门解体检查及研磨,管子切口,套丝,上阀门。

单位:个

定 额 编 号			10-3-101	10-3-102	10-3-103	10-3-104	10-3-105	10-3-106
项 目			公称直径（mm）					
			15 以内	20 以内	25 以内	32 以内	40 以内	50 以内
基 价 （元）			**24.16**	**25.77**	**28.67**	**35.87**	**39.23**	**46.02**
其中	人 工 费 （元）		16.08	17.44	20.00	25.92	28.24	33.60
	材 料 费 （元）		3.72	3.96	4.29	4.78	5.20	5.69
	机 械 费 （元）		4.36	4.37	4.38	5.17	5.79	6.73
名 称	单位	单价(元)	数			量		
人工	综合工日	工日	80.00	0.201	0.218	0.250	0.324	0.353	0.420
材料	中压螺纹阀门	个	–	(1.020)	(1.020)	(1.010)	(1.010)	(1.010)	(1.010)
	电焊条 结 422 φ3.2	kg	6.70	0.165	0.165	0.165	0.165	0.165	0.165
	尼龙砂轮片 φ500	片	15.00	0.008	0.013	0.016	0.020	0.024	0.036
	其他材料费	元	–	2.490	2.660	2.940	3.370	3.730	4.040
机械	直流弧焊机 20kW	台班	84.19	0.026	0.026	0.026	0.026	0.026	0.026
	砂轮切割机 φ500	台班	9.52	0.001	0.003	0.004	0.006	0.006	0.008
	试压泵 60MPa	台班	154.06	0.014	0.014	0.014	0.019	0.023	0.029

2. 法兰阀门

工作内容:阀门壳体压力试验,阀门解体检查及研磨,阀门安装,垂直运输。 单位:个

定 额 编 号				10-3-107	10-3-108	10-3-109	10-3-110	10-3-111	10-3-112
项 目				公称直径（mm）					
				15 以内	20 以内	25 以内	32 以内	40 以内	50 以内
基 价 （元）				**28.61**	**28.66**	**28.98**	**32.30**	**33.26**	**37.96**
其中	人 工 费 （元）			20.64	20.64	20.64	22.88	22.88	26.40
	材 料 费 （元）			3.62	3.67	3.99	4.30	4.65	4.90
	机 械 费 （元）			4.35	4.35	4.35	5.12	5.73	6.66
	名 称	单位	单价(元)	数			量		
人工	综合工日	工日	80.00	0.258	0.258	0.258	0.286	0.286	0.330
材料	中压法兰阀门 P40~50	个	—	(1.000)	(1.000)	(1.000)	(1.000)	(1.000)	(1.000)
	电焊条 结422 φ3.2	kg	6.70	0.165	0.165	0.165	0.165	0.165	0.165
	石棉橡胶板 低压 0.8~1.0	kg	13.20	0.020	0.020	0.040	0.040	0.060	0.070
	其他材料费	元	—	2.250	2.300	2.360	2.670	2.750	2.870
机械	直流弧焊机 20kW	台班	84.19	0.026	0.026	0.026	0.026	0.026	0.026
	试压泵 60MPa	台班	154.06	0.014	0.014	0.014	0.019	0.023	0.029

工作内容:阀门壳体压力试验,阀门解体检查及研磨,阀门安装,垂直运输。 单位:个

定 额 编 号			10-3-113	10-3-114	10-3-115	10-3-116	10-3-117	10-3-118
项 目			公称直径(mm)					
			65 以内	80 以内	100 以内	125 以内	150 以内	200 以内
基 价 (元)			**54.78**	**64.60**	**83.82**	**108.57**	**128.46**	**265.62**
其中	人 工 费 (元)		42.16	50.56	67.36	85.04	97.36	153.28
	材 料 费 (元)		5.35	6.15	7.65	9.32	11.35	13.84
	机 械 费 (元)		7.27	7.89	8.81	14.21	19.75	98.50
名 称	单位	单价(元)	数			量		
人工 综合工日	工日	80.00	0.527	0.632	0.842	1.063	1.217	1.916
材料 中压法兰阀门 P40~50	个	–	(1.000)	(1.000)	(1.000)	(1.000)	(1.000)	(1.000)
电焊条 结422 φ3.2	kg	6.70	0.165	0.165	0.165	0.165	0.165	0.165
石棉橡胶板 低压 0.8~1.0	kg	13.20	0.090	0.130	0.170	0.230	0.280	0.330
其他材料费	元	–	3.060	3.330	4.300	5.180	6.550	8.380
机械 直流弧焊机 20kW	台班	84.19	0.026	0.026	0.026	0.026	0.026	0.026
试压泵 60MPa	台班	154.06	0.033	0.037	0.043	0.078	0.114	0.114
吊装机械综合(1)	台班	1312.50	–	–	–	–	–	0.060

工作内容: 阀门壳体压力试验,阀门解体检查及研磨,阀门安装,垂直运输。

单位:个

定　额　编　号			10-3-119	10-3-120	10-3-121	10-3-122	10-3-123	10-3-124
项　　　　　目			公称直径（mm）					
			250 以内	300 以内	350 以内	400 以内	450 以内	500 以内
基　　　　价　（元）			**351.20**	**398.11**	**495.12**	**572.81**	**679.33**	**739.17**
其中	人　工　费　（元）		222.72	266.96	297.36	360.80	420.00	473.28
	材　料　费　（元）		17.85	20.52	25.53	30.73	41.73	45.98
	机　械　费　（元）		110.63	110.63	172.23	181.28	217.60	219.91
名　　　称	单位	单价（元）	数			量		
人工	综合工日	工日	80.00	2.784	3.337	3.717	4.510	5.250	5.916
材料	中压法兰阀门 P40~50	个	－	(1.000)	(1.000)	(1.000)	(1.000)	(1.000)	(1.000)
	电焊条 结422 φ3.2	kg	6.70	0.165	0.165	0.165	0.165	0.165	0.165
	石棉橡胶板 低压 0.8~1.0	kg	13.20	0.370	0.400	0.540	0.690	0.810	0.830
	其他材料费	元	－	11.860	14.130	17.300	20.520	29.930	33.920
机械	直流弧焊机 20kW	台班	84.19	0.026	0.026	0.026	0.026	0.026	0.026
	试压泵 60MPa	台班	154.06	0.114	0.114	0.128	0.143	0.157	0.172
	汽车式起重机 8t	台班	728.19	0.009	0.009	0.020	0.025	0.026	0.026
	吊装机械综合(1)	台班	1312.50	0.060	0.060	0.094	0.094	0.119	0.119
	载货汽车 8t	台班	619.25	0.009	0.009	0.020	0.025	0.026	0.026

3. 齿轮、液压传动、电动阀门

工作内容: 阀门壳体压力试验,阀门解体检查及研磨,阀门调试,阀门安装,垂直运输。　　　　　　单位:个

定　额　编　号			10-3-125	10-3-126	10-3-127	10-3-128	10-3-129
项　　　　　　目			公称直径(mm)				
			100 以内	125 以内	150 以内	200 以内	250 以内
基　　价　(元)			**115.66**	**148.73**	**169.90**	**344.22**	**448.36**
其中	人　工　费　(元)		99.20	125.20	138.80	217.44	305.44
	材　料　费　(元)		7.65	9.32	11.35	13.84	17.85
	机　械　费　(元)		8.81	14.21	19.75	112.94	125.07
名　　　　称	单位	单价(元)	数			量	
人工 综合工日	工日	80.00	1.240	1.565	1.735	2.718	3.818
材料 中压齿轮、液压传动、电动	个	–	(1.000)	(1.000)	(1.000)	(1.000)	(1.000)
电焊条 结422 ϕ3.2	kg	6.70	0.165	0.165	0.165	0.165	0.165
石棉橡胶板 低压 0.8~1.0	kg	13.20	0.170	0.230	0.280	0.330	0.370
其他材料费	元	–	4.300	5.180	6.550	8.380	11.860
机械 直流弧焊机 20kW	台班	84.19	0.026	0.026	0.026	0.026	0.026
汽车式起重机 8t	台班	728.19	–	–	–	–	0.009
吊装机械综合(1)	台班	1312.50	–	–	–	0.071	0.071
载货汽车 8t	台班	619.25	–	–	–	–	0.009
械 试压泵 60MPa	台班	154.06	0.043	0.078	0.114	0.114	0.114

工作内容:阀门壳体压力试验,阀门解体检查及研磨,阀门调试,阀门安装,垂直运输。　　　　　　　　　　　单位:个

定　额　编　号			10-3-130	10-3-131	10-3-132	10-3-133	10-3-134
项　　　　　　目			公称直径(mm)				
			300 以内	350 以内	400 以内	450 以内	500 以内
基　　　　价　　（元）			**514.23**	**669.95**	**781.16**	**921.23**	**999.31**
其中	人　工　费　（元）		368.64	448.56	545.52	630.40	701.92
	材　料　费　（元）		20.52	25.53	30.73	41.73	45.98
	机　械　费　（元）		125.07	195.86	204.91	249.10	251.41
名　　　称	单位	单价（元）	数			量	
人工 综合工日	工日	80.00	4.608	5.607	6.819	7.880	8.774
材料 中压齿轮、液压传动、电动	个	–	(1.000)	(1.000)	(1.000)	(1.000)	(1.000)
电焊条 结422 ϕ3.2	kg	6.70	0.165	0.165	0.165	0.165	0.165
石棉橡胶板 低压 0.8~1.0	kg	13.20	0.400	0.540	0.690	0.810	0.830
其他材料费	元	–	14.130	17.300	20.520	29.930	33.920
机械 直流弧焊机 20kW	台班	84.19	0.026	0.026	0.026	0.026	0.026
汽车式起重机 8t	台班	728.19	0.009	0.020	0.025	0.026	0.026
吊装机械综合(1)	台班	1312.50	0.071	0.112	0.112	0.143	0.143
载货汽车 8t	台班	619.25	0.009	0.020	0.025	0.026	0.026
试压泵 60MPa	台班	154.06	0.114	0.128	0.143	0.157	0.172

工作内容: 阀门壳体压力试验,阀门解体检查及研磨,阀门调试,阀门安装,垂直运输。

单位:个

定 额 编 号			10-3-135	10-3-136	10-3-137	10-3-138	10-3-139
项 目			公称直径（mm）				
			600 以内	700 以内	800 以内	900 以内	1000 以内
基 价 （元）			**1358.67**	**1620.44**	**1987.01**	**2340.62**	**2757.80**
其中	人 工 费 （元）		887.04	1055.36	1294.24	1547.12	1836.88
	材 料 费 （元）		55.71	65.47	81.45	93.95	110.19
	机 械 费 （元）		415.92	499.61	611.32	699.55	810.73
名 称	单位	单价(元)	数		量		
人工 综合工日	工日	80.00	11.088	13.192	16.178	19.339	22.961
材料 中压齿轮、液压传动、电动	个	–	(1.000)	(1.000)	(1.000)	(1.000)	(1.000)
电焊条 结422 φ3.2	kg	6.70	0.165	0.165	0.165	0.165	0.165
石棉橡胶板 低压 0.8~1.0	kg	13.20	0.840	1.030	1.160	1.300	1.310
其他材料费	元	–	43.520	50.770	65.030	75.680	91.790
机械 直流弧焊机 20kW	台班	84.19	0.026	0.026	0.026	0.026	0.026
汽车式起重机 8t	台班	728.19	0.039	0.048	0.077	0.088	0.115
吊装机械综合(1)	台班	1312.50	0.255	0.306	0.357	0.408	0.459
载货汽车 8t	台班	619.25	0.039	0.048	0.077	0.088	0.115
试压泵 60MPa	台班	154.06	0.172	0.202	0.239	0.281	0.332

工作内容:阀门壳体压力试验,阀门解体检查及研磨,阀门调试,阀门安装,垂直运输。

单位:个

定　额　编　号			10-3-140	10-3-141	10-3-142	10-3-143	10-3-144
项　　　　目			公称直径（mm）				
			1200 以内	1400 以内	1600 以内	1800 以内	2000 以内
基　　价　（元）			**3520.92**	**4055.13**	**4708.70**	**5518.58**	**6429.34**
其中	人　工　费　（元）		2244.72	2586.24	3060.72	3634.64	4328.96
	材　料　费　（元）		125.05	157.87	187.75	220.51	257.40
	机　械　费　（元）		1151.15	1311.02	1460.23	1663.43	1842.98
名　　　　称	单位	单价(元)	数			量	
人工	综合工日	工日	80.00	28.059	32.328	38.259	45.433	54.112
材料	中压齿轮、液压传动、电动	个	—	(1.000)	(1.000)	(1.000)	(1.000)	(1.000)
	电焊条 结422 φ3.2	kg	6.70	0.292	0.292	0.292	0.567	0.567
	石棉橡胶板 低压 0.8~1.0	kg	13.20	1.460	2.160	2.450	2.600	2.900
	其他材料费	元	—	103.820	127.400	153.450	182.390	215.320
机械	直流弧焊机 20kW	台班	84.19	0.451	0.451	0.451	0.876	0.876
	汽车式起重机 8t	台班	728.19	0.155	0.177	0.208	0.252	0.292
	吊装机械综合(1)	台班	1312.50	0.643	0.734	0.806	0.877	0.959
	载货汽车 8t	台班	619.25	0.155	0.177	0.208	0.252	0.292
	试压泵 60MPa	台班	154.06	0.392	0.462	0.546	0.643	0.760

4.调节阀门

工作内容:阀门安装,垂直运输。

单位:个

定 额 编 号				10-3-145	10-3-146	10-3-147	10-3-148	10-3-149	10-3-150
项 目				公称直径(mm)					
				20 以内	25 以内	32 以内	40 以内	50 以内	65 以内
基 价 (元)				**25.62**	**25.89**	**25.89**	**26.15**	**26.28**	**45.51**
其中	人 工 费 (元)			25.36	25.36	25.36	25.36	25.36	44.32
	材 料 费 (元)			0.26	0.53	0.53	0.79	0.92	1.19
	机 械 费 (元)			–	–	–	–	–	–
名 称		单位	单价(元)	数			量		
人工	综合工日	工日	80.00	0.317	0.317	0.317	0.317	0.317	0.554
材料	中压调节阀门	个	–	(1.000)	(1.000)	(1.000)	(1.000)	(1.000)	(1.000)
	石棉橡胶板 低压 0.8~1.0	kg	13.20	0.020	0.040	0.040	0.060	0.070	0.090

工作内容:阀门安装,垂直运输。

单位:个

定 额 编 号			10-3-151	10-3-152	10-3-153	10-3-154	10-3-155	10-3-156
项 目			公称直径（mm）					
			80 以内	100 以内	125 以内	150 以内	200 以内	250 以内
基 价 （元）			**47.24**	**68.56**	**83.52**	**86.26**	**194.55**	**254.80**
其中	人 工 费 （元）		45.52	66.32	80.48	82.56	111.44	159.04
	材 料 费 （元）		1.72	2.24	3.04	3.70	4.36	4.88
	机 械 费 （元）		–	–	–	–	78.75	90.88
名 称	单位	单价(元)	数			量		
人工 综合工日	工日	80.00	0.569	0.829	1.006	1.032	1.393	1.988
材料 中压调节阀门	个	–	(1.000)	(1.000)	(1.000)	(1.000)	(1.000)	(1.000)
石棉橡胶板 低压 0.8~1.0	kg	13.20	0.130	0.170	0.230	0.280	0.330	0.370
机械 汽车式起重机 8t	台班	728.19	–	–	–	–	–	0.009
吊装机械综合(1)	台班	1312.50	–	–	–	–	0.060	0.060
载货汽车 8t	台班	619.25	–	–	–	–	–	0.009

工作内容:阀门安装,垂直运输。

定　额　编　号			10-3-157	10-3-158	10-3-159	10-3-160	10-3-161
项　　　　目			公称直径（mm）				
			300 以内	350 以内	400 以内	450 以内	500 以内
基　　价　（元）			**271.44**	**344.57**	**383.05**	**449.43**	**471.22**
其中	人　工　费　（元）		175.28	187.12	216.88	247.52	269.04
	材　料　费　（元）		5.28	7.13	9.11	10.69	10.96
	机　械　费　（元）		90.88	150.32	157.06	191.22	191.22
名　　称	单位	单价(元)	数		量		
人工 综合工日	工日	80.00	2.191	2.339	2.711	3.094	3.363
材料 中压调节阀门	个	—	(1.000)	(1.000)	(1.000)	(1.000)	(1.000)
石棉橡胶板 低压 0.8~1.0	kg	13.20	0.400	0.540	0.690	0.810	0.830
机械 汽车式起重机 8t	台班	728.19	0.009	0.020	0.025	0.026	0.026
吊装机械综合(1)	台班	1312.50	0.060	0.094	0.094	0.119	0.119
载货汽车 8t	台班	619.25	0.009	0.020	0.025	0.026	0.026

5. 安全阀门

工作内容:阀门壳体压力试验,阀门调试,阀门安装,垂直运输。

单位:个

定 额 编 号			10-3-162	10-3-163	10-3-164	10-3-165	10-3-166	10-3-167
项 目			公称直径(mm)					
			20 以内	25 以内	32 以内	40 以内	50 以内	65 以内
基 价 (元)			**56.79**	**57.13**	**60.59**	**61.71**	**65.50**	**95.05**
其中	人 工 费 (元)		44.24	44.24	46.32	46.32	48.48	76.48
	材 料 费 (元)		7.28	7.62	7.92	8.27	8.51	8.99
	机 械 费 (元)		5.27	5.27	6.35	7.12	8.51	9.58
名 称	单位	单价(元)	数			量		
人工 综合工日	工日	80.00	0.553	0.553	0.579	0.579	0.606	0.956
材料 中压安全阀门	个	–	(1.000)	(1.000)	(1.000)	(1.000)	(1.000)	(1.000)
电焊条 结 422 φ3.2	kg	6.70	0.165	0.165	0.165	0.165	0.165	0.165
石棉橡胶板 低压 0.8～1.0	kg	13.20	0.020	0.040	0.040	0.060	0.070	0.090
其他材料费	元	–	5.910	5.990	6.290	6.370	6.480	6.700
机械 直流弧焊机 20kW	台班	84.19	0.026	0.026	0.026	0.026	0.026	0.026
试压泵 60MPa	台班	154.06	0.020	0.020	0.027	0.032	0.041	0.048

工作内容:阀门壳体压力试验,阀门调试,阀门安装,垂直运输。

单位:个

定　额　编　号			10-3-168	10-3-169	10-3-170	10-3-171	10-3-172
项　　　　　目			公称直径(mm)				
			80 以内	100 以内	125 以内	150 以内	200 以内
基　　　价　（元）			**99.82**	**136.38**	**174.78**	**184.50**	**248.85**
其 中	人　工　费　（元）		79.68	110.24	135.04	138.88	190.96
	材　料　费　（元）		9.79	14.55	16.29	18.32	24.27
	机　械　费　（元）		10.35	11.59	23.45	27.30	33.62
名　　　称	单位	单价(元)	数		量		
人工 综合工日	工日	80.00	0.996	1.378	1.688	1.736	2.387
材 料	中压安全阀门	个	–	(1.000)	(1.000)	(1.000)	(1.000)	(1.000)
	电焊条 结 422 φ3.2	kg	6.70	0.165	0.165	0.165	0.165	0.165
	石棉橡胶板 低压 0.8~1.0	kg	13.20	0.130	0.170	0.230	0.280	0.330
	其他材料费	元	–	6.970	11.200	12.150	13.520	18.810
机 械	直流弧焊机 20kW	台班	84.19	0.026	0.026	0.026	0.026	0.026
	试压泵 60MPa	台班	154.06	0.053	0.061	0.138	0.163	0.204

三、高压阀门

1.法兰阀门

工作内容:阀门壳体压力试验,阀门解体检查及研磨,阀门安装,垂直运输,螺栓涂二硫化钼。　　　　　单位:个

定　额　编　号			10-3-173	10-3-174	10-3-175	10-3-176	10-3-177	10-3-178
项　　　　目			公称直径(mm)					
			15 以内	20 以内	25 以内	32 以内	40 以内	50 以内
基　　　价　(元)			**39.52**	**44.02**	**49.07**	**66.07**	**74.76**	**89.51**
其中	人　　工　　费　(元)		31.52	35.12	39.28	54.88	62.32	75.28
	材　　料　　费　(元)		3.96	4.40	4.67	5.15	5.48	6.49
	机　　械　　费　(元)		4.04	4.50	5.12	6.04	6.96	7.74
名　　　称	单位	单价(元)	数			量		
人工 综合工日	工日	80.00	0.394	0.439	0.491	0.686	0.779	0.941
材料 高压法兰阀门	个	–	(1.000)	(1.000)	(1.000)	(1.000)	(1.000)	(1.000)
碳钢透镜垫	个	–	(1.000)	(1.000)	(1.000)	(1.000)	(1.000)	(1.000)
电焊条 结422 φ3.2	kg	6.70	0.165	0.165	0.165	0.165	0.165	0.165
其他材料费	元	–	2.850	3.290	3.560	4.040	4.370	5.380
机械 直流弧焊机 20kW	台班	84.19	0.026	0.026	0.026	0.026	0.026	0.026
试压泵 60MPa	台班	154.06	0.012	0.015	0.019	0.025	0.031	0.036

工作内容:阀门壳体压力试验,阀门解体检查及研磨,阀门安装,垂直运输,螺栓涂二硫化钼。　　　　　　单位:个

定　额　编　号			10-3-179	10-3-180	10-3-181	10-3-182	10-3-183	10-3-184
项　　　　　目			公称直径（mm）					
			65 以内	80 以内	100 以内	125 以内	150 以内	200 以内
基　　价　（元）			**118.08**	**156.89**	**202.83**	**347.18**	**384.62**	**616.11**
其中	人　工　费　（元）		100.80	134.64	177.92	318.48	351.20	463.76
	材　料　费　（元）		7.70	10.82	13.48	17.27	21.99	27.13
	机　械　费　（元）		9.58	11.43	11.43	11.43	11.43	125.22
名　　　称	单位	单价(元)	数			量		
人工 综合工日	工日	80.00	1.260	1.683	2.224	3.981	4.390	5.797
材料 高压法兰阀门	个	－	(1.000)	(1.000)	(1.000)	(1.000)	(1.000)	(1.000)
碳钢透镜垫	个	－	(1.000)	(1.000)	(1.000)	(1.000)	(1.000)	(1.000)
电焊条 结422 φ3.2	kg	6.70	0.165	0.165	0.165	0.165	0.165	0.165
石棉橡胶板 低压 0.8~1.0	kg	13.20	－	0.319	0.420	0.554	0.672	0.806
其他材料费	元	－	6.590	5.500	6.830	8.850	12.010	15.390
机械 直流弧焊机 20kW	台班	84.19	0.026	0.026	0.026	0.026	0.026	0.026
试压泵 60MPa	台班	154.06	0.048	0.060	0.060	0.060	0.060	0.095
汽车式起重机 8t	台班	728.19	－	－	－	－	－	0.022
吊装机械综合(1)	台班	1312.50						0.060
载货汽车 8t	台班	619.25	－	－	－	－	－	0.022

工作内容: 阀门壳体压力试验,阀门解体检查及研磨,阀门安装,垂直运输,螺栓涂二硫化钼。　　　　　　　　　　单位:个

定　额　编　号			10-3-185	10-3-186	10-3-187	10-3-188	10-3-189	10-3-190
项　　　　　目			公称直径（mm）					
			250 以内	300 以内	350 以内	400 以内	450 以内	500 以内
基　　价　（元）			**705.03**	**782.37**	**933.75**	**1027.33**	**1195.02**	**1320.15**
其中	人　工　费　（元）		522.00	585.52	662.32	741.36	842.08	949.68
	材　料　费　（元）		33.56	36.94	43.95	50.21	63.97	68.87
	机　械　费　（元）		149.47	159.91	227.48	235.76	288.97	301.60
名　　称	单位	单价(元)	数			量		
人工 综合工日	工日	80.00	6.525	7.319	8.279	9.267	10.526	11.871
材料 高压法兰阀门	个	–	(1.000)	(1.000)	(1.000)	(1.000)	(1.000)	(1.000)
碳钢透镜垫	个	–	(1.000)	(1.000)	(1.000)	(1.000)	(1.000)	(1.000)
电焊条 结422 φ3.2	kg	6.70	0.165	0.165	0.165	0.165	0.165	0.165
石棉橡胶板 低压 0.8~1.0	kg	13.20	0.890	0.974	1.051	1.128	1.211	1.308
其他材料费	元	–	20.710	22.980	28.970	34.210	46.880	50.500
机械 直流弧焊机 20kW	台班	84.19	0.026	0.026	0.026	0.026	0.026	0.026
试压泵 60MPa	台班	154.06	0.095	0.119	0.128	0.138	0.148	0.160
汽车式起重机 8t	台班	728.19	0.040	0.045	0.061	0.066	0.080	0.088
吊装机械综合(1)	台班	1312.50	0.060	0.060	0.094	0.094	0.119	0.119
载货汽车 8t	台班	619.25	0.040	0.045	0.061	0.066	0.080	0.088

2. 焊接阀门(对焊、电弧焊)

工作内容:管子切口,坡口加工,管口组对、焊接。

单位:个

定 额 编 号				10-3-191	10-3-192	10-3-193	10-3-194	10-3-195	10-3-196
项 目				公称直径（mm）					
				50 以内	65 以内	80 以内	100 以内	125 以内	150 以内
基 价 （元）				**314.96**	**359.84**	**430.94**	**695.25**	**972.56**	**1285.96**
其中	人 工 费 （元）			282.72	314.40	372.40	609.52	836.96	1087.04
	材 料 费 （元）			6.90	11.29	15.57	24.21	38.56	59.67
	机 械 费 （元）			25.34	34.15	42.97	61.52	97.04	139.25
名 称		单位	单价(元)	数 量					
人工	综合工日	工日	80.00	3.534	3.930	4.655	7.619	10.462	13.588
材料	高压碳钢焊接阀门	个	–	(1.000)	(1.000)	(1.000)	(1.000)	(1.000)	(1.000)
	电焊条 结422 ϕ3.2	kg	6.70	0.721	1.239	1.753	2.781	4.855	7.653
	氧气	m³	3.60	–	–	–	0.302	0.365	0.534
	乙炔气	m³	25.20	–	–	–	0.101	0.122	0.178
	尼龙砂轮片 ϕ100	片	7.60	0.009	0.012	0.014	0.018	0.032	0.038
	尼龙砂轮片 ϕ500	片	15.00	0.075	0.115	0.155	–	–	–
	其他材料费	元	–	0.880	1.170	1.390	1.810	1.400	1.700
机械	电焊机(综合)	台班	183.97	0.105	0.150	0.194	0.288	0.434	0.641
	砂轮切割机 ϕ500	台班	9.52	0.011	0.012	0.014	–	–	–
	半自动切割机 100mm	台班	96.23	–	–	–	–	–	0.021
	普通车床 630mm×2000mm	台班	187.70	0.030	0.032	0.035	0.041	0.085	0.093
	电焊条烘干箱 60×50×75cm³	台班	28.84	0.010	0.015	0.020	0.029	0.043	0.064

工作内容:管子切口,坡口加工,管口组对、焊接。

定　额　编　号				10-3-197	10-3-198	10-3-199
项　　　　　目				公称直径(mm)		
				200 以内	250 以内	300 以内
基　　　价　　(元)				**2079.05**	**2936.80**	**4109.06**
其中	人　工　费　(元)			1661.44	2365.52	3330.00
	材　料　费　(元)			96.25	133.44	198.91
	机　械　费　(元)			321.36	437.84	580.15
名　　　称		单位	单价(元)	数		量
人工	综合工日	工日	80.00	20.768	29.569	41.625
材料	高压碳钢焊接阀门	个	—	(1.000)	(1.000)	(1.000)
	电焊条 结422 φ3.2	kg	6.70	11.921	17.484	26.861
	氧气	m³	3.60	0.751	1.025	1.170
	乙炔气	m³	25.20	0.250	0.342	0.389
	尼龙砂轮片 φ100	片	7.60	0.052	0.065	0.078
	其他材料费	元	—	6.980	3.490	4.330
机械	电焊机(综合)	台班	183.97	0.983	1.429	2.114
	半自动切割机 100mm	台班	96.23	0.033	0.071	0.094
	普通车床 630mm×2000mm	台班	187.70	0.139	0.167	0.212
	汽车式起重机 8t	台班	728.19	0.022	0.040	0.045
	吊装机械综合(1)	台班	1312.50	0.060	0.060	0.060
	载货汽车 8t	台班	619.25	0.022	0.040	0.040
	电焊条烘干箱 60×50×75cm³	台班	28.84	0.099	0.143	0.212

3.焊接阀门(对焊、氩电联焊)

工作内容:管子切口,坡口加工,管口组对、焊接。

单位:个

定 额 编 号			10-3-200	10-3-201	10-3-202	10-3-203	10-3-204	10-3-205
项 目			公称直径(mm)					
			50 以内	65 以内	80 以内	100 以内	125 以内	150 以内
基 价 (元)			**335.90**	**381.01**	**455.03**	**730.04**	**1015.22**	**1328.90**
其中	人 工 费 (元)		300.40	333.04	394.96	641.36	875.04	1126.32
	材 料 费 (元)		7.95	12.25	15.61	24.54	39.85	60.51
	机 械 费 (元)		27.55	35.72	44.46	64.14	100.33	142.07
名 称	单位	单价(元)	数			量		
人工 综合工日	工日	80.00	3.755	4.163	4.937	8.017	10.938	14.079
材料 高压碳钢焊接阀门	个	–	(1.000)	(1.000)	(1.000)	(1.000)	(1.000)	(1.000)
电焊条 结422 ϕ3.2	kg	6.70	0.668	1.106	1.395	2.350	4.486	7.130
碳钢焊丝	kg	14.40	0.024	0.032	0.042	0.055	0.065	0.074
氧气	m³	3.60	–	–	–	0.302	0.365	0.534
乙炔气	m³	25.20	–	–	–	0.101	0.122	0.178
氩气	m³	15.00	0.067	0.088	0.117	0.154	0.180	0.208
铈钨棒	g	0.39	0.134	0.177	0.234	0.308	0.361	0.416
尼龙砂轮片 ϕ100	片	7.60	0.009	0.012	0.014	0.018	0.032	0.038
尼龙砂轮片 ϕ500	片	15.00	0.075	0.115	0.155	–	–	–
其他材料费	元	–	0.880	1.170	1.380	1.800	1.390	1.690
机械 电焊机(综合)	台班	183.97	0.098	0.134	0.169	0.259	0.401	0.598
氩弧焊机 500A	台班	116.61	0.030	0.039	0.053	0.069	0.081	0.093
砂轮切割机 ϕ500	台班	9.52	0.011	0.012	0.014	–	–	–
半自动切割机 100mm	台班	96.23	–	–	–	–	–	0.021
普通车床 630mm×2000mm	台班	187.70	0.030	0.032	0.035	0.041	0.085	0.093
电焊条烘干箱 60×50×75cm³	台班	28.84	0.010	0.014	0.017	0.026	0.040	0.060

工作内容:管子切口,坡口加工,管口组对、焊接。

单位:个

定 额 编 号				10-3-206	10-3-207	• 10-3-208
项 目				公称直径(mm)		
				200 以内	250 以内	300 以内
基 价 (元)				**2115.30**	**3005.37**	**4220.30**
其中	人 工 费 (元)			1722.48	2442.80	3432.56
	材 料 费 (元)			93.41	134.42	202.93
	机 械 费 (元)			299.41	428.15	584.81
名 称		单位	单价(元)	数		量
人工	综合工日	工日	80.00	21.531	30.535	42.907
材料	高压碳钢焊接阀门	个	—	(1.000)	(1.000)	(1.000)
	电焊条 结422 ϕ3.2	kg	6.70	11.127	16.262	25.847
	碳钢焊丝	kg	14.40	0.113	0.157	0.185
	氧气	m³	3.60	0.751	1.025	1.170
	乙炔气	m³	25.20	0.250	0.342	0.389
	氩气	m³	15.00	0.318	0.440	0.518
	铈钨棒	g	0.39	0.635	0.881	1.035
	尼龙砂轮片 ϕ100	片	7.60	0.052	0.065	0.078
	其他材料费	元	—	2.820	3.460	4.310
机械	电焊机(综合)	台班	183.97	0.918	1.329	2.034
	氩弧焊机 500A	台班	116.61	0.142	0.196	0.231
	半自动切割机 100mm	台班	96.23	0.033	0.071	0.094
	普通车床 630mm×2000mm	台班	187.70	0.139	0.167	0.212
	汽车式起重机 8t	台班	728.19	0.022	0.040	0.045
	载货汽车 8t	台班	619.25	0.060	0.060	0.060
	吊装机械综合(1)	台班	1312.50	0.022	0.040	0.045
	电焊条烘干箱 60×50×75cm³	台班	28.84	0.092	0.133	0.203

四、带底座阀门

1. 扇型盲板阀

工作内容:阀门壳体压力试验,阀门解体检查及研磨,阀门调试,阀门安装,垂直运输。

单位:台

定 额 编 号				10-3-209	10-3-210	10-3-211	10-3-212	10-3-213
项 目				公称直径（mm）				
				500 以内	1000 以内	1400 以内	1800 以内	2000 以内
基 价 （元）				**1228.77**	**2208.18**	**3246.86**	**4784.66**	**5783.75**
其中	人 工 费 （元）			376.72	663.68	1264.48	1963.84	2644.56
	材 料 费 （元）			594.24	1072.50	1144.49	1749.15	1757.89
	机 械 费 （元）			257.81	472.00	837.89	1071.67	1381.30
名 称		单位	单价(元)	数		量		
人工	综合工日	工日	80.00	4.709	8.296	15.806	24.548	33.057
材料	钩头成对斜垫铁 0~3 号钢 1 号	kg	14.50	36.170	64.320	64.320	105.500	105.500
	电焊条 结 422 φ2.5	kg	5.04	0.252	0.474	0.474	0.630	0.630
	道木	m³	1600.00	0.010	0.041	0.062	0.062	0.062
	汽轮机油（各种规格）	kg	8.80	0.606	0.808	0.960	0.960	1.111
	煤油	kg	4.20	3.000	3.300	4.000	4.000	4.000
	黄干油 钙基酯	kg	9.78	0.202	0.404	0.505	0.505	0.657

定 额 编 号			10-3-209	10-3-210	10-3-211	10-3-212	10-3-213
项 目			公称直径（mm）				
			500 以内	1000 以内	1400 以内	1800 以内	2000 以内
材料	铅油	kg	8.50	0.100	0.100	0.240	0.240	0.240
	棉纱头	kg	6.34	0.630	0.710	1.370	1.370	1.430
	破布	kg	4.50	1.000	1.006	1.500	1.500	1.500
	铁砂布 0~2 号	张	1.68	3.000	3.000	9.000	9.000	9.000
	塑料布	m²	1.30	2.790	2.790	5.040	5.040	5.040
	石棉橡胶板 低压 0.8~1.0	kg	13.20	0.830	1.310	2.160	2.600	2.900
	其他材料费	元	–	3.630	11.110	12.410	13.370	14.950
机械	载货汽车 8t	台班	619.25	0.043	0.085	0.170	0.255	0.425
	汽车式起重机 8t	台班	728.19	0.170	0.340	0.425	0.425	0.425
	汽车式起重机 16t	台班	1071.52	–	–	0.170	0.255	0.425
	电动卷扬机(单筒慢速) 50kN	台班	145.07	0.510	0.850	1.275	1.700	1.853
	交流弧焊机 21kV·A	台班	64.00	0.170	0.340	0.425	0.850	0.850
	电焊条烘干箱 60×50×75cm³	台班	28.84	0.017	0.034	0.043	0.085	0.085
	试压泵 60MPa	台班	154.06	0.143	0.167	0.179	0.179	0.179

2. 箱式盲板阀

工作内容:阀门壳体压力试验,阀门解体检查及研磨,阀门调试,阀门安装,垂直运输。

单位:台

定　额　编　号			10-3-214	10-3-215	10-3-216	10-3-217	10-3-218
项　　　目			公称直径（mm）				
			800 以内	1000 以内	1600 以内	2000 以内	3000 以内
基　　价　（元）			**3186.15**	**4184.13**	**5799.88**	**8417.85**	**13483.78**
其中	人　工　费　（元）		1264.48	1963.84	2644.56	4320.72	6846.24
	材　料　费　（元）		1147.52	1150.46	1774.02	1928.59	2076.03
	机　械　费　（元）		774.15	1069.83	1381.30	2168.54	4561.51
名　　　称	单位	单价(元)	数		量		
人工 综合工日	工日	80.00	15.806	24.548	33.057	54.009	85.578
材料 钩头成对斜垫铁0~3号钢1号	kg	14.50	64.320	64.320	105.500	105.500	105.500
电焊条 结 422 φ2.5	kg	5.04	0.504	0.504	0.756	0.756	0.756
道木	m³	1600.00	0.062	0.062	0.062	0.097	0.154
煤油	kg	4.20	4.000	4.000	4.000	6.000	7.000
汽轮机油（各种规格）	kg	8.80	0.960	0.960	1.111	1.313	1.313
黄干油 钙基酯	kg	9.78	0.505	0.505	0.657	0.808	0.808
铅油	kg	8.50	0.240	0.240	0.240	0.560	0.800
棉纱头	kg	6.34	1.370	1.370	1.430	3.000	4.000

定 额 编 号			10-3-214	10-3-215	10-3-216	10-3-217	10-3-218
项 目			公称直径（mm）				
			800 以内	1000 以内	1600 以内	2000 以内	3000 以内
材	破布	kg	4.50	1.500	1.500	1.500	2.500	2.500
	铁砂布 0~2 号	张	1.68	9.000	9.000	9.000	21.000	30.000
	塑料布	m²	1.30	5.040	5.040	5.040	11.760	16.800
	钢丝绳 股丝 6~7×19 φ=14.1~15	kg	6.57	–	–	–	1.920	2.080
	镀锌铁丝 8~12 号	kg	5.36	3.000	3.000	4.000	5.000	5.000
料	石棉橡胶板 低压 0.8~1.0	kg	13.20	1.160	1.310	2.450	2.900	4.250
	其他材料费	元	–	12.410	13.370	14.950	31.880	35.000
机	载货汽车 8t	台班	619.25	0.170	0.255	0.425	0.425	0.850
	汽车式起重机 8t	台班	728.19	0.340	0.425	0.425	0.425	0.425
	汽车式起重机 16t	台班	1071.52	0.170	0.255	0.425	–	–
	汽车式起重机 32t	台班	1360.20	–	–	–	0.850	–
	汽车式起重机 50t	台班	3709.18	–	–	–	–	0.850
	电动卷扬机（单筒慢速）50kN	台班	145.07	1.275	1.700	1.853	2.253	2.975
	交流弧焊机 21kV·A	台班	64.00	0.425	0.850	0.850	1.275	1.700
械	电焊条烘干箱 60×50×75cm³	台班	28.84	0.043	0.085	0.085	0.128	0.170
	试压泵 60MPa	台班	154.06	0.167	0.167	0.179	0.179	0.179

第四章　法　兰　安　装

说　　明

一、本章适用于低、中、高压管道、管件、法兰阀门上的各种法兰安装。

二、定额内垫片材质与实际不符时,可按实调整;透镜垫、螺栓本身价格另行计算,其中螺栓按实际用量加损耗量计算。

三、法兰安装以"片"为单位计算时,执行法兰安装相应定额子目乘以系数0.61,螺栓数量不变。

四、中压平焊法兰,执行低压相应定额子目乘以系数1.2。

五、节流装置安装,执行法兰安装相应定额子目乘以系数0.8。

六、抽、堵盲板,执行法兰安装相应定额子目乘以系数0.6。

七、各种法兰安装,定额中只包括一个垫片和一副法兰用的螺栓。

八、高压对焊法兰包括了密封面涂机油工作内容,不包括螺栓涂二硫化钼、石墨机油或石墨粉。硬度检查应按设计要求另行计算。

工程量计算规则

低、中、高压管道、管件、法兰、阀门上的各种法兰安装,应按不同压力、材质、规格和种类,分别以"副"为计量单位。压力等级按设计图纸规定执行相应定额。

一、低压法兰

1. 碳钢法兰(螺纹连接)

工作内容:管子切口,套丝,上法兰。

单位:副

定 额 编 号			10-4-1	10-4-2	10-4-3	10-4-4	10-4-5	10-4-6
项 目			公称直径(mm)					
			15 以内	20 以内	25 以内	32 以内	40 以内	50 以内
基 价 (元)			**7.31**	**8.62**	**10.41**	**12.09**	**14.48**	**16.84**
其中	人 工 费 (元)		6.24	7.44	9.04	10.64	12.88	14.80
	材 料 费 (元)		1.06	1.16	1.34	1.41	1.55	1.98
	机 械 费 (元)		0.01	0.02	0.03	0.04	0.05	0.06
名 称	单位	单价(元)	数			量		
人工 综合工日	工日	80.00	0.078	0.093	0.113	0.133	0.161	0.185
材料 低压碳钢螺纹法兰	片	—	(2.000)	(2.000)	(2.000)	(2.000)	(2.000)	(2.000)
尼龙砂轮片 φ500	片	15.00	0.008	0.010	0.012	0.016	0.018	0.026
其他材料费	元	—	0.940	1.010	1.160	1.170	1.280	1.590
机械 砂轮切割机 φ500	台班	9.52	0.001	0.002	0.003	0.004	0.005	0.006

工作内容:管子切口,套丝,上法兰。

定 额 编 号				10-4-7	10-4-8	10-4-9
项 目				公称直径（mm）		
				65 以内	80 以内	100 以内
基 价 （元）				**28.09**	**33.60**	**52.99**
其中	人 工 费 （元）			25.52	30.48	48.72
	材 料 费 （元）			2.49	3.03	4.14
	机 械 费 （元）			0.08	0.09	0.13
名 称		单位	单价(元)	数		量
人工	综合工日	工日	80.00	0.319	0.381	0.609
材料	低压碳钢螺纹法兰	片	–	(2.000)	(2.000)	(2.000)
	尼龙砂轮片 ϕ500	片	15.00	0.038	0.045	0.067
	其他材料费	元	–	1.920	2.350	3.130
机械	砂轮切割机 ϕ500	台班	9.52	0.008	0.009	0.014

2. 碳钢平焊法兰（电弧焊）

工作内容: 管子切口,磨平,管口组对,焊接,法兰连接。

单位:副

定 额 编 号			10-4-10	10-4-11	10-4-12	10-4-13	10-4-14	10-4-15
项 目			公称直径（mm）					
			15 以内	20 以内	25 以内	32 以内	40 以内	50 以内
基 价 （元）			**16.12**	**18.26**	**23.23**	**26.61**	**30.58**	**36.11**
其中	人 工 费 （元）		9.84	11.12	13.76	15.52	17.84	20.16
	材 料 费 （元）		1.43	1.70	2.18	2.50	3.04	3.79
	机 械 费 （元）		4.85	5.44	7.29	8.59	9.70	12.16
名 称	单位	单价(元)	数			量		
人工 综合工日	工日	80.00	0.123	0.139	0.172	0.194	0.223	0.252
材料 低中压碳钢平焊法兰	片	—	(2.000)	(2.000)	(2.000)	(2.000)	(2.000)	(2.000)
电焊条 结422 φ3.2	kg	6.70	0.051	0.056	0.072	0.086	0.096	0.133
氧气	m³	3.60	—	—	—	0.007	0.008	0.009
乙炔气	m³	25.20	—	—	—	0.002	0.003	0.003
尼龙砂轮片 φ100	片	7.60	0.027	0.030	0.036	0.040	0.046	0.060
尼龙砂轮片 φ500	片	15.00	0.008	0.010	0.012	0.016	0.018	0.026
石棉橡胶板 低压 0.8～1.0	kg	13.20	0.010	0.020	0.040	0.040	0.060	0.070
其他材料费	元	—	0.630	0.680	0.720	0.780	0.880	1.020
机械 电焊机(综合)	台班	183.97	0.026	0.029	0.039	0.046	0.052	0.065
砂轮切割机 φ500	台班	9.52	0.001	0.002	0.003	0.004	0.005	0.006
电焊条烘干箱 60×50×75cm³	台班	28.84	0.002	0.003	0.003	0.003	0.003	0.005

定　额　编　号			10-4-16	10-4-17	10-4-18	10-4-19	10-4-20	10-4-21
项　　　　　目			公称直径（mm）					
			65 以内	80 以内	100 以内	125 以内	150 以内	200 以内
基　　　价　（元）			**44.40**	**50.99**	**61.66**	**66.05**	**74.10**	**143.80**
其中	人　工　费　（元）		23.36	26.00	29.28	31.04	33.68	52.72
	材　料　费　（元）		5.75	7.28	9.65	10.99	13.21	24.39
	机　械　费　（元）		15.29	17.71	22.73	24.02	27.21	66.69
名　　　称	单位	单价(元)	数			量		
人工 综合工日	工日	80.00	0.292	0.325	0.366	0.388	0.421	0.659
材料 低中压碳钢平焊法兰	片	–	(2.000)	(2.000)	(2.000)	(2.000)	(2.000)	(2.000)
电焊条 结422 ϕ3.2	kg	6.70	0.237	0.271	0.363	0.423	0.474	1.192
氧气	m³	3.60	0.068	0.079	0.105	0.122	0.159	0.418
乙炔气	m³	25.20	0.022	0.027	0.035	0.041	0.053	0.139
尼龙砂轮片 ϕ100	片	7.60	0.122	0.144	0.211	0.254	0.307	0.518
石棉橡胶板 低压 0.8~1.0	kg	13.20	0.090	0.130	0.170	0.230	0.280	0.330
其他材料费	元	–	1.250	1.690	2.110	1.720	2.100	3.100
机械 电焊机(综合)	台班	183.97	0.082	0.095	0.122	0.129	0.146	0.343
电焊条烘干箱 60×50×75cm³	台班	28.84	0.007	0.008	0.010	0.010	0.012	0.031
汽车式起重机 8t	台班	728.19	–	–	–	–	–	0.002
载货汽车 8t	台班	619.25	–	–	–	–	–	0.002

工作内容:管子切口,磨平,管口组对,焊接,法兰连接。 单位:副

	定 额 编 号			10-4-22	10-4-23	10-4-24	10-4-25	10-4-26	10-4-27
	项 目			公称直径 (mm)					
				250 以内	300 以内	350 以内	400 以内	450 以内	500 以内
	基 价 (元)			**198.17**	**244.23**	**276.10**	**314.63**	**371.80**	**408.69**
其中	人 工 费 (元)			70.64	88.32	98.32	111.92	132.32	151.20
	材 料 费 (元)			35.11	40.66	55.64	63.75	73.62	82.83
	机 械 费 (元)			92.42	115.25	122.14	138.96	165.86	174.66
	名 称	单位	单价(元)	数			量		
人工	综合工日	工日	80.00	0.883	1.104	1.229	1.399	1.654	1.890
材料	低中压碳钢平焊法兰	片	–	(2.000)	(2.000)	(2.000)	(2.000)	(2.000)	(2.000)
	电焊条 结422 φ3.2	kg	6.70	2.423	2.999	4.468	5.049	5.990	6.956
	氧气	m³	3.60	0.524	0.562	0.663	0.720	0.735	0.758
	乙炔气	m³	25.20	0.175	0.188	0.221	0.240	0.245	0.253
	尼龙砂轮片 φ100	片	7.60	0.527	0.536	0.803	0.910	1.133	1.368
	石棉橡胶板 低压 0.8~1.0	kg	13.20	0.370	0.400	0.540	0.690	0.810	0.830
	其他材料费	元	–	3.690	4.450	4.520	5.260	5.360	5.770
机械	电焊机(综合)	台班	183.97	0.481	0.596	0.633	0.716	0.853	0.899
	电焊条烘干箱 60×50×75cm³	台班	28.84	0.043	0.054	0.057	0.064	0.076	0.088
	汽车式起重机 8t	台班	728.19	0.002	0.003	0.003	0.004	0.005	0.005
	载货汽车 8t	台班	619.25	0.002	0.003	0.003	0.004	0.005	0.005

工作内容:管子切口,磨平,管口组对,焊接,法兰连接。

单位:副

定　额　编　号			10-4-28	10-4-29	10-4-30	10-4-31	10-4-32	10-4-33
项　　　　　　　目			公称直径（mm）					
			600 以内	700 以内	800 以内	900 以内	1000 以内	1200 以内
基　　　价　（元）			**423.24**	**452.09**	**555.25**	**625.79**	**746.89**	**875.45**
其中	人　工　费　（元）		157.12	174.96	214.08	244.16	287.12	336.64
	材　料　费　（元）		86.10	91.05	108.71	120.80	143.03	183.13
	机　械　费　（元）		180.02	186.08	232.46	260.83	316.74	355.68
名　　　称	单位	单价(元)	数			量		
人工	综合工日	工日	80.00	1.964	2.187	2.676	3.052	3.589	4.208
材料	低中压碳钢平焊法兰	片	－	(2.000)	(2.000)	(2.000)	(2.000)	(2.000)	(2.000)
	电焊条 结422 ϕ3.2	kg	6.70	7.289	7.393	9.523	10.683	13.112	17.781
	氧气	m³	3.60	0.780	0.822	0.863	0.927	1.027	1.237
	乙炔气	m³	25.20	0.260	0.274	0.287	0.309	0.358	0.412
	尼龙砂轮片 ϕ100	片	7.60	1.433	1.501	1.571	1.765	2.208	2.646
	石棉橡胶板 低压 0.8~1.0	kg	13.20	0.840	1.030	1.160	1.300	1.310	1.460
	其他材料费	元	－	5.920	6.650	7.320	7.530	8.390	9.780
机械	电焊机(综合)	台班	183.97	0.920	0.945	1.189	1.334	1.619	1.814
	电焊条烘干箱 60×50×75cm³	台班	28.84	0.093	0.097	0.102	0.114	0.141	0.154
	汽车式起重机 8t	台班	728.19	0.006	0.007	0.008	0.009	0.011	0.013
	载货汽车 8t	台班	619.25	0.006	0.007	0.008	0.009	0.011	0.013

工作内容:管子切口,磨平,管口组对,焊接,法兰连接。

单位:副

定 额 编 号			10-4-34	10-4-35	10-4-36	10-4-37
项 目			公称直径(mm)			
			1400 以内	1600 以内	1800 以内	2000 以内
基 价 (元)			**1290.26**	**1434.18**	**1658.47**	**1861.42**
其中	人 工 费 (元)		456.08	509.36	621.12	705.36
	材 料 费 (元)		279.08	346.80	386.27	427.84
	机 械 费 (元)		555.10	578.02	651.08	728.22
名 称	单位	单价(元)	数		量	
人工 综合工日	工日	80.00	5.701	6.367	7.764	8.817
材料 低中压碳钢平焊法兰	片	–	(2.000)	(2.000)	(2.000)	(2.000)
电焊条 结422 φ3.2	kg	6.70	28.883	36.777	41.314	45.851
氧气	m³	3.60	1.425	1.842	1.990	2.139
乙炔气	m³	25.20	0.475	0.614	0.664	0.713
尼龙砂轮片 φ100	片	7.60	3.814	4.355	4.896	5.438
石棉橡胶板 低压 0.8~1.0	kg	13.20	2.160	2.450	2.600	2.900
其他材料费	元	–	10.970	12.850	14.040	15.360
机械 电焊机(综合)	台班	183.97	2.853	2.933	3.296	3.659
电焊条烘干箱 60×50×75cm³	台班	28.84	0.254	0.258	0.289	0.321
汽车式起重机 8t	台班	728.19	0.017	0.023	0.027	0.034
载货汽车 8t	台班	619.25	0.017	0.023	0.027	0.034

3. 不锈钢平焊法兰(电弧焊)

工作内容:管子切口,磨平,管口组对,焊接,焊缝钝化,法兰连接。   单位:副

定 额 编 号			10-4-38	10-4-39	10-4-40	10-4-41	10-4-42	10-4-43
项 目			公称直径(mm)					
			15 以内	20 以内	25 以内	32 以内	40 以内	50 以内
基 价 (元)			**21.22**	**25.25**	**32.03**	**36.54**	**44.33**	**49.32**
其 中	人 工 费 (元)		13.84	16.32	20.24	22.88	26.08	28.72
	材 料 费 (元)		2.96	3.72	5.46	6.23	8.36	9.79
	机 械 费 (元)		4.42	5.21	6.33	7.43	9.89	10.81
名 称	单位	单价(元)	数			量		
人工 综合工日	工日	80.00	0.173	0.204	0.253	0.286	0.326	0.359
材 料	低中压不锈钢平焊法兰	片	–	(2.000)	(2.000)	(2.000)	(2.000)	(2.000)	(2.000)
	不锈钢电焊条 302	kg	40.00	0.043	0.047	0.060	0.074	0.097	0.115
	尼龙砂轮片 $\phi100$	片	7.60	0.038	0.044	0.053	0.063	0.083	0.093
	尼龙砂轮片 $\phi500$	片	15.00	0.010	0.012	0.021	0.024	0.028	0.028
	耐酸石棉橡胶板 综合	kg	45.88	0.010	0.020	0.040	0.040	0.060	0.070
	其他材料费	元	–	0.340	0.410	0.510	0.600	0.680	0.850
机 械	电焊机(综合)	台班	183.97	0.020	0.024	0.030	0.036	0.049	0.054
	砂轮切割机 $\phi500$	台班	9.52	0.001	0.003	0.005	0.005	0.006	0.006
	电动空气压缩机 $6m^3/min$	台班	338.45	0.002	0.002	0.002	0.002	0.002	0.002
	电焊条烘干箱 $60 \times 50 \times 75cm^3$	台班	28.84	0.002	0.003	0.003	0.003	0.005	0.005

工作内容:管子切口,磨平,管口组对,焊接,焊缝钝化,法兰连接。

单位:副

定 额 编 号			10-4-44	10-4-45	10-4-46	10-4-47	10-4-48	10-4-49
项 目			公称直径（mm）					
			65 以内	80 以内	100 以内	125 以内	150 以内	200 以内
基 价 （元）			**65.53**	**74.98**	**95.47**	**125.96**	**139.08**	**243.80**
其中	人 工 费 （元）		36.00	39.60	50.80	60.24	65.12	99.76
	材 料 费 （元）		15.08	18.68	24.19	31.61	34.47	63.70
	机 械 费 （元）		14.45	16.70	20.48	34.11	39.49	80.34
名 称	单位	单价(元)	数			量		
人工 综合工日	工日	80.00	0.450	0.495	0.635	0.753	0.814	1.247
材料 低中压不锈钢平焊法兰	片	–	(2.000)	(2.000)	(2.000)	(2.000)	(2.000)	(2.000)
不锈钢电焊条 302	kg	40.00	0.205	0.232	0.294	0.421	0.418	1.023
尼龙砂轮片 $\phi100$	片	7.60	0.131	0.179	0.244	0.291	0.327	0.559
尼龙砂轮片 $\phi500$	片	15.00	0.041	0.050	0.073	–	–	–
耐酸石棉橡胶板 综合	kg	45.88	0.090	0.130	0.170	0.230	0.280	0.330
其他材料费	元	–	1.140	1.330	1.680	2.010	2.420	3.390
机械 电焊机(综合)	台班	183.97	0.073	0.085	0.105	0.139	0.150	0.346
砂轮切割机 $\phi500$	台班	9.52	0.012	0.013	0.021	–	–	–
电动空气压缩机 $6m^3/min$	台班	338.45	0.002	0.002	0.002	0.002	0.002	0.002
电焊条烘干箱 $60\times50\times75cm^3$	台班	28.84	0.008	0.009	0.010	0.014	0.014	0.035
等离子弧焊机 400A	台班	226.59	–	–	–	0.020	0.029	0.033
汽车式起重机 8t	台班	728.19	–	–	–	–	–	0.002
载货汽车 8t	台班	619.25	–	–	–	–	–	0.002
电动空气压缩机 $1m^3/min$	台班	146.17	–	–	–	0.020	0.029	0.033

工作内容:管子切口,磨平,管口组对,焊接,焊缝钝化,法兰连接。

单位:副

定 额 编 号			10-4-50	10-4-51	10-4-52	10-4-53
项 目			公称直径（mm）			
			250 以内	300 以内	350 以内	400 以内
基 价 （元）			358.98	468.36	500.16	570.69
其 中	人 工 费 （元）		127.36	157.76	173.28	195.20
	材 料 费 （元）		114.47	151.41	186.39	215.72
	机 械 费 （元）		117.15	159.19	140.49	159.77
名 称	单位	单价(元)	数		量	
人工 综合工日	工日	80.00	1.592	1.972	2.166	2.440
材 料	低中压不锈钢平焊法兰	片	–	(2.000)	(2.000)	(2.000)	(2.000)
	不锈钢电焊条 302	kg	40.00	2.194	3.011	3.633	4.105
	尼龙砂轮片 φ100	片	7.60	0.723	1.008	1.388	1.757
	耐酸石棉橡胶板 综合	kg	45.88	0.370	0.400	0.540	0.690
	其他材料费	元	–	4.240	4.960	5.750	6.510
机 械	电焊机(综合)	台班	183.97	0.523	0.721	0.605	0.683
	电动空气压缩机 6m³/min	台班	338.45	0.002	0.002	0.002	0.002
	电焊条烘干箱 60×50×75cm³	台班	28.84	0.053	0.072	0.060	0.068
	等离子弧焊机 400A	台班	226.59	0.043	0.053	0.061	0.070
	汽车式起重机 8t	台班	728.19	0.002	0.003	0.003	0.004
	载货汽车 8t	台班	619.25	0.002	0.003	0.003	0.004
	电动空气压缩机 1m³/min	台班	146.17	0.043	0.053	0.061	0.070

4. 合金钢平焊法兰（电弧焊）

工作内容:光谱分析,管子切口,磨平,管口组对,焊接,法兰连接。

单位:副

	定 额 编 号			10-4-54	10-4-55	10-4-56	10-4-57	10-4-58	10-4-59
	项 目			公称直径（mm）					
				15 以内	20 以内	25 以内	32 以内	40 以内	50 以内
	基 价 （元）			**26.16**	**30.39**	**36.33**	**39.95**	**44.81**	**51.40**
其 中	人 工 费 （元）			15.68	17.92	20.64	22.40	24.72	27.52
	材 料 费 （元）			4.15	5.01	6.92	7.67	9.28	11.93
	机 械 费 （元）			6.33	7.46	8.77	9.88	10.81	11.95
	名 称	单位	单价(元)	数			量		
人工	综合工日	工日	80.00	0.196	0.224	0.258	0.280	0.309	0.344
材 料	低合金钢平焊法兰	片	—	(2.000)	(2.000)	(2.000)	(2.000)	(2.000)	(2.000)
	低合金钢耐热电焊条	kg	47.25	0.051	0.056	0.072	0.082	0.092	0.127
	氧气	m³	3.60	0.004	0.005	0.006	0.007	0.007	0.010
	乙炔气	m³	25.20	0.001	0.002	0.002	0.002	0.002	0.003
	尼龙砂轮片 φ100	片	7.60	0.036	0.042	0.050	0.056	0.069	0.087
	尼龙砂轮片 φ500	片	15.00	0.006	0.008	0.012	0.016	0.018	0.026
	耐酸石棉橡胶板 综合	kg	45.88	0.010	0.020	0.040	0.040	0.060	0.070
	其他材料费	元	—	0.880	0.940	1.050	1.220	1.310	1.550
机 械	电焊机(综合)	台班	183.97	0.027	0.033	0.040	0.046	0.051	0.057
	砂轮切割机 φ500	台班	9.52	0.001	0.001	0.003	0.004	0.005	0.006
	光谱仪	台班	143.99	0.009	0.009	0.009	0.009	0.009	0.009
	电焊条烘干箱 60×50×75cm³	台班	28.84	0.002	0.003	0.003	0.003	0.003	0.004

工作内容:光谱分析,管子切口,磨平,管口组对,焊接,法兰连接。

定 额 编 号			10-4-60	10-4-61	10-4-62	10-4-63	10-4-64	10-4-65
项 目			公称直径(mm)					
			65 以内	80 以内	100 以内	125 以内	150 以内	200 以内
基 价 (元)			**69.12**	**80.14**	**102.55**	**112.51**	**128.70**	**237.27**
其中	人 工 费 (元)		32.88	36.88	48.24	51.04	54.48	83.52
	材 料 费 (元)		19.03	23.25	29.64	35.31	42.82	81.74
	机 械 费 (元)		17.21	20.01	24.67	26.16	31.40	72.01
名 称	单位	单价(元)	数			量		
人工	综合工日	工日	80.00	0.411	0.461	0.603	0.638	0.681	1.044
材料	低合金钢平焊法兰	片	–	(2.000)	(2.000)	(2.000)	(2.000)	(2.000)	(2.000)
	低合金钢耐热电焊条	kg	47.25	0.237	0.269	0.331	0.387	0.476	1.192
	氧气	m³	3.60	0.014	0.016	0.024	0.027	0.144	0.220
	乙炔气	m³	25.20	0.005	0.005	0.008	0.009	0.048	0.073
	尼龙砂轮片 φ100	片	7.60	0.133	0.157	0.237	0.288	0.294	0.429
	尼龙砂轮片 φ500	片	15.00	0.038	0.045	0.065	0.071	–	–
	耐酸石棉橡胶板 综合	kg	45.88	0.090	0.130	0.170	0.230	0.280	0.330
	其他材料费	元	–	1.950	2.520	3.140	2.890	3.520	4.390
机械	电焊机(综合)	台班	183.97	0.085	0.100	0.125	0.133	0.156	0.357
	砂轮切割机 φ500	台班	9.52	0.008	0.009	0.012	0.014	–	–
	光谱仪	台班	143.99	0.009	0.009	0.009	0.009	0.009	0.009
	电焊条烘干箱 60×50×75cm³	台班	28.84	0.007	0.008	0.009	0.009	0.012	0.031
	半自动切割机 100mm	台班	96.23	–	–	–	–	0.011	0.015
	汽车式起重机 8t	台班	728.19	–	–	–	–	–	0.002
	载货汽车 8t	台班	619.25	–	–	–	–	–	0.002

工作内容：光谱分析,管子切口,磨平,管口组对,焊接,法兰连接。

单位:副

定 额 编 号			10-4-66	10-4-67	10-4-68	10-4-69	10-4-70	10-4-71
项 目			公称直径（mm）					
			250 以内	300 以内	350 以内	400 以内	450 以内	500 以内
基 价 （元）			**354.30**	**429.89**	**524.93**	**595.51**	**724.58**	**853.09**
其中	人 工 费 （元）		108.16	129.84	138.40	152.48	179.12	210.56
	材 料 费 （元）		146.44	177.80	257.46	296.48	365.74	429.85
	机 械 费 （元）		99.70	122.25	129.07	146.55	179.72	212.68
名 称	单位	单价(元)	数			量		
人工	综合工日	工日	80.00	1.352	1.623	1.730	1.906	2.239	2.632
材料	低合金钢平焊法兰	片	–	(2.000)	(2.000)	(2.000)	(2.000)	(2.000)	(2.000)
	低合金钢耐热电焊条	kg	47.25	2.423	2.999	4.482	5.065	6.299	7.554
	氧气	m³	3.60	0.330	0.371	0.475	0.534	0.600	0.705
	乙炔气	m³	25.20	0.110	0.124	0.158	0.178	0.200	0.235
	尼龙砂轮片 φ100	片	7.60	0.734	0.877	0.979	1.392	1.849	2.121
	耐酸石棉橡胶板 综合	kg	45.88	0.370	0.400	0.540	0.690	0.810	0.830
	其他材料费	元	–	5.440	6.620	7.780	8.510	9.700	10.260
机械	电焊机(综合)	台班	183.97	0.502	0.615	0.649	0.734	0.902	1.075
	光谱仪	台班	143.99	0.009	0.009	0.009	0.009	0.009	0.009
	电焊条烘干箱 60×50×75cm³	台班	28.84	0.043	0.054	0.057	0.064	0.079	0.095
	半自动切割机 100mm	台班	96.23	0.022	0.023	0.028	0.031	0.036	0.043
	汽车式起重机 8t	台班	728.19	0.002	0.003	0.003	0.004	0.005	0.005
	载货汽车 8t	台班	619.25	0.002	0.003	0.003	0.004	0.005	0.005

5. 铜法兰(氧乙炔焊)

工作内容:管子切口,磨平,管口组对,焊前预热,焊接,法兰连接。

单位:副

定　额　编　号			10-4-72	10-4-73	10-4-74	10-4-75	10-4-76
项　　　　　目			管外径（mm）				
			20 以内	30 以内	40 以内	50 以内	65 以内
基　　价　　（元）			**15.73**	**23.28**	**27.85**	**34.69**	**40.28**
其中	人　工　费　（元）		12.96	18.96	22.40	26.96	29.68
	材　料　费　（元）		2.74	4.29	5.41	7.66	10.51
	机　械　费　（元）		0.03	0.03	0.04	0.07	0.09
名　　　称	单位	单价(元)	数		量		
人工 综合工日	工日	80.00	0.162	0.237	0.280	0.337	0.371
材料 低压铜法兰	片	－	(2.000)	(2.000)	(2.000)	(2.000)	(2.000)
铜气焊丝	kg	38.00	0.020	0.031	0.040	0.070	0.099
氧气	m³	3.60	0.086	0.129	0.177	0.222	0.231
乙炔气	m³	25.20	0.033	0.050	0.068	0.086	0.140
尼龙砂轮片 φ100	片	7.60	0.012	0.017	0.022	0.026	0.031
尼龙砂轮片 φ500	片	15.00	0.005	0.011	0.017	0.025	0.028
硼砂	kg	3.60	0.004	0.005	0.006	0.007	0.014
石棉橡胶板 低压 0.8~1.0	kg	13.20	0.010	0.040	0.040	0.060	0.070
其他材料费	元	－	0.530	0.550	0.570	0.640	0.760
机械 砂轮切割机 φ500	台班	9.52	0.003	0.003	0.004	0.007	0.009

工作内容:管子切口,磨平,管口组对,焊前预热,焊接,法兰连接。

单位:副

定 额 编 号				10-4-77	10-4-78	10-4-79	10-4-80	10-4-81
项 目				管外径(mm)				
				75 以内	85 以内	100 以内	120 以内	150 以内
基 价 (元)				**47.71**	**63.02**	**76.85**	**90.62**	**123.81**
其中	人 工 费 (元)			33.76	38.24	45.60	53.04	75.52
	材 料 费 (元)			13.85	16.58	19.69	23.79	30.77
	机 械 费 (元)			0.10	8.20	11.56	13.79	17.52
名 称		单位	单价(元)	数		量		
人工	综合工日	工日	80.00	0.422	0.478	0.570	0.663	0.944
材料	低压铜法兰	片	–	(2.000)	(2.000)	(2.000)	(2.000)	(2.000)
	铜气焊丝	kg	38.00	0.157	0.182	0.212	0.251	0.313
	氧气	m³	3.60	0.378	0.443	0.547	0.660	0.897
	乙炔气	m³	25.20	0.145	0.187	0.210	0.254	0.345
	尼龙砂轮片 $\phi100$	片	7.60	0.035	0.045	0.057	0.068	0.118
	尼龙砂轮片 $\phi500$	片	15.00	0.032	–	–	–	–
	硼砂	kg	3.60	0.018	0.019	0.028	0.034	0.042
	石棉橡胶板 低压 0.8~1.0	kg	13.20	0.090	0.130	0.170	0.230	0.280
	其他材料费	元	–	0.870	1.230	1.590	1.800	2.210
机械	砂轮切割机 $\phi500$	台班	9.52	0.010	–	–	–	–
	等离子弧焊机 400A	台班	226.59	–	0.022	0.031	0.037	0.047
	电动空气压缩机 1m³/min	台班	146.17	–	0.022	0.031	0.037	0.047

工作内容:管子切口,磨平,管口组对,焊前预热,焊接,法兰连接。

定　额　编　号			10-4-82	10-4-83	10-4-84	10-4-85
项　　　　　目			管外径（mm）			
			185 以内	200 以内	250 以内	300 以内
基　　　价　（元）			**156.79**	**187.19**	**224.87**	**286.38**
其中	人　工　费　（元）		98.00	120.48	143.04	174.32
	材　料　费　（元）		37.17	40.53	50.06	72.98
	机　械　费　（元）		21.62	26.18	31.77	39.08
名　　　称	单位	单价（元）	数		量	
人工 综合工日	工日	80.00	1.225	1.506	1.788	2.179
材料 低压铜法兰	片	－	(2.000)	(2.000)	(2.000)	(2.000)
铜气焊丝	kg	38.00	0.380	0.414	0.541	0.974
氧气	m³	3.60	1.146	1.189	1.423	1.793
乙炔气	m³	25.20	0.441	0.457	0.547	0.689
尼龙砂轮片 $\phi100$	片	7.60	0.132	0.224	0.273	0.312
硼砂	kg	3.60	0.050	0.080	0.100	0.130
石棉橡胶板 低压 0.8~1.0	kg	13.20	0.297	0.330	0.370	0.400
其他材料费	元	－	2.390	2.650	3.280	4.030
机械 等离子弧焊机 400A	台班	226.59	0.058	0.063	0.078	0.094
电动空气压缩机 1m³/min	台班	146.17	0.058	0.063	0.078	0.094
汽车式起重机 8t	台班	728.19	－	0.002	0.002	0.003
载货汽车 8t	台班	619.25	－	0.002	0.002	0.003

6. 碳钢对焊法兰(电弧焊)

工作内容: 管子切口, 坡口加工, 坡口磨平, 管口组对, 焊接, 法兰连接。　　　　　　　　　　　　　　　　单位:副

定　额　编　号			10-4-86	10-4-87	10-4-88	10-4-89	10-4-90	10-4-91
项　　　　目			公称直径（mm）					
			15 以内	20 以内	25 以内	32 以内	40 以内	50 以内
基　　　价　（元）			**15.92**	**19.26**	**24.58**	**29.43**	**33.11**	**38.67**
其中	人　工　费　（元）		10.96	12.80	16.08	19.04	21.12	23.60
	材　料　费　（元）		1.21	1.58	2.13	2.51	2.97	3.80
	机　械　费　（元）		3.75	4.88	6.37	7.88	9.02	11.27
名　　　称	单位	单价(元)	数			量		
人工 综合工日	工日	80.00	0.137	0.160	0.201	0.238	0.264	0.295
材料 低压碳钢对焊法兰	片	－	(2.000)	(2.000)	(2.000)	(2.000)	(2.000)	(2.000)
电焊条 结422 ϕ3.2	kg	6.70	0.028	0.036	0.058	0.071	0.081	0.113
氧气	m³	3.60				0.007	0.008	0.009
乙炔气	m³	25.20	－	－	－	0.002	0.003	0.003
尼龙砂轮片 ϕ100	片	7.60	0.031	0.048	0.057	0.069	0.079	0.104
尼龙砂轮片 ϕ500	片	15.00	0.006	0.008	0.012	0.016	0.018	0.026
石棉橡胶板 低压 0.8~1.0	kg	13.20	0.017	0.017	0.034	0.034	0.051	0.060
其他材料费	元	－	0.470	0.630	0.680	0.750	0.780	0.960
机械 电焊机(综合)	台班	183.97	0.020	0.026	0.034	0.042	0.048	0.060
砂轮切割机 ϕ500	台班	9.52	0.001	0.001	0.003	0.004	0.005	0.006
电焊条烘干箱 60×50×75cm³	台班	28.84	0.002	0.003	0.003	0.004	0.005	0.006

工作内容:管子切口,坡口加工,坡口磨平,管口组对,焊接,法兰连接。

定　额　编　号			10-4-92	10-4-93	10-4-94	10-4-95	10-4-96	10-4-97
项　　　　目			公称直径（mm）					
			65 以内	80 以内	100 以内	125 以内	150 以内	200 以内
基　　价　（元）			**53.93**	**61.85**	**78.50**	**95.59**	**118.29**	**157.96**
其中	人　工　费　（元）		27.84	30.72	36.56	44.80	55.04	63.84
	材　料　费　（元）		7.22	8.89	12.41	13.42	17.09	26.03
	机　械　费　（元）		18.87	22.24	29.53	37.37	46.16	68.09
名　　称	单位	单价(元)	数			量		
人工	综合工日	工日	80.00	0.348	0.384	0.457	0.560	0.688	0.798
材料	低压碳钢对焊法兰	片	–	(2.000)	(2.000)	(2.000)	(2.000)	(2.000)	(2.000)
	电焊条 结422 φ3.2	kg	6.70	0.202	0.237	0.401	0.493	0.623	1.072
	氧气	m³	3.60	0.198	0.225	0.328	0.347	0.445	0.639
	乙炔气	m³	25.20	0.065	0.076	0.109	0.116	0.148	0.213
	尼龙砂轮片 φ100	片	7.60	0.176	0.207	0.239	0.241	0.336	0.596
	石棉橡胶板 低压 0.8~1.0	kg	13.20	0.077	0.111	0.145	0.196	0.238	0.281
	其他材料费	元	–	1.160	1.540	2.070	1.530	1.890	2.940
机械	电焊机(综合)	台班	183.97	0.101	0.119	0.158	0.200	0.247	0.350
	电焊条烘干箱 60×50×75cm³	台班	28.84	0.010	0.012	0.016	0.020	0.025	0.035
	汽车式起重机 8t	台班	728.19	–	–	–	–	–	0.002
	载货汽车 8t	台班	619.25	–	–	–	–	–	0.002

工作内容:管子切口,坡口加工,坡口磨平,管口组对,焊接,法兰连接。　　　　　　　　　　　单位:副

定　额　编　号			10-4-98	10-4-99	10-4-100	10-4-101	10-4-102	10-4-103
项　　　　　目			公称直径（mm）					
			250 以内	300 以内	350 以内	400 以内	450 以内	500 以内
基　　　价　（元）			**223.40**	**263.61**	**345.22**	**396.75**	**447.35**	**545.60**
其中	人　工　费　（元）		86.64	102.16	135.92	158.24	177.04	220.40
	材　料　费　（元）		41.01	47.75	68.33	78.09	99.20	114.98
	机　械　费　（元）		95.75	113.70	140.97	160.42	171.11	210.22
名　　　　称	单位	单价(元)	数			量		
人工	综合工日	工日	80.00	1.083	1.277	1.699	1.978	2.213	2.755
材料	低压碳钢对焊法兰	片	–	(2.000)	(2.000)	(2.000)	(2.000)	(2.000)	(2.000)
	电焊条 结422 ϕ3.2	kg	6.70	2.109	2.516	4.003	4.529	6.047	7.428
	氧气	m³	3.60	0.952	1.075	1.408	1.552	1.807	2.094
	乙炔气	m³	25.20	0.317	0.359	0.469	0.518	0.602	0.698
	尼龙砂轮片 ϕ100	片	7.60	1.069	1.277	1.932	2.189	3.041	3.365
	石棉橡胶板 低压0.8~1.0	kg	13.20	0.315	0.340	0.459	0.587	0.689	0.706
	其他材料费	元	–	3.180	3.780	3.880	4.720	4.800	5.190
机械	电焊机(综合)	台班	183.97	0.498	0.594	0.740	0.837	0.887	1.089
	电焊条烘干箱 60×50×75cm³	台班	28.84	0.050	0.060	0.074	0.083	0.088	0.109
	汽车式起重机 8t	台班	728.19	0.002	0.002	0.002	0.003	0.004	0.005
	载货汽车 8t	台班	619.25	0.002	0.002	0.002	0.003	0.004	0.005

7. 碳钢对焊法兰(氩电联焊)

工作内容:管子切口,坡口加工,坡口磨平,管口组对,焊接,法兰连接。

单位:副

定 额 编 号			10-4-104	10-4-105	10-4-106	10-4-107	10-4-108	10-4-109
项 目			公称直径(mm)					
			15 以内	20 以内	25 以内	32 以内	40 以内	50 以内
基 价 (元)			**15.93**	**19.05**	**24.48**	**29.22**	**32.99**	**46.10**
其中	人 工 费 (元)		11.60	13.60	17.04	20.16	22.40	25.84
	材 料 费 (元)		1.87	2.29	3.33	4.01	4.71	5.96
	机 械 费 (元)		2.46	3.16	4.11	5.05	5.88	14.30
名 称	单位	单价(元)	数			量		
人工 综合工日	工日	80.00	0.145	0.170	0.213	0.252	0.280	0.323
材料 低压碳钢对焊法兰	片	—	(2.000)	(2.000)	(2.000)	(2.000)	(2.000)	(2.000)
电焊条 结422 φ3.2	kg	6.70	—	—	—	—	—	0.076
碳钢焊丝	kg	14.40	0.014	0.018	0.028	0.035	0.040	0.042
氧气	m³	3.60	—	—	—	0.007	0.008	0.009
乙炔气	m³	25.20	—	—	—	0.002	0.003	0.003
氩气	m³	15.00	0.039	0.049	0.079	0.098	0.112	0.119
铈钨棒	g	0.39	0.077	0.098	0.158	0.196	0.224	0.234
尼龙砂轮片 φ100	片	7.60	0.021	0.038	0.047	0.059	0.069	0.094
尼龙砂轮片 φ500	片	15.00	0.006	0.008	0.012	0.016	0.018	0.026
石棉橡胶板 低压 0.8~1.0	kg	13.20	0.017	0.017	0.034	0.034	0.051	0.060
其他材料费	元	—	0.580	0.620	0.690	0.750	0.790	0.970
机械 电焊机(综合)	台班	183.97	—	—	—	—	—	0.044
氩弧焊机 500A	台班	116.61	0.021	0.027	0.035	0.043	0.050	0.052
砂轮切割机 φ500	台班	9.52	0.001	0.001	0.003	0.004	0.005	0.006
电焊条烘干箱 60×50×75cm³	台班	28.84	—	—	—	—	—	0.003

工作内容:管子切口,坡口加工,坡口磨平,管口组对,焊接,法兰连接。

单位:副

定 额 编 号			10-4-110	10-4-111	10-4-112	10-4-113	10-4-114	10-4-115
项 目			公称直径（mm）					
			65 以内	80 以内	100 以内	125 以内	150 以内	200 以内
基 价 （元）			**56.49**	**64.79**	**87.58**	**103.24**	**132.52**	**194.11**
其中	人 工 费 （元）		29.92	33.20	41.52	49.84	59.28	82.32
	材 料 费 （元）		9.01	11.06	14.92	16.66	21.14	31.84
	机 械 费 （元）		17.56	20.53	31.14	36.74	52.10	79.95
名 称	单位	单价(元)	数			量		
人工 综合工日	工日	80.00	0.374	0.415	0.519	0.623	0.741	1.029
材料 低压碳钢对焊法兰	片	–	(2.000)	(2.000)	(2.000)	(2.000)	(2.000)	(2.000)
电焊条 结422 ϕ3.2	kg	6.70	0.107	0.131	0.291	0.328	0.465	0.893
碳钢焊丝	kg	14.40	0.044	0.052	0.059	0.078	0.094	0.130
氧气	m³	3.60	0.143	0.163	0.242	0.246	0.420	0.639
乙炔气	m³	25.20	0.047	0.055	0.080	0.082	0.140	0.213
氩气	m³	15.00	0.123	0.145	0.166	0.220	0.263	0.363

定 额 编 号			10-4-110	10-4-111	10-4-112	10-4-113	10-4-114	10-4-115
项 目			公称直径（mm）					
			65 以内	80 以内	100 以内	125 以内	150 以内	200 以内
材料	铈钨棒	g	0.39	0.245	0.290	0.333	0.439	0.525	0.726
	尼龙砂轮片 φ100	片	7.60	0.166	0.197	0.229	0.231	0.326	0.586
	尼龙砂轮片 φ500	片	15.00	0.038	0.045	0.060	0.071	–	–
	石棉橡胶板 低压 0.8~1.0	kg	13.20	0.077	0.111	0.145	0.196	0.238	0.281
	其他材料费	元	–	1.170	1.540	2.060	1.510	1.860	2.430
机械	电焊机(综合)	台班	183.97	0.060	0.069	0.120	0.135	0.187	0.286
	氩弧焊机 500A	台班	116.61	0.054	0.065	0.074	0.098	0.117	0.162
	砂轮切割机 φ500	台班	9.52	0.008	0.009	0.012	0.014	–	–
	电焊条烘干箱 60×50×75cm³	台班	28.84	0.005	0.006	0.011	0.012	0.017	0.026
	半自动切割机 100mm	台班	96.23	–	–	–	–	0.037	0.052
	汽车式起重机 8t	台班	728.19	–	–	–	–	–	0.002
	载货汽车 8t	台班	619.25	–	–	–	–	–	0.002

工作内容:管子切口,坡口加工,坡口磨平,管口组对,焊接,法兰连接。

单位:副

定　额　编　号			10-4-116	10-4-117	10-4-118	10-4-119	10-4-120	10-4-121
项　　　　　目			公称直径（mm）					
			250 以内	300 以内	350 以内	400 以内	450 以内	500 以内
基　　　价　（元）			**247.11**	**280.92**	**378.22**	**434.95**	**488.01**	**601.83**
其中	人　工　费　（元）		90.00	97.52	139.52	163.44	180.00	231.44
	材　料　费　（元）		46.82	54.75	76.24	87.20	108.22	125.81
	机　械　费　（元）		110.29	128.65	162.46	184.31	199.79	244.58
名　　　称	单位	单价(元)	数			量		
人工 综合工日	工日	80.00	1.125	1.219	1.744	2.043	2.250	2.893
材料 低压碳钢对焊法兰	片	－	(2.000)	(2.000)	(2.000)	(2.000)	(2.000)	(2.000)
电焊条 结422 φ3.2	kg	6.70	1.814	2.161	3.545	4.011	5.473	6.702
碳钢焊丝	kg	14.40	0.160	0.193	0.222	0.252	0.255	0.314
氧气	m³	3.60	0.889	1.004	1.329	1.466	1.736	1.973
乙炔气	m³	25.20	0.296	0.335	0.443	0.489	0.578	0.658
氩气	m³	15.00	0.449	0.539	0.622	0.706	0.714	0.880
铈钨棒	g	0.39	0.898	1.078	1.244	1.412	1.428	1.760
尼龙砂轮片 φ100	片	7.60	1.059	1.267	1.922	2.179	3.031	3.355
料 石棉橡胶板 低压 0.8~1.0	kg	13.20	0.315	0.340	0.459	0.587	0.689	0.706
其他材料费	元	－	2.410	2.810	2.860	3.650	3.670	4.000
机 电焊机(综合)	台班	183.97	0.405	0.482	0.629	0.711	0.776	0.953
氩弧焊机 500A	台班	116.61	0.201	0.241	0.278	0.315	0.319	0.393
电焊条烘干箱 60×50×75cm³	台班	28.84	0.041	0.048	0.063	0.071	0.077	0.095
半自动切割机 100mm	台班	96.23	0.074	0.081	0.102	0.111	0.127	0.145
械 汽车式起重机 8t	台班	728.19	0.003	0.002	0.002	0.003	0.004	0.005
载货汽车 8t	台班	619.25	0.003	0.002	0.002	0.003	0.004	0.005

8. 不锈钢对焊法兰(电弧焊)

工作内容: 管子切口,坡口加工,坡口磨平,焊接,焊缝钝化,法兰连接。

单位:副

定 额 编 号			10-4-122	10-4-123	10-4-124	10-4-125	10-4-126	10-4-127
项 目			公称直径(mm)					
			15 以内	20 以内	25 以内	32 以内	40 以内	50 以内
基 价 (元)			**18.88**	**21.29**	**25.15**	**29.64**	**48.74**	**54.31**
其中	人 工 费 (元)		13.60	14.96	16.16	18.80	28.80	30.80
	材 料 费 (元)		1.96	2.26	3.62	4.33	7.05	8.38
	机 械 费 (元)		3.32	4.07	5.37	6.51	12.89	15.13
名 称	单位	单价(元)	数			量		
人工 综合工日	工日	80.00	0.170	0.187	0.202	0.235	0.360	0.385
材料 低压不锈钢对焊法兰	片	–	(2.000)	(2.000)	(2.000)	(2.000)	(2.000)	(2.000)
不锈钢电焊条302	kg	40.00	0.024	0.030	0.040	0.056	0.084	0.100
尼龙砂轮片 ϕ100	片	7.60	–	–	–	–	0.085	0.111
尼龙砂轮片 ϕ500	片	15.00	0.007	0.009	0.019	0.022	0.028	0.028
耐酸石棉橡胶板 综合	kg	45.88	0.017	0.017	0.034	0.034	0.051	0.060
其他材料费	元	–	0.120	0.150	0.180	0.200	0.280	0.360
机械 电焊机(综合)	台班	183.97	0.014	0.018	0.025	0.031	0.065	0.077
砂轮切割机 ϕ500	台班	9.52	0.001	0.002	0.004	0.005	0.006	0.006
电动空气压缩机 6m³/min	台班	338.45	0.002	0.002	0.002	0.002	0.002	0.002
电焊条烘干箱 60×50×75cm³	台班	28.84	0.002	0.002	0.002	0.003	0.007	0.008

工作内容：管子切口,坡口加工,坡口磨平,焊接,焊缝钝化,法兰连接。

单位：副

定 额 编 号			10-4-128	10-4-129	10-4-130	10-4-131	10-4-132	10-4-133
项 目			公称直径（mm）					
			65 以内	80 以内	100 以内	125 以内	150 以内	200 以内
基 价 （元）			**79.33**	**92.79**	**134.86**	**159.47**	**197.81**	**280.35**
其中	人 工 费 （元）		40.08	40.80	59.68	64.88	76.24	100.00
	材 料 费 （元）		14.88	15.31	23.52	27.46	39.32	56.75
	机 械 费 （元）		24.37	36.68	51.66	67.13	82.25	123.60
名 称	单位	单价（元）	数			量		
人工 综合工日	工日	80.00	0.501	0.510	0.746	0.811	0.953	1.250
材料 低压不锈钢对焊法兰	片	–	(2.000)	(2.000)	(2.000)	(2.000)	(2.000)	(2.000)
不锈钢电焊条 302	kg	40.00	0.208	0.183	0.313	0.366	0.577	0.886
尼龙砂轮片 $\phi100$	片	7.60	0.241	0.215	0.344	0.403	0.577	0.931
尼龙砂轮片 $\phi500$	片	15.00	0.046	0.050	0.073	–	–	–
耐酸石棉橡胶板 综合	kg	45.88	0.077	0.111	0.145	0.196	0.238	0.281
其他材料费	元	–	0.510	0.510	0.640	0.760	0.940	1.340
机械 电焊机（综合）	台班	183.97	0.126	0.130	0.190	0.222	0.273	0.418
砂轮切割机 $\phi500$	台班	9.52	0.014	0.016	0.021	–	–	–
电动空气压缩机 $1m^3/min$	台班	146.17	–	0.031	0.041	0.067	0.082	0.113
电动空气压缩机 $6m^3/min$	台班	338.45	0.002	0.002	0.002	0.002	0.002	0.002
电焊条烘干箱 $60\times50\times75cm^3$	台班	28.84	0.013	0.013	0.019	0.022	0.027	0.042
等离子弧焊机 400A	台班	226.59	–	0.031	0.041	0.067	0.082	0.113
汽车式起重机 8t	台班	728.19	–	–	–	–	–	0.002
载货汽车 8t	台班	619.25	–	–	–	–	–	0.002

工作内容:管子切口,坡口加工,坡口磨平,焊接,焊缝钝化,法兰连接。

单位:副

定　额　编　号			10-4-134	10-4-135	10-4-136	10-4-137
项　　　　　目			公称直径(mm)			
			250 以内	300 以内	350 以内	400 以内
基　　　价　(元)			**423.81**	**530.00**	**617.28**	**703.14**
其中	人　工　费　(元)		143.52	172.72	199.60	226.48
	材　料　费　(元)		102.69	140.52	166.19	191.14
	机　械　费　(元)		177.60	216.76	251.49	285.52
名　　　　称	单位	单价(元)	数		量	
人工 综合工日	工日	80.00	1.794	2.159	2.495	2.831
材料 低压不锈钢对焊法兰	片	–	(2.000)	(2.000)	(2.000)	(2.000)
不锈钢电焊条 302	kg	40.00	1.819	2.588	3.006	3.400
尼龙砂轮片 ϕ100	片	7.60	1.815	2.554	2.971	3.364
耐酸石棉橡胶板 综合	kg	45.88	0.315	0.340	0.459	0.587
其他材料费	元	–	1.680	1.990	2.310	2.640
机械 电焊机(综合)	台班	183.97	0.632	0.785	0.913	1.032
等离子弧焊机 400A	台班	226.59	0.147	0.179	0.208	0.236
汽车式起重机 8t	台班	728.19	0.003	0.002	0.002	0.003
载货汽车 8t	台班	619.25	0.003	0.002	0.002	0.003
电动空气压缩机 1m³/min	台班	146.17	0.147	0.179	0.208	0.236
电动空气压缩机 6m³/min	台班	338.45	0.002	0.002	0.002	0.002
电焊条烘干箱 60×50×75cm³	台班	28.84	0.063	0.078	0.091	0.103

二、中压法兰

1. 碳钢对焊法兰(电弧焊)

工作内容:管子切口,坡口加工,坡口磨平,焊接,法兰连接。

单位:副

定　额　编　号			10-4-138	10-4-139	10-4-140	10-4-141	10-4-142	10-4-143
项　　　　　目			公称直径（mm）					
			15 以内	20 以内	25 以内	32 以内	40 以内	50 以内
基　　价　（元）			**18.15**	**23.54**	**28.25**	**31.64**	**36.71**	**40.59**
其中	人　工　费　（元）		12.72	15.52	17.44	18.64	21.52	21.76
	材　料　费　（元）		1.47	1.83	2.38	2.65	3.19	4.37
	机　械　费　（元）		3.96	6.19	8.43	10.35	12.00	14.46
名　　　称	单位	单价（元）	数			量		
人工 综合工日	工日	80.00	0.159	0.194	0.218	0.233	0.269	0.272
材料 中压碳钢对焊法兰	片	—	(2.000)	(2.000)	(2.000)	(2.000)	(2.000)	(2.000)
电焊条 结422 φ3.2	kg	6.70	0.037	0.066	0.089	0.111	0.127	0.197
尼龙砂轮片 φ100	片	7.60	0.042	0.054	0.062	0.071	0.084	0.124
尼龙砂轮片 φ500	片	15.00	0.008	0.012	0.016	0.020	0.024	0.032
石棉橡胶板 低压 0.8~1.0	kg	13.20	0.020	0.020	0.040	0.040	0.060	0.070
其他材料费	元	—	0.520	0.530	0.540	0.540	0.550	0.700
机械 电焊机(综合)	台班	183.97	0.021	0.033	0.045	0.055	0.064	0.077
砂轮切割机 φ500	台班	9.52	0.001	0.003	0.004	0.006	0.006	0.007
电焊条烘干箱 60×50×75cm³	台班	28.84	0.003	0.003	0.004	0.006	0.006	0.008

工作内容:管子切口,坡口加工,坡口磨平,焊接,法兰连接。

单位:副

定 额 编 号			10-4-144	10-4-145	10-4-146	10-4-147	10-4-148	10-4-149
项 目			公称直径(mm)					
			65 以内	80 以内	100 以内	125 以内	150 以内	200 以内
基 价 (元)			**54.49**	**62.71**	**83.94**	**100.06**	**124.91**	**187.87**
其中	人 工 费 (元)		23.04	25.36	31.04	38.08	45.44	63.60
	材 料 费 (元)		9.21	11.19	16.63	19.56	25.83	41.96
	机 械 费 (元)		22.24	26.16	36.27	42.42	53.64	82.31
名 称	单位	单价(元)	数			量		
人工	综合工日	工日	80.00	0.288	0.317	0.388	0.476	0.568	0.795
材料	中压碳钢对焊法兰	片	–	(2.000)	(2.000)	(2.000)	(2.000)	(2.000)	(2.000)
	电焊条 结422 ϕ3.2	kg	6.70	0.364	0.428	0.728	0.853	1.217	2.303
	氧气	m³	3.60	0.273	0.308	0.429	0.487	0.607	0.927
	乙炔气	m³	25.20	0.091	0.102	0.143	0.163	0.203	0.309
	尼龙砂轮片 ϕ100	片	7.60	0.199	0.235	0.368	0.433	0.612	1.104
	石棉橡胶板 低压 0.8~1.0	kg	13.20	0.090	0.130	0.170	0.230	0.280	0.330
	其他材料费	元	–	0.790	1.140	1.560	1.660	2.030	2.660
机械	电焊机(综合)	台班	183.97	0.119	0.140	0.194	0.227	0.287	0.426
	电焊条烘干箱 60×50×75cm³	台班	28.84	0.012	0.014	0.020	0.023	0.029	0.043
	汽车式起重机 8t	台班	728.19	–	–	–	–	–	0.002
	载货汽车 8t	台班	619.25	–	–	–	–	–	0.002

工作内容:管子切口,坡口加工,坡口磨平,焊接,法兰连接。

单位:副

定 额 编 号			10-4-150	10-4-151	10-4-152	10-4-153	10-4-154	10-4-155
项 目			公称直径（mm）					
			250 以内	300 以内	350 以内	400 以内	450 以内	500 以内
基 价 （元）			**248.04**	**321.54**	**450.91**	**579.31**	**719.48**	**817.57**
其中	人 工 费 （元）		80.72	103.60	154.00	193.36	232.16	279.28
	材 料 费 （元）		61.12	84.82	116.52	153.03	195.09	214.27
	机 械 费 （元）		106.20	133.12	180.39	232.92	292.23	324.02
名 称	单位	单价(元)	数			量		
人工 综合工日	工日	80.00	1.009	1.295	1.925	2.417	2.902	3.491
材料 中压碳钢对焊法兰	片	—	(2.000)	(2.000)	(2.000)	(2.000)	(2.000)	(2.000)
电焊条 结422 ϕ3.2	kg	6.70	3.784	5.748	8.619	11.816	15.890	17.584
氧气	m³	3.60	1.255	1.611	1.961	2.384	2.780	3.017
乙炔气	m³	25.20	0.419	0.537	0.654	0.795	0.927	1.006
尼龙砂轮片 ϕ100	片	7.60	1.700	2.410	3.243	4.169	5.267	5.838
石棉橡胶板 低压 0.8~1.0	kg	13.20	0.370	0.400	0.540	0.690	0.810	0.830
其他材料费	元	—	2.890	3.380	3.460	4.450	4.540	4.920
机械 电焊机(综合)	台班	183.97	0.554	0.698	0.951	1.225	1.535	1.698
电焊条烘干箱 60×50×75cm³	台班	28.84	0.055	0.070	0.095	0.122	0.154	0.170
汽车式起重机 8t	台班	728.19	0.002	0.002	0.002	0.003	0.004	0.005
载货汽车 8t	台班	619.25	0.002	0.002	0.002	0.003	0.004	0.005

2. 碳钢对焊法兰 (氩电联焊)

工作内容: 管子切口,坡口加工,坡口磨平,管口组对,焊接,法兰连接。

单位:副

定　额　编　号			10-4-156	10-4-157	10-4-158	10-4-159	10-4-160	10-4-161
项　　　　　　目			公称直径（mm）					
			15 以内	20 以内	25 以内	32 以内	40 以内	50 以内
基　　　　价　（元）			**20.27**	**25.80**	**31.25**	**37.25**	**43.21**	**53.51**
其中	人　工　费　（元）		15.44	18.80	21.68	25.44	29.68	32.80
	材　料　费　（元）		2.26	3.36	4.52	5.46	6.36	6.07
	机　械　费　（元）		2.57	3.64	5.05	6.35	7.17	14.64
名　　　称	单位	单价(元)	数			量		
人工 综合工日	工日	80.00	0.193	0.235	0.271	0.318	0.371	0.410
材料 中压碳钢对焊法兰	片	–	(2.000)	(2.000)	(2.000)	(2.000)	(2.000)	(2.000)
电焊条 结422 φ3.2	kg	6.70	–	–	–	–	–	0.140
碳钢焊丝	kg	14.40	0.018	0.032	0.044	0.054	0.062	0.029
氧气	m³	3.60	–	–	–	0.011	0.012	0.016
乙炔气	m³	25.20	–	–	–	0.004	0.004	0.005
氩气	m³	15.00	0.050	0.090	0.123	0.152	0.174	0.082
铈钨棒	g	0.39	0.101	0.180	0.245	0.304	0.348	0.164
尼龙砂轮片 φ100	片	7.60	0.022	0.041	0.056	0.065	0.074	0.101
尼龙砂轮片 φ500	片	15.00	0.008	0.013	0.016	0.020	0.024	0.032
料 石棉橡胶板 低压 0.8~1.0	kg	13.20	0.020	0.020	0.040	0.040	0.060	0.070
其他材料费	元	–	0.660	0.710	0.750	0.820	0.860	1.070
机 氩弧焊机 500A	台班	116.61	0.022	0.031	0.043	0.054	0.061	0.037
电焊机(综合)	台班	183.97	–	–	–	–	–	0.055
砂轮切割机 φ500	台班	9.52	0.001	0.003	0.004	0.006	0.006	0.007
械 电焊条烘干箱 60×50×75cm³	台班	28.84	–	–	–	–	–	0.005

工作内容:管子切口,坡口加工,坡口磨平,管口组对,焊接,法兰连接。

定 额 编 号			10-4-162	10-4-163	10-4-164	10-4-165	10-4-166	10-4-167
项 目			公称直径（mm）					
			65 以内	80 以内	100 以内	125 以内	150 以内	200 以内
基 价 （元）			**72.44**	**83.75**	**111.50**	**136.64**	**167.35**	**250.01**
其中	人 工 费 （元）		39.04	43.44	53.68	69.28	75.36	105.84
	材 料 费 （元）		10.99	13.92	20.05	22.96	30.00	48.21
	机 械 费 （元）		22.41	26.39	37.77	44.40	61.99	95.96
名 称	单位	单价(元)	数			量		
人工 综合工日	工日	80.00	0.488	0.543	0.671	0.866	0.942	1.323
材料 中压碳钢对焊法兰	片	–	(2.000)	(2.000)	(2.000)	(2.000)	(2.000)	(2.000)
电焊条 结422 ϕ3.2	kg	6.70	0.266	0.312	0.571	0.669	0.988	1.959
碳钢焊丝	kg	14.40	0.041	0.049	0.063	0.075	0.090	0.125
氧气	m³	3.60	0.215	0.242	0.331	0.374	0.644	0.991
乙炔气	m³	25.20	0.071	0.080	0.110	0.125	0.215	0.330
氩气	m³	15.00	0.115	0.138	0.178	0.211	0.253	0.349

定 额 编 号				10-4-162	10-4-163	10-4-164	10-4-165	10-4-166	10-4-167
项 目				公称直径（mm）					
				65 以内	80 以内	100 以内	125 以内	150 以内	200 以内
材 料	铈钨棒	g	0.39	0.231	0.277	0.355	0.421	0.505	0.698
	尼龙砂轮片 φ100	片	7.60	0.124	0.215	0.348	0.413	0.592	1.084
	尼龙砂轮片 φ500	片	15.00	0.055	0.066	0.091	0.108	–	–
	石棉橡胶板 低压 0.8~1.0	kg	13.20	0.090	0.130	0.170	0.230	0.280	0.330
	其他材料费	元	–	1.280	1.720	2.290	1.780	2.160	3.300
机 械	电焊机(综合)	台班	183.97	0.087	0.102	0.152	0.178	0.234	0.362
	氩弧焊机 500A	台班	116.61	0.052	0.062	0.079	0.094	0.113	0.156
	砂轮切割机 φ500	台班	9.52	0.009	0.011	0.017	0.018	–	–
	电焊条烘干箱 60×50×75cm³	台班	28.84	0.009	0.010	0.015	0.018	0.023	0.037
	半自动切割机 100mm	台班	96.23	–	–	–	–	0.053	0.077
	汽车式起重机 8t	台班	728.19	–	–	–	–	–	0.002
	载货汽车 8t	台班	619.25	–	–	–	–	–	0.002

工作内容：管子切口，坡口加工，坡口磨平，管口组对，焊接，法兰连接。

单位：副

定　额　编　号			10-4-168	10-4-169	10-4-170	10-4-171	10-4-172	10-4-173
项　　　　　目			公称直径（mm）					
			250以内	300以内	350以内	400以内	450以内	500以内
基　　　价　（元）			**331.43**	**424.39**	**539.52**	**676.54**	**829.82**	**939.69**
其中	人　工　费（元）		137.60	175.12	205.60	251.28	298.88	353.36
	材　料　费（元）		68.64	92.07	125.90	161.69	203.86	224.19
	机　械　费（元）		125.19	157.20	208.02	263.57	327.08	362.14
名　　　　称	单位	单价（元）	数			量		
人工	综合工日	工日	80.00	1.720	2.189	2.570	3.141	3.736	4.417
材料	中压碳钢对焊法兰	片	－	(2.000)	(2.000)	(2.000)	(2.000)	(2.000)	(2.000)
	电焊条 结422 φ3.2	kg	6.70	3.313	5.130	7.811	10.807	14.635	16.195
	碳钢焊丝	kg	14.40	0.155	0.185	0.215	0.243	0.273	0.304
	氧气	m³	3.60	1.342	1.710	2.084	2.439	2.927	3.175
	乙炔气	m³	25.20	0.448	0.570	0.695	0.813	0.976	1.059
	氩气	m³	15.00	0.435	0.519	0.601	0.679	0.766	0.852
	铈钨棒	g	0.39	0.870	1.037	1.203	1.358	1.531	1.704
	尼龙砂轮片 φ100	片	7.60	1.680	2.210	3.223	4.120	5.060	5.640
	石棉橡胶板 低压 0.8~1.0	kg	13.20	0.370	0.400	0.540	0.690	0.810	0.830
	其他材料费	元	－	3.570	4.250	4.350	5.380	5.510	5.920
机械	电焊机(综合)	台班	183.97	0.485	0.623	0.862	1.120	1.414	1.564
	氩弧焊机 500A	台班	116.61	0.195	0.231	0.269	0.303	0.342	0.380
	电焊条烘干箱 60×50×75cm³	台班	28.84	0.048	0.062	0.086	0.112	0.141	0.156
	半自动切割机 100mm	台班	96.23	0.095	0.116	0.134	0.155	0.183	0.196
	汽车式起重机 8t	台班	728.19	0.002	0.002	0.002	0.003	0.004	0.005
	载货汽车 8t	台班	619.25	0.002	0.002	0.002	0.003	0.004	0.005

3. 不锈钢对焊法兰(电弧焊)

工作内容:管子切口,坡口加工,坡口磨平,焊接,焊缝钝化,法兰连接。

单位:副

定 额 编 号			10-4-174	10-4-175	10-4-176	10-4-177	10-4-178	10-4-179
项 目			公称直径(mm)					
			15 以内	20 以内	25 以内	32 以内	40 以内	50 以内
基 价 (元)			**27.06**	**30.61**	**38.39**	**43.84**	**55.59**	**66.21**
其中	人 工 费 (元)		17.76	19.52	22.88	25.20	30.16	33.52
	材 料 费 (元)		3.19	3.68	5.80	6.69	9.90	13.99
	机 械 费 (元)		6.11	7.41	9.71	11.95	15.53	18.70
名 称	单位	单价(元)	数			量		
人工 综合工日	工日	80.00	0.222	0.244	0.286	0.315	0.377	0.419
材料 中压不锈钢对焊法兰	片	−	(2.000)	(2.000)	(2.000)	(2.000)	(2.000)	(2.000)
不锈钢电焊条 302	kg	40.00	0.038	0.047	0.069	0.085	0.130	0.203
尼龙砂轮片 $\phi100$	片	7.60	0.057	0.066	0.080	0.100	0.149	0.224
尼龙砂轮片 $\phi500$	片	15.00	0.010	0.012	0.024	0.028	0.034	0.038
耐酸石棉橡胶板 综合	kg	45.88	0.020	0.020	0.040	0.040	0.060	0.070
其他材料费	元	−	0.170	0.200	0.240	0.270	0.300	0.390
机械 电焊机(综合)	台班	183.97	0.029	0.036	0.048	0.060	0.079	0.096
砂轮切割机 $\phi500$	台班	9.52	0.001	0.003	0.006	0.007	0.009	0.011
电动空气压缩机 $6m^3/min$	台班	338.45	0.002	0.002	0.002	0.002	0.002	0.002
电焊条烘干箱 $60\times50\times75cm^3$	台班	28.84	0.003	0.003	0.005	0.006	0.008	0.009

工作内容:管子切口,坡口加工,坡口磨平,焊接,焊缝钝化,法兰连接。

单位:副

定 额 编 号				10-4-180	10-4-181	10-4-182	10-4-183	10-4-184	10-4-185
项 目				公称直径（mm）					
				65 以内	80 以内	100 以内	125 以内	150 以内	200 以内
基 价 （元）				**88.62**	**120.88**	**163.77**	**200.55**	**252.48**	**383.18**
其中	人 工 费 （元）			40.48	45.28	61.28	63.20	74.80	98.64
	材 料 费 （元）			21.89	28.94	42.17	53.01	73.20	128.08
	机 械 费 （元）			26.25	46.66	60.32	84.34	104.48	156.46
名 称		单位	单价(元)	数			量		
人工	综合工日	工日	80.00	0.506	0.566	0.766	0.790	0.935	1.233
材料	中压不锈钢对焊法兰	片	–	(2.000)	(2.000)	(2.000)	(2.000)	(2.000)	(2.000)
	不锈钢电焊条 302	kg	40.00	0.337	0.440	0.674	0.877	1.252	2.369
	尼龙砂轮片 ϕ100	片	7.60	0.378	0.469	0.663	0.865	1.223	2.208
	尼龙砂轮片 ϕ500	片	15.00	0.060	0.083	0.112	–	–	–
	耐酸石棉橡胶板 综合	kg	45.88	0.090	0.130	0.170	0.230	0.280	0.330
	其他材料费	元	–	0.510	0.570	0.690	0.800	0.980	1.400
机械	电焊机(综合)	台班	183.97	0.136	0.179	0.234	0.304	0.380	0.564
	砂轮切割机 ϕ500	台班	9.52	0.016	0.024	0.026	–	–	–
	电动空气压缩机 1m³/min	台班	146.17	–	0.033	0.042	0.072	0.088	0.128
	电动空气压缩机 6m³/min	台班	338.45	0.002	0.002	0.002	0.002	0.002	0.002
	电焊条烘干箱 60×50×75cm³	台班	28.84	0.014	0.018	0.024	0.031	0.038	0.056
	等离子弧焊机 400A	台班	226.59	–	0.033	0.042	0.072	0.088	0.128
	汽车式起重机 8t	台班	728.19	–	–	–	–	–	0.002
	载货汽车 8t	台班	619.25	–	–	–	–	–	0.002

工作内容:管子切口,坡口加工,坡口磨平,焊接,焊缝钝化,法兰连接。

单位:副

定　额　编　号			10-4-186	10-4-187	10-4-188	10-4-189
项　　　　　目			公称直径（mm）			
			250 以内	300 以内	350 以内	400 以内
基　　　价　（元）			**545.84**	**735.10**	**1002.25**	**1297.64**
其中	人　工　费　（元）		135.36	168.40	212.48	260.24
	材　料　费　（元）		200.24	293.51	431.08	583.95
	机　械　费　（元）		210.24	273.19	358.69	453.45
名　　　　　称	单位	单价（元）	数		量	
人工 综合工日	工日	80.00	1.692	2.105	2.656	3.253
材料 中压不锈钢对焊法兰	片	－	(2.000)	(2.000)	(2.000)	(2.000)
不锈钢电焊条 302	kg	40.00	3.892	5.911	8.863	12.151
尼龙砂轮片 ϕ100	片	7.60	3.401	4.820	6.486	8.337
耐酸石棉橡胶板 综合	kg	45.88	0.370	0.400	0.540	0.690
其他材料费	元	－	1.740	2.090	2.490	2.890
机械 电焊机(综合)	台班	183.97	0.774	1.025	1.397	1.799
电动空气压缩机 1m³/min	台班	146.17	0.167	0.210	0.253	0.302
电动空气压缩机 6m³/min	台班	338.45	0.002	0.002	0.002	0.002
电焊条烘干箱 60×50×75cm³	台班	28.84	0.077	0.103	0.139	0.180
等离子弧焊机 400A	台班	226.59	0.167	0.210	0.253	0.302
汽车式起重机 8t	台班	728.19	0.002	0.002	0.002	0.003
载货汽车 8t	台班	619.25	0.002	0.002	0.002	0.003

4. 不锈钢对焊法兰(氩电联焊)

工作内容:管子切口,坡口加工,管口组对,焊接,焊缝钝化,法兰连接。

单位:副

	定 额 编 号			10-4-190	10-4-191	10-4-192	10-4-193
	项 目			公称直径(mm)			
				50 以内	65 以内	80 以内	100 以内
	基 价 (元)			**84.48**	**111.16**	**136.96**	**181.02**
其 中	人 工 费 (元)			43.92	54.16	63.28	83.60
	材 料 费 (元)			13.97	20.91	28.31	41.00
	机 械 费 (元)			26.59	36.09	45.37	56.42
	名 称	单位	单价(元)	数		量	
人工	综合工日	工日	80.00	0.549	0.677	0.791	1.045
材 料	中压不锈钢对焊法兰	片	–	(2.000)	(2.000)	(2.000)	(2.000)
	不锈钢电焊条 302	kg	40.00	0.135	0.246	0.321	0.528
	不锈钢氩弧焊丝 1Cr18Ni9Ti	kg	32.00	0.042	0.052	0.072	0.090
	氩气	m^3	15.00	0.117	0.146	0.202	0.252
	铈钨棒	g	0.39	0.184	0.206	0.272	0.316
	尼龙砂轮片 $\phi100$	片	7.60	0.100	0.124	0.194	0.251
	尼龙砂轮片 $\phi500$	片	15.00	0.038	0.060	0.083	0.112
	耐酸石棉橡胶板 综合	kg	45.88	0.070	0.090	0.130	0.170
	其他材料费	元	–	0.860	1.160	1.350	1.710
机 械	电焊机(综合)	台班	183.97	0.071	0.105	0.137	0.183
	氩弧焊机 500A	台班	116.61	0.077	0.086	0.107	0.128
	砂轮切割机 $\phi500$	台班	9.52	0.011	0.016	0.024	0.026
	普通车床 630mm×2000mm	台班	187.70	0.019	0.030	0.034	0.034
	电动空气压缩机 6m^3/min	台班	338.45	0.002	0.002	0.002	0.002
	电焊条烘干箱 60×50×75cm^3	台班	28.84	0.007	0.010	0.014	0.018

工作内容:管子切口,坡口加工,管口组对,焊接,焊缝钝化,法兰连接。

单位:副

定 额 编 号				10-4-194	10-4-195	10-4-196
项 目				公称直径(mm)		
				125 以内	150 以内	200 以内
基 价 (元)				**226.74**	**278.85**	**412.82**
其中	人 工 费 (元)			96.48	110.08	143.04
	材 料 费 (元)			51.89	71.01	123.99
	机 械 费 (元)			78.37	97.76	145.79
名 称		单位	单价(元)	数		量
人工	综合工日	工日	80.00	1.206	1.376	1.788
材料	中压不锈钢对焊法兰	片	—	(2.000)	(2.000)	(2.000)
	不锈钢电焊条 302	kg	40.00	0.688	1.016	2.015
	不锈钢氩弧焊丝 1Cr18Ni9Ti	kg	32.00	0.123	0.149	0.243
	氩气	m³	15.00	0.344	0.418	0.681
	铈钨棒	g	0.39	0.417	0.498	0.689
	尼龙砂轮片 φ100	片	7.60	0.335	0.508	0.870
	耐酸石棉橡胶板 综合	kg	45.88	0.230	0.280	0.330
	其他材料费	元	—	2.010	2.430	3.380
机械	电焊机(综合)	台班	183.97	0.237	0.312	0.484
	氩弧焊机 500A	台班	116.61	0.163	0.190	0.260
	等离子弧焊机 400A	台班	226.59	0.021	0.026	0.037
	普通车床 630mm×2000mm	台班	187.70	0.035	0.037	0.042
	电动空气压缩机 1m³/min	台班	146.17	0.021	0.026	0.037
	电动空气压缩机 6m³/min	台班	338.45	0.002	0.002	0.002
	电焊条烘干箱 60×50×75cm³	台班	28.84	0.024	0.031	0.048
	汽车式起重机 8t	台班	728.19	—	—	0.002
	载货汽车 8t	台班	619.25	—	—	0.002

工作内容:管子切口,坡口加工,管口组对,焊接,焊缝钝化,法兰连接。

定 额 编 号			10-4-197	10-4-198	10-4-199	10-4-200
项 目			公称直径(mm)			
			250 以内	300 以内	350 以内	400 以内
基 价 (元)			**570.75**	**735.08**	**996.83**	**1278.85**
其中	人 工 费 (元)		180.80	214.00	260.32	310.56
	材 料 费 (元)		198.66	281.63	424.66	575.70
	机 械 费 (元)		191.29	239.45	311.85	392.59
名 称	单位	单价(元)	数		量	
人工 综合工日	工日	80.00	2.260	2.675	3.254	3.882
材料 中压不锈钢对焊法兰	片	—	(2.000)	(2.000)	(2.000)	(2.000)
不锈钢电焊条 302	kg	40.00	3.407	5.275	8.033	11.114
不锈钢氩弧焊丝 1Cr18Ni9Ti	kg	32.00	0.306	0.377	0.438	0.575
氩气	m³	15.00	0.855	1.056	1.226	1.610
铈钨棒	g	0.39	0.860	1.024	1.187	1.341
尼龙砂轮片 $\phi100$	片	7.60	2.402	2.500	5.255	6.558
耐酸石棉橡胶板 综合	kg	45.88	0.370	0.400	0.540	0.690
其他材料费	元	—	4.200	4.970	5.760	6.570
机械 电焊机(综合)	台班	183.97	0.649	0.833	1.153	1.498
氩弧焊机 500A	台班	116.61	0.336	0.395	0.434	0.490
等离子弧焊机 400A	台班	226.59	0.049	0.062	0.075	0.088
普通车床 630mm×2000mm	台班	187.70	0.049	0.060	0.077	0.096
汽车式起重机 8t	台班	728.19	0.002	0.002	0.002	0.003
载货汽车 8t	台班	619.25	0.002	0.002	0.002	0.003
电动空气压缩机 1m³/min	台班	146.17	0.049	0.062	0.075	0.088
电动空气压缩机 6m³/min	台班	338.45	0.002	0.002	0.002	0.002
电焊条烘干箱 60×50×75cm³	台班	28.84	0.065	0.083	0.116	0.150

5. 合金钢对焊法兰(电弧焊)

工作内容:光谱分析,管子切口,坡口加工,管口组对,焊接,法兰连接。

单位:副

定 额 编 号			10-4-201	10-4-202	10-4-203	10-4-204	10-4-205	10-4-206	10-4-207
项 目			公称直径（mm）						
			15 以内	20 以内	25 以内	32 以内	40 以内	50 以内	65 以内
基 价 （元）			**41.81**	**50.62**	**57.39**	**65.72**	**72.28**	**85.01**	**115.26**
其中	人 工 费 （元）		28.24	31.84	33.52	37.52	39.92	43.68	52.88
	材 料 费 （元）		3.67	5.73	7.99	9.33	11.44	15.90	25.92
	机 械 费 （元）		9.90	13.05	15.88	18.87	20.92	25.43	36.46
名 称	单位	单价(元)	数			量			
人工	综合工日	工日	80.00	0.353	0.398	0.419	0.469	0.499	0.546	0.661
材料	中压合金钢对焊法兰	片	–	(2.000)	(2.000)	(2.000)	(2.000)	(2.000)	(2.000)	(2.000)
	低合金钢耐热电焊条	kg	47.25	0.037	0.066	0.089	0.111	0.127	0.197	0.364
	氧气	m³	3.60	0.006	0.007	0.008	0.009	0.013	0.015	0.024
	乙炔气	m³	25.20	0.002	0.002	0.003	0.003	0.004	0.005	0.008
	尼龙砂轮片 φ100	片	7.60	0.052	0.064	0.072	0.081	0.094	0.134	0.209
	尼龙砂轮片 φ500	片	15.00	0.008	0.012	0.016	0.020	0.024	0.032	0.055
	耐酸石棉橡胶板 综合	kg	45.88	0.010	0.020	0.040	0.040	0.060	0.070	0.090
	其他材料费	元	–	0.880	0.950	1.060	1.230	1.460	1.700	1.890
机械	电焊机(综合)	台班	183.97	0.035	0.050	0.065	0.080	0.091	0.109	0.157
	砂轮切割机 φ500	台班	9.52	0.001	0.003	0.004	0.005	0.006	0.007	0.009
	普通车床 630mm×2000mm	台班	187.70	0.011	0.013	0.013	0.014	0.014	0.020	0.031
	光谱仪	台班	143.99	0.009	0.009	0.009	0.009	0.009	0.009	0.009
	电焊条烘干箱 60×50×75cm³	台班	28.84	0.003	0.003	0.005	0.006	0.007	0.009	0.013

工作内容:光谱分析,管子切口,坡口加工,管口组对,焊接,法兰连接。

单位:副

定 额 编 号			10-4-208	10-4-209	10-4-210	10-4-211	10-4-212	10-4-213	10-4-214
项 目			公称直径(mm)						
			80 以内	100 以内	125 以内	150 以内	200 以内	250 以内	300 以内
基 价 (元)			**132.05**	**179.80**	**205.95**	**246.87**	**375.82**	**521.09**	**695.52**
其中	人 工 费 (元)		58.24	74.16	83.44	87.92	120.32	153.92	191.52
	材 料 费 (元)		31.94	50.29	59.31	81.42	141.18	220.31	322.77
	机 械 费 (元)		41.87	55.35	63.20	77.53	114.32	146.86	181.23
名 称	单位	单价(元)	数			量			
人工 综合工日	工日	80.00	0.728	0.927	1.043	1.099	1.504	1.924	2.394
材料 中压合金钢对焊法兰	片	–	(2.000)	(2.000)	(2.000)	(2.000)	(2.000)	(2.000)	(2.000)
低合金钢耐热电焊条	kg	47.25	0.428	0.728	0.853	1.217	2.303	3.784	5.748
氧气	m³	3.60	0.027	0.037	0.041	0.228	0.356	0.497	0.643
乙炔气	m³	25.20	0.009	0.012	0.014	0.076	0.119	0.167	0.214
尼龙砂轮片 φ100	片	7.60	0.245	0.378	0.443	0.622	1.114	1.710	2.420
尼龙砂轮片 φ500	片	15.00	0.066	0.091	0.108	–	–	–	–
耐酸石棉橡胶板 综合	kg	45.88	0.130	0.170	0.230	0.280	0.330	0.370	0.400
其他材料费	元	–	2.580	3.420	2.970	3.610	4.480	5.550	6.730
机械 电焊机(综合)	台班	183.97	0.186	0.258	0.299	0.368	0.541	0.707	0.879
砂轮切割机 φ500	台班	9.52	0.011	0.017	0.018	–	–	–	–
半自动切割机 100mm	台班	96.23	–	–	–	0.015	0.024	0.027	0.031
普通车床 630mm×2000mm	台班	187.70	0.031	0.031	0.032	0.033	0.038	0.045	0.055
光谱仪	台班	143.99	0.009	0.009	0.009	0.009	0.009	0.009	0.009
汽车式起重机 8t	台班	728.19	–	–	–	–	0.002	0.002	0.002
载货汽车 8t	台班	619.25	–	–	–	–	0.002	0.002	0.002
电焊条烘干箱 60×50×75cm³	台班	28.84	0.015	0.021	0.025	0.031	0.047	0.061	0.077

工作内容:光谱分析,管子切口,坡口加工,管口组对,焊接,法兰连接。

单位:副

定 额 编 号			10-4-215	10-4-216	10-4-217	10-4-218
项 目			公称直径(mm)			
			350 以内	400 以内	450 以内	500 以内
基 价 (元)			**951.11**	**1250.26**	**1623.67**	**1844.39**
其中	人 工 费 (元)		241.12	306.64	397.12	489.44
	材 料 费 (元)		473.19	641.66	850.11	937.58
	机 械 费 (元)		236.80	301.96	376.44	417.37
名 称	单位	单价(元)	数		量	
人工 综合工日	工日	80.00	3.014	3.833	4.964	6.118
材料 中压合金钢对焊法兰	片	–	(2.000)	(2.000)	(2.000)	(2.000)
低合金钢耐热电焊条	kg	47.25	8.619	11.816	15.890	17.584
氧气	m³	3.60	0.760	0.950	1.074	1.184
乙炔气	m³	25.20	0.254	0.317	0.358	0.395
尼龙砂轮片 φ100	片	7.60	3.253	4.179	5.277	5.848
耐酸石棉橡胶板 综合	kg	45.88	0.540	0.690	0.810	0.830
其他材料费	元	–	7.310	8.530	9.150	9.990
机械 电焊机(综合)	台班	183.97	1.170	1.481	1.844	2.043
半自动切割机 100mm	台班	96.23	0.034	0.039	0.048	0.054
普通车床 630mm×2000mm	台班	187.70	0.060	0.088	0.112	0.122
光谱仪	台班	143.99	0.009	0.009	0.009	0.009
汽车式起重机 8t	台班	728.19	0.002	0.003	0.004	0.005
载货汽车 8t	台班	619.25	0.002	0.003	0.004	0.005
电焊条烘干箱 60×50×75cm³	台班	28.84	0.105	0.135	0.169	0.187

6.合金钢对焊法兰(氩电联焊)

工作内容:光谱分析,管子切口,坡口加工,管口组对,焊接,法兰连接。

单位:副

定 额 编 号				10-4-219	10-4-220	10-4-221	10-4-222	10-4-223	10-4-224	10-4-225
项 目				公称直径(mm)						
				50 以内	65 以内	80 以内	100 以内	125 以内	150 以内	200 以内
基 价 (元)				**83.69**	**114.32**	**131.26**	**180.23**	**207.01**	**248.94**	**380.33**
其 中	人 工 费 (元)			44.88	54.40	60.08	77.12	87.04	92.64	127.68
	材 料 费 (元)			14.91	23.72	29.39	46.66	55.12	76.01	132.41
	机 械 费 (元)			23.90	36.20	41.79	56.45	64.85	80.29	120.24
	名 称	单位	单价(元)	数			量			
人工	综合工日	工日	80.00	0.561	0.680	0.751	0.964	1.088	1.158	1.596
材 料	中压合金钢对焊法兰	片	–	(2.000)	(2.000)	(2.000)	(2.000)	(2.000)	(2.000)	(2.000)
	低合金钢耐热电焊条	kg	47.25	0.140	0.266	0.312	0.571	0.669	0.988	1.959
	合金钢氩弧焊丝	kg	16.20	0.029	0.041	0.049	0.063	0.075	0.090	0.125
	氧气	m³	3.60	0.015	0.024	0.027	0.037	0.041	0.228	0.356
	乙炔气	m³	25.20	0.005	0.008	0.009	0.012	0.014	0.076	0.119
	氩气	m³	15.00	0.082	0.115	0.138	0.178	0.211	0.253	0.349
	铈钨棒	g	0.39	0.164	0.231	0.277	0.355	0.421	0.505	0.698

	定　额　编　号			10-4-219	10-4-220	10-4-221	10-4-222	10-4-223	10-4-224	10-4-225
	项　　　　目			公称直径（mm）						
				50以内	65以内	80以内	100以内	125以内	150以内	200以内
材	尼龙砂轮片 φ100	片	7.60	0.130	0.205	0.241	0.374	0.439	0.618	1.110
	尼龙砂轮片 φ500	片	15.00	0.036	0.055	0.066	0.091	0.108	–	–
	耐酸石棉橡胶板 综合	kg	45.88	0.070	0.090	0.130	0.170	0.230	0.280	0.330
料	其他材料费	元	–		1.610	1.870	2.570	3.410	2.960	3.600	4.460
机	电焊机(综合)	台班	183.97	0.077	0.122	0.145	0.212	0.246	0.309	0.471
	氩弧焊机 500A	台班	116.61	0.038	0.054	0.065	0.083	0.099	0.118	0.163
	砂轮切割机 φ500	台班	9.52	0.008	0.009	0.011	0.017	0.018	–	–
	半自动切割机 100mm	台班	96.23	–	–	–	–	–	0.015	0.024
	普通车床 630mm×2000mm	台班	187.70	0.020	0.031	0.031	0.031	0.032	0.033	0.038
	光谱仪	台班	143.99	0.009	0.009	0.009	0.009	0.009	0.009	0.009
	汽车式起重机 8t	台班	728.19	–	–	–	–	–	–	0.002
械	载货汽车 8t	台班	619.25	–	–	–	–	–	–	0.002
	电焊条烘干箱 60×50×75cm³	台班	28.84	0.006	0.009	0.011	0.017	0.020	0.026	0.040

工作内容:光谱分析,管子切口,坡口加工,管口组对,焊接,法兰连接。

单位:副

定　额　编　号				10-4-226	10-4-227	10-4-228	10-4-229	10-4-230	10-4-231
项　　　　　目				公称直径（mm）					
				250 以内	300 以内	350 以内	400 以内	450 以内	500 以内
基　　　价　（元）				**527.74**	**682.56**	**935.78**	**1224.34**	**1586.94**	**1803.62**
其中	人　工　费　（元）			164.08	204.32	257.36	322.80	415.04	509.44
	材　料　费　（元）			207.31	304.71	447.92	608.58	807.25	890.25
	机　械　费　（元）			156.35	173.53	230.50	292.96	364.65	403.93
名　　　　称		单位	单价(元)	数			量		
人工	综合工日	工日	80.00	2.051	2.554	3.217	4.035	5.188	6.368
材料	中压合金钢对焊法兰	片	—	(2.000)	(2.000)	(2.000)	(2.000)	(2.000)	(2.000)
	低合金钢耐热电焊条	kg	47.25	3.313	5.130	7.811	10.807	14.635	16.195
	合金钢氩弧焊丝	kg	16.20	0.155	0.185	0.215	0.243	0.273	0.304
	氧气	m³	3.60	0.497	0.643	0.760	0.950	1.074	1.184
	乙炔气	m³	25.20	0.167	0.214	0.254	0.317	0.358	0.395
	氩气	m³	15.00	0.435	0.519	0.601	0.679	0.766	0.852

定 额 编 号			10-4-226	10-4-227	10-4-228	10-4-229	10-4-230	10-4-231
项 目			公称直径(mm)					
			250 以内	300 以内	350 以内	400 以内	450 以内	500 以内
材料	铈钨棒	g	0.39	0.870	1.037	1.203	1.358	1.531	1.704
	尼龙砂轮片 φ100	片	7.60	1.696	2.416	3.249	4.175	5.273	5.844
	耐酸石棉橡胶板 综合	kg	45.88	0.370	0.400	0.540	0.690	0.810	0.830
	其他材料费	元	–	5.530	6.710	7.280	8.500	9.110	9.960
机械	电焊机(综合)	台班	183.97	0.631	0.685	0.949	1.233	1.555	1.720
	氩弧焊机 500A	台班	116.61	0.203	0.242	0.281	0.317	0.358	0.398
	半自动切割机 100mm	台班	96.23	0.027	0.031	0.034	0.039	0.048	0.054
	普通车床 630mm×2000mm	台班	187.70	0.045	0.055	0.070	0.088	0.112	0.122
	光谱仪	台班	143.99	0.009	0.009	0.009	0.009	0.009	0.009
	汽车式起重机 8t	台班	728.19	0.002	0.002	0.002	0.003	0.004	0.005
	载货汽车 8t	台班	619.25	0.002	0.002	0.002	0.003	0.004	0.005
	电焊条烘干箱 60×50×75cm³	台班	28.84	0.054	0.069	0.095	0.123	0.156	0.172

7. 铜管对焊法兰(氧乙炔焊)

工作内容:管子切口,坡口加工,坡口磨平,焊前预热,焊接,法兰连接。

单位:副

定 额 编 号			10-4-232	10-4-233	10-4-234	10-4-235	10-4-236
项 目			管外径(mm)				
			20 以内	30 以内	40 以内	50 以内	65 以内
基 价 (元)			**21.79**	**31.68**	**34.67**	**45.84**	**50.88**
其中	人 工 费 (元)		19.52	26.56	27.60	34.72	37.12
	材 料 费 (元)		2.26	5.09	7.01	11.02	13.65
	机 械 费 (元)		0.01	0.03	0.06	0.10	0.11
名 称	单位	单价(元)	数			量	
人工 综合工日	工日	80.00	0.244	0.332	0.345	0.434	0.464
材料 中压铜对焊法兰	片	—	(2.000)	(2.000)	(2.000)	(2.000)	(2.000)
铜气焊丝	kg	38.00	0.020	0.042	0.058	0.098	0.128
氧气	m³	3.60	0.095	0.204	0.336	0.387	0.490
乙炔气	m³	25.20	0.036	0.079	0.107	0.161	0.188
尼龙砂轮片 φ100	片	7.60	—	—	—	0.070	0.092
尼龙砂轮片 φ500	片	15.00	0.007	0.014	0.022	0.031	0.037
硼砂	kg	3.60	0.005	0.008	0.011	0.013	0.026
石棉橡胶板 低压 0.8～1.0	kg	13.20	0.010	0.040	0.040	0.060	0.070
其他材料费	元	—	—	—	—	0.010	0.010
机械 砂轮切割机 φ500	台班	9.52	0.001	0.003	0.006	0.010	0.012

工作内容:管子切口,坡口加工,坡口磨平,焊前预热,焊接,法兰连接。 单位:副

定 额 编 号			10-4-237	10-4-238	10-4-239	10-4-240	10-4-241
项 目			管外径(mm)				
			75 以内	85 以内	100 以内	120 以内	150 以内
基 价 (元)			**56.44**	**99.70**	**108.41**	**147.37**	**181.00**
其中	人 工 费 (元)		39.44	42.40	46.16	58.64	70.16
	材 料 费 (元)		16.87	23.75	27.58	39.15	48.96
	机 械 费 (元)		0.13	33.55	34.67	49.58	61.88
名 称	单位	单价(元)	数		量		
人工 综合工日	工日	80.00	0.493	0.530	0.577	0.733	0.877
材料 中压铜对焊法兰	片	–	(2.000)	(2.000)	(2.000)	(2.000)	(2.000)
铜气焊丝	kg	38.00	0.150	0.216	0.245	0.350	0.438
氧气	m³	3.60	0.593	0.865	0.978	1.387	1.740
乙炔气	m³	25.20	0.246	0.358	0.404	0.575	0.721
尼龙砂轮片 φ100	片	7.60	0.108	0.200	0.281	0.402	0.507
尼龙砂轮片 φ500	片	15.00	0.041	–	–	–	–
硼砂	kg	3.60	0.030	0.044	0.049	0.070	0.088
石棉橡胶板 低压 0.8~1.0	kg	13.20	0.090	0.130	0.170	0.230	0.280
其他材料费	元	–	0.100	0.010	0.010	0.020	0.020
机械 砂轮切割机 φ500	台班	9.52	0.014	–	–	–	–
等离子弧焊机 400A	台班	226.59	–	0.090	0.093	0.133	0.166
电动空气压缩机 1m³/min	台班	146.17	–	0.090	0.093	0.133	0.166

工作内容:管子切口,坡口加工,坡口磨平,焊前预热,焊接,法兰连接。

単位:副

定 额 编 号			10-4-242	10-4-243	10-4-244	10-4-245
项 目			管外径(mm)			
			185 以内	200 以内	250 以内	300 以内
基 价 (元)			**217.96**	**291.55**	**363.91**	**439.87**
其中	人 工 费 (元)		81.36	107.28	134.48	165.44
	材 料 费 (元)		60.18	94.72	118.26	141.64
	机 械 费 (元)		76.42	89.55	111.17	132.79
名 称	单位	单价(元)	数			量
人工 综合工日	工日	80.00	1.017	1.341	1.681	2.068
材料 中压铜对焊法兰	片	—	(2.000)	(2.000)	(2.000)	(2.000)
铜气焊丝	kg	38.00	0.542	0.916	1.150	1.382
氧气	m³	3.60	2.154	3.436	4.311	5.182
乙炔气	m³	25.20	0.892	1.414	1.772	2.132
尼龙砂轮片 φ100	片	7.60	0.630	0.902	1.136	1.371
硼砂	kg	3.60	0.108	0.184	0.230	0.276
石棉橡胶板 低压 0.8~1.0	kg	13.20	0.314	0.330	0.370	0.400
其他材料费	元	—	0.030	0.040	0.040	0.050
机械 等离子弧焊机 400A	台班	226.59	0.205	0.233	0.291	0.349
电动空气压缩机 1m³/min	台班	146.17	0.205	0.233	0.291	0.349
汽车式起重机 8t	台班	728.19	—	0.002	0.002	0.002
载货汽车 8t	台班	619.25	—	0.002	0.002	0.002

三、高压法兰

1. 碳钢对焊法兰(电弧焊)

工作内容:管子切口,坡口加工,管口组对,焊接,法兰连接。

单位:副

定 额 编 号			10-4-246	10-4-247	10-4-248	10-4-249	10-4-250	10-4-251
项 目			公称直径（mm）					
			15 以内	20 以内	25 以内	32 以内	40 以内	50 以内
基 价 （元）			**42.27**	**51.04**	**63.35**	**76.38**	**89.76**	**107.92**
其中	人 工 费 （元）		27.76	33.04	39.12	46.64	55.52	63.60
	材 料 费 （元）		2.72	3.41	4.57	5.95	7.11	9.97
	机 械 费 （元）		11.79	14.59	19.66	23.79	27.13	34.35
名 称	单位	单价(元)	数			量		
人工 综合工日	工日	80.00	0.347	0.413	0.489	0.583	0.694	0.795
材料 尼龙砂轮片 ϕ100	片	7.60	0.062	0.074	0.082	0.091	0.104	0.144
其他材料费	元	－	1.240	1.370	1.550	1.810	2.180	2.560
碳钢透镜垫	个	－	(1.000)	(1.000)	(1.000)	(1.000)	(1.000)	(1.000)
高压碳钢对焊法兰	片	－	(2.000)	(2.000)	(2.000)	(2.000)	(2.000)	(2.000)
电焊条 结422 ϕ3.2	kg	6.70	0.123	0.176	0.290	0.418	0.504	0.775
尼龙砂轮片 ϕ500	片	15.00	0.012	0.020	0.030	0.043	0.051	0.075
机械 电焊机(综合)	台班	183.97	0.049	0.059	0.077	0.099	0.116	0.145
砂轮切割机 ϕ500	台班	9.52	0.003	0.006	0.007	0.009	0.009	0.011
普通车床 630mm×2000mm	台班	187.70	0.014	0.019	0.028	0.028	0.029	0.030
电动葫芦(单速)3t	台班	54.90	－	－	－	－	－	0.030
电焊条烘干箱 60×50×75cm³	台班	28.84	0.004	0.004	0.006	0.008	0.009	0.010

工作内容:管子切口,坡口加工,管口组对,焊接,法兰连接。

单位:副

定 额 编 号			10-4-252	10-4-253	10-4-254	10-4-255	10-4-256	10-4-257
项 目			公称直径（mm）					
			65 以内	80 以内	100 以内	125 以内	150 以内	200 以内
基 价 （元）			**144.93**	**176.07**	**243.75**	**368.89**	**508.64**	**687.96**
其中	人 工 费 （元）		85.04	101.52	137.04	201.36	273.68	322.72
	材 料 费 （元）		15.34	19.94	29.57	45.41	68.35	105.21
	机 械 费 （元）		44.55	54.61	77.14	122.12	166.61	260.03
名 称	单位	单价(元)	数		量			
人工	综合工日	工日	80.00	1.063	1.269	1.713	2.517	3.421	4.034
材料	尼龙砂轮片 φ100	片	7.60	0.219	0.255	0.388	0.453	0.632	1.124
	碳钢透镜垫	个	–	(1.000)	(1.000)	(1.000)	(1.000)	(1.000)	(1.000)
	高压碳钢对焊法兰	片	–	(2.000)	(2.000)	(2.000)	(2.000)	(2.000)	(2.000)
	电焊条 结422 φ3.2	kg	6.70	1.317	1.791	2.783	4.999	7.819	12.137
	尼龙砂轮片 φ500	片	15.00	0.115	0.155	–	–	–	–
	氧气	m³	3.60	–	–	0.302	0.365	0.534	0.751
	乙炔气	m³	25.20	–	–	0.101	0.122	0.178	0.250
	其他材料费	元	–	3.130	3.680	4.340	4.090	4.750	6.350
机械	电焊机(综合)	台班	183.97	0.197	0.247	0.361	0.545	0.762	1.142
	砂轮切割机 φ500	台班	9.52	0.012	0.014	–	–	–	–
	普通车床 630mm×2000mm	台班	187.70	0.032	0.035	0.041	0.085	0.093	0.131
	电动葫芦(单速) 3t	台班	54.90	0.032	0.035	0.041	0.085	0.093	0.131
	电焊条烘干箱 60×50×75cm³	台班	28.84	0.015	0.019	0.027	0.043	0.064	0.099
	半自动切割机 100mm	台班	96.23	–	–	–	–	0.021	0.033
	汽车式起重机 8t	台班	728.19	–	–	–	–	–	0.009
	载货汽车 8t	台班	619.25	–	–	–	–	–	0.009

工作内容:管子切口,坡口加工,管口组对,焊接,法兰连接。

定 额 编 号			10-4-258	10-4-259	10-4-260	10-4-261	10-4-262	10-4-263
项 目			公称直径（mm）					
			250 以内	300 以内	350 以内	400 以内	450 以内	500 以内
基 价 （元）			**1034.43**	**1437.82**	**1817.72**	**2184.84**	**2920.65**	**3521.82**
其中	人 工 费 （元）		427.68	566.24	723.36	878.80	1113.36	1346.64
	材 料 费 （元）		153.35	232.28	312.40	377.89	530.66	638.83
	机 械 费 （元）		453.40	639.30	781.96	928.15	1276.63	1536.35
名 称	单位	单价（元）	数		量			
人工 综合工日	工日	80.00	5.346	7.078	9.042	10.985	13.917	16.833
材料 碳钢透镜垫	个	–	(1.000)	(1.000)	(1.000)	(1.000)	(1.000)	(1.000)
高压碳钢对焊法兰	片	–	(2.000)	(2.000)	(2.000)	(2.000)	(2.000)	(2.000)
电焊条 结422 ϕ3.2	kg	6.70	17.996	28.364	38.720	46.946	67.154	82.348
尼龙砂轮片 ϕ100	片	7.60	1.720	2.430	3.263	4.189	5.287	5.858
氧气	m³	3.60	1.025	1.260	1.534	1.723	2.365	2.432
乙炔气	m³	25.20	0.342	0.420	0.511	0.574	0.788	0.811
其他材料费	元	–	7.400	8.650	9.780	10.850	12.180	13.390
机械 电焊机(综合)	台班	183.97	1.631	2.394	2.862	3.470	4.964	6.087
普通车床 630mm×2000mm	台班	187.70	0.167	0.207	0.274	0.302	0.372	0.405
电焊条烘干箱 60×50×75cm³	台班	28.84	0.142	0.213	0.286	0.347	0.496	0.609
半自动切割机 100mm	台班	96.23	0.071	0.096	0.116	0.132	0.158	0.190
汽车式起重机 8t	台班	728.19	0.016	0.025	0.028	0.036	0.048	0.065
载货汽车 8t	台班	619.25	0.016	0.025	0.028	0.036	0.048	0.065
电动双梁桥式起重机 20t/5t	台班	536.00	0.167	0.207	0.274	0.302	0.372	0.405

2. 碳钢对焊法兰(氩电联焊)

工作内容:管子切口,坡口加工,管口组对,焊接,法兰连接。

单位:副

定　额　编　号			10-4-264	10-4-265	10-4-266	10-4-267	10-4-268	10-4-269
项　　　　　目			公称直径(mm)					
			15 以内	20 以内	25 以内	32 以内	40 以内	50 以内
基　　价　(元)			**40.15**	**52.93**	**70.85**	**88.60**	**103.29**	**112.89**
其中	人　工　费　(元)		27.92	34.72	42.88	52.40	62.08	65.52
	材　料　费　(元)		4.79	7.24	10.99	14.65	17.02	11.00
	机　械　费　(元)		7.44	10.97	16.98	21.55	24.19	36.37
名　　　　称	单位	单价(元)	数			量		
人工 综合工日	工日	80.00	0.349	0.434	0.536	0.655	0.776	0.819
材料 碳钢透镜垫	个	–	(1.000)	(1.000)	(1.000)	(1.000)	(1.000)	(1.000)
高压碳钢对焊法兰	片	–	(2.000)	(2.000)	(2.000)	(2.000)	(2.000)	(2.000)
电焊条 结 422 φ3.2	kg	6.70	–	–	–	–	–	0.722
碳钢焊丝	kg	14.40	0.050	0.086	0.143	0.197	0.227	0.024
氩气	m³	15.00	0.140	0.241	0.401	0.550	0.636	0.067
铈钨棒	g	0.39	0.279	0.483	0.802	1.101	1.271	0.134
尼龙砂轮片 φ100	片	7.60	0.058	0.070	0.078	0.087	0.100	0.140
尼龙砂轮片 φ500	片	15.00	0.012	0.020	0.030	0.043	0.051	0.075
其他材料费	元	–	1.240	1.370	1.560	1.830	2.190	2.570
机械 电焊机(综合)	台班	183.97	–	–	–	–	–	0.137
氩弧焊机 500A	台班	116.61	0.041	0.063	0.100	0.139	0.160	0.030
砂轮切割机 φ500	台班	9.52	0.003	0.006	0.007	0.009	0.009	0.011
普通车床 630mm×2000mm	台班	187.70	0.014	0.019	0.028	0.028	0.029	0.030
电动葫芦(单速)3t	台班	54.90	–	–	–	–	–	0.030
电焊条烘干箱 60×50×75cm³	台班	28.84	–	–	–	–	–	0.010

工作内容:管子切口,坡口加工,管口组对,焊接,法兰连接。

单位:副

定　额　编　号				10-4-270	10-4-271	10-4-272	10-4-273	10-4-274	10-4-275
项　　　　　目				公称直径（mm）					
				65 以内	80 以内	100 以内	125 以内	150 以内	200 以内
基　　　价　（元）				**146.28**	**183.94**	**255.00**	**377.18**	**516.33**	**695.86**
其中	人　工　费　（元）			86.08	104.48	141.20	205.44	278.00	327.52
	材　料　费　（元）			15.63	21.23	31.35	46.23	69.15	105.59
	机　械　费　（元）			44.57	58.23	82.45	125.51	169.18	262.75
名　　　称		单位	单价(元)	数			量		
人工	综合工日	工日	80.00	1.076	1.306	1.765	2.568	3.475	4.094
材料	碳钢透镜垫	个	－	(1.000)	(1.000)	(1.000)	(1.000)	(1.000)	(1.000)
	高压碳钢对焊法兰	片	－	(2.000)	(2.000)	(2.000)	(2.000)	(2.000)	(2.000)
	电焊条 结422 φ3.2	kg	6.70	1.129	1.717	2.691	4.630	7.296	11.343
	碳钢焊丝	kg	14.40	0.030	0.035	0.048	0.064	0.074	0.113
	氩气	m³	15.00	0.084	0.098	0.133	0.180	0.208	0.318
	氧气	m³	3.60	－	－	0.272	0.329	0.534	0.676
	乙炔气	m³	25.20	－	－	0.091	0.110	0.178	0.225

续前

定 额 编 号				10-4-270	10-4-271	10-4-272	10-4-273	10-4-274	10-4-275
项 目				公称直径（mm）					
				65 以内	80 以内	100 以内	125 以内	150 以内	200 以内
材	铈钨棒	g	0.39	0.168	0.197	0.266	0.360	0.416	0.635
	尼龙砂轮片 φ100	片	7.60	0.215	0.251	0.384	0.449	0.628	1.120
料	尼龙砂轮片 φ500	片	15.00	0.103	0.139	–	–	–	–
	其他材料费	元	–	3.130	3.680	4.340	4.080	4.740	6.330
机	电焊机(综合)	台班	183.97	0.174	0.239	0.352	0.513	0.717	1.078
	氩弧焊机 500A	台班	116.61	0.037	0.044	0.060	0.080	0.094	0.141
	砂轮切割机 φ500	台班	9.52	0.011	0.013	–	–	–	–
	普通车床 630mm×2000mm	台班	187.70	0.032	0.035	0.041	0.085	0.093	0.125
	电动葫芦(单速) 3t	台班	54.90	0.032	0.035	0.041	0.085	0.093	0.125
	电焊条烘干箱 60×50×75cm³	台班	28.84	0.013	0.018	0.026	0.041	0.060	0.092
	半自动切割机 100mm	台班	96.23	–	–	–	–	0.021	0.030
械	汽车式起重机 8t	台班	728.19	–	–	–	–	–	0.009
	载货汽车 8t	台班	619.25	–	–	–	–	–	0.009

工作内容: 管子切口,坡口加工,管口组对,焊接,法兰连接。

单位:副

定 额 编 号				10-4-276	10-4-277	10-4-278	10-4-279	10-4-280	10-4-281
项 目				公称直径（mm）					
				250 以内	300 以内	350 以内	400 以内	450 以内	500 以内
基 价 （元）				**1044.54**	**1438.23**	**1865.85**	**2259.99**	**2987.06**	**3425.77**
其 中	人 工 费 （元）			434.08	571.28	726.72	886.16	1117.28	1311.28
	材 料 费 （元）			153.80	228.80	310.90	376.18	524.00	582.00
	机 械 费 （元）			456.66	638.15	828.23	997.65	1345.78	1532.49
名 称		单位	单价(元)	数			量		
人工	综合工日	工日	80.00	5.426	7.141	9.084	11.077	13.966	16.391
材 料	碳钢透镜垫	个	–	(1.000)	(1.000)	(1.000)	(1.000)	(1.000)	(1.000)
	高压碳钢对焊法兰	片	–	(2.000)	(2.000)	(2.000)	(2.000)	(2.000)	(2.000)
	电焊条 结422 φ3.2	kg	6.70	16.888	26.727	36.884	44.691	63.953	71.374
	碳钢焊丝	kg	14.40	0.136	0.157	0.186	0.230	0.254	0.289
	氩气	m³	15.00	0.378	0.442	0.519	0.644	0.711	0.809
	氧气	m³	3.60	1.025	1.120	1.534	1.723	2.365	2.432

定 额 编 号			10-4-276	10-4-277	10-4-278	10-4-279	10-4-280	10-4-281
项 目			公称直径（mm）					
			250 以内	300 以内	350 以内	400 以内	450 以内	500 以内
材	乙炔气	m³	25.20	0.342	0.373	0.511	0.574	0.788	0.811
	铈钨棒	g	0.39	0.757	0.883	1.039	1.288	1.423	1.619
	尼龙砂轮片 φ100	片	7.60	1.716	2.426	3.259	4.185	5.283	5.854
料	其他材料费	元	–	7.380	8.620	9.740	10.800	12.110	13.180
机	电焊机(综合)	台班	183.97	1.543	2.270	3.028	3.669	5.143	5.760
	氩弧焊机 500A	台班	116.61	0.169	0.197	0.232	0.287	0.317	0.361
	普通车床 630mm×2000mm	台班	187.70	0.167	0.207	0.259	0.302	0.372	0.428
	电焊条烘干箱 60×50×75cm³	台班	28.84	0.133	0.201	0.270	0.327	0.470	0.524
	半自动切割机 100mm	台班	96.23	0.071	0.086	0.116	0.132	0.158	0.190
	汽车式起重机 8t	台班	728.19	0.016	0.025	0.028	0.036	0.048	0.065
械	载货汽车 8t	台班	619.25	0.016	0.025	0.028	0.036	0.048	0.065
	电动双梁桥式起重机 20t/5t	台班	536.00	0.167	0.207	0.259	0.302	0.372	0.428

3.不锈钢对焊法兰(电弧焊)

工作内容:管子切口,坡口加工,管口组对,焊接,焊缝钝化,法兰连接。

单位:副

定　额　编　号			10-4-282	10-4-283	10-4-284	10-4-285	10-4-286	10-4-287
项　　　　目			公称直径（mm）					
			15 以内	20 以内	25 以内	32 以内	40 以内	50 以内
基　　价　（元）			**40.00**	**49.69**	**68.65**	**84.86**	**102.64**	**122.74**
其中	人　工　费　（元）		24.24	29.12	38.48	48.00	57.36	64.64
	材　料　费　（元）		4.94	6.92	10.87	13.45	17.71	24.13
	机　械　费　（元）		10.82	13.65	19.30	23.41	27.57	33.97
名　　称	单位	单价(元)	数			量		
人工 综合工日	工日	80.00	0.303	0.364	0.481	0.600	0.717	0.808
材料 不锈钢透镜垫	个	–	(1.000)	(1.000)	(1.000)	(1.000)	(1.000)	(1.000)
高压不锈钢对焊法兰	片	–	(2.000)	(2.000)	(2.000)	(2.000)	(2.000)	(2.000)
不锈钢电焊条 302	kg	40.00	0.082	0.125	0.210	0.264	0.358	0.502
尼龙砂轮片 $\phi100$	片	7.60	0.073	0.085	0.093	0.102	0.115	0.155
尼龙砂轮片 $\phi500$	片	15.00	0.016	0.022	0.042	0.050	0.062	0.069
其他材料费	元	–	0.870	0.940	1.130	1.360	1.590	1.840
机械 电焊机(综合)	台班	183.97	0.039	0.050	0.073	0.092	0.109	0.133
砂轮切割机 $\phi500$	台班	9.52	0.004	0.007	0.009	0.011	0.015	0.018
普通车床 630mm×2000mm	台班	187.70	0.015	0.019	0.026	0.029	0.034	0.034
电动葫芦(单速) 3t	台班	54.90	–	–	–	–	–	0.034
电动空气压缩机 6m³/min	台班	338.45	0.002	0.002	0.002	0.002	0.002	0.002
电焊条烘干箱 60×50×75cm³	台班	28.84	0.004	0.005	0.008	0.009	0.011	0.014

工作内容:管子切口,坡口加工,管口组对,焊接,焊缝钝化,法兰连接。

单位:副

定 额 编 号			10-4-288	10-4-289	10-4-290	10-4-291	10-4-292	10-4-293
项 目			公称直径(mm)					
			65 以内	80 以内	100 以内	125 以内	150 以内	200 以内
基 价 (元)			**185.90**	**216.28**	**306.74**	**453.79**	**602.69**	**1102.21**
其中	人 工 费 (元)		84.88	93.92	138.40	178.24	224.56	313.92
	材 料 费 (元)		43.26	64.95	85.56	152.45	216.76	460.75
	机 械 费 (元)		57.76	57.41	82.78	123.10	161.37	327.54
名 称	单位	单价(元)	数			量		
人工 综合工日	工日	80.00	1.061	1.174	1.730	2.228	2.807	3.924
材料 不锈钢透镜垫	个	–	(1.000)	(1.000)	(1.000)	(1.000)	(1.000)	(1.000)
高压不锈钢对焊法兰	片	–	(2.000)	(2.000)	(2.000)	(2.000)	(2.000)	(2.000)
不锈钢电焊条 302	kg	40.00	0.921	1.441	1.982	3.597	5.153	11.065
尼龙砂轮片 $\phi100$	片	7.60	0.276	0.274	0.395	0.590	0.771	1.580
尼龙砂轮片 $\phi500$	片	15.00	0.125	0.174	–	–	–	–
其他材料费	元	–	2.450	2.620	3.280	4.090	4.780	6.140
机械 电焊机(综合)	台班	183.97	0.243	0.250	0.343	0.533	0.711	1.383
砂轮切割机 $\phi500$	台班	9.52	0.027	0.033				
普通车床 630mm×2000mm	台班	187.70	0.047	0.040	0.042	0.051	0.061	0.146
电动葫芦(单速) 3t	台班	54.90	0.047	0.040	0.042	0.051	0.061	0.146
电动空气压缩机 1m³/min	台班	146.17	–	–	0.021	0.028	0.035	0.056
电动空气压缩机 6m³/min	台班	338.45	0.002	0.002	0.002	0.002	0.002	0.002
电焊条烘干箱 60×50×75cm³	台班	28.84	0.025	0.025	0.034	0.054	0.071	0.139
等离子弧焊机 400A	台班	226.59	–	–	0.021	0.028	0.035	0.056
汽车式起重机 8t	台班	728.19	–	–	–	–	–	0.009
载货汽车 8t	台班	619.25	–	–	–	–	–	0.009

工作内容:管子切口,坡口加工,管口组对,焊接,焊缝钝化,法兰连接。

定　额　编　号			10-4-294	10-4-295	10-4-296	10-4-297
项　　　　目			公称直径（mm）			
			250 以内	300 以内	350 以内	400 以内
基　　　价　（元）			**1592.91**	**2355.68**	**3054.40**	**4006.51**
其中	人　工　费　（元）		412.80	557.92	651.04	831.44
	材　料　费　（元）		694.03	978.79	1340.93	1783.31
	机　械　费　（元）		486.08	818.97	1062.43	1391.76
名　　称	单位	单价(元)	数		量	
人工 综合工日	工日	80.00	5.160	6.974	8.138	10.393
材料 不锈钢透镜垫	个	－	(1.000)	(1.000)	(1.000)	(1.000)
高压不锈钢对焊法兰	片	－	(2.000)	(2.000)	(2.000)	(2.000)
不锈钢电焊条 302	kg	40.00	16.728	23.618	31.837	42.488
不锈钢氩弧焊丝 1Cr18Ni9Ti	kg	32.00	－	－	0.349	0.401
氩气	m³	15.00	－	－	0.977	1.122
铈钨棒	g	0.39	－	－	0.995	1.161

定　额　编　号			10-4-294	10-4-295	10-4-296	10-4-297
项　　　目			公称直径（mm）			
			250 以内	300 以内	350 以内	400 以内
材料	尼龙砂轮片 φ100	片	7.60	2.286	3.288	4.010	5.415
	其他材料费	元	－	7.540	9.080	10.760	12.520
机械	电焊机(综合)	台班	183.97	2.000	2.824	3.647	4.867
	氩弧焊机 500A	台班	116.61	－	－	0.405	0.503
	等离子弧焊机 400A	台班	226.59	0.076	0.116	0.134	0.164
	普通车床 630mm×2000mm	台班	187.70	0.196	0.265	0.304	0.390
	电动葫芦(单速) 3t	台班	54.90	0.196	－	－	－
	汽车式起重机 8t	台班	728.19	0.016	0.025	0.028	0.036
	载货汽车 8t	台班	619.25	0.016	0.025	0.028	0.036
	电动双梁桥式起重机 20t/5t	台班	536.00	－	0.265	0.304	0.390
	电动空气压缩机 1m³/min	台班	146.17	0.002	0.002	0.002	0.002
	电动空气压缩机 6m³/min	台班	338.45	0.076	0.116	0.134	0.164
	电焊条烘干箱 60×50×75cm³	台班	28.84	0.201	0.282	0.365	0.486

4. 不锈钢对焊法兰(氩电联焊)

工作内容:管子切口,坡口加工,管口组对,焊接,焊缝钝化,法兰连接。

单位:副

定 额 编 号			10-4-298	10-4-299	10-4-300	10-4-301	10-4-302	10-4-303
项 目			公称直径（mm）					
			15 以内	20 以内	25 以内	32 以内	40 以内	50 以内
基 价 （元）			**39.26**	**49.86**	**69.94**	**88.66**	**110.01**	**133.92**
其中	人 工 费 （元）		24.24	29.60	39.84	49.76	60.56	66.80
	材 料 费 （元）		5.08	7.09	11.05	13.82	18.23	25.52
	机 械 费 （元）		9.94	13.17	19.05	25.08	31.22	41.60
名 称	单位	单价(元)	数			量		
人工 综合工日	工日	80.00	0.303	0.370	0.498	0.622	0.757	0.835
材料 不锈钢透镜垫	个	–	(1.000)	(1.000)	(1.000)	(1.000)	(1.000)	(1.000)
高压不锈钢对焊法兰	片	–	(2.000)	(2.000)	(2.000)	(2.000)	(2.000)	(2.000)
不锈钢电焊条 302	kg	40.00	–	–	–	–	–	0.442
不锈钢氩弧焊丝 1Cr18Ni9Ti	kg	32.00	0.045	0.068	0.113	0.144	0.195	0.050
氩气	m³	15.00	0.127	0.192	0.317	0.403	0.548	0.142
铈钨棒	g	0.39	0.231	0.350	0.589	0.740	1.005	0.154
尼龙砂轮片 φ100	片	7.60	0.071	0.083	0.091	0.100	0.113	0.153
料 尼龙砂轮片 φ500	片	15.00	0.016	0.022	0.042	0.050	0.062	0.069
其他材料费	元	–	0.870	0.940	1.130	1.370	1.590	1.850
机 电焊机(综合)	台班	183.97	–	–	–	–	–	0.119
氩弧焊机 500A	台班	116.61	0.055	0.076	0.115	0.148	0.190	0.088
砂轮切割机 φ500	台班	9.52	0.004	0.007	0.009	0.011	0.015	0.018
普通车床 630mm×2000mm	台班	187.70	0.015	0.019	0.026	0.029	0.034	0.034
电动葫芦(单速) 3t	台班	54.90	–	–	–	0.029	0.034	0.034
械 电动空气压缩机 6m³/min	台班	338.45	0.002	0.002	0.002	0.002	0.002	0.002
电焊条烘干箱 60×50×75cm³	台班	28.84	–	–	–	–	–	0.012

工作内容:管子切口,坡口加工,管口组对,焊接,焊缝钝化,法兰连接。

定 额 编 号			10-4-304	10-4-305	10-4-306	10-4-307	10-4-308	10-4-309
项 目			公称直径（mm）					
			65 以内	80 以内	100 以内	125 以内	150 以内	200 以内
基 价 （元）			**197.73**	**230.96**	**322.06**	**465.86**	**612.91**	**1123.29**
其中	人 工 费 （元）		87.76	100.40	139.60	178.24	224.00	330.40
	材 料 费 （元）		43.70	56.33	88.78	153.89	216.94	453.47
	机 械 费 （元）		66.27	74.23	93.68	133.73	171.97	339.42
名 称	单位	单价（元）	数			量		
人工 综合工日	工日	80.00	1.097	1.255	1.745	2.228	2.800	4.130
材料 不锈钢透镜垫	个	–	(1.000)	(1.000)	(1.000)	(1.000)	(1.000)	(1.000)
高压不锈钢对焊法兰	片	–	(2.000)	(2.000)	(2.000)	(2.000)	(2.000)	(2.000)
不锈钢电焊条 302	kg	40.00	0.768	1.029	1.769	3.290	4.746	10.258
不锈钢氩弧焊丝 1Cr18Ni9Ti	kg	32.00	0.088	0.105	0.158	0.185	0.222	0.338
氩气	m³	15.00	0.246	0.293	0.443	0.519	0.623	0.946
铈钨棒	g	0.39	0.280	0.298	0.304	0.342	0.417	0.775
尼龙砂轮片 φ100	片	7.60	0.270	0.272	0.387	0.577	0.755	1.546

定 额 编 号			10-4-304	10-4-305	10-4-306	10-4-307	10-4-308	10-4-309
项 目			公称直径（mm）					
			65 以内	80 以内	100 以内	125 以内	150 以内	200 以内
材料	尼龙砂轮片 ϕ500	片	15.00	0.125	0.174	–	–	–	–
	其他材料费	元	–	2.440	2.620	3.260	4.070	4.750	6.090
机	电焊机(综合)	台班	183.97	0.207	0.247	0.279	0.444	0.596	1.169
	氩弧焊机 500A	台班	116.61	0.131	0.149	0.196	0.234	0.275	0.445
	砂轮切割机 ϕ500	台班	9.52	0.027	0.033	–	–	–	–
	等离子弧焊机 400A	台班	226.59	–	–	0.021	0.028	0.035	0.056
	普通车床 630mm×2000mm	台班	187.70	0.047	0.040	0.042	0.051	0.061	0.146
	电动葫芦(单速) 3t	台班	54.90	0.047	0.040	0.042	0.051	0.061	0.146
	电动空气压缩机 1m³/min	台班	146.17	–	–	0.021	0.028	0.035	0.056
	电动空气压缩机 6m³/min	台班	338.45	0.002	0.002	0.002	0.002	0.002	0.002
	电焊条烘干箱 60×50×75cm³	台班	28.84	0.020	0.025	0.028	0.044	0.060	0.117
械	汽车式起重机 8t	台班	728.19	–	–	–	–	–	0.009
	载货汽车 8t	台班	619.25	–	–	–	–	–	0.009

工作内容:管子切口,坡口加工,管口组对,焊接,焊缝钝化,法兰连接。

定　额　编　号			10-4-310	10-4-311	10-4-312	10-4-313
项　　　　目			公称直径（mm）			
			250 以内	300 以内	350 以内	400 以内
基　　　价　（元）			**1590.71**	**2343.60**	**2876.04**	**3850.60**
其 中	人　工　费　（元）		432.24	584.64	618.16	861.04
	材　料　费　（元）		679.50	954.71	1278.95	1701.09
	机　械　费　（元）		478.97	804.25	978.93	1288.47
名　　　称	单位	单价(元)	数		量	
人 工	综合工日	工日	80.00	5.403	7.308	7.727	10.763
材 料	不锈钢透镜垫	个	－	(1.000)	(1.000)	(1.000)	(1.000)
	高压不锈钢对焊法兰	片	－	(2.000)	(2.000)	(2.000)	(2.000)
	不锈钢电焊条 302	kg	40.00	15.584	22.002	29.850	39.837
	不锈钢氩弧焊丝 1Cr18Ni9Ti	kg	32.00	0.423	0.550	0.594	0.734
	氩气	m³	15.00	1.184	1.537	1.664	2.053
	铈钨棒	g	0.39	0.980	1.420	1.373	1.863

定 额 编 号			10-4-310	10-4-311	10-4-312	10-4-313
项 目			公称直径（mm）			
			250 以内	300 以内	350 以内	400 以内
材料	尼龙砂轮片 φ100	片	7.60	2.236	3.217	3.923	5.298
	其他材料费	元	-	7.470	8.970	10.630	12.340
机械	电焊机(综合)	台班	183.97	1.697	2.395	3.112	4.148
	氩弧焊机 500A	台班	116.61	0.547	0.749	0.764	0.990
	普通车床 630mm×2000mm	台班	187.70	0.196	0.265	0.304	0.390
	电动葫芦(单速) 3t	台班	54.90	0.196	-	-	-
	电动空气压缩机 1m³/min	台班	146.17	0.076	0.116	0.134	0.164
	电动空气压缩机 6m³/min	台班	338.45	0.002	0.002	0.002	0.002
	电焊条烘干箱 60×50×75cm³	台班	28.84	0.169	0.240	0.311	0.415
	等离子弧焊机 400A	台班	226.59	0.076	0.116	0.134	0.164
	汽车式起重机 8t	台班	728.19	0.016	0.025	0.028	0.040
	载货汽车 8t	台班	619.25	0.016	0.025	0.028	0.040
	电动双梁桥式起重机 20t/5t	台班	536.00	-	0.265	0.304	0.390

5. 合金钢对焊法兰(电弧焊)

工作内容: 光谱分析,管子切口,坡口加工,管口组对,焊接,法兰连接。

单位:副

定　额　编　号			10-4-314	10-4-315	10-4-316	10-4-317	10-4-318	10-4-319	10-4-320
项　　　　　目			公称直径（mm）						
			15 以内	20 以内	25 以内	32 以内	40 以内	50 以内	65 以内
基　　价　　（元）			**47.19**	**61.12**	**77.61**	**94.71**	**112.86**	**135.00**	**187.83**
其中	人　工　费　（元）		28.80	36.96	44.64	52.88	60.96	70.08	86.08
	材　料　费　（元）		5.70	8.29	12.40	15.34	20.29	27.87	53.55
	机　械　费　（元）		12.69	15.87	20.57	26.49	31.61	37.05	48.20
名　　　　称	单位	单价(元)	数				量		
人工 综合工日	工日	80.00	0.360	0.462	0.558	0.661	0.762	0.876	1.076
材料 合金钢透镜垫	个	–	(1.000)	(1.000)	(1.000)	(1.000)	(1.000)	(1.000)	(1.000)
高压合金钢对焊法兰	片	–	(2.000)	(2.000)	(2.000)	(2.000)	(2.000)	(2.000)	(2.000)
低合金钢耐热电焊条	kg	47.25	0.080	0.126	0.205	0.257	0.348	0.488	0.990
尼龙砂轮片 ϕ100	片	7.60	0.068	0.079	0.088	0.099	0.110	0.149	0.243
尼龙砂轮片 ϕ500	片	15.00	0.011	0.018	0.025	0.033	0.043	0.060	0.101
其他材料费	元	–	1.240	1.470	1.670	1.950	2.370	2.780	3.410
机械 电焊机(综合)	台班	183.97	0.047	0.061	0.080	0.101	0.122	0.153	0.207
砂轮切割机 ϕ500	台班	9.52	0.003	0.005	0.007	0.008	0.009	0.009	0.012
普通车床 630mm×2000mm	台班	187.70	0.014	0.017	0.023	0.026	0.031	0.031	0.034
光谱仪	台班	143.99	0.009	0.009	0.009	0.009	0.009	0.009	0.009
电动葫芦(单速) 3t	台班	54.90	–	–	–	0.026	0.031	0.031	0.034
电焊条烘干箱 60×50×75cm³	台班	28.84	0.003	0.004	0.006	0.008	0.009	–	0.016

工作内容:光谱分析,管子切口,坡口加工,管口组对,焊接,法兰连接。

单位:副

定 额 编 号			10-4-321	10-4-322	10-4-323	10-4-324	10-4-325	10-4-326	10-4-327
项 目			公称直径（mm）						
			80 以内	100 以内	125 以内	150 以内	200 以内	250 以内	300 以内
基 价 （元）			**244.22**	**334.52**	**470.80**	**641.98**	**1206.52**	**1699.83**	**2484.05**
其 中	人 工 费 （元）		109.04	156.48	196.32	247.84	383.20	498.88	627.12
	材 料 费 （元）		77.84	101.65	169.74	251.96	546.17	809.09	1196.85
	机 械 费 （元）		57.34	76.39	104.74	142.18	277.15	391.86	660.08
名 称	单位	单价（元）	数				量		
人 工	综合工日	工日	80.00	1.363	1.956	2.454	3.098	4.790	6.236	7.839
材 料	合金钢透镜垫	个	–	(1.000)	(1.000)	(1.000)	(1.000)	(1.000)	(1.000)	(1.000)
	高压合金钢对焊法兰	片	–	(2.000)	(2.000)	(2.000)	(2.000)	(2.000)	(2.000)	(2.000)
	低合金钢耐热电焊条	kg	47.25	1.475	1.927	3.323	5.011	11.050	16.412	24.397
	氧气	m³	3.60	–	0.245	0.354	0.400	0.624	0.949	1.170
	乙炔气	m³	25.20	–	0.082	0.118	0.133	0.208	0.316	0.389
	尼龙砂轮片 φ100	片	7.60	0.263	0.390	0.522	0.711	1.382	1.975	2.854

续前

定 额 编 号			10-4-321	10-4-322	10-4-323	10-4-324	10-4-325	10-4-326	10-4-327
项 目			公称直径（mm）						
			80 以内	100 以内	125 以内	150 以内	200 以内	250 以内	300 以内
材料	尼龙砂轮片 ϕ500	片	15.00	0.139	–	–	–	–	–	–
	其他材料费	元	–	4.060	4.690	4.510	5.000	6.070	7.230	8.390
机	电焊机（综合）	台班	183.97	0.252	0.354	0.497	0.673	1.232	1.745	2.450
	砂轮切割机 ϕ500	台班	9.52	0.014	–	–	–	–	–	–
	半自动切割机 100mm	台班	96.23	–	–	–	0.020	0.032	0.065	0.094
	普通车床 630mm×2000mm	台班	187.70	0.037	0.038	0.045	0.056	0.128	0.172	0.220
	光谱仪	台班	143.99	0.009	0.009	0.009	0.009	0.009	0.009	0.009
	汽车式起重机 8t	台班	728.19	–	–	–	–	0.009	0.016	0.025
	载货汽车 8t	台班	619.25	–	–	–	–	0.009	0.016	0.025
	电动双梁桥式起重机 20t/5t	台班	536.00	–	–	–	–	–	–	0.220
械	电动葫芦（单速）3t	台班	54.90	0.037	0.038	0.045	0.056	0.128	0.172	–
	电焊条烘干箱 60×50×75cm³	台班	28.84	0.020	0.026	0.038	0.054	0.102	–	0.212

工作内容:光谱分析,管子切口,坡口加工,管口组对,焊接,法兰连接。

单位:副

定 额 编 号			10-4-328	10-4-329	10-4-330	10-4-331
项 目			公称直径（mm）			
			350 以内	400 以内	450 以内	500 以内
基 价 （元）			**3108.74**	**4019.77**	**5022.89**	**6088.30**
其中	人 工 费 （元）		728.88	892.16	1064.40	1268.56
	材 料 费 （元）		1621.79	2165.54	2746.25	3344.11
	机 械 费 （元）		758.07	962.07	1212.24	1475.63
名 称	单位	单价（元）	数		量	
人工 综合工日	工日	80.00	9.111	11.152	13.305	15.857
材料 合金钢透镜垫	个	–	(1.000)	(1.000)	(1.000)	(1.000)
高压合金钢对焊法兰	片	–	(2.000)	(2.000)	(2.000)	(2.000)
低合金钢耐热电焊条	kg	47.25	33.169	44.377	56.466	68.729
氧气	m³	3.60	1.402	1.764	2.018	2.703
乙炔气	m³	25.20	0.467	0.588	0.673	0.901
尼龙砂轮片 φ100	片	7.60	3.712	4.913	5.673	6.842
其他材料费	元	–	9.530	10.220	10.890	12.230
机械 电焊机(综合)	台班	183.97	2.769	3.607	4.591	5.589
半自动切割机 100mm	台班	96.23	0.110	0.130	0.147	0.212
普通车床 630mm×2000mm	台班	187.70	0.264	0.312	0.379	0.445
光谱仪	台班	143.99	0.009	0.009	0.009	0.009
汽车式起重机 8t	台班	728.19	0.028	0.036	0.048	0.065
载货汽车 8t	台班	619.25	0.028	0.036	0.048	0.065
电动双梁桥式起重机 20t/5t	台班	536.00	0.264	0.312	0.379	0.445
电焊条烘干箱 60×50×75cm³	台班	28.84	0.277	0.360	0.459	0.558

6. 合金钢对焊法兰(氩电联焊)

工作内容: 光谱分析,管子切口,坡口加工,管口组对,焊接,法兰连接。

单位:副

定　额　编　号			10-4-332	10-4-333	10-4-334	10-4-335	10-4-336	10-4-337	10-4-338
项　　　　目			公称直径（mm）						
			15 以内	20 以内	25 以内	32 以内	40 以内	50 以内	65 以内
基　　　价　（元）			**44.39**	**58.43**	**75.40**	**91.60**	**110.29**	**147.40**	**199.27**
其中	人　工　费　（元）		31.84	41.36	51.04	60.64	70.96	79.12	96.80
	材　料　费　（元）		4.40	6.24	9.12	11.27	14.80	29.20	52.87
	机　械　费　（元）		8.15	10.83	15.24	19.69	24.53	39.08	49.60
名　　　称	单位	单价(元)	数			量			
人工	综合工日	工日	80.00	0.398	0.517	0.638	0.758	0.887	0.989	1.210
材料	合金钢透镜垫	个	–	(1.000)	(1.000)	(1.000)	(1.000)	(1.000)	(1.000)	(1.000)
	高压合金钢对焊法兰	片	–	(2.000)	(2.000)	(2.000)	(2.000)	(2.000)	(2.000)	(2.000)
	低合金钢耐热电焊条	kg	47.25	–	–	–	–	–	0.481	0.933
	合金钢氩弧焊丝	kg	16.20	0.042	0.066	0.107	0.134	0.182	0.028	0.034
	氩气	m³	15.00	0.116	0.184	0.298	0.375	0.508	0.078	0.095
	铈钨棒	g	0.39	0.233	0.368	0.597	0.750	1.017	0.156	0.189
	尼龙砂轮片 φ100	片	7.60	0.064	0.075	0.084	0.095	0.106	0.145	0.239
	尼龙砂轮片 φ500	片	15.00	0.011	0.018	0.025	0.033	0.043	0.060	0.101
	其他材料费	元	–	1.240	1.430	1.670	1.960	2.380	2.790	3.400
机械	电焊机(综合)	台班	183.97	–	–	–	–	–	0.139	0.187
	氩弧焊机 500A	台班	116.61	0.036	0.054	0.082	0.103	0.134	0.037	0.044
	砂轮切割机 φ500	台班	9.52	0.003	0.005	0.007	0.008	0.009	0.009	0.012
	普通车床 630mm×2000mm	台班	187.70	0.014	0.017	0.023	0.026	0.031	0.031	0.034
	光谱仪	台班	143.99	0.009	0.009	0.009	0.009	0.009	0.009	0.009
	电动葫芦(单速)3t	台班	54.90	–	–	–	0.026	0.031	0.031	0.034
	电焊条烘干箱 60×50×75cm³	台班	28.84	–	–	–	–	–	0.010	0.014

工作内容: 光谱分析,管子切口,坡口加工,管口组对,焊接,法兰连接。

定 额 编 号			10-4-339	10-4-340	10-4-341	10-4-342	10-4-343	10-4-344	10-4-345
项 目			公称直径（mm）						
			80 以内	100 以内	125 以内	150 以内	200 以内	250 以内	300 以内
基 价 (元)			**258.40**	**355.43**	**473.03**	**642.39**	**1197.37**	**1681.65**	**2381.58**
其 中	人 工 费 (元)		122.56	176.00	199.84	252.32	389.84	506.64	570.72
	材 料 费 (元)		76.35	99.88	165.44	244.04	525.77	778.07	1149.66
	机 械 费 (元)		59.49	79.55	107.75	146.03	281.76	396.94	661.20
名 称	单位	单价(元)	数			量			
人工	综合工日	工日	80.00	1.532	2.200	2.498	3.154	4.873	6.333	7.134
材料	合金钢透镜垫	个	–	(1.000)	(1.000)	(1.000)	(1.000)	(1.000)	(1.000)	(1.000)
	高压合金钢对焊法兰	片	–	(2.000)	(2.000)	(2.000)	(2.000)	(2.000)	(2.000)	(2.000)
	低合金钢耐热电焊条	kg	47.25	1.394	1.820	3.158	4.748	10.471	15.567	23.189
	合金钢氩弧焊丝	kg	16.20	0.039	0.055	0.059	0.075	0.116	0.149	0.165
	氧气	m³	3.60	–	0.245	0.354	0.400	0.624	0.949	1.170
	乙炔气	m³	25.20	–	0.082	0.118	0.133	0.208	0.316	0.389
	氩气	m³	15.00	0.110	0.154	0.164	0.211	0.325	0.415	0.460
	铈钨棒	g	0.39	0.221	0.308	0.328	0.421	0.651	0.831	0.920

续前

定　额　编　号			10-4-339	10-4-340	10-4-341	10-4-342	10-4-343	10-4-344	10-4-345
项　　　　　目			公称直径（mm）						
			80 以内	100 以内	125 以内	150 以内	200 以内	250 以内	300 以内
材 料	尼龙砂轮片 φ100	片	7.60	0.259	0.386	0.518	0.707	1.378	1.971	2.850
	尼龙砂轮片 φ500	片	15.00	0.139	－	－	－	－	－	－
	其他材料费	元	－	4.060	4.680	4.500	4.990	6.050	7.210	8.370
机 械	电焊机(综合)	台班	183.97	0.231	0.326	0.465	0.632	1.162	1.649	2.322
	氩弧焊机 500A	台班	116.61	0.052	0.072	0.077	0.099	0.152	0.195	0.215
	砂轮切割机 φ500	台班	9.52	0.014	－	－	－	－	－	－
	半自动切割机 100mm	台班	96.23	－	－	－	0.020	0.032	0.065	0.094
	普通车床 630mm×2000mm	台班	187.70	0.037	0.038	0.045	0.056	0.128	0.172	0.220
	光谱仪	台班	143.99	0.009	0.009	0.009	0.009	0.009	0.009	0.009
	汽车式起重机 8t	台班	728.19	－	－	－	－	0.009	0.016	0.025
	载货汽车 8t	台班	619.25	－	－	－	－	0.009	0.016	0.025
	电动双梁桥式起重机 20t/5t	台班	536.00	－	－	－	－	－	－	0.220
	电动葫芦(单速) 3t	台班	54.90	0.037	0.038	0.045	0.056	0.128	0.172	－
	电焊条烘干箱 60×50×75cm³	台班	28.84	0.018	0.023	0.035	0.049	0.094	－	0.198

工作内容:光谱分析,管子切口,坡口加工,管口组对,焊接,法兰连接。

定 额 编 号			10-4-346	10-4-347	10-4-348	10-4-349
项 目			公称直径（mm）			
			350 以内	400 以内	450 以内	500 以内
基 价 （元）			**3046.02**	**3927.45**	**4901.62**	**5938.00**
其 中	人 工 费 （元）		662.48	808.80	965.84	1151.68
	材 料 费 （元）		1556.44	2076.46	2630.85	3201.54
	机 械 费 （元）		827.10	1042.19	1304.93	1584.78
名 称	单位	单价（元）	数		量	
人工 综合工日	工日	80.00	8.281	10.110	12.073	14.396
材 料	合金钢透镜垫	个	–	(1.000)	(1.000)	(1.000)	(1.000)
	高压合金钢对焊法兰	片	–	(2.000)	(2.000)	(2.000)	(2.000)
	低合金钢耐热电焊条	kg	47.25	31.542	42.215	53.665	65.268
	合金钢氩弧焊丝	kg	16.20	0.192	0.218	0.282	0.349
	氧气	m³	3.60	1.402	1.764	2.018	2.703
	乙炔气	m³	25.20	0.467	0.588	0.673	0.901

定　额　编　号			10-4-346	10-4-347	10-4-348	10-4-349
项　　　　目			公称直径（mm）			
			350 以内	400 以内	450 以内	500 以内
材料	氩气	m³	15.00	0.538	0.610	0.791	0.977
	铈钨棒	g	0.39	1.076	1.220	1.581	1.953
	尼龙砂轮片 φ100	片	7.60	3.708	4.909	5.669	6.838
	其他材料费	元	－	9.480	10.170	10.820	12.150
机械	电焊机(综合)	台班	183.97	2.987	3.865	4.865	5.898
	氩弧焊机 500A	台班	116.61	0.252	0.285	0.369	0.456
	半自动切割机 100mm	台班	96.23	0.110	0.130	0.147	0.212
	普通车床 630mm×2000mm	台班	187.70	0.264	0.312	0.379	0.445
	光谱仪	台班	143.99	0.009	0.009	0.009	0.009
	汽车式起重机 8t	台班	728.19	0.028	0.036	0.048	0.065
	载货汽车 8t	台班	619.25	0.028	0.036	0.048	0.065
	电动双梁桥式起重机 20t/5t	台班	536.00	0.264	0.312	0.379	0.445
	电焊条烘干箱 60×50×75cm³	台班	28.84	0.261	0.340	0.433	0.528

第五章　板卷管制作与管件制作

说　明

一、本章适用于各种板卷管及管件制作(包括加工制作全部操作过程,并按标准成品考虑,符合规范质量标准)。

二、各种板材异径管制作,不分同心偏心,均执行同一定额。

三、煨弯定额按 90°考虑,煨 180°时,定额乘以系数 1.5。

四、成品管材加工的管件,按标准成品考虑,符合规范质量标准。

五、中频煨弯定额不包括煨制时胎具更换内容。

六、"天圆地方"制作以"天圆地方"平均周长计算,按圆管直径执行相应弯头制作子目乘以系数 1.2,其安装执行管件连接相应子目。

工程量计算规则

一、板卷管制作,按不同材质、规格以"吨(t)"为计量单位,主材用量包括规定的损耗量。

二、板卷管件制作,按不同材质、规格、种类以"吨(t)"为计量单位,主材用量包括规定的损耗量。

三、成品管材制作管件,按不同材质、规格、种类以"10 个"为计量单位,主材用量包括规定的损耗量。

一、钢板卷管制作

1. 碳钢板直管制作(电弧焊)

工作内容:切割,坡口,压头,卷圆,组对,焊口处理,焊接,透油,堆放。 单位:t

定 额 编 号			10-5-1	10-5-2	10-5-3	10-5-4	10-5-5	10-5-6
项 目			公称直径(mm)					
			200 以内	250 以内	300 以内	350 以内	400 以内	450 以内
基 价 (元)			**3642.08**	**3107.44**	**2725.11**	**2119.52**	**1973.90**	**1862.46**
其中	人 工 费 (元)		1528.88	1317.84	1147.12	882.08	824.08	787.68
	材 料 费 (元)		281.26	238.65	215.31	194.27	187.20	175.86
	机 械 费 (元)		1831.94	1550.95	1362.68	1043.17	962.62	898.92
名 称	单位	单价(元)	数			量		
人工 综合工日	工日	80.00	19.111	16.473	14.339	11.026	10.301	9.846
材料 钢板	t	—	(1.050)	(1.050)	(1.050)	(1.050)	(1.050)	(1.050)
电焊条 结422 φ3.2	kg	6.70	31.840	27.009	24.549	23.549	22.843	21.447
尼龙砂轮片 φ100	片	7.60	7.900	6.663	5.859	4.318	4.024	3.784
其他材料费	元	—	7.890	7.050	6.300	3.670	3.570	3.410
机械 电焊机(综合)	台班	183.97	5.681	4.835	4.283	3.375	3.145	2.957
剪板机 20mm×2500mm	台班	302.52	0.328	0.264	0.221	0.150	0.132	0.118
刨边机 12000mm	台班	777.63	0.286	0.241	0.213	0.152	0.141	0.131
卷板机 20mm×2500mm	台班	291.50	0.340	0.306	0.272	0.238	0.213	0.204
油压机 500t	台班	297.62	0.170	0.153	0.136	0.119	0.111	0.102
电动双梁桥式起重机 20t/5t	台班	536.00	0.558	0.458	0.392	0.269	0.243	0.222
电焊条烘干箱 60×50×75cm³	台班	28.84	0.568	0.484	0.429	0.337	0.315	0.296

工作内容:切割,坡口,压头,卷圆,组对,焊口处理,焊接,透油,堆放。

单位:t

定 额 编 号			10-5-7	10-5-8	10-5-9	10-5-10	10-5-11	10-5-12
项 目			公称直径（mm）					
			500 以内	600 以内	700 以内	800 以内	900 以内	1000 以内
基 价 （元）			**1773.57**	**1832.47**	**1751.38**	**1590.92**	**1512.19**	**1325.83**
其中	人 工 费 （元）		757.12	747.92	733.28	645.76	614.72	544.80
	材 料 费 （元）		166.74	190.09	176.66	173.27	165.12	148.83
	机 械 费 （元）		849.71	894.46	841.44	771.89	732.35	632.20
名 称	单位	单价(元)	数			量		
人工 综合工日	工日	80.00	9.464	9.349	9.166	8.072	7.684	6.810
材料 钢板	t	—	(1.050)	(1.050)	(1.050)	(1.050)	(1.050)	(1.050)
电焊条 结422 ϕ3.2	kg	6.70	20.328	23.067	21.428	21.173	20.154	18.223
尼龙砂轮片 ϕ100	片	7.60	3.590	4.236	3.948	3.796	3.628	3.207
其他材料费	元	—	3.260	3.350	3.090	2.560	2.520	2.360
机械 电焊机(综合)	台班	183.97	2.806	3.216	2.998	2.763	2.625	2.244
剪板机 20mm×2500mm	台班	302.52	0.107	0.089	0.086	0.075	0.069	0.055
刨边机 12000mm	台班	777.63	0.123	0.112	0.106	0.099	0.094	0.083
卷板机 20mm×2500mm	台班	291.50	0.196	0.187	0.179	0.162	0.153	0.145
油压机 500t	台班	297.62	0.102	0.094	0.094	0.085	0.085	0.077
电动双梁桥式起重机 20t/5t	台班	536.00	0.205	0.178	0.170	0.153	0.143	0.122
电焊条烘干箱 60×50×75cm³	台班	28.84	0.281	0.378	0.353	0.325	0.309	0.264

工作内容:切割,坡口,压头,卷圆,组对,焊口处理,焊接,透油,堆放。

单位:t

定　额　编　号			10-5-13	10-5-14	10-5-15	10-5-16	10-5-17	10-5-18
项　　　　目			公称直径（mm）					
			1200 以内	1400 以内	1600 以内	1800 以内	2000 以内	2200 以内
基　　　价　（元）			**1235.66**	**1090.82**	**1040.32**	**995.21**	**943.34**	**929.10**
其中	人　工　费　（元）		516.32	468.88	444.00	419.36	400.96	393.92
	材　料　费　（元）		138.51	130.96	127.94	124.01	112.59	111.36
	机　械　费　（元）		580.83	490.98	468.38	451.84	429.79	423.82
名　　　称	单位	单价(元)	数			量		
人工 综合工日	工日	80.00	6.454	5.861	5.550	5.242	5.012	4.924
材料 钢板	t	—	(1.050)	(1.050)	(1.050)	(1.050)	(1.050)	(1.050)
电焊条 结422 φ3.2	kg	6.70	16.946	16.401	16.001	15.528	14.000	13.940
尼龙砂轮片 φ100	片	7.60	2.996	2.554	2.512	2.450	2.297	2.190
其他材料费	元	—	2.200	1.660	1.640	1.350	1.330	1.320
机械 电焊机(综合)	台班	183.97	2.075	1.680	1.626	1.571	1.493	1.483
剪板机 20mm×2500mm	台班	302.52	0.051	0.048	0.041	0.037	0.035	0.031
刨边机 12000mm	台班	777.63	0.078	0.071	0.068	0.065	0.063	0.060
卷板机 20mm×2500mm	台班	291.50	0.128	0.111	0.111	0.111	0.102	0.102
油压机 500t	台班	297.62	0.068	0.060	0.051	0.051	0.051	0.051
电动双梁桥式起重机 20t/5t	台班	536.00	0.109	0.105	0.095	0.090	0.085	0.084
电焊条烘干箱 60×50×75cm³	台班	28.84	0.244	0.197	0.191	0.184	0.176	0.174

工作内容:切割,坡口,压头,卷圆,组对,焊口处理,焊接,透油,堆放。

单位:t

定　额　编　号			10-5-19	10-5-20	10-5-21	10-5-22
项　　　　　目			公称直径（mm）			
			2400 以内	2600 以内	2800 以内	3000 以内
基　　价　　（元）			**890.29**	**966.12**	**809.80**	**777.07**
其中	人　工　费　（元）		359.04	354.08	301.20	280.80
	材　料　费　（元）		110.52	134.48	108.70	107.19
	机　械　费　（元）		420.73	477.56	399.90	389.08
名　　　　称	单位	单价(元)	数		量	
人工	综合工日	工日	80.00	4.488	4.426	3.765	3.510
材料	钢板	t	－	(1.050)	(1.050)	(1.050)	(1.050)
	电焊条 结422 φ3.2	kg	6.70	13.913	17.116	13.822	13.815
	尼龙砂轮片 φ100	片	7.60	2.108	2.452	1.980	1.800
	其他材料费	元	－	1.280	1.170	1.040	0.950
机械	电焊机(综合)	台班	183.97	1.468	1.743	1.407	1.390
	剪板机 20mm×2500mm	台班	302.52	0.030	0.027	0.027	0.027
	刨边机 12000mm	台班	777.63	0.060	0.071	0.059	0.057
	卷板机 20mm×2500mm	台班	291.50	0.102	0.094	0.094	0.085
	油压机 500t	台班	297.62	0.051	0.051	0.051	0.043
	电动双梁桥式起重机 20t/5t	台班	536.00	0.084	0.084	0.074	0.072
	电焊条烘干箱 60×50×75cm³	台班	28.84	0.173	0.205	0.165	0.163

2. 碳钢板直管制作（埋弧自动焊）

工作内容:切割,坡口,压头,卷圆,组对,焊口处理,焊接,透油,堆放。

单位:t

定额编号			10-5-23	10-5-24	10-5-25	10-5-26	10-5-27
项 目			公称直径（mm）				
			800 以内	900 以内	1000 以内	1200 以内	1400 以内
基 价 （元）			**888.12**	**845.37**	**752.07**	**706.14**	**668.04**
其中	人 工 费 （元）		455.28	434.08	389.92	374.00	359.84
	材 料 费 （元）		125.22	119.34	107.09	100.63	95.68
	机 械 费 （元）		307.62	291.95	255.06	231.51	212.52
名 称	单位	单价（元）	数			量	
人工 综合工日	工日	80.00	5.691	5.426	4.874	4.675	4.498
材料 钢板	t	–	(1.050)	(1.050)	(1.050)	(1.050)	(1.050)
碳钢埋弧焊丝	kg	8.20	7.307	6.967	6.285	5.917	5.820
埋弧焊剂	kg	3.20	10.960	10.451	9.427	8.876	8.730
尼龙砂轮片 φ100	片	7.60	3.720	3.528	3.093	2.889	2.462
其他材料费	元	–	1.960	1.950	1.880	1.750	1.310
机械 自动埋弧焊机 1200A	台班	219.82	0.243	0.234	0.197	0.185	0.172
剪板机 20mm×2500mm	台班	302.52	0.075	0.069	0.055	0.047	0.043
刨边机 12000mm	台班	777.63	0.099	0.094	0.083	0.078	0.071
卷板机 20mm×2500mm	台班	291.50	0.162	0.153	0.145	0.128	0.111
油压机 500t	台班	297.62	0.085	0.085	0.077	0.068	0.060
电动双梁桥式起重机 20t/5t	台班	536.00	0.153	0.143	0.122	0.109	0.105

工作内容:切割,坡口,压头,卷圆,组对,焊口处理,焊接,透油,堆放。

单位:t

定　额　编　号			10-5-28	10-5-29	10-5-30	10-5-31	10-5-32
项　　　　目			公称直径（mm）				
			1600 以内	1800 以内	2000 以内	2200 以内	2400 以内
基　　价　（元）			**637.63**	**607.65**	**514.80**	**548.72**	**528.62**
其中	人　工　费　（元）		339.36	318.88	292.96	287.04	276.72
	材　料　费　（元）		94.48	92.09	68.18	79.95	77.61
	机　械　费　（元）		203.79	196.68	153.66	181.73	174.29
名　　称	单位	单价（元）	数			量	
人工 综合工日	工日	80.00	4.242	3.986	3.662	3.588	3.459
材料 钢板	t	－	(1.050)	(1.050)	(1.050)	(1.050)	(1.050)
碳钢埋弧焊丝	kg	8.20	5.750	5.623	4.142	4.837	4.706
埋弧焊剂	kg	3.20	8.627	8.435	6.213	7.256	7.059
尼龙砂轮片 φ100	片	7.60	2.423	2.362	1.754	2.112	2.033
其他材料费	元	－	1.310	1.040	1.000	1.020	0.980
机械 自动埋弧焊机 1200A	台班	219.82	0.170	0.166	0.123	0.145	0.141
剪板机 20mm×2500mm	台班	302.52	0.041	0.037	0.028	0.031	0.031
刨边机 12000mm	台班	777.63	0.068	0.065	0.048	0.065	0.060
卷板机 20mm×2500mm	台班	291.50	0.111	0.111	0.102	0.102	0.102
油压机 500t	台班	297.62	0.060	0.060	0.051	0.051	0.051
电动双梁桥式起重机 20t/5t	台班	536.00	0.095	0.090	0.067	0.084	0.079

工作内容：切割,坡口,压头,卷圆,组对,焊口处理,焊接,透油,堆放。

单位:t

定 额 编 号			10-5-33	10-5-34	10-5-35
项 目			公称直径（mm）		
			2600 以内	2800 以内	3000 以内
基 价 （元）			**515.92**	**457.82**	**421.04**
其中	人 工 费 （元）		237.04	206.64	188.16
	材 料 费 （元）		91.85	84.33	74.98
	机 械 费 （元）		187.03	166.85	157.90
名　　　　称	单位	单价(元)	数		量
人工 综合工日	工日	80.00	2.963	2.583	2.352
材料 钢板	t	—	(1.050)	(1.050)	(1.050)
碳钢埋弧焊丝	kg	8.20	5.622	5.185	4.594
埋弧焊剂	kg	3.20	8.433	7.761	6.891
尼龙砂轮片 φ100	片	7.60	2.363	2.135	1.921
其他材料费	元	—	0.810	0.750	0.660
机械 自动埋弧焊机 1200A	台班	219.82	0.164	0.139	0.133
剪板机 20mm×2500mm	台班	302.52	0.027	0.027	0.027
刨边机 12000mm	台班	777.63	0.071	0.059	0.057
卷板机 20mm×2500mm	台班	291.50	0.094	0.094	0.085
油压机 500t	台班	297.62	0.051	0.051	0.043
电动双梁桥式起重机 20t/5t	台班	536.00	0.084	0.074	0.072

二、弯头制作

1. 碳钢板弯头制作(电弧焊)

工作内容:切割,坡口加工,坡口磨平,压头,卷圆,组对,焊口处理,焊接,透油,堆放。

单位:t

定 额 编 号				10-5-36	10-5-37	10-5-38	10-5-39	10-5-40	10-5-41
项 目				公称直径(mm)					
				200 以内	250 以内	300 以内	350 以内	400 以内	450 以内
基 价 (元)				**15205.03**	**12918.73**	**10967.54**	**8527.98**	**7585.50**	**6680.55**
其中	人 工 费 (元)			6114.24	5172.32	4359.44	3066.16	2689.76	2426.00
	材 料 费 (元)			2699.65	2240.82	1908.33	1691.11	1541.50	1344.87
	机 械 费 (元)			6391.14	5505.59	4699.77	3770.71	3354.24	2909.68
名 称		单位	单价(元)	数		量			
人工	综合工日	工日	80.00	76.428	64.654	54.493	38.327	33.622	30.325
材料	钢板	t	–	(1.060)	(1.060)	(1.060)	(1.060)	(1.060)	(1.060)
	电焊条 结422 φ3.2	kg	6.70	146.995	127.991	109.002	107.464	102.157	89.123
	氧气	m³	3.60	124.573	99.243	84.500	69.219	61.065	53.279
	乙炔气	m³	25.20	41.164	32.794	27.922	23.246	20.508	17.893
	尼龙砂轮片 φ100	片	7.60	25.402	22.145	18.891	15.798	14.008	12.240
	其他材料费	元	–	35.930	31.290	26.610	16.050	13.950	12.010
机械	电焊机(综合)	台班	183.97	27.568	24.012	20.453	16.295	14.417	12.577
	卷板机 20mm×2500mm	台班	291.50	0.680	0.612	0.544	0.527	0.510	0.408
	油压机 500t	台班	297.62	0.340	0.306	0.272	0.264	0.255	0.204
	电动双梁桥式起重机 20t/5t	台班	536.00	1.755	1.398	1.191	0.921	0.813	0.709
	电焊条烘干箱 60×50×75cm³	台班	28.84	2.752	2.403	2.050	1.632	1.443	1.256

工作内容: 切割,坡口加工,坡口磨平,压头,卷圆,组对,焊口处理,焊接,透油,堆放。

单位:t

定 额 编 号			10-5-42	10-5-43	10-5-44	10-5-45	10-5-46	10-5-47
项 目			公称直径（mm）					
			500 以内	600 以内	700 以内	800 以内	900 以内	1000 以内
基 价 （元）			**6101.79**	**7862.41**	**6921.51**	**5636.18**	**5109.71**	**4398.45**
其中	人 工 费 （元）		2242.24	3221.20	2880.48	2290.56	2104.32	1834.48
	材 料 费 （元）		1216.12	1425.94	1240.40	1084.04	973.95	856.65
	机 械 费 （元）		2643.43	3215.27	2800.63	2261.58	2031.44	1707.32
名 称	单位	单价(元)	数			量		
人工 综合工日	工日	80.00	28.028	40.265	36.006	28.632	26.304	22.931
材料 钢板	t	–	(1.060)	(1.060)	(1.060)	(1.060)	(1.060)	(1.060)
电焊条 结422 φ3.2	kg	6.70	80.645	100.308	87.209	76.760	69.307	62.981
氧气	m³	3.60	48.190	52.911	45.983	39.831	35.563	30.196
乙炔气	m³	25.20	16.184	17.769	15.443	13.347	11.918	10.113
尼龙砂轮片 φ100	片	7.60	11.089	13.539	11.777	10.643	9.614	8.425
其他材料费	元	–	10.200	12.720	11.890	9.130	8.170	7.090
机械 电焊机(综合)	台班	183.97	11.383	14.186	12.334	9.773	8.825	7.307
卷板机 20mm×2500mm	台班	291.50	0.391	0.357	0.323	0.323	0.272	0.255
油压机 500t	台班	297.62	0.196	0.179	0.162	0.162	0.136	0.128
电动双梁桥式起重机 20t/5t	台班	536.00	0.642	0.705	0.612	0.509	0.456	0.400
电焊条烘干箱 60×50×75cm³	台班	28.84	1.140	2.436	2.120	1.680	1.516	1.256

工作内容:切割,坡口加工,坡口磨平,压头,卷圆,组对,焊口处理,焊接,透油,堆放。

单位:t

定　额　编　号			10-5-48	10-5-49	10-5-50	10-5-51	10-5-52	10-5-53
项　　　　　目			公称直径（mm）					
			1200 以内	1400 以内	1600 以内	1800 以内	2000 以内	2200 以内
基　　　价　　（元）			**3682.80**	**3248.80**	**2474.45**	**2232.89**	**2073.86**	**1918.95**
其中	人　工　费　（元）		1548.40	1291.52	1026.64	933.04	875.04	820.88
	材　料　费　（元）		706.69	714.65	522.38	465.08	424.70	390.43
	机　械　费　（元）		1427.71	1242.63	925.43	834.77	774.12	707.64
名　　　　称	单位	单价(元)	数			量		
人工	综合工日	工日	80.00	19.355	16.144	12.833	11.663	10.938	10.261
材料	钢板	t	–	(1.060)	(1.060)	(1.060)	(1.060)	(1.060)	(1.060)
	电焊条 结422 ϕ3.2	kg	6.70	52.049	54.284	39.596	35.345	32.527	29.611
	氧气	m³	3.60	24.833	24.733	18.099	16.052	14.496	13.514
	乙炔气	m³	25.20	8.318	8.233	6.024	5.343	4.825	4.498
	尼龙砂轮片 ϕ100	片	7.60	6.967	6.557	4.784	4.274	3.935	3.583
	其他材料费	元	–	6.000	4.600	3.770	3.360	3.090	2.810
机械	电焊机(综合)	台班	183.97	6.041	5.202	3.796	3.387	3.117	2.838
	卷板机 20mm×2500mm	台班	291.50	0.247	0.221	0.204	0.204	0.204	0.187
	油压机 500t	台班	297.62	0.128	0.111	0.102	0.102	0.102	0.094
	电动双梁桥式起重机 20t/5t	台班	536.00	0.329	0.303	0.221	0.196	0.178	0.166
	电焊条烘干箱 60×50×75cm³	台班	28.84	1.037	0.893	0.652	0.582	0.536	0.488

工作内容: 切割,坡口加工,坡口磨平,压头,卷圆,组对,焊口处理,焊接,透油,堆放。

单位:t

定 额 编 号			10-5-54	10-5-55	10-5-56	10-5-57
项 目			公称直径（mm）			
			2400 以内	2600 以内	2800 以内	3000 以内
基 价 （元）			**1766.38**	**1797.16**	**1546.14**	**1414.37**
其中	人 工 费 （元）		765.84	747.84	658.96	607.04
	材 料 费 （元）		351.84	376.83	316.45	284.93
	机 械 费 （元）		648.70	672.49	570.73	522.40
名 称	单位	单价（元）	数		量	
人工 综合工日	工日	80.00	9.573	9.348	8.237	7.588
材料 钢板	t	—	(1.060)	(1.060)	(1.060)	(1.060)
电焊条 结422 φ3.2	kg	6.70	26.909	29.914	24.904	22.524
氧气	m³	3.60	12.039	12.416	10.564	9.451
乙炔气	m³	25.20	4.007	4.139	3.522	3.151
尼龙砂轮片 φ100	片	7.60	3.258	3.325	2.765	2.502
其他材料费	元	—	2.470	2.140	1.790	1.580
机械 电焊机(综合)	台班	183.97	2.580	2.721	2.273	2.054
卷板机 20mm×2500mm	台班	291.50	0.187	0.179	0.170	0.170
油压机 500t	台班	297.62	0.094	0.094	0.085	0.085
电动双梁桥式起重机 20t/5t	台班	536.00	0.147	0.146	0.124	0.111
电焊条烘干箱 60×50×75cm³	台班	28.84	0.443	0.468	0.390	0.353

2. 碳钢管虾体弯制作(电弧焊)

工作内容:管子切口,坡口加工,坡口磨平,管口组对,焊接,堆放。

单位:10 个

定　　额　　编　　号			10-5-58	10-5-59	10-5-60	10-5-61
项　　　　　　目			公称直径(mm)			
			200 以内	250 以内	300 以内	350 以内
基　　　价　(元)			**2752.35**	**3969.55**	**4606.95**	**5792.43**
其中	人　工　费　(元)		1179.36	1654.00	1874.24	2242.08
	材　料　费　(元)		492.24	780.35	901.39	1269.97
	机　械　费　(元)		1080.75	1535.20	1831.32	2280.38
名　　　　称	单位	单价(元)	数		量	
人工	综合工日	工日	80.00	14.742	20.675	23.428	28.026
材料	碳钢管	m	–	(4.860)	(5.860)	(6.670)	(7.420)
	电焊条 结422 ϕ3.2	kg	6.70	17.695	34.799	41.514	66.043
	氧气	m³	3.60	26.797	40.130	45.326	59.758
	乙炔气	m³	25.20	8.936	13.380	15.111	19.919
	尼龙砂轮片 ϕ100	片	7.60	4.995	6.489	7.760	11.589
	其他材料费	元	–	14.070	16.240	20.300	22.320
机械	电焊机(综合)	台班	183.97	5.784	8.216	9.801	12.204
	电焊条烘干箱 60×50×75cm³	台班	28.84	0.578	0.822	0.979	1.221

工作内容:管子切口,坡口加工,坡口磨平,管口组对,焊接,堆放。

单位:10 个

定 额 编 号				10-5-62	10-5-63	10-5-64
项 目				公称直径(mm)		
				400 以内	450 以内	500 以内
基 价 (元)				**6514.23**	**7806.25**	**8681.40**
其中	人 工 费 (元)			2518.48	2949.20	3260.64
	材 料 费 (元)			1415.51	1820.89	2064.34
	机 械 费 (元)			2580.24	3036.16	3356.42
名 称		单位	单价(元)	数		量
人工	综合工日	工日	80.00	31.481	36.865	40.758
材料	碳钢管	m	−	(8.230)	(9.070)	(9.120)
	电焊条 结422 φ3.2	kg	6.70	74.735	110.870	122.569
	氧气	m³	3.60	65.917	76.370	88.807
	乙炔气	m³	25.20	21.973	25.458	29.606
	尼龙砂轮片 φ100	片	7.60	13.137	17.817	19.722
	其他材料费	元	−	23.920	26.180	27.460
机械	电焊机(综合)	台班	183.97	13.809	16.249	17.963
	电焊条烘干箱 60×50×75cm³	台班	28.84	1.380	1.624	1.795

3. 不锈钢管虾体弯制作(电弧焊)

工作内容: 管子切口,坡口加工,坡口磨平,管口组对,焊接,焊缝钝化,堆放。

单位:10 个

定 额 编 号			10-5-65	10-5-66	10-5-67	10-5-68	10-5-69
项 目			公称直径（mm）				
			200 以内	250 以内	300 以内	350 以内	400 以内
基 价 （元）			**5046.23**	**6159.35**	**7294.69**	**8420.97**	**9492.48**
其中	人 工 费 （元）		1612.64	1926.56	2238.64	2556.96	2867.60
	材 料 费 （元）		508.62	622.43	757.53	878.71	993.78
	机 械 费 （元）		2924.97	3610.36	4298.52	4985.30	5631.10
名 称	单位	单价(元)	数			量	
人工 综合工日	工日	80.00	20.158	24.082	27.983	31.962	35.845
材料 不锈钢管·	m	－	(4.860)	(5.760)	(6.750)	(7.430)	(8.230)
不锈钢电焊条 302	kg	40.00	9.362	11.685	13.916	16.147	18.252
尼龙砂轮片 φ100	片	7.60	10.107	11.055	15.401	17.922	20.303
其他材料费	元	－	57.330	71.010	83.840	96.620	109.400
机械 电焊机(综合)	台班	183.97	5.838	7.094	8.449	9.804	11.082
等离子弧焊机 400A	台班	226.59	4.896	6.104	7.271	8.434	9.526
电动空气压缩机 1m³/min	台班	146.17	4.896	6.104	7.271	8.434	9.526
电动空气压缩机 6m³/min	台班	338.45	0.028	0.028	0.028	0.028	0.028
电焊条烘干箱 60×50×75cm³	台班	28.84	0.570	0.710	0.844	0.982	1.108

4.不锈钢管虾体弯制作(氩电联焊)

工作内容:管子切口,坡口加工,坡口磨平,管口组对,焊接,焊缝钝化,堆放。 单位:10 个

定 额 编 号			10-5-70	10-5-71	10-5-72	10-5-73	10-5-74
项 目			公称直径(mm)				
			200 以内	250 以内	300 以内	350 以内	400 以内
基 价 (元)			**5030.57**	**6219.65**	**7356.47**	**8474.22**	**10026.85**
其中	人 工 费 (元)		1661.12	1988.08	2311.76	2643.28	3091.28
	材 料 费 (元)		501.84	639.09	783.70	926.47	1157.50
	机 械 费 (元)		2867.61	3592.48	4261.01	4904.47	5778.07
名 称	单位	单价(元)	数		量		
人工	综合工日	工日	80.00	20.764	24.851	28.897	33.041	38.641
材料	不锈钢管	m	–	(4.860)	(5.760)	(6.750)	(7.430)	(8.230)
	不锈钢电焊条 302	kg	40.00	4.825	6.013	7.161	8.313	10.586
	不锈钢氩弧焊丝 1Cr18Ni9Ti	kg	32.00	2.650	3.389	4.197	5.102	6.587
	氩气	m^3	15.00	7.422	9.490	11.751	14.283	18.444
	铈钨棒	g	0.39	12.052	15.101	17.998	20.935	26.743
	尼龙砂轮片 $\phi100$	片	7.60	6.753	9.429	12.735	14.838	16.821
	其他材料费	元	–	56.690	70.220	82.890	95.510	108.350
机械	电焊机(综合)	台班	183.97	3.136	3.910	4.654	5.405	6.881
	氩弧焊机 500A	台班	116.61	3.834	4.949	5.759	6.356	7.992
	等离子弧焊机 400A	台班	226.59	4.896	6.104	7.271	8.434	9.526
	电动空气压缩机 1m^3/min	台班	146.17	4.896	6.104	7.271	8.434	9.526
	电动空气压缩机 6m^3/min	台班	338.45	0.028	0.028	0.028	0.028	0.028
	电焊条烘干箱 60×50×75cm^3	台班	28.84	0.315	0.390	0.466	0.541	0.688

5. 铜管虾体弯制作(氧乙炔焊)

工作内容: 管子切口,坡口加工,坡口磨平,管口组对,焊口处理,焊前预热,焊接,堆放。

单位:10 个

定 额 编 号				10-5-75	10-5-76	10-5-77	10-5-78	10-5-79
项 目				管外径（mm）				
				150 以内	185 以内	200 以内	250 以内	300 以内
基 价 （元）				**4154.36**	**5243.65**	**5750.46**	**7099.12**	**8499.90**
其中	人 工 费 （元）			1179.04	1477.44	1621.12	2009.12	2448.16
	材 料 费 （元）			348.48	449.39	497.54	609.42	798.81
	机 械 费 （元）			2626.84	3316.82	3631.80	4480.58	5252.93
名 称		单位	单价(元)	数		量		
人工	综合工日	工日	80.00	14.738	18.468	20.264	25.114	30.602
材料	铜管	m	－	(4.200)	(4.670)	(5.050)	(6.050)	(8.330)
	铜气焊丝	kg	38.00	4.950	6.600	7.430	8.940	9.930
	氧气	m³	3.60	9.897	12.205	13.210	16.538	27.203
	乙炔气	m³	25.20	3.807	4.694	5.079	6.360	10.463
	尼龙砂轮片 φ100	片	7.60	2.647	3.281	3.553	4.459	5.364
	硼砂	kg	3.60	0.990	1.320	1.485	1.782	1.980
	其他材料费	元	－	5.130	6.680	7.300	9.590	11.980
机械	等离子弧焊机 400A	台班	226.59	7.047	8.898	9.743	12.020	14.092
	电动空气压缩机 1m³/min	台班	146.17	7.047	8.898	9.743	12.020	14.092

6. 中压螺旋卷管虾体弯制作(电弧焊)

工作内容:管子切口,坡口加工,坡口磨平,管口组对,焊接,堆放。

单位:10 个

定 额 编 号				10-5-80	10-5-81	10-5-82	10-5-83	10-5-84	10-5-85
项 目				公称直径 (mm)					
				200 以内	250 以内	300 以内	350 以内	400 以内	450 以内
基 价 (元)				**2204.90**	**2872.23**	**3373.92**	**4164.16**	**4662.85**	**5243.58**
其 中	人 工 费 (元)			935.76	1194.96	1415.52	1727.92	1934.00	2200.96
	材 料 费 (元)			569.33	755.87	859.30	1090.31	1206.15	1332.35
	机 械 费 (元)			699.81	921.40	1099.10	1345.93	1522.70	1710.27
名 称	单位	单价(元)	数			量			
人工	综合工日	工日	80.00	11.697	14.937	17.694	21.599	24.175	27.512
材 料	螺旋卷管	m	–	(4.890)	(5.860)	(6.670)	(6.780)	(9.050)	(9.810)
	电焊条 结422 ϕ3.2	kg	6.70	23.357	34.799	41.514	56.773	64.231	72.145
	氧气	m³	3.60	30.252	37.995	41.955	50.858	55.339	60.388
	乙炔气	m³	25.20	10.088	12.665	13.986	16.948	18.450	20.131
	尼龙砂轮片 ϕ100	片	7.60	4.446	6.489	7.760	10.398	11.781	13.250
	其他材料费	元	–	15.920	17.460	18.690	20.730	22.110	23.580
机 械	电焊机(综合)	台班	183.97	3.745	4.931	5.882	7.203	8.149	9.153
	电焊条烘干箱 60×50×75cm³	台班	28.84	0.376	0.494	0.589	0.721	0.816	0.915

工作内容:管子切口,坡口加工,坡口磨平,管口组对,焊接,堆放。

单位:10个

定 额 编 号			10-5-86	10-5-87	10-5-88	10-5-89	10-5-90	10-5-91
项 目			公称直径（mm）					
			500 以内	600 以内	700 以内	800 以内	900 以内	1000 以内
基 价 （元）			**7511.89**	**8161.73**	**9292.76**	**10520.23**	**11744.44**	**12988.89**
其中	人 工 费 （元）		3156.88	4214.00	4806.72	5425.92	6040.16	6665.60
	材 料 费 （元）		1829.35	2051.31	2315.07	2617.98	2922.71	3236.12
	机 械 费 （元）		2525.66	1896.42	2170.97	2476.33	2781.57	3087.17
名 称	单位	单价(元)	数			量		
人工 综合工日	工日	80.00	39.461	52.675	60.084	67.824	75.502	83.320
材料 螺旋卷管	m	–	(9.880)	(10.430)	(11.610)	(13.940)	(16.510)	(17.930)
电焊条 结422 ϕ3.2	kg	6.70	106.555	86.612	99.159	113.102	127.044	140.989
氧气	m³	3.60	80.880	104.926	117.563	132.609	147.879	162.758
乙炔气	m³	25.20	26.965	34.972	39.188	44.202	49.295	54.604
尼龙砂轮片 ϕ100	片	7.60	14.690	21.050	24.107	27.501	30.897	34.293
其他材料费	元	–	33.100	52.000	56.730	59.910	62.100	68.920
机械 电焊机(综合)	台班	183.97	13.517	9.949	11.389	12.991	14.592	16.195
电焊条烘干箱 60×50×75cm³	台班	28.84	1.350	2.292	2.626	2.995	3.366	3.737

7. 低中压碳钢管机械煨弯

工作内容:管材检查,选料,号料,更换胎具,弯管成型。

定　额　编　号			10-5-92	10-5-93	10-5-94	10-5-95	10-5-96	10-5-97
项　　　　目			公称直径(mm)					
			20 以内	32 以内	50 以内	65 以内	80 以内	100 以内
基　　价　(元)			**22.11**	**31.99**	**86.19**	**121.63**	**165.21**	**209.77**
其中	人　工　费　(元)		14.32	21.12	63.28	88.40	119.68	149.60
	材　料　费　(元)		0.07	0.07	0.09	0.11	0.13	0.15
	机　械　费　(元)		7.72	10.80	22.82	33.12	45.40	60.02
名　　　称	单位	单价(元)	数			量		
人工 综合工日	工日	80.00	0.179	0.264	0.791	1.105	1.496	1.870
材料 碳钢管(合金钢管)	m	–	(1.890)	(2.660)	(3.820)	(4.780)	(5.750)	(7.030)
其他材料费	元	–	0.070	0.070	0.090	0.110	0.130	0.150
机械 坡口机 2.8kW	台班	39.79	–	–	0.204	0.230	0.306	0.306
弯管机 WC27 – 108 ϕ108	台班	90.78	0.085	0.119	0.162	0.264	0.366	0.527

8. 低中压不锈钢管机械煨弯

工作内容:管材检查,选料,号料,更换胎具,弯管成型。　　　　　　　　　　　　　　单位:10个

定　额　编　号			10-5-98	10-5-99	10-5-100	10-5-101	10-5-102	10-5-103
项　　　　　　目			公称直径（mm）					
			20 以内	32 以内	50 以内	65 以内	80 以内	100 以内
基　　　价　（元）			**40.74**	**57.47**	**143.00**	**186.25**	**245.78**	**320.35**
其中	人　工　费　（元）		29.92	40.16	106.08	137.36	178.88	238.00
	材　料　费　（元）		0.91	1.96	2.33	3.33	3.91	4.98
	机　械　费　（元）		9.91	15.35	34.59	45.56	62.99	77.37
名　　　称	单位	单价(元)	数					量
人工	综合工日	工日	80.00	0.374	0.502	1.326	1.717	2.236	2.975
材料	不锈钢管	m	–	(1.890)	(2.660)	(3.820)	(4.780)	(5.750)	(7.030)
	薄砂轮片	片	7.00	0.120	0.270	0.320	0.460	0.540	0.690
	其他材料费	元	–	0.070	0.070	0.090	0.110	0.130	0.150
机械	坡口机 2.8kW	台班	39.79	–	–	0.255	0.298	0.383	0.383
	砂轮切割机 φ500	台班	9.52	0.068	0.068	0.136	0.136	0.153	0.204
	弯管机 WC27－108 φ108	台班	90.78	0.102	0.162	0.255	0.357	0.510	0.663

9. 铜管机械煨弯

工作内容: 管材检查,选料,号料,更换胎具,弯管成型。

单位:10 个

定 额 编 号			10-5-104	10-5-105	10-5-106	10-5-107	10-5-108	10-5-109
项 目			管外径（mm）					
			20 以内	32 以内	55 以内	65 以内	85 以内	100 以内
基 价 （元）			**22.75**	**34.81**	**75.36**	**109.30**	**148.50**	**219.22**
其 中	人 工 费 （元）		14.96	23.12	59.84	83.68	113.60	153.68
	材 料 费 （元）		0.07	0.07	0.09	0.11	0.13	0.15
	机 械 费 （元）		7.72	11.62	15.43	25.51	34.77	65.39
名 称	单位	单价(元)	数			量		
人工 综合工日	工日	80.00	0.187	0.289	0.748	1.046	1.420	1.921
材 铜管	m	–	(1.730)	(2.400)	(3.690)	(4.260)	(5.380)	(6.230)
料 其他材料费	元	–	0.070	0.070	0.090	0.110	0.130	0.150
机 坡口机 2.8kW	台班	39.79	–	–	–	–	–	0.247
械 弯管机 WC27－108 φ108	台班	90.78	0.085	0.128	0.170	0.281	0.383	0.612

10. 塑料管煨弯

工作内容:管材检查,选料,号料,更换胎具,弯管成型。

单位:10 个

定 额 编 号				10-5-110	10-5-111	10-5-112	10-5-113	10-5-114
项 目				管外径（mm）				
				20 以内	25 以内	32 以内	40 以内	51 以内
基 价 （元）				**102.72**	**104.83**	**107.11**	**133.63**	**136.34**
其 中	人 工 费 （元）			72.08	74.16	75.52	94.56	95.92
	材 料 费 （元）			30.64	30.67	31.59	39.07	40.42
	机 械 费 （元）			–	–	–	–	–
名 称		单位	单价（元）	数			量	
人工	综合工日	工日	80.00	0.901	0.927	0.944	1.182	1.199
材料	塑料管	m	–	(1.730)	(2.010)	(2.400)	(2.850)	(3.410)
	绿豆砂	m³	65.00	0.010	0.010	0.020	0.020	0.040
	电阻丝	根	8.00	0.060	0.060	0.060	0.080	0.080
	电	kW·h	0.85	33.600	33.600	33.600	42.000	42.000
	其他材料费	元	–	0.950	0.980	1.250	1.430	1.480

工作内容:管材检查,选料,号料,更换胎具,弯管成型。

单位:10个

定 额 编 号				10-5-115	10-5-116	10-5-117	10-5-118
项 目				管外径（mm）			
				65 以内	76 以内	90 以内	114 以内
基 价 （元）				**183.23**	**185.17**	**216.97**	**228.86**
其中	人 工 费 （元）			125.84	126.48	147.60	157.12
	材 料 费 （元）			56.72	58.02	68.70	70.71
	机 械 费 （元）			0.67	0.67	0.67	1.03
名 称		单位	单价（元）	数		量	
人工	综合工日	工日	80.00	1.573	1.581	1.845	1.964
材料	塑料管	m	－	(4.260)	(4.880)	(5.660)	(7.010)
	绿豆砂	m³	65.00	0.060	0.080	0.130	0.160
	电阻丝	根	8.00	0.110	0.110	0.120	0.120
	电	kW·h	0.85	58.800	58.800	67.200	67.200
	其他材料费	元	－	1.960	1.960	2.170	2.230
机械	木工圆锯机 φ600mm	台班	39.67	0.017	0.017	0.017	0.026

11. 低中压碳钢管中频煨弯

工作内容: 管子切口,坡口加工,管子上胎具,加热,煨弯,成型检查,堆放。

单位:10 个

定　额　编　号			10-5-119	10-5-120	10-5-121	10-5-122	10-5-123
项　　　　目			公称直径（mm）				
			100 以内	150 以内	200 以内	250 以内	300 以内
基　　　价　（元）			**712.31**	**767.13**	**930.26**	**1091.50**	**1445.04**
其中	人　工　费　（元）		209.60	235.52	310.08	376.08	540.56
	材　料　费　（元）		317.05	328.53	340.00	382.50	425.00
	机　械　费　（元）		185.66	203.08	280.18	332.92	479.48
名　　称	单位	单价(元)	数				量
人工 综合工日	工日	80.00	2.620	2.944	3.876	4.701	6.757
材料 碳钢管	m	–	(3.010)	(4.220)	(5.420)	(6.630)	(7.830)
电	kW·h	0.85	373.000	386.500	400.000	450.000	500.000
机械 普通车床 630mm×2000mm	台班	187.70	0.400	0.411	0.451	0.492	0.546
中频煨管机 160kW	台班	146.00	0.607	0.708	0.850	1.063	–
中频煨管机 250kW	台班	190.00	–	–	–	–	1.417
电动葫芦（单速）3t	台班	54.90	0.400	0.411	1.301	1.555	1.963

工作内容:管子切口,坡口加工,管子上胎具,加热,煨弯,成型检查,堆放。

单位:10 个

定　额　编　号			10-5-124	10-5-125	10-5-126	10-5-127
项　　　　　　目			公称直径（mm）			
			350 以内	400 以内	450 以内	500 以内
基　　　价　（元）			**1923.89**	**2201.16**	**2601.82**	**3821.76**
其中	人　工　费　（元）		784.40	909.60	1161.60	1850.08
	材　料　费　（元）		460.42	495.83	531.23	566.61
	机　械　费　（元）		679.07	795.73	908.99	1405.07
名　　　称	单位	单价(元)	数		量	
人工 综合工日	工日	80.00	9.805	11.370	14.520	23.126
材料 碳钢管	m	–	(9.040)	(10.250)	(11.450)	(12.660)
电	kW·h	0.85	541.665	583.333	624.980	666.600
机械 普通车床 630mm×2000mm	台班	187.70	0.654	0.829	0.887	0.938
中频煨管机 250kW	台班	190.00	2.125	2.428	2.833	4.250
电动葫芦(单速) 3t	台班	54.90	2.779	3.257	3.720	4.905
电动双梁桥式起重机 20t/5t	台班	536.00	–	–	–	0.284

12.高压碳钢管中频煨弯

工作内容:管子切口,坡口加工,管子上胎具,加热,煨弯,成型检查,堆放。

单位:10个

定　额　编　号			10-5-128	10-5-129	10-5-130	10-5-131	10-5-132	10-5-133
项　　　　　目			公称直径（mm）					
			100 以内	150 以内	200 以内	250 以内	300 以内	350 以内
基　　价　（元）			**1118.78**	**1593.32**	**1724.41**	**2070.22**	**4139.55**	**4916.97**
其中	人　工　费　（元）		298.56	487.52	573.68	708.48	1096.88	1459.04
	材　料　费　（元）		475.58	492.79	510.00	573.75	637.50	690.63
	机　械　费　（元）		344.64	613.01	640.73	787.99	2405.17	2767.30
名　　　称	单位	单价(元)	数			量		
人工	综合工日	工日	80.00	3.732	6.094	7.171	8.856	13.711	18.238
材料	碳钢管	m	–	(3.010)	(4.220)	(5.420)	(6.630)	(7.830)	(9.040)
	电	kW·h	0.85	559.500	579.750	600.000	675.000	750.000	812.500
机械	普通车床 630mm×2000mm	台班	187.70	0.502	1.454	1.354	1.639	2.604	2.745
	中频煨管机 250kW	台班	190.00	0.910	1.063	1.275	1.594	2.126	3.188
	电动双梁桥式起重机 20t/5t	台班	536.00	–	–	–	–	2.604	2.745
	电动葫芦（单速）3t	台班	54.90	1.412	2.516	2.629	3.233	2.126	3.188

工作内容:管子切口,坡口加工,管子上胎具,加热,煨弯,成型检查,堆放。

定　额　编　号				10-5-134	10-5-135	10-5-136
项　　　　目				公称直径（mm）		
				400 以内	450 以内	500 以内
基　　价　（元）				**6233.01**	**7236.43**	**10283.60**
其中	人　工　费　（元）			1786.96	2230.40	3513.60
	材　料　费　（元）			743.75	796.85	849.92
	机　械　费　（元）			3702.30	4209.18	5920.08
	名　　　称	单位	单价（元）	数		量
人工	综合工日	工日	80.00	22.337	27.880	43.920
材料	碳钢管	m	－	(10.250)	(11.450)	(12.660)
	电	kW·h	0.85	875.000	937.470	999.900
机械	普通车床 630mm×2000mm	台班	187.70	3.883	4.378	6.023
	中频煨管机 250kW	台班	190.00	3.643	4.250	6.375
	电动双梁桥式起重机 20t/5t	台班	536.00	3.883	4.378	6.023
	电动葫芦(单速) 3t	台班	54.90	3.643	4.250	6.375

13. 低中压不锈钢管中频煨弯

工作内容: 管子切口,坡口加工,管子上胎具,加热,煨弯,成型检查,堆放。

单位:10个

定 额 编 号				10-5-137	10-5-138	10-5-139
项 目				公称直径（mm）		
				100 以内	150 以内	200 以内
基 价 （元）				**834.51**	**921.05**	**1111.82**
其中	人 工 费 （元）			243.44	282.88	370.32
	材 料 费 （元）			380.46	394.23	408.00
	机 械 费 （元）			210.61	243.94	333.50
名 称		单位	单价(元)	数		量
人工	综合工日	工日	80.00	3.043	3.536	4.629
材料	不锈钢管	m	—	(3.010)	(4.220)	(5.420)
	电	kW·h	0.85	447.600	463.800	480.000
机械	普通车床 630mm×2000mm	台班	187.70	0.430	0.494	0.530
	中频煨管机 160kW	台班	146.00	0.728	0.850	1.020
	电动葫芦(单速) 3t	台班	54.90	0.430	0.494	1.550

工作内容:管子切口,坡口加工,管子上胎具,加热,煨弯,成型检查,堆放。

单位:10 个

定 额 编 号			10-5-140	10-5-141	10-5-142	10-5-143
项 目			公称直径（mm）			
			250 以内	300 以内	350 以内	400 以内
基 价 （元）			**1309.56**	**1744.01**	**2282.14**	**2641.41**
其中	人 工 费 （元）		451.28	658.96	930.96	1091.44
	材 料 费 （元）		459.00	510.00	552.50	595.00
	机 械 费 （元）		399.28	575.05	798.68	954.97
名 称	单位	单价(元)	数		量	
人工 综合工日	工日	80.00	5.641	8.237	11.637	13.643
材料 不锈钢管	m	–	(6.630)	(7.830)	(9.040)	(10.250)
电	kW·h	0.85	540.000	600.000	649.998	700.000
机械 普通车床 630mm×2000mm	台班	187.70	0.590	0.635	0.718	0.995
中频煨管机 160kW	台班	146.00	1.275	–	–	–
中频煨管机 250kW	台班	190.00	–	1.700	2.550	2.914
电动葫芦(单速) 3t	台班	54.90	1.865	2.420	3.268	3.908

14. 高压不锈钢管中频煨弯

工作内容:管子切口,坡口加工,管子上胎具,加热,煨弯,成型检查,堆放。

单位:10 个

定 额 编 号				10-5-144	10-5-145	10-5-146
项 目				公称直径（mm）		
				100 以内	150 以内	200 以内
基 价 （元）				**1247.70**	**1540.93**	**1848.15**
其中	人 工 费 （元）			358.40	476.80	641.04
	材 料 费 （元）			475.58	492.79	510.00
	机 械 费 （元）			413.72	571.34	697.11
名 称	单位	单价(元)		数		量
人工 综合工日	工日	80.00		4.480	5.960	8.013
材料 不锈钢管	m	—		(3.010)	(4.220)	(5.420)
电	kW·h	0.85		559.500	579.750	600.000
机械 普通车床 630mm×2000mm	台班	187.70		0.602	1.068	1.329
中频煨管机 250kW	台班	190.00		1.093	1.275	1.530
电动葫芦(单速) 3t	台班	54.90		1.695	2.343	2.859

工作内容:管子切口,坡口加工,管子上胎具,加热,煨弯,成型检查,堆放。

单位:10 个

定 额 编 号			10-5-147	10-5-148	10-5-149	10-5-150
项 目			公称直径（mm）			
			250 以内	300 以内	350 以内	400 以内
基 价 （元）			**2329.42**	**4344.69**	**5913.23**	**6633.73**
其中	人 工 费 （元）		834.24	1226.40	1778.24	2018.08
	材 料 费 （元）		573.75	637.50	690.63	743.75
	机 械 费 （元）		921.43	2480.79	3444.36	3871.90
名 称	单位	单价(元)	数		量	
人工	综合工日	工日	80.00	10.428	15.330	22.228	25.226
材料	不锈钢管	m	–	(6.630)	(7.830)	(9.040)	(10.250)
	电	kW·h	0.85	675.000	750.000	812.500	875.000
机械	普通车床 630mm×2000mm	台班	187.70	1.867	2.565	3.465	3.871
	中频煨管机 250kW	台班	190.00	1.913	2.550	3.825	4.371
	电动双梁桥式起重机 20t/5t	台班	536.00	–	2.565	3.465	3.871
	电动葫芦(单速)3t	台班	54.90	3.780	2.550	3.825	4.371

15. 低中压合金钢管中频煨弯

工作内容:管子切口,坡口加工,管子上胎具,加热,煨弯,成型检查,堆放。

单位:10 个

定 额 编 号			10-5-151	10-5-152	10-5-153	10-5-154	10-5-155
项 目			公称直径（mm）				
			100 以内	150 以内	200 以内	250 以内	300 以内
基 价 （元）			**920.90**	**1001.75**	**1210.52**	**1424.10**	**1895.48**
其 中	人 工 费 （元）		266.80	304.64	400.56	488.24	707.92
	材 料 费 （元）		428.02	443.51	459.00	516.38	573.75
	机 械 费 （元）		226.08	253.60	350.96	419.48	613.81
名 称	单位	单价(元)	数			量	
人工 综合工日	工日	80.00	3.335	3.808	5.007	6.103	8.849
材料 碳钢管(合金钢管)	m	—	(3.010)	(4.220)	(5.420)	(6.630)	(7.830)
电	kW·h	0.85	503.550	521.775	540.000	607.500	675.000
机械 普通车床 630mm×2000mm	台班	187.70	0.439	0.470	0.496	0.541	0.599
中频煨管机 160kW	台班	146.00	0.819	0.956	1.148	1.435	—
中频煨管机 250kW	台班	190.00	—	—	—	—	1.913
电动葫芦(单速) 3t	台班	54.90	0.439	0.470	1.644	1.975	2.512

工作内容:管子切口,坡口加工,管子上胎具,加热,煨弯,成型检查,堆放。

单位:10 个

定 额 编 号			10-5-156	10-5-157	10-5-158	10-5-159
项 目			公称直径(mm)			
			350 以内	400 以内	450 以内	500 以内
基 价 (元)			**2937.70**	**2888.11**	**3423.07**	**5030.89**
其 中	人 工 费 (元)		1034.88	1194.88	1532.88	2460.08
	材 料 费 (元)		621.56	669.38	717.16	764.92
	机 械 费 (元)		1281.26	1023.85	1173.03	1805.89
名 称	单位	单价(元)	数		量	
人工 综合工日	工日	80.00	12.936	14.936	19.161	30.751
材 碳钢管(合金钢管)	m	—	(9.040)	(10.250)	(11.450)	(12.660)
料 电	kW·h	0.85	731.248	787.500	843.723	899.910
机 械 普通车床 630mm×2000mm	台班	187.70	2.869	0.911	0.974	1.033
中频煨管机 250kW	台班	190.00	2.869	3.278	3.825	5.738
电动葫芦(单速)3t	台班	54.90	3.600	4.190	4.799	6.458
电动双梁桥式起重机 20t/5t	台班	536.00	—	—	—	0.312

16. 高压合金钢管中频煨弯

工作内容: 管子切口,坡口加工,管子上胎具,加热,煨弯,成型检查,堆放。

单位:10 个

定 额 编 号			10-5-160	10-5-161	10-5-162	10-5-163	10-5-164
项 目			公称直径（mm）				
			100 以内	150 以内	200 以内	250 以内	300 以内
基 价（元）			**1275.64**	**1638.65**	**1964.55**	**2461.75**	**4479.74**
其中	人 工 费（元）		376.08	523.20	700.96	903.92	1320.24
	材 料 费（元）		475.58	492.79	510.00	573.75	637.50
	机 械 费（元）		423.98	622.66	753.59	984.08	2522.00
名 称	单位	单价（元）	数		量		
人工 综合工日	工日	80.00	4.701	6.540	8.762	11.299	16.503
材料 碳钢管（合金钢管）	m	—	(3.010)	(4.220)	(5.420)	(6.630)	(7.830)
电	kW·h	0.85	559.500	579.750	600.000	675.000	750.000
机械 普通车床 630mm×2000mm	台班	187.70	0.507	1.118	1.369	1.884	2.514
中频煨管机 250kW	台班	190.00	1.229	1.435	1.721	2.152	2.869
电动双梁桥式起重机 20t/5t	台班	536.00	—	—	—	—	2.514
电动葫芦（单速）3t	台班	54.90	1.736	2.553	3.090	4.036	2.869

工作内容:管子切口,坡口加工,管子上胎具,加热,煨弯,成型检查,堆放。

单位:10 个

定　　额　　编　　号				10-5-165	10-5-166	10-5-167	10-5-168
项　　　　　　目				公称直径（mm）			
				350 以内	400 以内	450 以内	500 以内
基　　　　价　（元）				**6177.63**	**7090.31**	**8737.36**	**11943.46**
其 中	人　　工　　费　（元）			1930.40	2219.84	2874.80	4446.16
	材　　料　　费　（元）			690.63	743.75	796.85	849.92
	机　　械　　费　（元）			3556.60	4126.72	5065.71	6647.38
名　　　　　称		单位	单价(元)	数			量
人工	综合工日	工日	80.00	24.130	27.748	35.935	55.577
材 料	碳钢管(合金钢管)	m	－	(9.040)	(10.250)	(11.450)	(12.660)
	电	kW·h	0.85	812.500	875.000	937.470	999.900
机 械	普通车床 630mm×2000mm	台班	187.70	3.458	4.038	5.058	6.273
	中频煨管机 250kW	台班	190.00	4.304	4.918	5.738	8.606
	电动双梁桥式起重机 20t/5t	台班	536.00	3.458	4.038	5.058	6.273
	电动葫芦(单速) 3t	台班	54.90	4.304	4.918	5.738	8.606

三、碳钢板三通制作(电弧焊)

工作内容: 切割,坡口加工,压头,卷圆,焊口处理,焊接,透油,堆放。

单位:t

定 额 编 号			10-5-169	10-5-170	10-5-171	10-5-172	10-5-173	10-5-174
项 目			公称直径(mm)					
			200以内	250以内	300以内	350以内	400以内	450以内
基 价 (元)			**8338.48**	**6253.93**	**5192.34**	**3669.59**	**3316.28**	**2970.76**
其中	人 工 费 (元)		3708.48	2998.72	2531.12	1689.84	1502.96	1359.52
	材 料 费 (元)		848.29	640.94	537.63	493.69	430.82	384.88
	机 械 费 (元)		3781.71	2614.27	2123.59	1486.06	1382.50	1226.36
名 称	单位	单价(元)	数			量		
人工 综合工日	工日	80.00	46.356	37.484	31.639	21.123	18.787	16.994
材料 钢板	t	—	(1.070)	(1.070)	(1.070)	(1.070)	(1.070)	(1.070)
电焊条 结422 φ3.2	kg	6.70	70.553	48.104	41.013	42.715	36.574	32.598
氧气	m³	3.60	24.585	19.067	17.873	14.161	12.744	11.431
乙炔气	m³	25.20	8.114	7.599	5.899	4.760	4.285	3.842
尼龙砂轮片 φ100	片	7.60	9.220	6.349	5.414	4.121	3.588	3.202
其他材料费	元	—	12.530	10.250	8.700	5.250	4.640	4.170
机械 电焊机(综合)	台班	183.97	12.940	8.780	7.489	5.216	5.076	4.525
剪板机 20mm×2500mm	台班	302.52	0.964	0.588	0.406	0.235	0.182	0.145
刨边机 12000mm	台班	777.63	0.185	0.103	0.095	0.082	0.072	0.065
卷板机 20mm×2500mm	台班	291.50	0.510	0.459	0.408	0.357	0.323	0.306
油压机 500t	台班	297.62	0.255	0.230	0.204	0.179	0.162	0.153
电动双梁桥式起重机 20t/5t	台班	536.00	1.313	0.958	0.649	0.409	0.337	0.283
电焊条烘干箱 60×50×75cm³	台班	28.84	1.294	0.877	0.750	0.522	0.507	0.453

工作内容:切割,坡口加工,压头,卷圆,焊口处理,焊接,透油,堆放。

单位:t

定 额 编 号			10-5-175	10-5-176	10-5-177	10-5-178	10-5-179	10-5-180
项 目			公称直径(mm)					
			500 以内	600 以内	700 以内	800 以内	900 以内	1000 以内
基 价 (元)			**2558.81**	**2365.08**	**2283.82**	**2172.16**	**2434.89**	**2132.85**
其中	人 工 费 (元)		1194.72	1140.80	1123.92	1092.80	1086.40	930.96
	材 料 费 (元)		328.91	291.37	271.22	252.04	294.89	265.27
	机 械 费 (元)		1035.18	932.91	888.68	827.32	1053.60	936.62
名 称	单位	单价(元)	数			量		
人工 综合工日	工日	80.00	14.934	14.260	14.049	13.660	13.580	11.637
材料 钢板	t	—	(1.070)	(1.070)	(1.070)	(1.070)	(1.070)	(1.070)
电焊条 结422 ϕ3.2	kg	6.70	26.903	24.828	23.686	22.947	21.778	19.697
氧气	m³	3.60	10.350	8.378	7.488	6.504	10.281	9.224
乙炔气	m³	25.20	3.479	2.815	2.518	2.178	3.442	3.094
尼龙砂轮片 ϕ100	片	7.60	2.643	2.698	2.488	2.237	2.896	2.572
其他材料费	元	—	3.640	3.420	3.200	2.990	3.220	2.580
机械 电焊机(综合)	台班	183.97	3.726	3.457	3.352	3.180	4.098	3.653
剪板机 20mm×2500mm	台班	302.52	0.118	0.086	0.071	0.055	0.075	0.060
刨边机 12000mm	台班	777.63	0.058	0.049	0.043	0.041	0.065	0.055
卷板机 20mm×2500mm	台班	291.50	0.289	0.272	0.264	0.247	0.238	0.221
油压机 500t	台班	297.62	0.145	0.136	0.136	0.128	0.119	0.111
电动双梁桥式起重机 20t/5t	台班	536.00	0.244	0.189	0.162	0.136	0.201	0.175
电焊条烘干箱 60×50×75cm³	台班	28.84	0.372	0.407	0.445	0.374	0.483	0.430

工作内容:切割,坡口加工,压头,卷圆,焊口处理,焊接,透油,堆放。

定 额 编 号			10-5-181	10-5-182	10-5-183	10-5-184	10-5-185	10-5-186
项 目			公称直径（mm）					
			1200 以内	1400 以内	1600 以内	1800 以内	2000 以内	2200 以内
基 价 （元）			**1898.05**	**2129.18**	**1913.68**	**1842.39**	**1923.45**	**1769.28**
其 中	人 工 费 （元）		826.72	799.92	707.36	702.00	691.44	635.68
	材 料 费 （元）		242.30	330.28	349.91	330.26	347.21	318.46
	机 械 费 （元）		829.03	998.98	856.41	810.13	884.80	815.14
名 称	单位	单价(元)	数			量		
人工 综合工日	工日	80.00	10.334	9.999	8.842	8.775	8.643	7.946
材 料	钢板	t	–	(1.070)	(1.070)	(1.070)	(1.070)	(1.070)	(1.070)
	电焊条 结422 ϕ3.2	kg	6.70	18.265	23.911	36.085	34.128	37.144	33.740
	氧气	m³	3.60	8.241	11.885	6.977	6.538	6.146	5.836
	乙炔气	m³	25.20	2.764	3.961	2.328	2.182	2.050	1.948
	尼龙砂轮片 ϕ100	片	7.60	2.388	3.300	2.914	2.764	2.949	2.665
	其他材料费	元	–	2.460	2.390	2.210	2.070	2.150	2.050
机 械	电焊机(综合)	台班	183.97	3.234	4.034	3.557	3.355	3.734	3.413
	剪板机 20mm×2500mm	台班	302.52	0.047	0.066	0.054	0.044	0.060	0.054
	刨边机 12000mm	台班	777.63	0.052	0.046	0.042	0.039	0.037	0.034
	卷板机 20mm×2500mm	台班	291.50	0.196	0.170	0.153	0.162	0.153	0.153
	油压机 500t	台班	297.62	0.102	0.085	0.077	0.085	0.077	0.077
	电动双梁桥式起重机 20t/5t	台班	536.00	0.151	0.210	0.137	0.122	0.132	0.122
	电焊条烘干箱 60×50×75cm³	台班	28.84	0.381	0.475	0.419	0.394	0.439	0.401

工作内容:切割,坡口加工,压头,卷圆,焊口处理,焊接,透油,堆放。

单位:t

定　额　编　号			10-5-187	10-5-188	10-5-189	10-5-190
项　　　　　目			公称直径（mm）			
			2400 以内	2600 以内	2800 以内	3000 以内
基　　　价　　（元）			**1604.63**	**1493.11**	**1452.80**	**1406.26**
其中	人　工　费　（元）		577.44	514.72	497.52	467.28
	材　料　费　（元）		289.05	276.40	273.01	269.36
	机　械　费　（元）		738.14	701.99	682.27	669.62
名　　　称	单位	单价(元)	数		量	
人工 综合工日	工日	80.00	7.218	6.434	6.219	5.841
材料 钢板	t	—	(1.070)	(1.070)	(1.070)	(1.070)
电焊条 结422 ϕ3.2	kg	6.70	30.948	29.338	29.249	29.196
氧气	m^3	3.60	5.093	5.116	4.866	4.669
乙炔气	m^3	25.20	1.699	1.701	1.618	1.552
尼龙砂轮片 ϕ100	片	7.60	2.455	2.230	2.255	2.150
其他材料费	元	—	1.890	1.600	1.610	1.490
机械 电焊机(综合)	台班	183.97	3.115	2.923	2.890	2.831
剪板机 20mm×2500mm	台班	302.52	0.041	0.037	0.031	0.031
刨边机 12000mm	台班	777.63	0.030	0.032	0.031	0.030
卷板机 20mm×2500mm	台班	291.50	0.145	0.145	0.136	0.136
油压机 500t	台班	297.62	0.077	0.077	0.068	0.068
电动双梁桥式起重机 20t/5t	台班	536.00	0.100	0.099	0.088	0.087
电焊条烘干箱 60×50×75cm³	台班	28.84	0.366	0.344	0.349	0.332

四、碳钢板异径管制作(电弧焊)

工作内容:管子切口,管口坡口,切割,管口磨平,压头,卷圆,焊口处理,焊接,透油,堆放。

单位:t

定 额 编 号			10-5-191	10-5-192	10-5-193	10-5-194	10-5-195	10-5-196
项 目			公称直径（mm）					
			200 以内	250 以内	300 以内	350 以内	400 以内	450 以内
基 价 （元）			**10361.30**	**8114.20**	**6779.16**	**5551.06**	**5286.64**	**4844.77**
其中	人 工 费 （元）		5976.16	4759.36	3956.40	2731.44	2441.44	2182.16
	材 料 费 （元）		1382.75	1076.23	978.81	923.78	901.24	880.77
	机 械 费 （元）		3002.39	2278.61	1843.95	1895.84	1943.96	1781.84
名 称	单位	单价(元)	数			量		
人工 综合工日	工日	80.00	74.702	59.492	49.455	34.143	30.518	27.277
材料 钢板	t	—	(1.120)	(1.120)	(1.120)	(1.120)	(1.120)	(1.120)
电焊条 结422 φ3.2	kg	6.70	30.582	19.605	18.920	16.415	14.307	12.644
氧气	m³	3.60	89.757	73.204	66.950	64.436	64.130	63.639
乙炔气	m³	25.20	30.144	24.585	22.484	21.640	21.538	21.373
尼龙砂轮片 φ100	片	7.60	11.145	6.995	4.877	4.296	3.744	3.309
其他材料费	元	—	10.390	8.640	7.360	3.850	3.300	3.210
机械 电焊机(综合)	台班	183.97	5.052	3.171	2.279	2.214	1.930	1.705
剪板机 20mm×2500mm	台班	302.52	1.309	0.821	0.573	1.064	0.925	0.816
刨边机 12000mm	台班	777.63	0.265	0.167	0.116	0.108	0.094	0.083
卷板机 20mm×2500mm	台班	291.50	—	—	—	—	0.536	0.510
油压机 500t	台班	297.62	—	—	—	—	0.272	0.255
电动双梁桥式起重机 20t/5t	台班	536.00	2.717	2.440	2.153	2.008	1.853	1.730
电焊条烘干箱 60×50×75cm³	台班	28.84	0.506	0.318	0.247	0.221	0.193	0.171

工作内容:管子切口,管口坡口,切割,管口磨平,压头,卷圆,焊口处理,焊接,透油,堆放。

单位:t

定　额　编　号			10-5-197	10-5-198	10-5-199	10-5-200	10-5-201	10-5-202
项　　　　目			公称直径（mm）					
			500 以内	600 以内	700 以内	800 以内	900 以内	1000 以内
基　　　价　（元）			**4528.67**	**3542.95**	**3308.20**	**3021.45**	**2816.49**	**2908.13**
其中	人　工　费　（元）		1963.76	1591.04	1495.52	1311.60	1198.08	1192.08
	材　料　费　（元）		883.95	655.18	639.63	631.19	618.96	625.92
	机　械　费　（元）		1680.96	1296.73	1173.05	1078.66	999.45	1090.13
名　　称	单位	单价（元）	数			量		
人工 综合工日	工日	80.00	24.547	19.888	18.694	16.395	14.976	14.901
材料	钢板	t	－	(1.120)	(1.120)	(1.100)	(1.100)	(1.100)	(1.100)
	电焊条 结422 φ3.2	kg	6.70	11.313	12.288	10.632	11.319	9.999	15.847
	氧气	m³	3.60	64.866	45.125	45.063	44.166	44.098	41.342
	乙炔气	m³	25.20	21.784	15.154	15.134	14.801	14.777	13.847
	尼龙砂轮片 φ100	片	7.60	2.961	3.357	2.906	2.786	2.460	2.600
	其他材料费	元	－	3.170	3.010	2.710	2.200	2.140	2.210
机械	电焊机(综合)	台班	183.97	1.526	1.685	1.457	1.527	1.349	2.138
	剪板机 20mm×2500mm	台班	302.52	0.746	0.451	0.388	0.301	0.265	0.224
	刨边机 12000mm	台班	777.63	0.075	0.065	0.055	0.048	0.043	0.038
	卷板机 20mm×2500mm	台班	291.50	0.493	0.451	0.425	0.408	0.383	0.366
	油压机 500t	台班	297.62	0.247	0.238	0.213	0.204	0.196	0.187
	电动双梁桥式起重机 20t/5t	台班	536.00	1.669	1.104	1.031	0.904	0.864	0.802
	电焊条烘干箱 60×50×75cm³	台班	28.84	0.153	0.198	0.172	0.179	0.159	0.252

工作内容：管子切口，管口坡口，切割，管口磨平，压头，卷圆，焊口处理，焊接，透油，堆放。 单位：t

	定　额　编　号			10-5-203	10-5-204	10-5-205	10-5-206	10-5-207	10-5-208
	项　　　　目			公称直径（mm）					
				1200 以内	1400 以内	1600 以内	1800 以内	2000 以内	2200 以内
	基　　价　（元）			**2528.46**	**2186.29**	**2050.81**	**1970.46**	**2094.57**	**1867.34**
其中	人　工　费（元）			954.96	826.80	778.08	741.04	733.44	724.32
	材　料　费（元）			595.46	559.38	544.95	537.73	646.35	486.59
	机　械　费（元）			978.04	800.11	727.78	691.69	714.78	656.43
	名　　　　称	单位	单价（元）	数			量		
人工	综合工日	工日	80.00	11.937	10.335	9.726	9.263	9.168	9.054
材料	钢板	t	—	(1.100)	(1.100)	(1.100)	(1.100)	(1.100)	(1.100)
	电焊条 结422 φ3.2	kg	6.70	13.960	12.111	10.248	9.316	8.384	7.256
	氧气	m³	3.60	40.072	38.738	38.738	38.738	48.403	35.135
	乙炔气	m³	25.20	13.422	12.894	12.894	12.894	16.110	11.695
	尼龙砂轮片 φ100	片	7.60	2.290	1.609	1.362	1.238	1.114	1.981
	其他材料费	元	—	2.030	1.620	1.550	1.520	1.490	1.720
机械	电焊机(综合)	台班	183.97	1.884	1.430	1.210	1.100	0.990	0.898
	剪板机 20mm×2500mm	台班	302.52	0.189	0.145	0.127	0.112	0.100	0.131
	刨边机 12000mm	台班	777.63	0.033	0.026	0.023	0.020	0.019	0.033
	卷板机 20mm×2500mm	台班	291.50	0.323	0.281	0.255	0.255	0.238	0.238
	油压机 500t	台班	297.62	0.162	0.145	0.128	0.128	0.119	0.119
	电动双梁桥式起重机 20t/5t	台班	536.00	0.746	0.640	0.620	0.604	0.708	0.588
	电焊条烘干箱 60×50×75cm³	台班	28.84	0.221	0.168	0.143	0.129	0.116	0.207

工作内容:管子切口,管口坡口,切割,管口磨平,压头,卷圆,焊口处理,焊接,透油,堆放。 单位:t

定 额 编 号			10-5-209	10-5-210	10-5-211	10-5-212
项 目			公称直径（mm）			
			2400 以内	2600 以内	2800 以内	3000 以内
基 价 （元）			**1716.17**	**1612.25**	**1549.27**	**1505.74**
其中	人 工 费 （元）		619.20	567.44	537.68	509.68
	材 料 费 （元）		474.71	459.46	455.10	452.91
	机 械 费 （元）		622.26	585.35	556.49	543.15
名 称	单位	单价(元)	数		量	
人工	综合工日	工日	80.00	7.740	7.093	6.721	6.371
材料	钢板	t	–	(1.100)	(1.100)	(1.100)	(1.100)
	电焊条 结422 φ3.2	kg	6.70	6.754	6.522	5.955	5.672
	氧气	m³	3.60	35.135	34.006	34.006	34.006
	乙炔气	m³	25.20	11.695	11.337	11.337	11.337
	尼龙砂轮片 φ100	片	7.60	0.898	0.845	0.772	0.735
	其他材料费	元	–	1.430	1.230	1.220	1.210
机械	电焊机(综合)	台班	183.97	.0.797	0.770	0.703	0.670
	剪板机 20mm×2500mm	台班	302.52	0.121	0.105	0.099	0.092
	刨边机 12000mm	台班	777.63	0.030	0.030	0.027	0.026
	卷板机 20mm×2500mm	台班	291.50	0.238	0.230	0.213	0.213
	油压机 500t	台班	297.62	0.119	0.119	0.111	0.111
	电动双梁桥式起重机 20t/5t	台班	536.00	0.575	0.529	0.520	0.512
	电焊条烘干箱 60×50×75cm³	台班	28.84	0.094	0.090	0.082	0.079

五、挖眼三通补强圈制作安装
1. 低压碳钢管三通补强圈制作安装(电弧焊)

工作内容:划线,号料,切割,坡口加工,板弧滚压,钻孔,锥丝,组对,焊接。

单位:10个

定 额 编 号			10-5-213	10-5-214	10-5-215	10-5-216	10-5-217
项 目			公称直径(mm)				
			100 以内	125 以内	150 以内	200 以内	250 以内
基 价 (元)			**770.63**	**911.61**	**1040.20**	**1536.42**	**1808.36**
其中	人 工 费 (元)		313.52	363.84	410.08	607.92	675.28
	材 料 费 (元)		57.41	76.11	87.69	150.10	237.00
	机 械 费 (元)		399.70	471.66	542.43	778.40	896.08
名 称		单位	单价(元)	数		量	
人工	综合工日	工日	80.00	3.919	4.548	5.126	7.599	8.441
材料	普通钢板	kg	—	(13.360)	(23.430)	(33.710)	(79.920)	(153.380)
	电焊条 结422 ϕ3.2	kg	6.70	2.570	3.760	4.480	9.630	17.750
	氧气	m³	3.60	1.900	2.610	2.980	4.860	7.160
	乙炔气	m³	25.20	0.630	0.870	0.990	1.620	2.390
	尼龙砂轮片 ϕ100	片	7.60	1.000	1.253	1.500	2.064	2.573
	其他材料费	元	—	9.870	10.080	10.600	11.570	12.520
机械	电焊机(综合)	台班	183.97	2.006	2.329	2.703	3.851	4.480
	卷板机 20mm×2500mm	台班	291.50	0.085	0.128	0.128	0.170	0.170
	电动葫芦(单速) 3t	台班	54.90	—	—	—	0.170	0.170
	电焊条烘干箱 60×50×75cm³	台班	28.84	0.204	0.204	0.272	0.383	0.451

工作内容:划线,号料,切割,坡口加工,板弧滚压,钻孔,锥丝,组对,焊接。

单位:10 个

定 额 编 号				10-5-218	10-5-219	10-5-220	10-5-221	10-5-222
项 目				公称直径（mm）				
				300 以内	350 以内	400 以内	450 以内	500 以内
基 价 （元）				**2140.12**	**2414.63**	**2756.98**	**3149.55**	**3425.36**
其 中	人 工 费 （元）			796.96	865.68	984.00	1098.24	1180.48
	材 料 费 （元）			276.49	414.15	461.31	577.45	708.09
	机 械 费 （元）			1066.67	1134.80	1311.67	1473.86	1536.79
名 称		单位	单价（元）	数		量		
人工	综合工日	工日	80.00	9.962	10.821	12.300	13.728	14.756
材 料	普通钢板	kg	—	(201.400)	(319.910)	(384.780)	(528.730)	(704.580)
	电焊条 结422 ϕ3.2	kg	6.70	20.760	34.950	38.960	50.520	64.090
	氧气	m^3	3.60	8.380	11.550	12.880	15.550	18.420
	乙炔气	m^3	25.20	2.790	3.850	4.290	5.180	6.140
	尼龙砂轮片 ϕ100	片	7.60	3.063	3.553	4.015	4.730	5.245
	其他材料费	元	—	13.640	14.380	15.290	16.500	17.780
机 械	电焊机(综合)	台班	183.97	5.313	5.678	6.579	7.446	7.752
	卷板机 20mm×2500mm	台班	291.50	0.213	0.213	0.238	0.238	0.255
	电动葫芦(单速) 3t	台班	54.90	0.213	0.213	0.238	0.238	0.255
	电焊条烘干箱 60×50×75cm³	台班	28.84	0.536	0.570	0.655	0.748	0.774

2. 中压碳钢管三通补强圈制作安装（电弧焊）

工作内容： 划线，号料，切割，坡口加工，板弧滚压，钻孔，锥丝，组对，焊接。　　　　　　　　　单位：10个

定　额　编　号			10-5-223	10-5-224	10-5-225	10-5-226	10-5-227
项　　　　　目			公称直径（mm）				
			100 以内	125 以内	150 以内	200 以内	250 以内
基　　价　（元）			**922.83**	**1104.51**	**1260.71**	**1867.25**	**2247.58**
其中	人　工　费　（元）		367.92	427.04	479.44	686.80	796.96
	材　料　费　（元）		80.64	110.46	130.26	257.65	387.99
	机　械　费　（元）		474.27	567.01	651.01	922.80	1062.63
名　　　称	单位	单价(元)	数			量	
人工	综合工日	工日	80.00	4.599	5.338	5.993	8.585	9.962
材料	普通钢板	kg	－	(19.930)	(36.360)	(52.470)	(133.150)	(230.020)
	电焊条 结422 φ3.2	kg	6.70	4.840	7.380	8.810	21.330	34.760
	氧气	m³	3.60	2.430	3.290	3.930	7.040	9.950
	乙炔气	m³	25.20	0.810	1.100	1.310	2.350	3.320
	尼龙砂轮片 φ100	片	7.60	1.188	1.462	1.748	2.408	3.002
	其他材料费	元	－	10.020	10.340	10.790	11.870	12.800
机械	电焊机(综合)	台班	183.97	2.406	2.797	3.247	4.624	5.372
	卷板机 20mm×2500mm	台班	291.50	0.085	0.128	0.128	0.170	0.170
	电动葫芦(单速) 3t	台班	54.90	－	0.128	0.128	0.170	0.170
	电焊条烘干箱 60×50×75cm³	台班	28.84	0.238	0.281	0.323	0.459	0.536

工作内容:划线,号料,切割,坡口加工,板弧滚压,钻孔,锥丝,组对,焊接。 单位:10 个

定　额　编　号			10-5-228	10-5-229	10-5-230	10-5-231	10-5-232
项　　　　　　目			公称直径（mm）				
			300 以内	350 以内	400 以内	450 以内	500 以内
基　　　　价　　（元）			**2760.66**	**3130.34**	**3707.65**	**4276.46**	**4765.23**
其中	人　工　费　（元）		942.48	1024.80	1166.88	1304.96	1385.84
	材　料　费　（元）		553.19	758.02	982.70	1219.71	1553.59
	机　械　费　（元）		1264.99	1347.52	1558.07	1751.79	1825.80
名　　　称		单位	单价(元)	数		量	
人工	综合工日	工日	80.00	11.781	12.810	14.586	16.312	17.323
材料	普通钢板	kg	－	（352.340）	（511.770）	（692.600）	（913.190）	（1232.990）
	电焊条 结422 ϕ3.2	kg	6.70	52.190	74.600	98.930	124.760	164.450
	氧气	m³	3.60	13.340	17.420	22.120	26.760	31.920
	乙炔气	m³	25.20	4.450	5.810	7.370	8.920	10.640
	尼龙砂轮片 ϕ100	片	7.60	3.880	4.501	5.086	5.994	6.610
	其他材料费	元	－	13.860	14.870	15.860	17.140	18.500
机械	电焊机(综合)	台班	183.97	6.375	6.817	7.897	8.934	9.299
	卷板机 20mm×2500mm	台班	291.50	0.213	0.213	0.238	0.238	0.255
	电动葫芦(单速) 3t	台班	54.90	0.213	0.213	0.238	0.238	0.255
	电焊条烘干箱 60×50×75cm³	台班	28.84	0.638	0.680	0.791	0.893	0.927

3. 碳钢板卷管三通补强圈制作安装(电弧焊)

工作内容:划线,号料,切割,坡口加工,板弧滚压,钻孔,锥丝,组对,焊接。

单位:10 个

定 额 编 号			10-5-233	10-5-234	10-5-235	10-5-236	10-5-237	10-5-238
项 目			公称直径(mm)					
			200 以内	250 以内	300 以内	350 以内	400 以内	450 以内
基 价 (元)			**1501.85**	**1821.59**	**2076.07**	**2313.87**	**2645.88**	**2964.12**
其中	人 工 费 (元)		588.24	706.56	808.56	875.20	994.88	1109.12
	材 料 费 (元)		147.72	179.46	209.01	311.85	347.05	390.76
	机 械 费 (元)		765.89	935.57	1058.50	1126.82	1303.95	1464.24
名 称	单位	单价(元)	数			量		
人工 综合工日	工日	80.00	7.353	8.832	10.107	10.940	12.436	13.864
材料 普通钢板	kg	—	(79.920)	(115.010)	(151.050)	(255.880)	(307.820)	(384.460)
电焊条 结422 φ3.2	kg	6.70	9.630	11.810	13.840	23.790	26.530	29.830
氧气	m³	3.60	4.860	5.930	6.940	9.610	10.690	12.000
乙炔气	m³	25.20	1.620	1.980	2.310	3.200	3.560	4.000
尼龙砂轮片 φ100	片	7.60	1.754	2.187	2.604	3.020	3.413	4.021
其他材料费	元	—	11.550	12.470	13.300	14.270	15.160	16.340
机械 电焊机(综合)	台班	183.97	3.783	4.692	5.270	5.636	6.537	7.395
卷板机 20mm×2500mm	台班	291.50	0.170	0.170	0.213	0.213	0.238	0.238
电动葫芦(单速)3t	台班	54.90	0.170	0.170	0.213	0.213	0.238	0.238
电焊条烘干箱 60×50×75cm³	台班	28.84	0.383	0.468	0.527	0.561	0.655	0.740

工作内容:划线,号料,切割,坡口加工,板弧滚压,钻孔,锥丝,组对,焊接。

单位:10 个

定 额 编 号			10-5-239	10-5-240	10-5-241	10-5-242	10-5-243	10-5-244
项 目			公称直径(mm)					
			500 以内	600 以内	700 以内	800 以内	900 以内	1000 以内
基 价 (元)			**3281.26**	**3748.46**	**4570.24**	**5235.20**	**5892.56**	**6286.29**
其中	人 工 费 (元)		1228.08	1365.44	1658.56	1884.96	2130.48	2252.88
	材 料 费 (元)		430.48	588.07	682.98	776.10	871.76	1038.41
	机 械 费 (元)		1622.70	1794.95	2228.70	2574.14	2890.32	2995.00
名 称	单位	单价(元)	数			量		
人工 综合工日	工日	80.00	15.351	17.068	20.732	23.562	26.631	28.161
材料 普通钢板	kg	—	(469.690)	(719.210)	(973.290)	(1246.240)	(1574.520)	(2156.890)
电焊条 结422 φ3.2	kg	6.70	32.860	48.620	55.950	63.540	71.330	85.110
氧气	m³	3.60	13.240	16.810	19.850	22.550	25.310	30.630
乙炔气	m³	25.20	4.410	5.600	6.620	7.520	8.440	10.210
尼龙砂轮片 φ100	片	7.60	4.458	5.344	6.107	6.955	7.804	8.652
其他材料费	元	—	17.640	20.070	23.420	26.840	30.730	34.860
机械 电焊机(综合)	台班	183.97	8.211	9.053	11.297	12.988	14.680	15.241
卷板机 20mm×2500mm	台班	291.50	0.255	0.298	0.340	0.425	0.425	0.425
电动葫芦(单速) 3t	台班	54.90	0.255	0.298	0.340	0.425	0.425	0.425
电焊条烘干箱 60×50×75cm³	台班	28.84	0.825	0.910	1.131	1.301	1.471	1.522

4. 塑料法兰制作安装(热风焊)

工作内容:划线,号料,切割,坡口加工,板弧滚压,钻孔,锥丝,组对,焊接。

单位:副

定 额 编 号			10-5-245	10-5-246	10-5-247	10-5-248	10-5-249	10-5-250
项 目			管外径(mm)					
			20 以内	25 以内	32 以内	40 以内	51 以内	65 以内
基 价 (元)			**50.62**	**57.05**	**63.15**	**72.22**	**78.91**	**90.24**
其中	人 工 费 (元)		32.00	35.36	38.08	41.52	43.52	46.96
	材 料 费 (元)		5.67	6.53	7.33	8.52	10.99	13.40
	机 械 费 (元)		12.95	15.16	17.74	22.18	24.40	29.88
名 称	单位	单价(元)	数			量		
人工 综合工日	工日	80.00	0.400	0.442	0.476	0.519	0.544	0.587
材料 塑料板	m²	–	(0.020)	(0.030)	(0.040)	(0.040)	(0.050)	(0.050)
塑料焊条	kg	11.00	0.010	0.020	0.030	0.040	0.080	0.110
电阻丝	根	8.00	0.010	0.010	0.010	0.020	0.020	0.020
电	kW·h	0.85	0.160	0.190	0.230	0.280	0.320	0.400
其他材料费	元	–	5.340	6.070	6.720	7.680	9.680	11.690
机械 电动空气压缩机 0.6m³/min	台班	130.54	0.094	0.111	0.128	0.162	0.179	0.221
木工圆锯机 φ600mm	台班	39.67	0.017	0.017	0.026	0.026	0.026	0.026

工作内容:划线,号料,切割,坡口加工,板弧滚压,钻孔,锥丝,组对,焊接。

单位:副

定 额 编 号			10-5-251	10-5-252	10-5-253	10-5-254	10-5-255	10-5-256
项 目			管外径(mm)					
			76 以内	90 以内	114 以内	140 以内	166 以内	218 以内
基 价 (元)			**108.73**	**135.87**	**165.06**	**194.41**	**223.60**	**278.59**
其中	人 工 费 (元)		52.40	61.20	70.08	80.96	89.12	106.08
	材 料 费 (元)		16.40	22.28	29.27	38.51	45.91	56.13
	机 械 费 (元)		39.93	52.39	65.71	74.94	88.57	116.38
名 称	单位	单价(元)	数			量		
人工 综合工日	工日	80.00	0.655	0.765	0.876	1.012	1.114	1.326
材料 塑料板	m²	—	(0.060)	(0.080)	(0.080)	(0.150)	(0.180)	(0.210)
塑料焊条	kg	11.00	0.120	0.150	0.160	0.270	0.280	0.370
电阻丝	根	8.00	0.030	0.040	0.050	0.060	0.070	0.090
电	kW·h	0.85	0.540	0.720	0.910	1.030	1.220	1.600
其他材料费	元	—	14.380	19.700	26.340	34.180	41.230	49.980
机械 电动空气压缩机 0.6m³/min	台班	130.54	0.298	0.391	0.493	0.561	0.663	0.876
木工圆锯机 φ600mm	台班	39.67	0.026	0.034	0.034	0.043	0.051	0.051

第六章　管道压力试验、吹扫与清洗

说　明

一、管道液压试验是按普通水考虑的,如试压介质有特殊要求,介质可按实调整。

二、管道系统清洗:

1. 管道系统清洗定额按系统循环清洗考虑。

2. 酸洗定额以硫酸、硝酸、盐酸等酸类为主要溶剂,定额内不包括酸洗液价格,按定额"( )"内数量另计。

3. 脱脂定额以二氯乙烷、三氯乙烯、四氯化碳、动力苯、丙酮和酒精为主要溶剂,定额内不包括脱脂溶剂价格,按定额"( )"内数量另计。

4. 管道清洗子目不包括管内除锈,需要时另行计算。

三、管道吹扫是按水、空气、蒸气考虑,如对吹扫介质有特殊要求时,可按实调整。

工程量计算规则

一、管道压力试验、吹扫与清洗按不同的压力、规格,不分材质以"100m"为计量单位。

二、定额内均已包括临时用空压机和水泵作动力进行试压、吹扫、清洗管道连接的临时管线、盲板、阀门、螺栓等材料摊销量;不包括管道之间的串通临时管、取水点至水泵的临时管及管道排放口至排放点的临时管,其工程量应按施工方案另行计算。

三、泄漏性试验适用于输送剧毒、有毒及可燃介质的管道,按压力、规格,不分材质以"100m"为计量单位。

一、管道压力试验

1. 低中压管道液压试验

工作内容: 准备工作,制堵盲板,装设临时泵,管线,灌水(充气)加压,停压检查,强度试验,严密性试验, 拆除临时性管线、盲板,现场清理。

单位:100m

定　额　编　号			10-6-1	10-6-2	10-6-3	10-6-4	10-6-5
项　　　　　目			公称直径(mm)				
			100以内	200以内	300以内	400以内	500以内
基　　　价　　(元)			**388.59**	**508.17**	**691.05**	**851.73**	**1022.13**
其中	人　工　费　(元)		314.88	384.88	521.60	619.52	740.56
	材　料　费　(元)		42.97	78.39	123.60	172.20	220.62
	机　械　费　(元)		30.74	44.90	45.85	60.01	60.95
名　　称	单位	单价(元)	数　　　　量				
人工 综合工日	工日	80.00	3.936	4.811	6.520	7.744	9.257
材料 水	t	4.00	0.820	3.240	7.310	12.440	19.800
热轧中厚钢板 δ10~16	kg	3.70	2.450	7.380	11.620	14.210	18.060
电焊条 结422 φ3.2	kg	6.70	0.200	0.200	0.200	0.200	0.200
氧气	m³	3.60	0.300	0.460	0.460	0.610	0.760
乙炔气	m³	25.20	0.100	0.150	0.150	0.200	0.250
其他材料费	元	−	25.680	31.350	44.590	61.290	64.220
机械 电焊机(综合)	台班	183.97	0.085	0.085	0.085	0.085	0.085
立式钻床 φ25mm	台班	118.20	0.017	0.026	0.034	0.043	0.051
试压泵 60MPa	台班	154.06	0.085	0.170	0.170	0.255	0.255

工作内容:准备工作,制堵盲板,装设临时泵,管线,灌水(充气)加压,停压检查,强度试验,严密性试验,拆除临时性管线、盲板,现场清理。

单位:100m

定 额 编 号			10-6-6	10-6-7	10-6-8	10-6-9
项 目			公称直径(mm)			
			600 以内	800 以内	1000 以内	1200 以内
基 价 (元)			**1217.85**	**1504.17**	**1793.10**	**2061.02**
其中	人 工 费 (元)		796.96	882.00	972.40	1021.36
	材 料 费 (元)		352.03	552.24	721.63	932.86
	机 械 费 (元)		68.86	69.93	99.07	106.80
名 称	单位	单价(元)	数		量	
人工 综合工日	工日	80.00	9.962	11.025	12.155	12.767
材料 水	t	4.00	35.540	60.620	94.250	135.720
热轧中厚钢板 δ10~16	kg	3.70	20.780	26.380	31.400	37.680
电焊条 结422 φ3.2	kg	6.70	0.300	0.300	0.400	0.400
氧气	m³	3.60	0.910	1.220	1.520	1.830
乙炔气	m³	25.20	0.300	0.410	0.510	0.610
其他材料费	元	—	120.140	195.420	207.450	225.920
机械 电焊机(综合)	台班	183.97	0.128	0.128	0.128	0.170
立式钻床 φ25mm	台班	118.20	0.051	0.060	0.085	0.085
试压泵 60MPa	台班	154.06	0.255	0.255	0.425	0.425

2.高压管道液压试验

工作内容: 准备工作,制堵盲板,装设临时泵,管线,灌水(充气)加压,停压检查,强度试验,严密性试验, 拆除临时性管线、盲板,现场清理。

单位:100m

	定 额 编 号			10-6-10	10-6-11	10-6-12	10-6-13	10-6-14	10-6-15
	项 目			公称直径(mm)					
				50 以内	100 以内	200 以内	300 以内	400 以内	500 以内
	基 价 (元)			**437.33**	**537.23**	**707.66**	**982.58**	**1194.12**	**1445.79**
其 中	人 工 费 (元)			318.24	378.08	461.76	625.60	743.28	888.80
	材 料 费 (元)			37.50	54.98	106.21	173.52	230.47	293.00
	机 械 费 (元)			81.59	104.17	139.69	183.46	220.37	263.99
	名 称	单位	单价(元)	数			量		
人工	综合工日	工日	80.00	3.978	4.726	5.772	7.820	9.291	11.110
材 料	水	t	4.00	0.290	0.820	1.700	7.310	12.440	19.800
	热轧中厚钢板 δ18~25	kg	3.70	0.940	4.080	15.070	23.240	28.420	36.120
	电焊条 结422 φ3.2	kg	6.70	0.200	0.200	0.200	0.200	0.200	0.200
	氧气	m³	3.60	0.150	0.300	0.460	0.530	0.610	0.760
	乙炔气	m³	25.20	0.050	0.100	0.150	0.180	0.200	0.250
	其他材料费	元	–	29.720	31.660	36.870	50.510	66.980	69.780
机 械	电焊机(综合)	台班	183.97	0.085	0.085	0.085	0.085	0.085	0.085
	普通车床 630mm×2000mm	台班	187.70	0.170	0.255	0.340	0.510	0.595	0.765
	试压泵 60MPa	台班	154.06	0.221	0.264	0.391	0.468	0.604	0.680

3. 低中压管道气压试验

工作内容: 准备工作,制堵盲板,装设临时泵,管线,灌水(充气)加压,停压检查,强度试验,严密性试验,拆除临时性管线、盲板,现场清理。

单位:100m

定 额 编 号			10-6-16	10-6-17	10-6-18	10-6-19	10-6-20
项 目			公称直径(mm)				
			50 以内	100 以内	200 以内	300 以内	400 以内
基 价 (元)			**229.77**	**274.81**	**350.20**	**428.92**	**594.80**
其中	人 工 费 (元)		163.92	194.48	240.08	286.96	378.80
	材 料 费 (元)		23.09	33.91	59.60	87.78	157.71
	机 械 费 (元)		42.76	46.42	50.52	54.18	58.29
名 称	单位	单价(元)	数		量		
人工	综合工日	工日	80.00	2.049	2.431	3.001	3.587	4.735
材料	热轧中厚钢板 $\delta 10 \sim 16$	kg	3.70	0.610	2.450	7.380	11.620	14.210
	电焊条 结422 $\phi 3.2$	kg	6.70	0.200	0.200	0.200	0.200	0.200
	氧气	m^3	3.60	0.150	0.300	0.460	0.460	0.610
	乙炔气	m^3	25.20	0.050	0.100	0.150	0.150	0.200
	肥皂	块	1.50	0.150	0.300	0.600	0.900	1.000
	其他材料费	元	—	17.470	19.450	24.620	36.660	95.060
机械	电焊机(综合)	台班	183.97	0.085	0.085	0.085	0.085	0.085
	电动空气压缩机 6m^3/min	台班	338.45	0.077	0.085	0.094	0.102	0.111
	立式钻床 $\phi 25mm$	台班	118.20	0.009	0.017	0.026	0.034	0.043

工作内容:准备工作,制堵盲板,装设临时泵,管线,灌水(充气)加压,停压检查,强度试验,严密性试验,拆除临时性管线、盲板,现场清理。

单位:100m

定 额 编 号			10-6-21	10-6-22	10-6-23	10-6-24	10-6-25
项 目			公称直径(mm)				
			500 以内	600 以内	800 以内	1000 以内	1200 以内
基 价 (元)			**652.15**	**741.79**	**918.27**	**1065.81**	**1307.31**
其中	人 工 费 (元)		424.32	476.00	552.16	658.96	864.32
	材 料 费 (元)		165.89	192.89	286.39	318.43	361.67
	机 械 费 (元)		61.94	72.90	79.72	88.42	81.32
名 称	单位	单价(元)	数		量		
人工 综合工日	工日	80.00	5.304	5.950	6.902	8.237	10.804
材料 热轧中厚钢板 $\delta10\sim16$	kg	3.70	18.060	20.280	26.380	31.400	37.680
电焊条 结422 $\phi3.2$	kg	6.70	0.200	0.300	0.300	0.300	0.400
氧气	m³	3.60	0.760	0.910	1.220	1.520	1.830
乙炔气	m³	25.20	0.250	0.300	0.410	0.510	0.610
肥皂	块	1.50	1.100	1.200	1.700	2.200	2.500
其他材料费	元	–	87.040	103.210	169.500	178.620	193.860
机械 电焊机(综合)	台班	183.97	0.085	0.128	0.128	0.128	0.170
电动空气压缩机 6m³/min	台班	338.45	0.119	0.128	0.145	0.162	–
立式钻床 $\phi25$mm	台班	118.20	0.051	0.051	0.060	0.085	0.085
电动空气压缩机 10m³/min	台班	519.44	–	–	–	–	0.077

工作内容:准备工作,制堵盲板,装设临时泵,管线,灌水(充气)加压,停压检查,强度试验,严密性试验,拆除临时性管线、盲板,现场清理。

单位:100m

定 额 编 号			10-6-26	10-6-27	10-6-28	10-6-29
项 目			公称直径(mm)			
			1400 以内	1600 以内	1800 以内	2000 以内
基 价 (元)			**1503.06**	**1634.89**	**1867.83**	**2019.62**
其中	人 工 费 (元)		1015.92	1092.80	1252.56	1328.72
	材 料 费 (元)		396.99	432.27	475.72	520.19
	机 械 费 (元)		90.15	109.82	139.55	170.71
名 称	单位	单价(元)	数		量	
人工 综合工日	工日	80.00	12.699	13.660	15.657	16.609
材料 热轧中厚钢板 δ10~16	kg	3.70	43.960	50.240	56.520	62.800
电焊条 结422 φ3.2	kg	6.70	0.400	0.400	0.500	0.500
氧气	m³	3.60	2.130	2.320	2.730	3.040
乙炔气	m³	25.20	0.710	0.770	0.910	1.010
肥皂	块	1.50	3.000	3.500	4.000	4.500
其他材料费	元	–	201.600	210.700	224.490	241.330
机械 电焊机(综合)	台班	183.97	0.170	0.170	0.213	0.213
立式钻床 φ25mm	台班	118.20	0.085	0.102	0.102	0.102
电动空气压缩机 10m³/min	台班	519.44	0.094	0.128	0.170	0.230

工作内容:准备工作,制堵盲板,装设临时泵,管线,灌水(充气)加压,停压检查,强度试验,严密性试验,
拆除临时性管线、盲板,现场清理。

单位:100m

	定　额　编　号			10-6-30	10-6-31	10-6-32	10-6-33	10-6-34
	项　　　　　目			公称直径（mm）				
				2200 以内	2400 以内	2600 以内	2800 以内	3000 以内
	基　　　价　　（元）			**2260.93**	**2480.66**	**2718.56**	**2958.48**	**3200.05**
其	人　　工　　费　（元）			1489.20	1640.16	1793.84	1953.68	2106.00
中	材　　料　　费　（元）			577.23	623.66	686.07	735.90	803.34
	机　　械　　费　（元）			194.50	216.84	238.65	268.90	290.71
	名　　　称	单位	单价(元)	数			量	
人工	综合工日	工日	80.00	18.615	20.502	22.423	24.421	26.325
材料	热轧中厚钢板 δ10～16	kg	3.70	69.080	75.360	81.640	87.920	94.200
	电焊条 结422 φ3.2	kg	6.70	0.500	0.500	0.600	0.600	0.600
	氧气	m³	3.60	3.350	3.650	3.950	4.260	4.560
	乙炔气	m³	25.20	1.120	1.220	1.320	1.420	1.520
	肥皂	块	1.50	5.000	5.500	6.000	6.500	7.000
	其他材料费	元	–	270.500	289.340	323.500	345.710	385.560
机械	电焊机(综合)	台班	183.97	0.255	0.255	0.255	0.298	0.298
	电动空气压缩机 10m³/min	台班	519.44	0.255	0.298	0.340	0.383	0.425
	立式钻床 φ25mm	台班	118.20	0.128	0.128	0.128	0.128	0.128

4.低中压管道泄漏性试验

工作内容: 准备工作,配临时管道,设备管道封闭,系统充压,涂刷检查液,检查泄漏,放压,紧固螺栓,更换垫片或盘根,
阀门处理,充压,稳压,检查,放压,拆除临时管道,现场清理。

单位:100m

定 额 编 号				10-6-35	10-6-36	10-6-37	10-6-38	10-6-39	10-6-40
项 目				公称直径（mm）					
				50 以内	100 以内	200 以内	300 以内	400 以内	500 以内
基 价（元）				**269.85**	**323.13**	**411.40**	**502.36**	**649.35**	**729.78**
其中	人 工 费（元）			204.00	242.80	301.28	360.40	476.72	535.20
	材 料 费（元）			23.09	33.91	59.60	87.78	114.34	132.64
	机 械 费（元）			42.76	46.42	50.52	54.18	58.29	61.94
名 称		单位	单价(元)	数			量		
人工	综合工日	工日	80.00	2.550	3.035	3.766	4.505	5.959	6.690
材料	热轧中厚钢板 δ10~16	kg	3.70	0.610	2.450	7.380	11.620	14.210	18.060
	电焊条 结422 φ3.2	kg	6.70	0.200	0.200	0.200	0.200	0.200	0.200
	氧气	m³	3.60	0.150	0.300	0.460	0.460	0.610	0.760
	乙炔气	m³	25.20	0.050	0.100	0.150	0.150	0.200	0.250
	肥皂	块	1.50	0.150	0.300	0.600	0.900	1.000	1.100
	其他材料费	元	–	17.470	19.450	24.620	36.660	51.690	53.790
机械	电焊机(综合)	台班	183.97	0.085	0.085	0.085	0.085	0.085	0.085
	电动空气压缩机 6m³/min	台班	338.45	0.077	0.085	0.094	0.102	0.111	0.119
	立式钻床 φ25mm	台班	118.20	0.009	0.017	0.026	0.034	0.043	0.051

工作内容:准备工作,配临时管道,设备管道封闭,系统充压,涂刷检查液,检查泄漏,放压,紧固螺栓,更换垫片或盘根,
阀门处理,充压,稳压,检查,放压,拆除临时管道,现场清理。

单位:100m

定 额 编 号			10-6-41	10-6-42	10-6-43	10-6-44	10-6-45	10-6-46
项 目			公称直径(mm)					
			600 以内	800 以内	1000 以内	1200 以内	1400 以内	1600 以内
基 价 (元)			**808.40**	**886.58**	**965.21**	**1043.39**	**1122.03**	**1200.20**
其中	人 工 费 (元)		593.68	652.16	710.64	769.12	827.60	886.08
	材 料 费 (元)		148.67	164.72	180.76	196.80	212.85	228.89
	机 械 费 (元)		66.05	69.70	73.81	77.47	81.58	85.23
名 称	单位	单价(元)	数			量		
人工 综合工日	工日	80.00	7.421	8.152	8.883	9.614	10.345	11.076
材料 热轧中厚钢板 δ10~16	kg	3.70	21.280	24.500	27.720	30.940	34.160	37.380
电焊条 结422 φ3.2	kg	6.70	0.200	0.200	0.200	0.200	0.200	0.200
氧气	m³	3.60	0.910	1.060	1.210	1.360	1.510	1.660
乙炔气	m³	25.20	0.300	0.350	0.400	0.450	0.500	0.550
肥皂	块	1.50	1.200	1.300	1.400	1.500	1.600	1.700
其他材料费	元	−	55.960	58.140	60.320	62.500	64.680	66.860
机械 电焊机(综合)	台班	183.97	0.085	0.085	0.085	0.085	0.085	0.085
电动空气压缩机 6m³/min	台班	338.45	0.128	0.136	0.145	0.153	0.162	0.170
立式钻床 φ25mm	台班	118.20	0.060	0.068	0.077	0.085	0.094	0.102

工作内容:准备工作,配临时管道,设备管道封闭,系统充压,涂刷检查液,检查泄漏,放压,紧固螺栓,更换垫片或盘根, 阀门处理,充压,稳压,检查,放压,拆除临时管道,现场清理。

单位:100m

定　额　编　号			10-6-47	10-6-48	10-6-49	10-6-50
项　　　　　目			公称直径(mm)			
			1800 以内	2000 以内	2200 以内	2400 以内
基　　价　　(元)			**1278.84**	**1357.01**	**1435.66**	**1513.83**
其中	人　工　费　(元)		944.56	1003.04	1061.52	1120.00
	材　料　费　(元)		244.94	260.98	277.04	293.07
	机　械　费　(元)		89.34	92.99	97.10	100.76
名　　称	单位	单价(元)	数			量
人工 综合工日	工日	80.00	11.807	12.538	13.269	14.000
材料 热轧中厚钢板 δ10~16	kg	3.70	40.600	43.820	47.044	50.260
电焊条 结422 φ3.2	kg	6.70	0.200	0.200	0.200	0.200
氧气	m³	3.60	1.810	1.960	2.110	2.260
乙炔气	m³	25.20	0.600	0.650	0.700	0.750
肥皂	块	1.50	1.800	1.900	2.000	2.100
其他材料费	元	–	69.040	71.220	73.400	75.580
机械 电焊机(综合)	台班	183.97	0.085	0.085	0.085	0.085
电动空气压缩机 6m³/min	台班	338.45	0.179	0.187	0.196	0.204
立式钻床 φ25mm	台班	118.20	0.111	0.119	0.128	0.136

工作内容:准备工作,配临时管道,设备管道封闭,系统充压,涂刷检查液,检查泄漏,放压,紧固螺栓,更换垫片或盘根,
阀门处理,充压,稳压,检查,放压,拆除临时管道,现场清理。

单位:100m

定 额 编 号				10-6-51	10-6-52	10-6-53
项 目				公称直径(mm)		
				2600 以内	2800 以内	3000 以内
基 价 (元)				**1592.47**	**1670.65**	**1749.29**
其中	人 工 费 (元)			1178.48	1236.96	1295.44
	材 料 费 (元)			309.12	325.17	341.22
	机 械 费 (元)			104.87	108.52	112.63
名 称		单位	单价(元)	数		量
人工	综合工日	工日	80.00	14.731	15.462	16.193
材料	热轧中厚钢板 $\delta10\sim16$	kg	3.70	53.480	56.700	59.920
	电焊条 结422 $\phi3.2$	kg	6.70	0.200	0.200	0.200
	氧气	m³	3.60	2.410	2.560	2.710
	乙炔气	m³	25.20	0.800	0.850	0.900
	肥皂	块	1.50	2.200	2.300	2.400
	其他材料费	元	–	77.770	79.950	82.140
机械	电焊机(综合)	台班	183.97	0.085	0.085	0.085
	电动空气压缩机 6m³/min	台班	338.45	0.213	0.221	0.230
	立式钻床 $\phi25mm$	台班	118.20	0.145	0.153	0.162

二、管道系统吹扫

1. 水冲洗

工作内容:准备工作,制堵盲板,装设临时管线,通水冲洗检查,系统管线复位,临时管线拆除,现场清理。

单位:100m

定　额　编　号			10-6-54	10-6-55	10-6-56	10-6-57
项　　　目			公称直径(mm)			
			50 以内	100 以内	200 以内	300 以内
基　　价　　(元)			**239.36**	**276.95**	**383.42**	**567.20**
其中	人　工　费　(元)		172.08	189.04	231.20	312.80
	材　料　费　(元)		44.74	55.50	83.72	117.99
	机　械　费　(元)		22.54	32.41	68.50	136.41
名　　　　称	单位	单价(元)	数		量	
人工 综合工日	工日	80.00	2.151	2.363	2.890	3.910
材料 工程用水	t	-	(2.160)	(11.070)	(43.740)	(98.690)
热轧中厚钢板 δ10~16	kg	3.70	0.610	2.450	7.380	11.620
电焊条 结422 φ3.2	kg	6.70	0.200	0.200	0.200	0.200
氧气	m³	3.60	0.150	0.300	0.460	0.460
乙炔气	m³	25.20	0.050	0.100	0.150	0.150
其他材料费	元	-	39.340	41.490	49.640	68.220
机械 电动多级离心清水泵 φ100mm 120m以下	台班	343.38	0.017	0.043	0.145	0.340
电焊机(综合)	台班	183.97	0.085	0.085	0.085	0.085
立式钻床 φ25mm	台班	118.20	0.009	0.017	0.026	0.034

工作内容: 准备工作,制堵盲板,装设临时管线,通水冲洗检查,系统管线复位,临时管线拆除,现场清理。 单位:100m

定 额 编 号				10-6-58	10-6-59	10-6-60	10-6-61
项 目				公称直径(mm)			
				400 以内	500 以内	600 以内	700 以内
基 价 (元)				**623.79**	**756.37**	**897.77**	**1025.70**
其中	人 工 费 (元)			372.00	444.08	478.08	516.16
	材 料 费 (元)			155.51	176.14	224.69	245.65
	机 械 费 (元)			96.28	136.15	195.00	263.89
名 称		单位	单价(元)	数		量	
人工	综合工日	工日	80.00	4.650	5.551	5.976	6.452
材料	工程用水	t	—	(167.940)	(267.170)	(394.470)	(540.790)
	热轧中厚钢板 δ10~16	kg	3.70	14.210	18.060	20.280	21.700
	电焊条 结422 φ3.2	kg	6.70	0.200	0.200	0.300	0.300
	氧气	m³	3.60	0.610	0.760	0.910	1.060
	乙炔气	m³	25.20	0.200	0.250	0.300	0.350
	其他材料费	元	—	94.360	98.940	136.810	150.710
机械	电动单级离心清水泵 φ200mm	台班	286.20	0.264	0.400	0.578	0.815
	电焊机(综合)	台班	183.97	0.085	0.085	0.128	0.128
	立式钻床 φ25mm	台班	118.20	0.043	0.051	0.051	0.060

2. 空气吹扫

工作内容:准备工作,制堵盲板,装设临时管线,充气加压,敲打管道检查,系统管线复位,临时管线拆除,现场清理。 单位:100m

定 额 编 号				10-6-62	10-6-63	10-6-64	10-6-65
项 目				公称直径(mm)			
				50 以内	100 以内	200 以内	300 以内
基 价 (元)				**177.07**	**209.96**	**285.53**	**348.52**
其中	人 工 费 (元)			98.64	116.96	144.16	172.08
	材 料 费 (元)			41.42	52.34	96.60	130.72
	机 械 费 (元)			37.01	40.66	44.77	45.72
名 称		单位	单价(元)	数		量	
人工	综合工日	工日	80.00	1.233	1.462	1.802	2.151
材料	热轧中厚钢板 δ10~16	kg	3.70	0.610	2.450	7.380	11.620
	电焊条 结422 φ3.2	kg	6.70	0.200	0.200	0.200	0.200
	氧气	m³	3.60	0.150	0.300	0.460	0.460
	乙炔气	m³	25.20	0.050	0.100	0.150	0.150
	其他材料费	元	—	36.020	38.330	62.520	80.950
机械	电焊机(综合)	台班	183.97	0.085	0.085	0.085	0.085
	电动空气压缩机 6m³/min	台班	338.45	0.060	0.068	0.077	0.077
	立式钻床 φ25mm	台班	118.20	0.009	0.017	0.026	0.034

工作内容:准备工作,制堵盲板,装设临时管线,充气加压,敲打管道检查,系统管线复位,临时管线拆除,现场清理。　　　　单位:100m

定　额　编　号				10-6-66	10-6-67	10-6-68	10-6-69
项　　　　　目				公称直径(mm)			
				400 以内	500 以内	600 以内	700 以内
基　　　价　（元）				**441.15**	**492.96**	**585.20**	**647.02**
其中	人　工　费　（元）			227.12	254.32	285.60	319.84
	材　料　费　（元）			164.54	185.16	235.50	258.97
	机　械　费　（元）			49.49	53.48	64.10	68.21
名　　　称		单位	单价(元)	数			量
人工	综合工日	工日	80.00	2.839	3.179	3.570	3.998
材料	热轧中厚钢板 $\delta10\sim16$	kg	3.70	14.210	18.060	20.780	22.650
	电焊条 结422 $\phi3.2$	kg	6.70	0.200	0.200	0.300	0.300
	氧气	m^3	3.60	0.610	0.760	0.910	1.060
	乙炔气	m^3	25.20	0.200	0.250	0.300	0.350
	其他材料费	元	—	103.390	107.960	145.770	160.520
机械	电焊机(综合)	台班	183.97	0.085	0.085	0.128	0.128
	电动空气压缩机 $6m^3/min$	台班	338.45	0.085	0.094	0.102	0.111
	立式钻床 $\phi25mm$	台班	118.20	0.043	0.051	0.051	0.060

3. 蒸汽吹扫

工作内容:准备工作,制堵盲板,装设临时管线,通气暖管,加压升压恒温,降温检查,反复多次吹洗、检查,
系统管线复位,临时管线拆除,现场清理。

单位:100m

定 额 编 号				10-6-70	10-6-71	10-6-72	10-6-73
项 目				公称直径(mm)			
				50 以内	100 以内	200 以内	300 以内
基 价 (元)				**198.66**	**255.74**	**345.17**	**426.52**
其 中	人 工 费 (元)			142.80	189.04	234.64	280.88
	材 料 费 (元)			39.16	49.05	91.82	125.98
	机 械 费 (元)			16.70	17.65	18.71	19.66
名 称		单位	单价(元)	数		量	
人工	综合工日	工日	80.00	1.785	2.363	2.933	3.511
材 料	蒸汽	t	–	(2.720)	(10.850)	(42.300)	(96.270)
	热轧中厚钢板 δ10～16	kg	3.70	0.610	2.450	7.380	11.620
	电焊条 结422 φ3.2	kg	6.70	0.200	0.200	0.200	0.200
	氧气	m³	3.60	0.150	0.300	0.460	0.460
	乙炔气	m³	25.20	0.050	0.100	0.150	0.150
	其他材料费	元	–	33.760	35.040	57.740	76.210
机 械	电焊机(综合)	台班	183.97	0.085	0.085	0.085	0.085
	立式钻床 φ25mm	台班	118.20	0.009	0.017	0.026	0.034

工作内容: 准备工作,制堵盲板,装设临时管线,通气暖管,加压升压恒温,降温检查,反复多次吹洗、检查,系统管线复位,临时管线拆除,现场清理。

单位:100m

定 额 编 号				10-6-74	10-6-75	10-6-76	10-6-77
项 目				公称直径(mm)			
				400 以内	500 以内	600 以内	700 以内
基 价 (元)				**514.20**	**603.79**	**799.84**	**970.04**
其中	人 工 费 (元)			340.00	408.00	554.24	700.40
	材 料 费 (元)			153.48	174.12	216.02	239.00
	机 械 费 (元)			20.72	21.67	29.58	30.64
名 称		单位	单价(元)	数		量	
人工	综合工日	工日	80.00	4.250	5.100	6.928	8.755
材料	蒸汽	t	–	(170.850)	(265.770)	(383.730)	(506.520)
	热轧中厚钢板 δ10~16	kg	3.70	14.210	18.060	20.780	23.066
	电焊条 结422 φ3.2	kg	6.70	0.200	0.200	0.300	0.300
	氧气	m³	3.60	0.610	0.760	0.910	1.060
	乙炔气	m³	25.20	0.200	0.250	0.300	0.350
	其他材料费	元	–	92.330	96.920	126.290	139.010
机械	电焊机(综合)	台班	183.97	0.085	0.085	0.128	0.128
	立式钻床 φ25mm	台班	118.20	0.043	0.051	0.051	0.060

三、管道系统清洗

1. 碱洗

工作内容: 准备工作,临时管线安装及拆除,配制清洗剂,清洗,中和处理,检查,剂料回收,现场清理。　　　　　　单位:100m

定　额　编　号				10-6-78	10-6-79	10-6-80	10-6-81
项　　　　　目				公称直径(mm)			
				25 以内	50 以内	100 以内	200 以内
基　　价　(元)				**314.62**	**339.05**	**460.48**	**660.35**
其中	人　工　费　(元)			197.92	197.92	251.60	374.00
	材　料　费　(元)			32.95	40.61	90.66	150.30
	机　械　费　(元)			83.75	100.52	118.22	136.05
名　　　称		单位	单价(元)	数		量	
人工	综合工日	工日	80.00	2.474	2.474	3.145	4.675
材料	烧碱	kg	-	(10.000)	(19.670)	(39.330)	(65.040)
	工程用水	t	-	(0.210)	(0.480)	(2.460)	(9.720)
	热轧中厚钢板 δ10~16	kg	3.70	0.110	0.610	2.450	7.380
	电焊条 结422 φ3.2	kg	6.70	0.200	0.200	0.200	0.200
	氧气	m³	3.60	0.150	0.150	0.150	0.470
	乙炔气	m³	25.20	0.050	0.050	0.050	0.160
	其他材料费	元	-	29.400	35.210	78.450	115.930
机械	电焊机(综合)	台班	183.97	0.085	0.085	0.085	0.085
	耐腐蚀泵 φ40mm	台班	197.21	0.340	0.425	0.510	0.595
	立式钻床 φ25mm	台班	118.20	0.009	0.009	0.017	0.026

工作内容: 准备工作,临时管线安装及拆除,配制清洗剂,清洗,中和处理,检查,剂料回收,现场清理。　　　　　　　单位:100m

定　额　编　号				10-6-82	10-6-83	10-6-84
项　　　目				公称直径（mm）		
				300 以内	400 以内	500 以内
基　　价　（元）				**1006.46**	**1373.85**	**1732.11**
其中	人　工　费　（元）			546.08	795.60	1079.20
	材　料　费　（元）			191.63	277.30	319.88
	机　械　费　（元）			268.75	300.95	333.03
名　　称		单位	单价(元)	数		量
人工	综合工日	工日	80.00	6.826	9.945	13.490
材料	烧碱	kg	—	(97.090)	(127.570)	(157.600)
	工程用水	t	—	(21.930)	(37.320)	(59.370)
	热轧中厚钢板 δ10~16	kg	3.70	11.620	14.210	18.060
	电焊条 结422 φ3.2	kg	6.70	0.200	0.200	0.200
	氧气	m³	3.60	0.470	0.760	0.760
	乙炔气	m³	25.20	0.160	0.250	0.250
	其他材料费	元	—	141.570	214.350	242.680
机械	电焊机(综合)	台班	183.97	0.085	0.085	0.085
	耐腐蚀泵 φ100mm	台班	366.31	0.680	0.765	0.850
	立式钻床 φ25mm	台班	118.20	0.034	0.043	0.051

2. 酸洗

工作内容:准备工作,临时管线安装及拆除,配制清洗剂,清洗,中和处理,检查,剂料回收,现场清理。

单位:100m

定　额　编　号			10-6-85	10-6-86	10-6-87	10-6-88
项　　　　目			公称直径（mm）			
			25 以内	50 以内	100 以内	200 以内
基　　价　（元）			**394.86**	**419.29**	**566.70**	**818.07**
其中	人　工　费　（元）		278.16	278.16	354.32	529.04
	材　料　费　（元）		32.95	40.61	94.16	152.98
	机　械　费　（元）		83.75	100.52	118.22	136.05
名　　　称	单位	单价(元)	数			量
人工 综合工日	工日	80.00	3.477	3.477	4.429	6.613
材 酸洗液	kg	—	(12.000)	(23.400)	(47.100)	(58.780)
烧碱	kg	—	(2.040)	(3.930)	(7.850)	(15.750)
工程用水	t	—	(0.280)	(0.640)	(3.280)	(12.960)
热轧中厚钢板 $\delta 10 \sim 16$	kg	3.70	0.110	0.610	2.450	7.380
电焊条 结422 $\phi 3.2$	kg	6.70	0.200	0.200	0.200	0.200
氧气	m^3	3.60	0.150	0.150	0.150	0.470
乙炔气	m^3	25.20	0.050	0.050	0.050	0.160
料 耐酸塑料管 DN50	m	9.80	—	—	1.000	1.000
其他材料费	元	—	29.400	35.210	72.150	108.810
机 电焊机(综合)	台班	183.97	0.085	0.085	0.085	0.085
耐腐蚀泵 $\phi 40mm$	台班	197.21	0.340	0.425	0.510	0.595
械 立式钻床 $\phi 25mm$	台班	118.20	0.009	0.009	0.017	0.026

工作内容:准备工作,临时管线安装及拆除,配制清洗剂,清洗,中和处理,检查,剂料回收,现场清理。　　　　单位:100m

定　　额　　编　　号			10-6-89	10-6-90	10-6-91
项　　　　　　目			公称直径（mm）		
			300 以内	400 以内	500 以内
基　　　价　（元）			**1237.67**	**1660.97**	**2192.56**
其中	人　工　费　（元）		774.56	1079.20	1536.16
	材　料　费　（元）		194.36	280.82	323.37
	机　械　费　（元）		268.75	300.95	333.03
名　　　　称	单位	单价(元)	数		量
人工 综合工日	工日	80.00	9.682	13.490	19.202
材料 酸洗液	kg	–	(72.820)	(95.680)	(118.000)
烧碱	kg	–	(23.500)	(31.400)	(39.400)
工程用水	t	–	(29.240)	(49.760)	(79.160)
热轧中厚钢板 δ10～16	kg	3.70	11.620	14.210	18.060
电焊条 结422 φ3.2	kg	6.70	0.200	0.200	0.200
氧气	m³	3.60	0.470	0.760	0.760
乙炔气	m³	25.20	0.160	0.250	0.250
耐酸塑料管 DN50	m	9.80	1.000	1.000	1.000
其他材料费	元	–	134.500	208.070	236.370
机械 电焊机(综合)	台班	183.97	0.085	0.085	0.085
耐腐蚀泵 φ100mm	台班	366.31	0.680	0.765	0.850
立式钻床 φ25mm	台班	118.20	0.034	0.043	0.051

四、管道脱脂

工作内容: 准备工作,临时管线安装及拆除,配制清洗剂,清洗,中和处理,检查,剂料回收,现场清理。

单位:100m

定 额 编 号			10-6-92	10-6-93	10-6-94	10-6-95
项 目			公称直径(mm)			
			25 以内	50 以内	100 以内	200 以内
基 价 (元)			**273.10**	**310.63**	**455.10**	**659.82**
其中	人 工 费 (元)		133.28	133.28	186.32	278.16
	材 料 费 (元)		38.81	56.53	127.54	219.55
	机 械 费 (元)		101.01	120.82	141.24	162.11
名 称	单位	单价(元)	数			量
人工 综合工日	工日	80.00	1.666	1.666	2.329	3.477
材料	脱脂介质	kg	—	(9.800)	(18.840)	(37.700)	(78.050)
	白布 0.9m	m²	8.54	2.400	4.000	7.200	13.900
	热轧中厚钢板 δ10~16	kg	3.70	0.110	0.610	2.450	7.380
	电焊条 结422 φ3.2	kg	6.70	0.200	0.200	0.200	0.200
	氧气	m³	3.60	0.150	0.150	0.150	0.470
	乙炔气	m³	25.20	0.050	0.050	0.050	0.160
	石棉橡胶板 低压 0.8~1.0	kg	13.20	0.160	0.280	0.680	1.320
	其他材料费	元	—	12.650	13.280	44.870	49.050
机械	电焊机(综合)	台班	183.97	0.085	0.085	0.085	0.085
	耐腐蚀泵 φ40mm	台班	197.21	0.340	0.425	0.510	0.595
	电动空气压缩机 6m³/min	台班	338.45	0.051	0.060	0.068	0.077
	立式钻床 φ25mm	台班	118.20	0.009	0.009	0.017	0.026

工作内容:准备工作,临时管线安装及拆除,配制清洗剂,清洗,中和处理,检查,剂料回收,现场清理。　　　　　　单位:100m

定　额　编　号				10-6-96	10-6-97	10-6-98
项　　　　　目				公称直径(mm)		
				300 以内	400 以内	500 以内
基　　价　(元)				**1037.77**	**1364.02**	**1539.47**
其中	人　工　费　(元)			469.92	698.40	774.56
	材　料　费　(元)			270.33	332.86	397.36
	机　械　费　(元)			297.52	332.76	367.55
名　　　　称		单位	单价(元)	数		量
人工	综合工日	工日	80.00	5.874	8.730	9.682
材料	脱脂介质	kg	–	(116.510)	(153.080)	(188.520)
	白布 0.9m	m²	8.54	16.000	18.800	23.600
	热轧中厚钢板 δ10~16	kg	3.70	11.620	14.210	18.060
	电焊条 结422 φ3.2	kg	6.70	0.200	0.200	0.200
	氧气	m³	3.60	0.470	0.760	0.760
	乙炔气	m³	25.20	0.160	0.250	0.250
	石棉橡胶板 低压 0.8~1.0	kg	13.20	1.600	2.800	3.320
	其他材料费	元	–	62.510	72.390	74.790
机械	电焊机(综合)	台班	183.97	0.085	0.085	0.085
	耐腐蚀泵 φ100mm	台班	366.31	0.680	0.765	0.850
	电动空气压缩机 6m³/min	台班	338.45	0.085	0.094	0.102
	立式钻床 φ25mm	台班	118.20	0.034	0.043	0.051

第七章　无损探伤与焊口热处理

说　　明

一、无损探伤：

1. 本章适用于工业管道焊缝及母材的无损探伤。

2. 定额内已综合考虑了高空作业降效因素。

3. 本章不包括下列内容：

(1)固定射线探伤仪器使用的各种支架的制作。

(2)因超声波探伤需要各种对比试块的制作。

二、预热与热处理：

1. 本章适用于碳钢、低合金钢和中高压合金钢各种施工方法的焊前预热或焊后热处理。

2. 电加热片或电感应预热中，如要求焊后立即进行热处理，按焊前预热定额，人工乘以系数0.87。

3. 电加热片加热进行焊前预热或焊后局部热处理中，如要求增加一层石棉布保温，石棉布的消耗量与高硅布相同，人工不再增加。

工程量计算规则

一、管材表面磁粉探伤和超声波探伤,不分材质和壁厚以"米(m)"为单位。

二、焊缝 X 射线、γ 射线探伤,按管壁厚不分规格和材质以"张"为计量单位。

三、焊缝超声波、磁粉及渗透探伤,按规格不分材质和壁厚以"口"为计量单位。

四、计算 X 射线、γ 射线探伤工程量时,按管材的双壁厚执行相应定额子目。

五、管道焊缝采用超声波无损探伤时,其检测范围内的打磨工程量按展开长度计算。

六、焊前预热和焊后预处理,按不同材质、规格及施工方法以"口"为计量单位。

一、管材表面无损探伤

1. 磁粉探伤

工作内容: 搬运机器,接电,探伤部位除锈清理,配制磁悬液,磁电,磁粉反应,缺陷处理技术报告。

单位:10m

定 额 编 号				10-7-1	10-7-2	10-7-3	10-7-4
项 目				公称直径(mm)			
				50 以内	100 以内	200 以内	350 以内
基 价 (元)				**71.72**	**130.28**	**228.73**	**342.80**
其中	人 工 费 (元)			22.64	40.80	68.00	102.00
	材 料 费 (元)			18.24	33.74	67.94	101.45
	机 械 费 (元)			30.84	55.74	92.79	139.35
名 称		单位	单价(元)	数		量	
人工	综合工日	工日	80.00	0.283	0.510	0.850	1.275
材料	变压器油	kg	13.30	0.300	0.580	1.200	1.800
	煤油	kg	4.20	0.300	0.580	1.200	1.800
	磁粉	g	0.48	20.000	38.000	83.000	124.000
	尼龙砂轮片 ϕ100	片	7.60	0.300	0.400	0.450	0.500
	其他材料费	元	—	1.110	2.310	3.680	6.630
机械	磁粉探伤机 6000A	台班	324.00	0.094	0.170	0.283	0.425
	电动葫芦(单速)3t	台班	54.90	0.007	0.012	0.020	0.030

2. 超声波探伤

工作内容:搬运仪器,校验仪器及探头,检验部位清理除污,涂抹耦合剂,探伤,检验结果,记录鉴定,技术报告。

单位:10m

定 额 编 号				10-7-5	10-7-6	10-7-7	10-7-8
项 目				公称直径（mm）			
				150 以内	250 以内	350 以内	350 以上
基 价 （元）				**348.42**	**524.67**	**646.42**	**708.02**
其中	人 工 费 （元）			112.24	160.48	189.76	200.16
	材 料 费 （元）			102.83	173.57	231.28	270.23
	机 械 费 （元）			133.35	190.62	225.38	237.63
名 称		单位	单价（元）	数		量	
人工	综合工日	工日	80.00	1.403	2.006	2.372	2.502
材料	汽轮机油（各种规格）	kg	8.80	0.300	0.400	0.550	0.670
	耦合剂	kg	40.00	1.750	3.000	4.000	4.680
	直探头	套	176.00	0.025	0.043	0.059	0.067
	斜探头	个	230.00	0.031	0.054	0.074	0.084
	探头线	根	18.00	0.200	0.250	0.300	0.400
	其他材料费	元	－	15.060	25.560	33.640	38.820
机械	超声波探伤机 CTS-26	台班	284.93	0.468	0.669	0.791	0.834

二、焊缝无损探伤

1. X 射线探伤

(1)80mm×300mm

工作内容: 射线机的搬运及固定,焊缝清刷透照位置标记编号,底片号码编排,底片固定,开机拍片,暗室处理,
底片鉴定,技术报告。

单位:10 张

定　额　编　号				10-7-9	10-7-10	10-7-11	10-7-12
项　　　　　目				管壁厚(mm)			
				16 以内	30 以内	42 以内	42 以上
基　　　价　(元)				**955.14**	**1103.65**	**1397.38**	**1643.49**
其中	人　工　费　(元)			312.80	388.56	485.52	604.56
	材　料　费　(元)			381.80	381.80	381.80	381.80
	机　械　费　(元)			260.54	333.29	530.06	657.13
名　　　　称		单位	单价(元)	数			量
人工	综合工日	工日	80.00	3.910	4.857	6.069	7.557
材料	X 射线胶片 80mm×300mm	张	6.00	12.000	12.000	12.000	12.000
	米吐尔	g	0.11	1.270	1.270	1.270	1.270
	无水亚硫酸钠	g	0.01	54.340	54.340	54.340	54.340
	对苯二酚	g	40.00	5.060	5.060	5.060	5.060

定 额 编 号				10-7-9	10-7-10	10-7-11	10-7-12
项 目				管壁厚（mm）			
				16 以内	30 以内	42 以内	42 以上
材 料	无水碳酸钠	g	0.01	27.600	27.600	27.600	27.600
	溴化钾	g	0.02	2.300	2.300	2.300	2.300
	硫代硫酸钠	g	0.03	207.000	207.000	207.000	207.000
	冰醋酸 98%	mL	0.08	21.560	21.560	21.560	21.560
	硼酸	g	0.09	6.470	6.470	6.470	6.470
	硫酸铝钾	g	0.02	12.940	12.940	12.940	12.940
	压敏胶粘带	m	1.38	6.900	6.900	6.900	6.900
	铅板 80×300×3	块	11.70	0.380	0.380	0.380	0.380
	其他材料费	元	–	83.650	83.650	83.650	83.650
机 械	X 射线探伤机 2005	台班	259.45	0.978	–	–	–
	X 射线探伤机 2505	台班	267.10	–	1.216	–	–
	X 射线探伤机 3005	台班	341.30	–	–	1.522	1.887
	X 光胶片脱水烘干机 ZTH – 340	台班	100.00	0.068	0.085	0.106	0.131

（2）80mm×150mm

工作内容: 射线机的搬运及固定,焊缝清刷透照位置标记编号,底片号码编排,底片固定,开机拍片,暗室处理,
底片鉴定,技术报告。

单位:10 张

定 额 编 号				10-7-13	10-7-14	10-7-15
项 目				管壁厚（mm）		
				16 以内	30 以内	42 以内
基 价 （元）				**836.98**	**985.49**	**1279.22**
其 中	人 工 费 （元）			312.80	388.56	485.52
	材 料 费 （元）			263.64	263.64	263.64
	机 械 费 （元）			260.54	333.29	530.06
名 称		单位	单价(元)	数		量
人工	综合工日	工日	80.00	3.910	4.857	6.069
材 料	X 射线胶片 80mm×150mm	张	3.00	12.000	12.000	12.000
	米吐尔	g	0.11	0.890	0.890	0.890
	无水亚硫酸钠	g	0.01	38.040	38.040	38.040
	对苯二酚	g	40.00	3.540	3.540	3.540
	无水碳酸钠	g	0.01	19.320	19.320	19.320

定 额 编 号				10-7-13	10-7-14	10-7-15
项 目				管壁厚（mm）		
				16 以内	30 以内	42 以内
材料	溴化钾	g	0.02	1.610	1.610	1.610
	硫代硫酸钠	g	0.03	144.900	144.900	144.900
	冰醋酸 98%	mL	0.08	15.090	15.090	15.090
	硼酸	g	0.09	4.530	4.530	4.530
	硫酸铝钾	g	0.02	9.060	9.060	9.060
	压敏胶粘带	m	1.38	6.900	6.900	6.900
	铅板 80×150×3	块	7.98	0.380	0.380	0.380
	其他材料费	元	–	66.640	66.640	66.640
机械	X 射线探伤机 2005	台班	259.45	0.978	–	–
	X 射线探伤机 2505	台班	267.10	–	1.216	–
	X 射线探伤机 3005	台班	341.30	–	–	1.522
	X 光胶片脱水烘干机 ZTH – 340	台班	100.00	0.068	0.085	0.106

2. γ射线探伤(外透法)

工作内容:γ源的搬运及固定,焊缝清刷透照位置标记编号,γ源导管的固定,底片号码编排,底片固定,开机拍片,
暗室处理,底片鉴定,技术报告。

单位:10 张

定 额 编 号				10-7-16	10-7-17	10-7-18	10-7-19	10-7-20
项 目				管壁厚（mm）				
				30 以内	40 以内	50 以内	50 以上	30 以内
基 价 （元）				**1260.29**	**1556.25**	**2148.56**	**3104.98**	**1142.39**
其 中	人 工 费 （元）			510.00	680.00	1020.00	1569.44	510.00
	材 料 费 （元）			372.01	372.01	372.01	372.01	254.11
	机 械 费 （元）			378.28	504.24	756.55	1163.53	378.28
名 称	单位	单价(元)		数			量	
人工 综合工日	工日	80.00		6.375	8.500	12.750	19.618	6.375
材 X 射线胶片 80mm×300mm	张	6.00		12.000	12.000	12.000	12.000	–
X 射线胶片 80mm×150mm	张	3.00		–	–	–	–	12.000
米吐尔	g	0.11		1.270	1.270	1.270	1.270	0.890
料 无水亚硫酸钠	g	0.01		54.340	54.340	54.340	54.340	38.040

定 额 编 号			10-7-16	10-7-17	10-7-18	10-7-19	10-7-20
项 目			管壁厚（mm）				
			30 以内	40 以内	50 以内	50 以上	30 以内
材	对苯二酚	g	40.00	5.060	5.060	5.060	5.060	3.540
	无水碳酸钠	g	0.01	27.600	27.600	27.600	27.600	19.320
	溴化钾	g	0.02	2.300	2.300	2.300	2.300	1.610
	硫代硫酸钠	g	0.03	207.000	207.000	207.000	207.000	144.900
	冰醋酸 98%	mL	0.08	21.560	21.560	21.560	21.560	15.090
	硼酸	g	0.09	6.470	6.470	6.470	6.470	4.530
	硫酸铝钾	g	0.02	12.940	12.940	12.940	12.940	9.060
	铅板 80×300×3	块	11.70	0.380	0.380	0.380	0.380	–
料	铅板 80×150×3	块	7.98	–	–	–	–	0.380
	其他材料费	元	–	83.380	83.380	83.380	83.380	66.630
机	γ 射线探伤仪 192/IY	台班	171.00	2.125	2.833	4.250	6.537	2.125
械	X 光胶片脱水烘干机 ZTH－340	台班	100.00	0.149	0.198	0.298	0.457	0.149

3. 超声波探伤

工作内容: 搬运仪器,校验仪器及探头,检验部位清理除污,涂抹耦合剂,探伤,检验结果,记录鉴定,技术报告。 单位:10 口

定 额 编 号			10-7-21	10-7-22	10-7-23	10-7-24
项 目			公称直径（mm）			
			150 以内	250 以内	350 以内	350 以上
基 价 （元）			**189.74**	**338.88**	**550.76**	**751.13**
其中	人 工 费 （元）		56.08	107.68	166.08	214.56
	材 料 费 （元）		66.99	103.27	187.51	281.84
	机 械 费 （元）		66.67	127.93	197.17	254.73
名 称	单位	单价(元)	数		量	
人工 综合工日	工日	80.00	0.701	1.346	2.076	2.682
材料 汽轮机油（各种规格）	kg	8.80	0.150	0.326	0.651	1.004
耦合剂	kg	40.00	1.000	2.035	3.552	5.352
斜探头	个	230.00	0.080	0.012	0.018	0.020
探头线	根	18.00	0.005	0.008	0.012	0.013
其他材料费	元	－	7.180	16.100	35.350	54.090
机械 超声波探伤机 CTS－26	台班	284.93	0.234	0.449	0.692	0.894

4. 磁粉探伤

工作内容:搬运机器,接电,探伤部位除锈清理,配制磁悬液,磁电,磁粉反应,缺陷处理,技术报告。　　　　　　　　　　单位:10口

定　额　编　号			10-7-25	10-7-26	10-7-27	10-7-28
项　　　　　目			普通磁粉探伤公称直径(mm)			
			150 以内	250 以内	350 以内	350 以上
基　　　价　　　(元)			**350.15**	**406.18**	**458.63**	**483.21**
其中	人　工　费　(元)		34.00	58.24	80.48	90.96
	材　料　费　(元)		269.17	269.21	269.29	269.45
	机　械　费　(元)		46.98	78.73	108.86	122.80
名　　　称	单位	单价(元)	数		量	
人工 综合工日	工日	80.00	0.425	0.728	1.006	1.137
材料 Oπ-20	mL	0.06	57.500	57.500	57.500	57.500
亚硝酸钠	kg	3.10	57.500	57.500	57.500	57.500
磁粉	g	0.48	172.500	172.500	172.500	172.500
消泡剂	g	0.06	23.000	23.000	23.000	23.000
尼龙砂轮片 φ100	片	7.60	0.230	0.230	0.230	0.230
电	kW·h	0.85	0.238	0.284	0.379	0.571
其他材料费	元	—	1.340	1.340	1.340	1.340
机械 磁粉探伤机 6000A	台班	324.00	0.145	0.243	0.336	0.379

工作内容:搬运机器,接电,探伤部位除锈清理,配制磁悬液,磁电,磁粉反应,缺陷处理,技术报告。 单位:10 口

定 额 编 号			10-7-29	10-7-30	10-7-31	10-7-32
项 目			荧光磁粉探伤公称直径(mm)			
			150 以内	250 以内	350 以内	350 以上
基 价 (元)			**423.16**	**524.67**	**635.06**	**663.17**
其中	人 工 费 (元)		61.20	104.96	144.88	163.76
	材 料 费 (元)		277.72	277.80	277.96	278.12
	机 械 费 (元)		84.24	141.91	212.22	221.29
名 称	单位	单价(元)	数		量	
人工 综合工日	工日	80.00	0.765	1.312	1.811	2.047
材料 Oπ-20	mL	0.06	57.500	57.500	57.500	57.500
亚硝酸钠	kg	3.10	57.500	57.500	57.500	57.500
荧光磁粉	g	4.00	23.000	23.000	23.000	23.000
消泡剂	g	0.06	11.500	11.500	11.500	11.500
尼龙砂轮片 φ100	片	7.60	0.230	0.230	0.230	0.230
电	kW·h	0.85	0.284	0.379	0.571	0.761
其他材料费	元	—	1.340	1.340	1.340	1.340
机械 磁粉探伤机 6000A	台班	324.00	0.260	0.438	0.655	0.683

5. 渗透探伤

工作内容: 领取材料,探伤部位除锈清理,配制及喷涂渗透液,喷涂显像剂,干燥处理,观察结果,缺陷部位处理记录,清洗药渍,技术报告。

单位:10 口

定　额　编　号				10-7-33	10-7-34	10-7-35	10-7-36
项　　　　　　目				渗透探伤公称直径（mm）			
				100 以内	200 以内	350 以内	500 以内
基　　　价　（元）				**191.52**	**388.75**	**668.64**	**938.77**
其中	人　工　费　（元）			23.12	46.96	80.48	113.04
	材　料　费　（元）			167.54	340.03	585.12	821.49
	机　械　费　（元）			0.86	1.76	3.04	4.24
名　　称		单位	单价(元)	数		量	
人工	综合工日	工日	80.00	0.289	0.587	1.006	1.413
材料	渗透剂 500mL	瓶	79.59	0.678	1.376	2.368	3.324
	显像剂 500mL	瓶	61.00	1.356	2.752	4.736	6.650
	清洗剂 500mL	瓶	14.20	2.034	4.128	7.104	9.972
	其他材料费	元	-	1.980	4.020	6.880	9.680
机械	轴流风机 7.5kW	台班	42.81	0.020	0.041	0.071	0.099

工作内容: 领取材料,探伤部位除锈清理,配制及喷涂渗透液,喷涂显像剂,干燥处理,观察结果,缺陷部位处理记录,清洗药渍,技术报告。

单位:10 口

定 额 编 号				10-7-37	10-7-38	10-7-39	10-7-40
项 目				荧光渗透探伤公称直径(mm)			
				100 以内	200 以内	350 以内	500 以内
基 价 (元)				**230.55**	**467.81**	**804.77**	**1129.74**
其 中	人 工 费 (元)			27.76	56.32	96.64	135.60
	材 料 费 (元)			201.72	409.39	704.49	989.05
	机 械 费 (元)			1.07	2.10	3.64	5.09
名 称		单位	单价(元)	数			量
人工	综合工日	工日	80.00	0.347	0.704	1.208	1.695
材 料	荧光渗透探伤剂 500mL	瓶	130.00	0.678	1.376	2.368	3.324
	显像剂 500mL	瓶	61.00	1.356	2.752	4.736	6.650
	清洗剂 500mL	瓶	14.20	2.034	4.128	7.104	9.972
	其他材料费	元	–	1.980	4.020	6.880	9.680
机械	轴流风机 7.5kW	台班	42.81	0.025	0.049	0.085	0.119

三、预热及后热
1. 碳钢管(电加热片)

工作内容:准备工作,热电偶固定,包扎,连线,通电升温,拆除,回收材料,清理现场,硬度测定。

单位:10 口

定　额　编　号			10-7-41	10-7-42	10-7-43	10-7-44	10-7-45
项　　　　　　目			外径×壁厚（mm×mm）				
			219×10～20 以内	219×25～40 以内	273×10～20 以内	273×25～40 以内	325×10～20 以内
基　　　价　（元）			**779.40**	**959.66**	**865.11**	**854.06**	**901.23**
其中	人　工　费　（元）		256.40	299.20	276.08	318.96	276.08
	材　料　费　（元）		198.61	280.85	237.03	131.13	273.15
	机　械　费　（元）		324.39	379.61	352.00	403.97	352.00
名　　　称	单位	单价(元)	数			量	
人工 综合工日	工日	80.00	3.205	3.740	3.451	3.987	3.451
材料 高硅布 δ25	m²	47.00	3.000	4.100	3.600	0.500	3.800
电加热片	m²	1667.00	0.024	0.042	0.030	0.054	0.036
热电偶 1000℃ 1m	个	82.00	0.200	0.200	0.200	0.200	0.400
其他材料费	元	－	1.200	1.740	1.420	1.210	1.740
机械 自控热处理机	台班	406.00	0.799	0.935	0.867	0.995	0.867

工作内容:准备工作,热电偶固定,包扎,连线,通电升温,拆除,回收材料,清理现场,硬度测定。

单位:10 口

定 额 编 号			10-7-46	10-7-47	10-7-48	10-7-49	10-7-50
项 目			外径×壁厚(mm×mm)				
			325×25~40 以内	377×10~20 以内	377×25~40 以内	426×10~25 以内	426×30~50 以内
基 价 (元)			**1141.02**	**951.75**	**1207.03**	**1317.78**	**2112.54**
其 中	人 工 费 (元)		318.96	276.08	318.96	393.04	651.44
	材 料 费 (元)		418.09	323.67	484.10	424.14	632.86
	机 械 费 (元)		403.97	352.00	403.97	500.60	828.24
名 称	单位	单价(元)	数			量	
人工 综合工日	工日	80.00	3.987	3.451	3.987	4.913	8.143
材 料 高硅布 δ25	m²	47.00	5.800	4.800	6.700	5.900	8.500
电加热片	m²	1667.00	0.066	0.036	0.078	0.054	0.108
热电偶 1000℃ 1m	个	82.00	0.400	0.440	0.440	0.660	0.600
其他材料费	元	–	2.670	1.980	3.090	2.700	4.120
机械 自控热处理机	台班	406.00	0.995	0.867	0.995	1.233	2.040

工作内容:准备工作,热电偶固定,包扎,连线,通电升温,拆除,回收材料,清理现场,硬度测定。

单位:10 口

定　额　编　号				10-7-51	10-7-52	10-7-53	10-7-54
项　　　　　　　目				外径 × 壁厚(mm × mm)			
				480 × 15 ~ 25 以内	480 × 30 ~ 60 以内	530 × 15 ~ 25 以内	530 × 30 ~ 60 以内
基　　　价　　(元)				**1584.33**	**2336.09**	**1627.47**	**2413.60**
其 中	人　工　费　(元)			493.68	673.20	493.68	673.20
	材　料　费　(元)			462.57	807.04	505.71	884.55
	机　械　费　(元)			628.08	855.85	628.08	855.85
名　　　称		单位	单价(元)	数		量	
人工	综合工日	工日	80.00	6.171	8.415	6.171	8.415
材 料	高硅布 δ25	m²	47.00	6.500	10.800	7.200	11.800
	电加热片	m²	1667.00	0.060	0.144	0.066	0.162
	热电偶 1000℃ 1m	个	82.00	0.660	0.660	0.660	0.660
	其他材料费	元	–	2.930	5.270	3.170	5.780
机 械	自控热处理机	台班	406.00	1.547	2.108	1.547	2.108

2. 低压合金钢管(电加热片)

工作内容:准备工作,热电偶固定,包扎,连线,通电升温,拆除,回收材料,清理现场,硬度测定。

单位:10 口

定 额 编 号			10-7-55	10-7-56	10-7-57	10-7-58	10-7-59	10-7-60	10-7-61
项 目			外径×壁厚（mm×mm）						
			57×10~15 以内	76×10~15 以内	89×10~15 以内	114×10~15 以内	133×10~20 以内	159×10~20 以内	159×10~30 以内
基 价 （元）			**833.01**	**840.56**	**851.75**	**864.02**	**952.86**	**977.13**	**1146.60**
其中	人 工 费 （元）		332.56	332.56	332.56	332.56	362.48	362.48	422.96
	材 料 费 （元）		79.43	86.98	98.17	110.44	131.19	155.46	185.28
	机 械 费 （元）		421.02	421.02	421.02	421.02	459.19	459.19	538.36
名 称	单位	单价(元)	数			量			
人工 综合工日	工日	80.00	4.157	4.157	4.157	4.157	4.531	4.531	5.287
材料 高硅布 δ25	m²	47.00	1.100	1.260	1.390	1.650	2.000	2.300	2.700
电加热片	m²	1667.00	0.006	0.006	0.009	0.009	0.012	0.018	0.024
热电偶 1000℃ 1m	个	82.00	0.210	0.210	0.210	0.210	0.200	0.200	0.210
其他材料费	元	–	0.510	0.540	0.620	0.670	0.790	0.950	1.150
机械 自控热处理机	台班	406.00	1.037	1.037	1.037	1.037	1.131	1.131	1.326

工作内容:准备工作,热电偶固定,包扎,连线,通电升温,拆除,回收材料,清理现场,硬度测定。　　　　单位:10 口

定　额　编　号			10-7-62	10-7-63	10-7-64	10-7-65	10-7-66	10-7-67	10-7-68
项　　　　目			外径×壁厚（mm×mm）						
			219×10~20 以内	219×25~40 以内	273×10~20 以内	273×25~40 以内	325×10~20 以内	325×25~40 以内	377×10~20 以内
基　　　价　（元）			**1020.28**	**1305.96**	**1114.03**	**1428.29**	**1140.04**	**1502.83**	**1197.35**
其	人　工　费　（元）		362.48	452.24	386.96	477.36	386.96	477.36	386.96
中	材　料　费　（元）		198.61	280.85	237.03	343.55	263.04	418.09	320.35
	机　械　费　（元）		459.19	572.87	490.04	607.38	490.04	607.38	490.04
名　　称	单位	单价(元)	数			量			
人工 综合工日	工日	80.00	4.531	5.653	4.837	5.967	4.837	5.967	4.837
材 高硅布 δ25	m²	47.00	3.000	4.100	3.600	5.000	3.800	5.800	4.800
电加热片	m²	1667.00	0.024	0.042	0.030	0.054	0.030	0.066	0.036
热电偶 1000℃ 1m	个	82.00	0.200	0.200	0.200	0.200	0.400	0.400	0.400
料 其他材料费	元	－	1.200	1.740	1.420	2.130	1.630	2.670	1.940
机械 自控热处理机	台班	406.00	1.131	1.411	1.207	1.496	1.207	1.496	1.207

工作内容:准备工作,热电偶固定,包扎,连线,通电升温,拆除,回收材料,清理现场,硬度测定。 单位:10 口

定 额 编 号				10-7-69	10-7-70	10-7-71	10-7-72	10-7-73	10-7-74	10-7-75
项 目				外径×壁厚（mm×mm）						
				377×25~50 以内	426×10~25 以内	426×30~50 以内	480×10~25 以内	480×30~60 以内	530×10~25 以内	530×30~60 以内
基 价 （元）				**1637.64**	**1564.62**	**2842.08**	**1702.50**	**3121.37**	**1992.48**	**3198.88**
其 中	人 工 费 （元）			508.00	501.84	973.76	546.08	1020.00	654.88	1020.00
	材 料 费 （元）			484.10	424.14	632.86	462.57	807.04	505.71	884.55
	机 械 费 （元）			645.54	638.64	1235.46	693.85	1294.33	831.89	1294.33
名 称		单位	单价(元)	数			量			
人工	综合工日	工日	80.00	6.350	6.273	12.172	6.826	12.750	8.186	12.750
材 料	高硅布 δ25	m²	47.00	6.700	5.900	8.500	6.500	10.800	7.200	11.800
	电加热片	m²	1667.00	0.078	0.054	0.108	0.060	0.144	0.066	0.162
	热电偶 1000℃ 1m	个	82.00	0.440	0.660	0.600	0.660	0.660	0.660	0.660
	其他材料费	元	－	3.090	2.700	4.120	2.930	5.270	3.170	5.780
机械	自控热处理机	台班	406.00	1.590	1.573	3.043	1.709	3.188	2.049	3.188

3. 中高压合金钢管(电加热片)

工作内容:准备工作,热电偶固定,包扎,连线,通电升温,拆除,回收材料,清理现场,硬度测定。 单位:10 口

定 额 编 号			10-7-76	10-7-77	10-7-78	10-7-79	10-7-80	10-7-81	10-7-82
项 目			外径 × 壁厚(mm × mm)						
			57 × 10 ~ 15 以内	76 × 10 ~ 15 以内	89 × 10 ~ 15 以内	114 × 10 ~ 15 以内	133 × 10 ~ 20 以内	159 × 10 ~ 20 以内	159 × 25 ~ 30 以内
基 价 (元)			**968. 05**	**975. 60**	**986. 79**	**999. 06**	**1124. 92**	**1149. 19**	**1393. 44**
其中	人 工 费 (元)		391. 68	391. 68	391. 68	391. 68	437. 92	437. 92	531. 76
	材 料 费 (元)		79. 43	86. 98	98. 17	110. 44	131. 19	155. 46	185. 28
	机 械 费 (元)		496. 94	496. 94	496. 94	496. 94	555. 81	555. 81	676. 40
名 称	单位	单价(元)	数				量		
人工 综合工日	工日	80. 00	4. 896	4. 896	4. 896	4. 896	5. 474	5. 474	6. 647
材料 高硅布 δ25	m²	47. 00	1. 100	1. 260	1. 390	1. 650	2. 000	2. 300	2. 700
电加热片	m²	1667. 00	0. 006	0. 006	0. 009	0. 009	0. 012	0. 018	0. 024
热电偶 1000℃ 1m	个	82. 00	0. 210	0. 210	0. 210	0. 210	0. 200	0. 200	0. 210
其他材料费	元	–	0. 510	0. 540	0. 620	0. 670	0. 790	0. 950	1. 150
机械 自控热处理机	台班	406. 00	1. 224	1. 224	1. 224	1. 224	1. 369	1. 369	1. 666

工作内容:准备工作,热电偶固定,包扎,连线,通电升温,拆除,回收材料,清理现场,硬度测定。 单位:10 口

定 额 编 号			10-7-83	10-7-84	10-7-85	10-7-86	10-7-87	10-7-88	10-7-89
项 目			外径×壁厚（mm×mm）						
			219×10~20 以内	219×25~40 以内	273×10~20 以内	273×25~40 以内	325×10~20 以内	325×25~40 以内	377×10~20 以内
基 价 （元）			**1192.34**	**1594.12**	**1292.47**	**1718.53**	**1318.48**	**1793.07**	**1375.79**
其 中	人 工 费 （元）		437.92	578.00	465.12	605.20	465.12	605.20	465.12
	材 料 费 （元）		198.61	280.85	237.03	343.55	263.04	418.09	320.35
	机 械 费 （元）		555.81	735.27	590.32	769.78	590.32	769.78	590.32
名 称	单位	单价（元）	数			量			
人工 综合工日	工日	80.00	5.474	7.225	5.814	7.565	5.814	7.565	5.814
材料 高硅布 δ25	m²	47.00	3.000	4.100	3.600	5.000	3.800	5.800	4.800
电加热片	m²	1667.00	0.024	0.042	0.030	0.054	0.030	0.066	0.036
热电偶 1000℃ 1m	个	82.00	0.200	0.200	0.200	0.200	0.400	0.400	0.400
其他材料费	元	－	1.200	1.740	1.420	2.130	1.630	2.670	1.940
机械 自控热处理机	台班	406.00	1.369	1.811	1.454	1.896	1.454	1.896	1.454

工作内容:准备工作,热电偶固定,包扎,连线,通电升温,拆除,回收材料,清理现场,硬度测定。　　　　　　　　　　单位:10 口

定　额　编　号			10-7-90	10-7-91	10-7-92	10-7-93	10-7-94	10-7-95	10-7-96
项　　　　目			外径×壁厚(mm×mm)						
			377×25~50 以内	426×10~25 以内	426×30~50 以内	480×10~25 以内	480×30~60 以内	530×10~25 以内	530×30~60 以内
基　　　价　(元)			**1963.78**	**1776.15**	**3422.87**	**1937.00**	**3756.14**	**2275.63**	**3833.65**
其中	人　工　费　(元)		651.44	597.76	1230.16	649.44	1299.52	779.28	1299.52
	材　料　费　(元)		484.10	419.17	632.86	462.57	807.04	505.71	884.55
	机　械　费　(元)		828.24	759.22	1559.85	824.99	1649.58	990.64	1649.58
名　　称	单位	单价(元)	数				量		
人工 综合工日	工日	80.00	8.143	7.472	15.377	8.118	16.244	9.741	16.244
材料 高硅布 δ25	m²	47.00	6.700	5.900	8.500	6.500	10.800	7.200	11.800
电加热片	m²	1667.00	0.078	0.054	0.108	0.060	0.144	0.066	0.162
热电偶 1000℃ 1m	个	82.00	0.440	0.600	0.600	0.660	0.660	0.660	0.660
其他材料费	元	—	3.090	2.650	4.120	2.930	5.270	3.170	5.780
机械 自控热处理机	台班	406.00	2.040	1.870	3.842	2.032	4.063	2.440	4.063

4.碳钢管(电感应)

工作内容:准备工作,热电偶固定,包扎,连线,通电升温,拆除,回收材料,清理现场,硬度测定。

单位:10 口

定 额 编 号			10-7-97	10-7-98	10-7-99	10-7-100	10-7-101
项 目			外径×壁厚(mm×mm)				
			219×10~20 以内	219×25~40 以内	273×10~20 以内	273×25~40 以内	325×10~20 以内
基 价 (元)			**798.24**	**1013.98**	**857.76**	**1143.15**	**954.58**
其中	人 工 费 (元)		237.36	279.52	237.36	299.20	256.40
	材 料 费 (元)		283.38	405.96	342.90	493.32	398.55
	机 械 费 (元)		277.50	328.50	277.50	350.63	299.63
名 称	单位	单价(元)	数		量		
人工 综合工日	工日	80.00	2.967	3.494	2.967	3.740	3.205
材料 石棉布 各种规格 烧失量3	kg	41.30	3.000	4.100	3.600	5.000	3.800
裸铜线 不分规格	kg	38.32	3.700	5.700	4.600	7.000	5.400
热电偶 1000℃ 1m	个	82.00	0.200	0.200	0.200	0.200	0.400
其他材料费	元	–	1.300	1.810	1.550	2.180	1.880
机械 中频加热处理机 100kW	台班	375.00	0.740	0.876	0.740	0.935	0.799

工作内容: 准备工作,热电偶固定,包扎,连线,通电升温,拆除,回收材料,清理现场,硬度测定。

定　额　编　号			10-7-102	10-7-103	10-7-104	10-7-105	10-7-106
项　　　　目			外径×壁厚（mm×mm）				
			$325 \times 25 \sim 40$ 以内	$377 \times 10 \sim 20$ 以内	$377 \times 25 \sim 50$ 以内	$426 \times 10 \sim 25$ 以内	$426 \times 30 \sim 50$ 以内
基　　　价　（元）			**1239.07**	**1026.84**	**1359.46**	**1322.41**	**2106.82**
其 中	人　工　费　（元）		299.20	256.40	312.80	344.80	592.96
	材　料　费　（元）		589.24	470.81	679.91	572.61	818.98
	机　械　费　（元）		350.63	299.63	366.75	405.00	694.88
名　　　称	单位	单价(元)	数			量	
人工 综合工日	工日	80.00	3.740	3.205	3.910	4.310	7.412
材 料 石棉布 各种规格 烧失量3	kg	41.30	5.800	4.800	6.700	5.900	8.500
裸铜线 不分规格	kg	38.32	8.200	6.200	9.500	7.100	10.700
热电偶 1000℃ 1m	个	82.00	0.400	0.400	0.440	0.660	0.660
其他材料费	元	－	2.680	2.190	3.080	2.750	3.790
机械 中频加热处理机 100kW	台班	375.00	0.935	0.799	0.978	1.080	1.853

工作内容:准备工作,热电偶固定,包扎,连线,通电升温,拆除,回收材料,清理现场,硬度测定。　　　　　单位:10 口

定　额　编　号				10-7-107	10-7-108	10-7-109	10-7-110
项　　　　　　目				外径×壁厚（mm×mm）			
				480×15~25 以内	480×30~60 以内	530×15~25 以内	530×30~60 以内
基　　　价　（元）				**1574.21**	**2299.53**	**1634.02**	**2364.09**
其 中	人　　工　　费　（元）			435.92	614.72	435.92	614.72
	材　　料　　费　（元）			628.29	964.43	688.10	1028.99
	机　　械　　费　（元）			510.00	720.38	510.00	720.38
名　　　　　称		单位	单价(元)	数		量	
人工	综合工日	工日	80.00	5.449	7.684	5.449	7.684
材 料	石棉布 各种规格 烧失量3	kg	41.30	6.500	10.800	7.200	11.800
	裸铜线 不分规格	kg	38.32	7.900	12.000	8.700	12.600
	热电偶 1000℃ 1m	个	82.00	0.660	0.660	0.660	0.660
	其他材料费	元	－	2.990	4.430	3.240	4.700
机械	中频加热处理机 100kW	台班	375.00	1.360	1.921	1.360	1.921

5. 低压合金钢管(电感应)

工作内容: 准备工作,热电偶固定,包扎,连线,通电升温,拆除,回收材料,清理现场,硬度测定。

单位:10 口

定 额 编 号			10-7-111	10-7-112	10-7-113	10-7-114	10-7-115	10-7-116	10-7-117
项 目			外径 × 壁厚（mm × mm）						
			57 × 10 ~ 15 以内	76 × 10 ~ 15 以内	89 × 10 ~ 15 以内	114 × 10 ~ 15 以内	133 × 10 ~ 20 以内	159 × 10 ~ 20 以内	159 × 25 ~ 30 以内
基 价 （元）			**777.66**	**795.84**	**808.93**	**831.26**	**924.41**	**952.25**	**1154.21**
其中	人 工 费 （元）		308.08	308.08	308.08	308.08	337.28	337.28	397.84
	材 料 费 （元）		109.20	127.38	140.47	162.80	191.88	219.72	290.99
	机 械 费 （元）		360.38	360.38	360.38	360.38	395.25	395.25	465.38
名 称	单位	单价(元)	数			量			
人工 综合工日	工日	80.00	3.851	3.851	3.851	3.851	4.216	4.216	4.973
材料 石棉布 各种规格 烧失量 3	kg	41.30	1.100	1.260	1.390	1.650	2.000	2.300	2.700
裸铜线 不分规格	kg	38.32	1.200	1.500	1.700	2.000	2.400	2.800	4.200
热电偶 1000℃ 1m	个	82.00	0.210	0.210	0.210	0.210	0.200	0.200	0.210
其他材料费	元	–	0.570	0.640	0.700	0.790	0.910	1.030	1.320
机械 中频加热处理机 100kW	台班	375.00	0.961	0.961	0.961	0.961	1.054	1.054	1.241

工作内容:准备工作,热电偶固定,包扎,连线,通电升温,拆除,回收材料,清理现场,硬度测定。 单位:10 口

定　额　编　号			10-7-118	10-7-119	10-7-120	10-7-121	10-7-122	10-7-123	10-7-124
项　　　　　　目			外径 × 壁厚（mm × mm）						
			219 × 10 ~ 20 以内	219 × 25 ~ 40 以内	273 × 10 ~ 20 以内	273 × 25 ~ 40 以内	325 × 10 ~ 20 以内	325 × 25 ~ 40 以内	377 × 10 ~ 20 以内
基　　　价　　（元）			**1015.91**	**1334.35**	**1129.51**	**1474.69**	**1185.16**	**1570.61**	**1257.42**
其中	人　工　费　（元）		337.28	427.76	362.48	452.24	362.48	452.24	362.48
	材　料　费　（元）		283.38	405.96	342.90	493.32	398.55	589.24	470.81
	机　械　费　（元）		395.25	500.63	424.13	529.13	424.13	529.13	424.13
名　　　称	单位	单价(元)	数			量			
人工	综合工日	工日	80.00	4.216	5.347	4.531	5.653	4.531	5.653	4.531
材料	石棉布 各种规格 烧失量 3	kg	41.30	3.000	4.100	3.600	5.000	3.800	5.800	4.800
	裸铜线 不分规格	kg	38.32	3.700	5.700	4.600	7.000	5.400	8.200	6.200
	热电偶1000℃ 1m	个	82.00	0.200	0.200	0.200	0.200	0.400	0.400	0.400
	其他材料费	元	-	1.300	1.810	1.550	2.180	1.880	2.680	2.190
机械	中频加热处理机 100kW	台班	375.00	1.054	1.335	1.131	1.411	1.131	1.411	1.131

工作内容: 准备工作,热电偶固定,包扎,连线,通电升温,拆除,回收材料,清理现场,硬度测定。

单位:10 口

定 额 编 号			10-7-125	10-7-126	10-7-127	10-7-128	10-7-129	10-7-130	10-7-131
项 目			外径×壁厚(mm×mm)						
			377×25~50 以内	426×10~25 以内	426×30~50 以内	480×10~25 以内	480×30~60 以内	530×10~25 以内	530×30~60 以内
基 价 (元)			**1730.81**	**1540.80**	**2768.94**	**1679.83**	**3019.60**	**1950.95**	**3084.16**
其中	人 工 费 (元)		483.52	445.44	899.68	484.16	945.92	580.72	945.92
	材 料 费 (元)		679.91	572.61	814.01	628.29	964.43	688.10	1028.99
	机 械 费 (元)		567.38	522.75	1055.25	567.38	1109.25	682.13	1109.25
名 称	单位	单价(元)	数			量			
人工 综合工日	工日	80.00	6.044	5.568	11.246	6.052	11.824	7.259	11.824
材料 石棉布 各种规格 烧失量3	kg	41.30	6.700	5.900	8.500	6.500	10.800	7.200	11.800
裸铜线 不分规格	kg	38.32	9.500	7.100	10.700	7.900	12.000	8.700	12.600
热电偶 1000℃ 1m	个	82.00	0.440	0.660	0.600	0.660	0.660	0.660	0.660
其他材料费	元	–	3.080	2.750	3.740	2.990	4.430	3.240	4.700
机械 中频加热处理机 100kW	台班	375.00	1.513	1.394	2.814	1.513	2.958	1.819	2.958

6. 中高压合金钢管(电感应)

工作内容:准备工作,热电偶固定,包扎,连线,通电升温,拆除,回收材料,清理现场,硬度测定。　　　　　　　　单位:10 口

定　额　编　号				10-7-132	10-7-133	10-7-134	10-7-135	10-7-136	10-7-137	10-7-138
项　　　　　目				外径×壁厚(mm×mm)						
				57×10~15 以内	76×10~15 以内	89×10~15 以内	114×10~15 以内	133×10~20 以内	159×10~20 以内	159×25~30 以内
基　　　价　　(元)				**822.84**	**841.02**	**854.11**	**876.44**	**1084.10**	**1111.94**	**1367.69**
其中	人　工　费　(元)			327.76	327.76	327.76	327.76	410.72	410.72	504.56
	材　料　费　(元)			109.20	127.38	140.47	162.80	191.88	219.72	270.25
	机　械　费　(元)			385.88	385.88	385.88	385.88	481.50	481.50	592.88
名　　　称		单位	单价(元)	数			量			
人工	综合工日	工日	80.00	4.097	4.097	4.097	4.097	5.134	5.134	6.307
材料	石棉布 各种规格 烧失量3	kg	41.30	1.100	1.260	1.390	1.650	2.000	2.300	2.200
	裸铜线 不分规格	kg	38.32	1.200	1.500	1.700	2.000	2.400	2.800	4.200
	热电偶 1000℃ 1m	个	82.00	0.210	0.210	0.210	0.210	0.200	0.200	0.210
	其他材料费	元	–	0.570	0.640	0.700	0.790	0.910	1.030	1.230
机械	中频加热处理机 100kW	台班	375.00	1.029	1.029	1.029	1.029	1.284	1.284	1.581

工作内容:准备工作,热电偶固定,包扎,连线,通电升温,拆除,回收材料,清理现场,硬度测定。　　　　　　单位:10 口

定　额　编　号			10-7-139	10-7-140	10-7-141	10-7-142	10-7-143	10-7-144	10-7-145
项　　　　　目			外径 × 壁厚（mm × mm）						
			219 × 10 ~ 20 以内	219 × 25 ~ 40 以内	273 × 10 ~ 20 以内	273 × 25 ~ 40 以内	325 × 10 ~ 20 以内	325 × 25 ~ 40 以内	377 × 10 ~ 20 以内
基　　价　（元）			**1175.60**	**1604.01**	**1294.20**	**1750.45**	**1349.85**	**1846.37**	**1422.11**
其中	人　工　费　（元）		410.72	550.80	437.92	578.00	437.92	578.00	437.92
	材　料　费　（元）		283.38	405.96	342.90	493.32	398.55	589.24	470.81
	机　械　费　（元）		481.50	647.25	513.38	679.13	513.38	679.13	513.38
名　　　称	单位	单价(元)	数				量		
人工 综合工日	工日	80.00	5.134	6.885	5.474	7.225	5.474	7.225	5.474
材料 石棉布 各种规格 烧失量 3	kg	41.30	3.000	4.100	3.600	5.000	3.800	5.800	4.800
裸铜线 不分规格	kg	38.32	3.700	5.700	4.600	7.000	5.400	8.200	6.200
热电偶 1000℃ 1m	个	82.00	0.200	0.200	0.200	0.200	0.400	0.400	0.400
其他材料费	元	–	1.300	1.810	1.550	2.180	1.880	2.680	2.190
机械 中频加热处理机 100kW	台班	375.00	1.284	1.726	1.369	1.811	1.369	1.811	1.369

工作内容:准备工作,热电偶固定,包扎,连线,通电升温,拆除,回收材料,清理现场,硬度测定。 单位:10 口

定 额 编 号			10-7-146	10-7-147	10-7-148	10-7-149	10-7-150	10-7-151	10-7-152
项 目			外径 × 壁厚(mm × mm)						
			377 × 25 ~ 50 以内	426 × 10 ~ 25 以内	426 × 30 ~ 50 以内	480 × 10 ~ 25 以内	480 × 30 ~ 60 以内	530 × 10 ~ 25 以内	530 × 30 ~ 60 以内
基 价 (元)			**2037.28**	**1735.94**	**3307.70**	**1891.86**	**3610.35**	**2205.16**	**3674.91**
其 中	人 工 费 (元)		624.24	535.20	1148.56	581.44	1217.92	697.68	1217.92
	材 料 费 (元)		679.91	572.61	814.01	628.29	964.43	688.10	1028.99
	机 械 费 (元)		733.13	628.13	1345.13	682.13	1428.00	819.38	1428.00
名 称	单位	单价(元)	数			量			
人工 综合工日	工日	80.00	7.803	6.690	14.357	7.268	15.224	8.721	15.224
材 料 石棉布 各种规格 烧失量 3	kg	41.30	6.700	5.900	8.500	6.500	10.800	7.200	11.800
裸铜线 不分规格	kg	38.32	9.500	7.100	10.700	7.900	12.000	8.700	12.600
热电偶 1000℃ 1m	个	82.00	0.440	0.660	0.600	0.660	0.660	0.660	0.660
其他材料费	元	–	3.080	2.750	3.740	2.990	4.430	3.240	4.700
机械 中频加热处理机 100kW	台班	375.00	1.955	1.675	3.587	1.819	3.808	2.185	3.808

7. 碳钢管（氧乙炔）

工作内容：准备工作，加热。

单位：10 口

定 额 编 号				10-7-153	10-7-154	10-7-155	10-7-156	10-7-157	10-7-158
项 目				外径 × 壁厚（mm × mm）					
				22 × 3 以内	27 × 3 以内	34 × 3 ~ 4 以内	42 × 3 ~ 4 以内	48 × 3 ~ 4 以内	57 × 3 ~ 5 以内
基 价 （元）				**3.35**	**4.02**	**5.17**	**5.76**	**6.69**	**8.25**
其 中	人 工 费 （元）			2.00	2.08	2.48	2.80	3.44	4.24
	材 料 费 （元）			1.35	1.94	2.69	2.96	3.25	4.01
	机 械 费 （元）			—	—	—	—	—	—
名 称	单位	单价(元)		数			量		
人工 综合工日	工日	80.00		0.025	0.026	0.031	0.035	0.043	0.053
材料 氧气	m³	3.60		0.087	0.125	0.174	0.191	0.211	0.259
乙炔气	m³	25.20		0.041	0.059	0.082	0.090	0.099	0.122

工作内容: 准备工作,加热。

单位:10 口

定　额　编　号			10-7-159	10-7-160	10-7-161	10-7-162	10-7-163	10-7-164
项　　　　目			外径×壁厚(mm×mm)					
			76×3.5~6 以内	89×4~6 以内	114×4~8 以内	133×4~8 以内	159×4.5~8 以内	219×6~10 以内
基　　　价　(元)			**11.59**	**16.22**	**30.33**	**25.08**	**39.04**	**115.59**
其中	人　工　费　(元)		5.68	8.40	15.12	11.84	23.04	48.32
	材　料　费　(元)		5.91	7.82	15.21	13.24	16.00	67.27
	机　械　费　(元)		－	－	－	－	－	－
名　　　称	单位	单价(元)	数			量		
人工 综合工日	工日	80.00	0.071	0.105	0.189	0.148	0.288	0.604
材料 氧气	m³	3.60	0.381	0.506	0.984	0.856	1.035	4.351
料 乙炔气	m³	25.20	0.180	0.238	0.463	0.403	0.487	2.048

工作内容:准备工作,加热。

单位:10 口

定　额　编　号			10-7-165	10-7-166	10-7-167	10-7-168	10-7-169	10-7-170
项　　　　目			外径×壁厚（mm×mm）					
			273×6~12 以内	325×6~14 以内	377×8~16 以内	426×8~18 以内	478×10~20 以内	530×10~20 以内
基　　价　（元）			**209.00**	**263.97**	**352.99**	**413.35**	**407.44**	**655.79**
其中	人　工　费（元）		86.40	109.84	145.68	170.56	154.40	271.84
	材　料　费（元）		122.60	154.13	207.31	242.79	253.04	383.95
	机　械　费（元）		－	－	－	－	－	－
名　　称	单位	单价(元)	数			量		
人工 综合工日	工日	80.00	1.080	1.373	1.821	2.132	1.930	3.398
材料 氧气	m³	3.60	7.931	9.970	13.410	15.705	16.368	24.836
乙炔气	m³	25.20	3.732	4.692	6.311	7.391	7.703	11.688

四、焊口热处理

1. 碳钢(电加热片)

工作内容: 准备工作,热电偶固定,包扎,连线,通电升温,拆除,回收材料,清理现场,硬度测定。

单位:10 口

定 额 编 号			10-7-171	10-7-172	10-7-173	10-7-174	10-7-175
项 目			外径×壁厚(mm×mm)				
			219×20~30 以内	219×31~50 以内	273×20~30 以内	273×31~50 以内	325×20~30 以内
基 价 (元)			**1942.31**	**2734.68**	**2873.11**	**4042.16**	**3006.05**
其中	人 工 费 (元)		813.28	1179.12	1270.96	1819.68	1270.96
	材 料 费 (元)		442.08	558.02	525.44	683.33	658.38
	机 械 费 (元)		686.95	997.54	1076.71	1539.15	1076.71
名 称	单位	单价(元)	数		量		
人工 综合工日	工日	80.00	10.166	14.739	15.887	22.746	15.887
材料 电加热片	m²	1667.00	0.060	0.078	0.072	0.102	0.090
高硅布 δ50	m²	82.00	3.600	4.630	4.360	5.650	5.090
热电偶1000℃ 1m	个	82.00	0.500	0.500	0.500	0.500	1.000
其他材料费	元	—	5.860	7.330	6.900	9.000	8.970
机械 自控热处理机	台班	406.00	1.692	2.457	2.652	3.791	2.652

工作内容: 准备工作,热电偶固定,包扎,连线,通电升温,拆除,回收材料,清理现场,硬度测定。 单位:10口

定 额 编 号			10-7-176	10-7-177	10-7-178	10-7-179	10-7-180
项 目			外径×壁厚（mm×mm）				
			325×31～50 以内	325×51～65 以内	377×20～30 以内	377×31～50 以内	377×51～65 以内
基 价 （元）			**3184.64**	**5325.79**	**3087.75**	**4446.15**	**5600.42**
其 中	人 工 费 （元）		1270.96	2368.48	1270.96	1819.68	2368.48
	材 料 费 （元）		836.97	952.08	740.08	1087.32	1226.71
	机 械 费 （元）		1076.71	2005.23	1076.71	1539.15	2005.23
名 称	单位	单价(元)	数		量		
人工 综合工日	工日	80.00	15.887	29.606	15.887	22.746	29.606
材 料 电加热片	m²	1667.00	0.120	0.138	0.102	0.162	0.186
高硅布 δ50	m²	82.00	6.630	7.650	5.830	8.790	9.980
热电偶 1000℃ 1m	个	82.00	1.000	1.000	1.000	1.000	1.000
其他材料费	元	–	11.270	12.730	9.990	14.490	16.290
机械 自控热处理机	台班	406.00	2.652	4.939	2.652	3.791	4.939

工作内容:准备工作,热电偶固定,包扎,连线,通电升温,拆除,回收材料,清理现场,硬度测定。 单位:10 口

定 额 编 号			10-7-181	10-7-182	10-7-183	10-7-184	10-7-185
项 目			外径×壁厚(mm×mm)				
			426×20~30 以内	426×31~50 以内	426×51~65 以内	480×20~30 以内	480×31~50 以内
基 价 (元)			3395.65	4644.73	5811.02	3490.04	4935.94
其中	人 工 费 (元)		1372.96	1921.68	2470.48	1372.96	1921.68
	材 料 费 (元)		859.50	1097.43	1249.23	953.89	1388.64
	机 械 费 (元)		1163.19	1625.62	2091.31	1163.19	1625.62
名 称	单位	单价(元)	数		量		
人工 综合工日	工日	80.00	17.162	24.021	30.881	17.162	24.021
材料 电加热片	m²	1667.00	0.114	0.156	0.180	0.132	0.204
高硅布 δ50	m²	82.00	6.520	8.530	9.870	7.290	11.060
热电偶 1000℃ 1m	个	82.00	1.500	1.500	1.500	1.500	1.500
其他材料费	元	–	11.820	14.920	16.830	13.070	18.650
机械 自控热处理机	台班	406.00	2.865	4.004	5.151	2.865	4.004

工作内容:准备工作,热电偶固定,包扎,连线,通电升温,拆除,回收材料,清理现场,硬度测定。

单位:10 口

定　　额　　编　　号				10-7-186	10-7-187	10-7-188	10-7-189
项　　　　　　　　目				外径×壁厚 (mm×mm)			
				480×51~80 以内	530×20~30 以内	530×31~50 以内	530×51~80 以内
基　　　价　　(元)				**6640.90**	**3568.43**	**5067.87**	**6809.55**
其中	人　工　费　(元)			2654.08	1372.96	1921.68	2654.08
	材　料　费　(元)			1740.02	1032.28	1520.57	1908.67
	机　械　费　(元)			2246.80	1163.19	1625.62	2246.80
名　　　　称		单位	单价(元)	数		量	
人工	综合工日	工日	80.00	33.176	17.162	24.021	33.176
材料	电加热片	m²	1667.00	0.264	0.144	0.228	0.294
	高硅布 δ50	m²	82.00	14.070	7.990	12.160	15.490
	热电偶 1000℃ 1m	个	82.00	1.500	1.500	1.500	1.500
	其他材料费	元	–	23.190	14.050	20.370	25.390
机械	自控热处理机	台班	406.00	5.534	2.865	4.004	5.534

2. 低压合金钢管(电加热片)

工作内容:准备工作,热电偶固定,包扎,连线,通电升温,拆除,回收材料,清理现场,硬度测定。

单位:10 口

定 额 编 号			10-7-190	10-7-191	10-7-192	10-7-193	10-7-194	10-7-195
项 目			外径×壁厚（mm×mm）					
			57×3~14 以内	76×3~14 以内	89×4~16 以内	114×6~18 以内	133×6~25 以内	159×6~25 以内
基 价 （元）			**1262.98**	**1277.88**	**1422.17**	**1660.63**	**2034.22**	**2071.75**
其 中	人 工 费 （元）		603.84	603.84	664.40	778.64	954.08	954.08
	材 料 费 （元）		148.39	163.29	195.05	222.65	272.61	310.14
	机 械 费 （元）		510.75	510.75	562.72	659.34	807.53	807.53
名 称	单位	单价(元)	数			量		
人工 综合工日	工日	80.00	7.548	7.548	8.305	9.733	11.926	11.926
材料 电加热片	m²	1667.00	0.012	0.012	0.018	0.024	0.030	0.036
高硅布 δ50	m²	82.00	1.040	1.220	1.480	1.690	2.170	2.500
热电偶1000℃ 1m	个	82.00	0.500	0.500	0.500	0.500	0.500	0.500
其他材料费	元	—	2.110	2.250	2.680	3.060	3.660	4.130
机械 自控热处理机	台班	406.00	1.258	1.258	1.386	1.624	1.989	1.989

工作内容:准备工作,热电偶固定,包扎,连线,通电升温,拆除,回收材料,清理现场,硬度测定。

单位:10 口

定 额 编 号			10-7-196	10-7-197	10-7-198	10-7-199	10-7-200	10-7-201
项 目			外径×壁厚(mm×mm)					
			159×26~30 以内	219×6~25 以内	219×26~35 以内	273×6~25 以内	273×26~50 以内	325×6~25 以内
基 价 (元)			**2425.99**	**2164.50**	**2845.39**	**2744.38**	**5376.07**	**2434.00**
其 中	人 工 费 (元)		1128.80	954.08	1302.24	996.24	2542.56	996.24
	材 料 费 (元)		341.06	402.89	442.08	906.10	683.33	595.72
	机 械 费 (元)		956.13	807.53	1101.07	842.04	2150.18	842.04
名 称	单位	单价(元)	数			量		
人 工 综合工日	工日	80.00	14.110	11.926	16.278	12.453	31.782	12.453
材 料 电加热片	m²	1667.00	0.042	0.054	0.060	0.066	0.102	0.078
高硅布 δ50	m²	82.00	2.750	3.250	3.600	9.080	5.650	4.580
热电偶 1000℃ 1m	个	82.00	0.500	0.500	0.500	0.500	0.500	1.000
其他材料费	元	—	4.550	5.370	5.860	10.520	9.000	8.130
机 械 自控热处理机	台班	406.00	2.355	1.989	2.712	2.074	5.296	2.074

工作内容:准备工作,热电偶固定,包扎,连线,通电升温,拆除,回收材料,清理现场,硬度测定。

单位:10 口

定 额 编 号			10-7-202	10-7-203	10-7-204	10-7-205	10-7-206	10-7-207
项 目			外径×壁厚(mm×mm)					
			325×26~50 以内	325×51~75 以内	377×6~25 以内	377×26~50 以内	426×12~25 以内	426×26~50 以内
基 价 (元)			**5529.71**	**7579.36**	**3428.51**	**5641.50**	**3778.92**	**6965.64**
其 中	人 工 费 (元)		2542.56	3590.40	1494.64	2542.56	1621.84	3179.68
	材 料 费 (元)		836.97	952.08	670.80	948.76	783.58	1097.43
	机 械 费 (元)		2150.18	3036.88	1263.07	2150.18	1373.50	2688.53
名 称	单位	单价(元)	数			量		
人工 综合工日	工日	80.00	31.782	44.880	18.683	31.782	20.273	39.746
材 料 电加热片	m²	1667.00	0.120	0.138	0.090	0.138	0.102	0.156
高硅布 δ50	m²	82.00	6.630	7.650	5.240	7.610	5.850	8.530
热电偶1000℃ 1m	个	82.00	1.000	1.000	1.000	1.000	1.500	1.500
其他材料费	元	–	11.270	12.730	9.090	12.690	10.850	14.920
机 械 自控热处理机	台班	406.00	5.296	7.480	3.111	5.296	3.383	6.622

工作内容:准备工作,热电偶固定,包扎,连线,通电升温,拆除,回收材料,清理现场,硬度测定。 单位:10 口

定 额 编 号			10-7-208	10-7-209	10-7-210	10-7-211	10-7-212	10-7-213
项 目			外径×壁厚（mm×mm）					
			480×14~25 以内	480×26~50 以内	480×51~75 以内	530×14~25 以内	530×26~50 以内	530×51~75 以内
基 价 （元）			**3855.66**	**6139.17**	**8536.07**	**3928.25**	**6247.63**	**8571.40**
其中	人 工 费 （元）		1621.84	2669.68	3718.24	1621.84	2669.68	3718.24
	材 料 费 （元）		860.32	1212.54	1673.77	932.91	1321.00	1709.10
	机 械 费 （元）		1373.50	2256.95	3144.06	1373.50	2256.95	3144.06
名 称	单位	单价(元)	数		量			
人工 综合工日	工日	80.00	20.273	33.371	46.478	20.273	33.371	46.478
材料 电加热片	m²	1667.00	0.114	0.174	0.264	0.126	0.192	0.258
高硅布 δ50	m²	82.00	6.530	9.550	13.270	7.160	10.490	13.820
热电偶 1000℃ 1m	个	82.00	1.500	1.500	1.500	1.500	1.500	1.500
其他材料费	元	–	11.820	16.380	22.540	12.750	17.760	22.770
机械 自控热处理机	台班	406.00	3.383	5.559	7.744	3.383	5.559	7.744

3. 中高压合金钢管(电加热片)

工作内容: 准备工作,热电偶固定,包扎,连线,通电升温,拆除,回收材料,清理现场,硬度测定。

单位:10 口

定 额 编 号				10-7-214	10-7-215	10-7-216	10-7-217	10-7-218	10-7-219	10-7-220
项 目				外径×壁厚（mm×mm）						
				57×3~14 以内	76×3~14 以内	89×3~16 以内	108×6~18 以内	114×6~18 以内	133×6~25 以内	159×6~25 以内
基 价 （元）				**1472.49**	**1487.39**	**1649.46**	**1940.44**	**1945.40**	**2382.65**	**2420.18**
其 中	人 工 费 （元）			716.72	716.72	788.16	930.96	930.96	1143.76	1143.76
	材 料 费 （元）			148.39	163.29	195.05	222.65	227.61	272.61	310.14
	机 械 费 （元）			607.38	607.38	666.25	786.83	786.83	966.28	966.28
名 称	单位	单价(元)		数			量			
人工	综合工日	工日	80.00	8.959	8.959	9.852	11.637	11.637	14.297	14.297
材 料	电加热片	m²	1667.00	0.012	0.012	0.018	0.024	0.024	0.030	0.036
	高硅布 δ50	m²	82.00	1.040	1.220	1.480	1.690	1.750	2.170	2.500
	热电偶 1000℃ 1m	个	82.00	0.500	0.500	0.500	0.500	0.500	0.500	0.500
	其他材料费	元	–	2.110	2.250	2.680	3.060	3.100	3.660	4.130
机械	自控热处理机	台班	406.00	1.496	1.496	1.641	1.938	1.938	2.380	2.380

工作内容:准备工作,热电偶固定,包扎,连线,通电升温,拆除,回收材料,清理现场,硬度测定。

单位:10 口

定 额 编 号			10-7-221	10-7-222	10-7-223	10-7-224	10-7-225	10-7-226
项 目			外径 × 壁厚(mm × mm)					
			159 × 26 ~ 30 以内	216 × 26 ~ 30 以内	219 × 26 ~ 35 以内	273 × 6 ~ 25 以内	273 × 26 ~ 50 以内	325 × 6 ~ 25 以内
基 价 (元)			**2842.71**	**2512.93**	**3341.08**	**3783.93**	**5757.22**	**3900.67**
其中	人 工 费 (元)		1355.92	1143.76	1570.16	1789.12	2747.92	1789.76
	材 料 费 (元)		341.06	402.89	442.08	479.62	683.33	595.72
	机 械 费 (元)		1145.73	966.28	1328.84	1515.19	2325.97	1515.19
名 称	单位	单价(元)	数			量		
人工 综合工日	工日	80.00	16.949	14.297	19.627	22.364	34.349	22.372
材料 电加热片	m²	1667.00	0.042	0.054	0.060	0.066	0.102	0.078
高硅布 δ50	m²	82.00	2.750	3.250	3.600	3.930	5.650	4.580
热电偶 1000℃ 1m	个	82.00	0.500	0.500	0.500	0.500	0.500	1.000
其他材料费	元	—	4.550	5.370	5.860	6.340	9.000	8.130
机械 自控热处理机	台班	406.00	2.822	2.380	3.273	3.732	5.729	3.732

工作内容:准备工作,热电偶固定,包扎,连线,通电升温,拆除,回收材料,清理现场,硬度测定。

单位:10 口

定 额 编 号			10-7-227	10-7-228	10-7-229	10-7-230	10-7-231	10-7-232
项 目			外径×壁厚(mm×mm)					
			325×26~50 以内	325×51~75 以内	377×6~25 以内	377×26~50 以内	426×12~25 以内	426×26~50 以内
基 价 (元)			**5910.86**	**8978.77**	**3975.11**	**6022.65**	**4354.63**	**6438.47**
其 中	人 工 费 (元)		2747.92	4347.92	1789.12	2747.92	1935.28	2894.08
	材 料 费 (元)		836.97	952.08	670.80	948.76	783.58	1097.43
	机 械 费 (元)		2325.97	3678.77	1515.19	2325.97	1635.77	2446.96
名 称	单位	单价(元)	数			量		
人工 综合工日	工日	80.00	34.349	54.349	22.364	34.349	24.191	36.176
材 料 电加热片	m²	1667.00	0.120	0.138	0.090	0.138	0.102	0.156
高硅布 δ50	m²	82.00	6.630	7.650	5.240	7.610	5.850	8.530
热电偶1000℃ 1m	个	82.00	1.000	1.000	1.000	1.000	1.500	1.500
其他材料费	元	—	11.270	12.730	9.090	12.690	10.850	14.920
机械 自控热处理机	台班	406.00	5.729	9.061	3.732	5.729	4.029	6.027

工作内容:准备工作,热电偶固定,包扎,连线,通电升温,拆除,回收材料,清理现场,硬度测定。　　　　　单位:10 口

定　额　编　号			10-7-233	10-7-234	10-7-235	10-7-236	10-7-237	10-7-238
项　　　　　目			外径×壁厚（mm×mm）					
			480×14~25 以内	480×26~50 以内	480×51~75 以内	530×14~25 以内	530×26~50 以内	530×51~75 以内
基　　价　（元）			**4431.37**	**6553.58**	**9970.93**	**4503.96**	**6662.04**	**10002.29**
其中	人　工　费　（元）		1935.28	2894.08	4494.16	1935.28	2894.08	4493.44
	材　料　费　（元）		860.32	1212.54	1673.77	932.91	1321.00	1709.10
	机　械　费　（元）		1635.77	2446.96	3803.00	1635.77	2446.96	3799.75
名　　称	单位	单价(元)	数			量		
人工 综合工日	工日	80.00	24.191	36.176	56.177	24.191	36.176	56.168
材料 电加热片	m²	1667.00	0.114	0.174	0.264	0.126	0.192	0.258
高硅布 δ50	m²	82.00	6.530	9.550	13.270	7.160	10.490	13.820
热电偶1000℃ 1m	个	82.00	1.500	1.500	1.500	1.500	1.500	1.500
其他材料费	元	—	11.820	16.380	22.540	12.750	17.760	22.770
机械 自控热处理机	台班	406.00	4.029	6.027	9.367	4.029	6.027	9.359

4. 碳钢管(电感应)

工作内容:准备工作,热电偶固定,包扎,连线,通电升温,拆除,回收材料,清理现场,硬度测定。

单位:10 口

定 额 编 号			10-7-239	10-7-240	10-7-241	10-7-242	10-7-243
项 目			外径×壁厚(mm×mm)				
			219×30~50 以内	273×30~50 以内	325×30~50 以内	325×51~65 以内	377×30~50 以内
基 价 (元)			**2784.93**	**3949.59**	**4161.67**	**5531.86**	**4381.09**
其中	人 工 费 (元)		1108.40	1662.64	1662.64	2172.64	1662.64
	材 料 费 (元)		809.53	986.45	1198.53	1660.09	1417.95
	机 械 费 (元)		867.00	1300.50	1300.50	1699.13	1300.50
名 称	单位	单价(元)	数		量		
人工	综合工日	工日	80.00	13.855	20.783	20.783	27.158	20.783
材料	裸铜线 不分规格	kg	38.32	14.880	18.360	21.710	32.560	25.060
	石棉布 各种规格 烧失量3	kg	41.30	4.630	5.650	6.630	7.650	8.790
	热电偶 1000℃ 1m	个	82.00	0.500	0.500	1.000	1.000	1.000
	其他材料费	元	–	7.110	8.550	10.780	14.450	12.620
机械	中频加热处理机 100kW	台班	375.00	2.312	3.468	3.468	4.531	3.468

工作内容:准备工作,热电偶固定,包扎,连线,通电升温,拆除,回收材料,清理现场,硬度测定。

单位:10 口

定 额 编 号			10-7-244	10-7-245	10-7-246	10-7-247	10-7-248
项 目			外径 × 壁厚 (mm × mm)				
			426 × 30 ~ 50 以内	426 × 51 ~ 65 以内	480 × 30 ~ 50 以内	480 × 51 ~ 80 以内	530 × 30 ~ 50 以内
基 价 (元)			**4622.97**	**6132.40**	**4862.82**	**6812.31**	**5033.04**
其中	人 工 费 (元)		1713.60	2223.60	1713.60	2392.96	1713.60
	材 料 费 (元)		1570.62	2171.42	1810.47	2548.10	1980.69
	机 械 费 (元)		1338.75	1737.38	1338.75	1871.25	1338.75
名 称	单位	单价(元)	数			量	
人工 综合工日	工日	80.00	21.420	27.795	21.420	29.912	21.420
材料 裸铜线 不分规格	kg	38.32	28.210	42.320	31.690	47.540	34.910
石棉布 各种规格 烧失量 3	kg	41.30	8.530	9.870	11.060	14.070	12.160
热电偶 1000℃ 1m	个	82.00	1.500	1.500	1.500	1.500	1.500
其他材料费	元	—	14.320	19.090	16.330	22.280	17.730
机械 中频加热处理机 100kW	台班	375.00	3.570	4.633	3.570	4.990	3.570

5. 低压合金钢管(电感应)

工作内容: 准备工作,热电偶固定,包扎,连线,通电升温,拆除,回收材料,清理现场,硬度测定。

单位:10 口

定 额 编 号			10-7-249	10-7-250	10-7-251	10-7-252	10-7-253	10-7-254	10-7-255
项 目			外径×壁厚(mm×mm)						
			57×3~14 以内	76×3~14 以内	89×4~16 以内	108×6~18 以内	114×6~18 以内	133×6~25 以内	159×6~25 以内
基 价 (元)			**1292.65**	**1349.12**	**1392.41**	**1740.98**	**1758.54**	**2096.36**	**2192.12**
其中	人 工 费 (元)		581.44	581.44	581.44	746.64	746.64	909.84	909.84
	材 料 费 (元)		255.21	311.68	354.97	410.84	428.40	475.52	571.28
	机 械 费 (元)		456.00	456.00	456.00	583.50	583.50	711.00	711.00
名 称	单位	单价(元)	数			量			
人工 综合工日	工日	80.00	7.268	7.268	7.268	9.333	9.333	11.373	11.373
材料 裸铜线 不分规格	kg	38.32	4.402	5.670	6.510	7.730	8.120	9.340	11.010
石棉布 各种规格 烧失量3	kg	41.30	1.040	1.220	1.480	1.690	1.750	1.750	2.500
热电偶 1000℃ 1m	个	82.00	0.500	0.500	0.500	0.500	0.500	0.500	0.500
其他材料费	元	—		2.570	3.020	3.380	3.830	3.970	4.340	5.130
机械 中频加热处理机 100kW	台班	375.00	1.216	1.216	1.216	1.556	1.556	1.896	1.896

工作内容:准备工作,热电偶固定,包扎,连线,通电升温,拆除,回收材料,清理现场,硬度测定。

单位:10 口

定 额 编 号			10-7-256	10-7-257	10-7-258	10-7-259	10-7-260	10-7-261
项 目			外径×壁厚(mm×mm)					
			159×26~30 以内	219×6~25 以内	219×26~35 以内	273×6~25 以内	273×26~50 以内	325×6~25 以内
基 价 (元)			**2706.05**	**2372.85**	**3256.20**	**3343.47**	**5083.96**	**3541.41**
其中	人 工 费 (元)		1073.04	909.84	1236.24	1364.08	2101.20	1364.08
	材 料 费 (元)		794.51	752.01	1053.96	914.76	1341.01	1112.70
	机 械 费 (元)		838.50	711.00	966.00	1064.63	1641.75	1064.63
名 称	单位	单价(元)	数			量		
人工 综合工日	工日	80.00	13.413	11.373	15.453	17.051	26.265	17.051
材料 裸铜线 不分规格	kg	38.32	16.520	14.880	22.320	18.360	27.540	21.700
石棉布 各种规格 烧失量3	kg	41.30	2.750	3.250	3.600	3.930	5.650	4.580
热电偶 1000℃ 1m	个	82.00	0.500	0.500	0.500	0.500	0.500	1.000
其他材料费	元	–	6.890	6.580	8.980	7.900	11.330	10.000
机械 中频加热处理机 100kW	台班	375.00	2.236	1.896	2.576	2.839	4.378	2.839

工作内容:准备工作,热电偶固定,包扎,连线,通电升温,拆除,回收材料,清理现场,硬度测定。　　　　　　　　　单位:10 口

定　额　编　号			10-7-262	10-7-263	10-7-264	10-7-265	10-7-266	10-7-267
项　　　　目			外径×壁厚(mm×mm)					
			325×26~50 以内	325×51~75 以内	377×6~25 以内	377×26~50 以内	426×12~25 以内	426×26~50 以内
基　　　价　　(元)			**5360.53**	**7589.01**	**3698.69**	**5595.65**	**4002.54**	**5973.46**
其中	人　工　费　(元)		2101.20	3327.92	1364.08	2101.20	1428.00	2165.12
	材　料　费　(元)		1617.58	1660.09	1269.98	1852.70	1458.91	2115.59
	机　械　费　(元)		1641.75	2601.00	1064.63	1641.75	1115.63	1692.75
名　　　称	单位	单价(元)	数			量		
人工	综合工日	工日	80.00	26.265	41.599	17.051	26.265	17.850	27.064
材料	裸铜线 不分规格	kg	38.32	32.560	32.560	25.060	37.590	28.210	42.320
	石棉布 各种规格 烧失量3	kg	41.30	6.630	7.650	5.240	7.610	5.850	8.530
	热电偶1000℃ 1m	个	82.00	1.000	1.000	1.000	1.000	1.500	1.500
	其他材料费	元	–	14.060	14.450	11.270	15.960	13.300	18.600
机械	中频加热处理机 100kW	台班	375.00	4.378	6.936	2.839	4.378	2.975	4.514

工作内容:准备工作,热电偶固定,包扎,连线,通电升温,拆除,回收材料,清理现场,硬度测定。　　　　　　单位:10 口

定　额　编　号				10-7-268	10-7-269	10-7-270	10-7-271	10-7-272	10-7-273
项　　　　　　　　目				外径×壁厚（mm×mm）					
				480×14~25 以内	480×26~50 以内	480×51~75 以内	530×14~25 以内	530×26~50 以内	530×51~75 以内
基　　　价　（元）				**4165.29**	**6217.58**	**8588.94**	**4315.92**	**6106.13**	**8765.05**
其中	人　工　费　（元）			1428.00	2165.12	3391.84	1428.00	2165.12	3391.84
	材　料　费　（元）			1621.66	2359.71	2548.10	1772.29	2248.26	2724.21
	机　械　费　（元）			1115.63	1692.75	2649.00	1115.63	1692.75	2649.00
名　　　称		单位	单价(元)	数			量		
人工	综合工日	工日	80.00	17.850	27.064	42.398	17.850	27.064	42.398
材料	裸铜线 不分规格	kg	38.32	31.690	47.540	47.540	34.910	43.640	52.370
	石棉布 各种规格 烧失量3	kg	41.30	6.530	9.550	14.070	7.160	10.490	13.820
	热电偶 1000℃·1m	个	82.00	1.500	1.500	1.500	1.500	1.500	1.500
	其他材料费	元	–	14.610	20.560	22.280	15.830	19.740	23.630
机械	中频加热处理机 100kW	台班	375.00	2.975	4.514	7.064	2.975	4.514	7.064

6. 中高压合金钢管(电感应)

工作内容: 准备工作,热电偶固定,包扎,连线,通电升温,拆除,回收材料,清理现场,硬度测定。

单位:10 口

定 额 编 号				10-7-274	10-7-275	10-7-276	10-7-277	10-7-278	10-7-279	10-7-280
项 目				外径×壁厚(mm×mm)						
				57×3~14 以内	76×3~14 以内	89×4~16 以内	108×6~18 以内	114×6~18 以内	133×6~25 以内	159×6~25 以内
基 价 (元)				**1488.61**	**1545.16**	**1712.18**	**2041.41**	**2058.97**	**2440.72**	**2518.97**
其中	人 工 费 (元)			691.60	691.60	760.96	932.32	932.32	1093.44	1093.44
	材 料 费 (元)			255.13	311.68	354.97	410.84	428.40	493.03	571.28
	机 械 费 (元)			541.88	541.88	596.25	698.25	698.25	854.25	854.25
名 称		单位	单价(元)	数			量			
人工	综合工日	工日	80.00	8.645	8.645	9.512	11.654	11.654	13.668	13.668
材料	裸铜线 不分规格	kg	38.32	4.400	5.670	6.510	7.730	8.120	9.340	11.010
	石棉布 各种规格 烧失量 3	kg	41.30	1.040	1.220	1.480	1.690	1.750	2.170	2.500
	热电偶 1000℃ 1m	个	82.00	0.500	0.500	0.500	0.500	0.500	0.500	0.500
	其他材料费	元	–	2.570	3.020	3.380	3.830	3.970	4.500	5.130
机械	中频加热处理机 100kW	台班	375.00	1.445	1.445	1.590	1.862	1.862	2.278	2.278

工作内容:准备工作,热电偶固定,包扎,连线,通电升温,拆除,回收材料,清理现场,硬度测定。

单位:10 口

定 额 编 号			10-7-281	10-7-282	10-7-283	10-7-284	10-7-285	10-7-286
项 目			外径×壁厚（mm×mm）					
			159×26~30 以内	219×6~25 以内	219×26~35 以内	273×6~25 以内	273×26~50 以内	325×6~25 以内
基 价 （元）			**3099.22**	**2698.34**	**3714.59**	**3834.30**	**5873.93**	**4032.24**
其	人 工 费 （元）		1294.08	1092.08	1494.00	1638.16	2543.92	1638.16
	材 料 费 （元）		794.51	752.01	1053.96	914.76	1341.01	1112.70
中	机 械 费 （元）		1010.63	854.25	1166.63	1281.38	1989.00	1281.38
名 称	单位	单价(元)	数			量		
人工 综合工日	工日	80.00	16.176	13.651	18.675	20.477	31.799	20.477
材 裸铜线 不分规格	kg	38.32	16.520	14.880	22.320	18.360	27.540	21.700
石棉布 各种规格 烧失量3	kg	41.30	2.750	3.250	3.600	3.930	5.650	4.580
热电偶 1000℃ 1m	个	82.00	0.500	0.500	0.500	0.500	0.500	1.000
料 其他材料费	元	–	6.890	6.580	8.980	7.900	11.330	10.000
机械 中频加热处理机 100kW	台班	375.00	2.695	2.278	3.111	3.417	5.304	3.417

工作内容: 准备工作,热电偶固定,包扎,连线,通电升温,拆除,回收材料,清理现场,硬度测定。

单位:10 口

定 额 编 号			10-7-287	10-7-288	10-7-289	10-7-290	10-7-291	10-7-292
项 目			外径×壁厚(mm×mm)					
			325×26~50 以内	325×51~75 以内	377×6~25 以内	377×26~50 以内	426×12~25 以内	426×26~50 以内
基 价 (元)			**6150.50**	**8867.45**	**4189.52**	**6385.62**	**4505.54**	**6779.33**
其中	人 工 费 (元)		2543.92	4045.36	1638.16	2543.92	1710.88	2617.36
	材 料 费 (元)		1617.58	1660.09	1269.98	1852.70	1458.91	2115.59
	机 械 费 (元)		1989.00	3162.00	1281.38	1989.00	1335.75	2046.38
名 称	单位	单价(元)	数			量		
人工 综合工日	工日	80.00	31.799	50.567	20.477	31.799	21.386	32.717
材料 裸铜线 不分规格	kg	38.32	32.560	32.560	25.060	37.590	28.210	42.320
石棉布 各种规格 烧失量3	kg	41.30	6.630	7.650	5.240	7.610	5.850	8.530
热电偶 1000℃ 1m	个	82.00	1.000	1.000	1.000	1.000	1.500	1.500
其他材料费	元	－	14.060	14.450	11.270	15.960	13.300	18.600
机械 中频加热处理机 100kW	台班	375.00	5.304	8.432	3.417	5.304	3.562	5.457

工作内容:准备工作,热电偶固定,包扎,连线,通电升温,拆除,回收材料,清理现场,硬度测定。　　　　　　　　　单位:10 口

定　额　编　号			10-7-293	10-7-294	10-7-295	10-7-296	10-7-297	10-7-298
项　　　　　　　目			外径×壁厚（mm×mm）					
			480×14～25 以内	480×26～50 以内	480×51～75 以内	530×14～25 以内	530×26～50 以内	530×51～75 以内
基　　　　价　（元）			**4668.29**	**7023.45**	**9882.56**	**4818.92**	**6912.00**	**10058.67**
其中	人　工　费　（元）		1710.88	2617.36	4118.08	1710.88	2617.36	4118.08
	材　料　费　（元）		1621.66	2359.71	2548.10	1772.29	2248.26	2724.21
	机　械　费　（元）		1335.75	2046.38	3216.38	1335.75	2046.38	3216.38
名　　　　称	单位	单价(元)	数			量		
人工	综合工日	工日	80.00	21.386	32.717	51.476	21.386	32.717	51.476
材料	裸铜线 不分规格	kg	38.32	31.690	47.540	47.540	34.910	43.640	52.370
	石棉布 各种规格 烧失量3	kg	41.30	6.530	9.550	14.070	7.160	10.490	13.820
	热电偶 1000℃ 1m	个	82.00	1.500	1.500	1.500	1.500	1.500	1.500
	其他材料费	元	–	14.610	20.560	22.280	15.830	19.740	23.630
机械	中频加热处理机 100kW	台班	375.00	3.562	5.457	8.577	3.562	5.457	8.577

第八章　其　　他

说　　明

一、管道支架包括的子目适用于单件 100kg 以内,或符合标准图集中支、托、吊架等标准设计的支架。

二、一般管架制作安装定额按单件重量列项,并包括所需螺栓、螺母本身的价格。

三、除木垫式、弹簧式管架外,其他类型管架均执行一般管架定额。

四、木垫式管架不包括木垫重量,但木垫的安装工料已包括在定额内。

五、弹簧式管架制作,不包括弹簧价格,其价格应另行计算。

六、分气缸、集气罐和空气分气筒的安装,定额内不包括附件安装,其附件可执行相应定额。

七、空气调节器喷雾管安装,按《全国通用采暖通风标准图集》T704 – 12 以 6 种形式分列,可按不同形式以组分别计算。

八、管道加固筋、打包带以“100kg”为计量单位,执行本章相应子目。

工程量计算规则

套管制作与安装,按不同规格,分一般穿墙套管和柔性、刚性套管,以“个”为计量单位,所需的钢管和钢板已包括在制作定额内,执行定额时应按设计及规范要求选用子目。

一、管道支架制作安装

工作内容:切断,煨制,钻孔,组对,焊接,打洞,固定安装,堵洞。

单位:100kg

定 额 编 号			10-8-1	10-8-2	10-8-3	10-8-4
项　　　　　目			一般管架	木垫式管架	弹簧式管架	加固筋
基　　　价　（元）			**821.81**	**890.86**	**813.30**	**970.15**
其中	人　工　费　（元）		493.68	506.88	448.16	312.16
	材　料　费　（元）		127.05	220.64	118.65	250.17
	机　械　费　（元）		201.08	163.34	246.49	407.82
名　　称	单位	单价（元）	数		量	
人工 综合工日	工日	80.00	6.171	6.336	5.602	3.902
材料 型钢	kg	－	(106.000)	(102.000)	(102.000)	(106.000)
电焊条 结422 φ3.2	kg	6.70	3.310	2.000	2.760	21.001
氧气	m³	3.60	1.916	2.105	1.230	5.738
乙炔气	m³	25.20	0.784	0.810	0.480	1.915
尼龙砂轮片 φ500	片	15.00	0.800	0.830	0.950	2.439
普通硅酸盐水泥 42.5	kg	0.36	7.500	9.000	6.500	－
螺栓	kg	8.90	4.608	3.520	3.620	－
螺母	kg	9.66	2.070	1.760	1.810	－
焦炭	kg	1.50	－	17.130	8.760	－
其他材料费	元	－	2.510	89.540	4.200	3.960
机械 电焊机(综合)	台班	183.97	0.750	0.408	0.816	2.179
电焊条烘干箱 60×50×75cm³	台班	28.84	0.090	0.485	0.493	0.241
立式钻床 φ25mm	台班	118.20	0.221	0.089	0.106	－
砂轮切割机 φ500	台班	9.52	0.213	0.791	0.213	－
普通车床 630mm×2000mm	台班	187.70	0.085	－	0.090	－
鼓风机 18m³/min	台班	213.04	0.077	0.264	0.238	

二、蒸汽分汽缸制作

工作内容: 下料,切断,切割,卷圆,坡口,焊接,水压试验。

单位:100kg

定 额 编 号				10-8-5	10-8-6	10-8-7
项 目				钢管制		钢板制
				50kg 以内	50kg 以上	
基 价 (元)				**1038.45**	**478.55**	**908.87**
其中	人 工 费 (元)			542.00	224.40	294.48
	材 料 费 (元)			177.89	124.06	474.43
	机 械 费 (元)			318.56	130.09	139.96
	名 称	单位	单价(元)	数		量
人工	综合工日	工日	80.00	6.775	2.805	3.681
材料	无缝管	kg	—	(93.180)	(93.860)	(6.270)
	热轧中厚钢板 $\delta4.5\sim10$	kg	3.90	12.820	12.140	99.730
	熟铁管箍 DN20	个	0.76	7.000	2.000	1.000
	电焊条 结422 $\phi3.2$	kg	6.70	4.190	2.510	3.730
	氧气	m³	3.60	3.170	2.790	3.240
	乙炔气	m³	25.20	1.060	0.930	1.080
	焦炭	kg	1.50	28.500	11.200	6.900
	尼龙砂轮片 $\phi100$	片	7.60	1.680	1.000	1.300
	其他材料费	元	—	0.860	0.500	0.620
机械	电焊机(综合)	台班	183.97	1.488	0.595	0.485
	卷板机 20mm×2500mm	台班	291.50	—	—	0.085
	鼓风机 18m³/min	台班	213.04	0.162	0.068	0.085
	电焊条烘干箱 60×50×75cm³	台班	28.84	0.357	0.213	0.272

三、蒸汽分汽缸安装

工作内容:分汽缸安装。

单位:个

定　额　编　号				10-8-8	10-8-9	10-8-10	10-8-11	10-8-12
项　　　　　目				每 个 重(kg)				
				50 以内	100 以内	150 以内	200 以内	200 以上
基　　　价　(元)				**223.02**	**294.40**	**345.72**	**368.67**	**528.64**
其中	人　工　费　(元)			215.60	280.16	331.20	353.60	376.72
	材　料　费　(元)			2.38	4.60	4.88	5.43	8.96
	机　械　费　(元)			5.04	9.64	9.64	9.64	142.96
名　　　称		单位	单价(元)	数			量	
人工	综合工日	工日	80.00	2.695	3.502	4.140	4.420	4.709
材料	分汽缸	个	–	(1.000)	(1.000)	(1.000)	(1.000)	(1.000)
	电焊条 结422 ϕ3.2	kg	6.70	0.240	0.470	0.500	0.560	0.900
	尼龙砂轮片 ϕ100	片	7.60	0.100	0.190	0.200	0.220	0.360
	其他材料费	元	–	0.010	0.010	0.010	0.010	0.190
机械	电焊机(综合)	台班	183.97	0.026	0.051	0.051	0.051	0.765
	电焊条烘干箱 $60 \times 50 \times 75 cm^3$	台班	28.84	0.009	0.009	0.009	0.009	0.077

四、集气罐制作

工作内容:下料,切割,坡口,焊接,水压试验。

单位:个

定　额　编　号			10-8-13	10-8-14	10-8-15	10-8-16	10-8-17
项　　　　目			公称直径（mm）				
			150 以内	200 以内	250 以内	300 以内	400 以内
基　　价　（元）			**77.71**	**110.11**	**161.47**	**205.69**	**300.72**
其中	人　工　费　（元）		45.60	61.20	78.24	104.08	137.36
	材　料　费　（元）		19.34	33.01	64.21	80.93	131.59
	机　械　费　（元）		12.77	15.90	19.02	20.68	31.77
名　　　称	单位	单价（元）	数		量		
人工 综合工日	工日	80.00	0.570	0.765	0.978	1.301	1.717
材料 无缝钢管	m	–	(0.300)	(0.320)	(0.430)	(0.430)	(0.450)
熟铁管箍	个	–	(2.000)	(2.000)	(2.000)	(2.000)	(2.000)
热轧中厚钢板 $\delta 4.5 \sim 10$	kg	3.90	2.000	3.500	–	–	–
热轧中厚钢板 $\delta 10 \sim 16$	kg	3.70	–	–	9.000	12.000	22.000
电焊条 结422 $\phi 3.2$	kg	6.70	0.520	1.030	1.800	2.120	2.860
氧气	m^3	3.60	0.530	0.770	1.120	1.320	1.860
乙炔气	m^3	25.20	0.180	0.260	0.370	0.440	0.620
尼龙砂轮片 $\phi 100$	片	7.60	0.210	0.410	0.720	0.850	1.140
其他材料费	元	–	0.020	0.020	0.020	0.030	0.040
机械 电焊机(综合)	台班	183.97	0.068	0.085	0.102	0.111	0.170
电焊条烘干箱 $60 \times 50 \times 75 cm^3$	台班	28.84	0.009	0.009	0.009	0.009	0.017

五、集气罐安装

工作内容:集气罐安装。

单位:个

定　额　编　号			10-8-18	10-8-19	10-8-20	10-8-21	10-8-22
项　　　　　目			公称直径（mm）				
			150 以内	200 以内	250 以内	300 以内	400 以内
基　　价　（元）			**18.40**	**25.84**	**32.64**	**39.44**	**52.40**
其中	人　工　费　（元）		18.40	25.84	32.64	39.44	52.40
	材　料　费　（元）		-	-	-	-	-
	机　械　费　（元）		-	-	-	-	-
名　　　称	单位	单价(元)	数			量	
人工 综合工日	工日	80.00	0.230	0.323	0.408	0.493	0.655
材料 集气罐	个	-	(1.000)	(1.000)	(1.000)	(1.000)	(1.000)

六、空气分气筒制作安装

工作内容:下料,切割,焊接,安装,水压试验。

定 额 编 号			10-8-23	10-8-24	10-8-25
项 目			规 格		
			100×400	150×400	200×400
基 价 (元)			**95.85**	**127.20**	**160.75**
其中	人 工 费 (元)		44.24	60.56	76.88
	材 料 费 (元)		16.72	20.45	28.07
	机 械 费 (元)		34.89	46.19	55.80
名 称	单位	单价(元)	数		量
人工 综合工日	工日	80.00	0.553	0.757	0.961
材 料	无缝钢管	m	—	(0.400)	(0.400)	(0.400)
	热轧中厚钢板 $\delta 4.5\sim10$	kg	3.90	1.500	1.800	2.200
	熟铁管箍 DN20	个	0.76	4.000	4.000	4.000
	电焊条 结422 $\phi 3.2$	kg	6.70	0.500	0.650	1.270
	氧气	m^3	3.60	0.250	0.340	0.340
	乙炔气	m^3	25.20	0.080	0.110	0.110
	尼龙砂轮片 $\phi 100$	片	7.60	0.200	0.260	0.510
	其他材料费	元	—	0.040	0.060	0.070
机 械	电焊机(综合)	台班	183.97	0.187	0.247	0.298
	电焊条烘干箱 $60\times50\times75cm^3$	台班	28.84	0.017	0.026	0.034

七、空气调节器喷雾管安装

工作内容:检查,管材清理,切管、套丝,上零件,喷雾管焊接组成,支架制作,喷雾管喷嘴安装,支架安装,水压试验。　　　　单位:组

定　额　编　号			10-8-26	10-8-27	10-8-28	10-8-29	10-8-30	10-8-31
项　　　　目			型　　号					
			I	II	III	IV	V	VI
基　　价　（元）			**670.47**	**855.03**	**1041.99**	**1256.16**	**1486.25**	**1743.33**
其 中	人　工　费（元）		552.88	724.24	894.88	1092.80	1302.88	1540.24
	材　料　费（元）		85.82	99.02	115.34	131.59	151.60	171.32
	机　械　费（元）		31.77	31.77	31.77	31.77	31.77	31.77
名　　称	单位	单价(元)	数		量			
人工 综合工日	工日	80.00	6.911	9.053	11.186	13.660	16.286	19.253
材 料	喷嘴	个	–	(42.000)	(56.000)	(70.000)	(90.000)	(108.000)	(132.000)
	焊接钢管	m	–	(11.410)	(15.270)	(19.110)	(23.060)	(27.800)	(32.650)
	熟铁管箍	个	–	(7.000)	(9.000)	(11.000)	(11.000)	(13.000)	(13.000)
	黑玛钢丝堵	个	–	(1.000)	(1.000)	(1.000)	(1.000)	(1.000)	(1.000)
	黑玛钢活接头	个	–	(3.000)	(4.000)	(5.000)	(5.000)	(6.000)	(6.000)

定 额 编 号			10-8-26	10-8-27	10-8-28	10-8-29	10-8-30	10-8-31
项 目			型 号					
			I	II	III	IV	V	VI
材	热轧中厚钢板 δ4.5~10	kg	3.90	1.160	1.160	1.160	1.160	1.160	1.160
	等边角钢 边宽60mm 以上	kg	4.00	3.680	3.680	3.680	3.680	3.680	3.680
	圆钢 φ10~14	kg	4.10	0.420	0.420	0.420	0.420	0.420	0.420
	扁钢 边宽59mm 以下	kg	4.10	0.510	0.510	0.510	0.510	0.510	0.510
	螺母 M10	个	0.13	8.000	8.000	8.000	8.000	8.000	8.000
	电焊条 结422 φ3.2	kg	6.70	2.550	3.260	3.970	4.680	5.550	6.420
	氧气	m³	3.60	2.810	3.590	4.370	5.150	6.110	7.060
	乙炔气	m³	25.20	0.940	1.200	1.460	1.720	2.040	2.350
料	尼龙砂轮片 φ100	片	7.60	1.420	1.300	1.590	1.870	2.220	2.570
	其他材料费	元	–	0.040	0.040	0.040	0.040	0.040	0.040
机	电焊机(综合)	台班	183.97	0.170	0.170	0.170	0.170	0.170	0.170
械	电焊条烘干箱 60×50×75cm³	台班	28.84	0.017	0.017	0.017	0.017	0.017	0.017

八、钢制排水漏斗制作安装

工作内容:下料,切断,切割,焊接,安装。

单位:个

定 额 编 号			10-8-32	10-8-33	10-8-34	10-8-35
项 目			公称直径 (mm)			
			50 以内	100 以内	150 以内	200 以内
基 价 (元)			**51.21**	**99.14**	**142.17**	**203.89**
其中	人 工 费 (元)		29.28	45.60	63.28	93.84
	材 料 费 (元)		13.25	42.17	65.86	88.40
	机 械 费 (元)		8.68	11.37	13.03	21.65
名 称	单位	单价(元)	数			量
人工 综合工日	工日	80.00	0.366	0.570	0.791	1.173
材料 无缝钢管	m	–	(0.100)	(0.150)	(0.200)	(0.250)
热轧薄钢板 3.0~4.0	kg	4.67	1.700	7.050	–	–
热轧中厚钢板 $\delta 4.5 \sim 10$	kg	3.90	–	–	13.000	15.800
电焊条 结422 $\phi 3.2$	kg	6.70	0.250	0.350	0.550	1.300
氧气	m³	3.60	0.230	0.490	0.820	1.170
乙炔气	m³	25.20	0.080	0.160	0.270	0.390
尼龙砂轮片 $\phi 100$	片	7.60	0.100	0.140	0.220	0.520
其他材料费	元	–	0.030	0.040	0.050	0.080
机械 交流弧焊机 21kV·A	台班	64.00	0.128	0.170	0.196	0.323
电焊条烘干箱 $60 \times 50 \times 75 cm^3$	台班	28.84	0.017	0.017	0.017	0.034

九、套管制作与安装

1.柔性防水套管制作

工作内容:放样,下料,切割,焊接,刷防锈漆。

单位:个

定 额 编 号			10-8-36	10-8-37	10-8-38	10-8-39	10-8-40
项 目			公称直径（mm）				
			50 以内	80 以内	100 以内	125 以内	150 以内
基 价 (元)			**224.04**	**295.98**	**363.84**	**410.71**	**460.35**
其中	人 工 费 (元)		101.36	121.04	153.68	175.44	201.28
	材 料 费 (元)		92.98	136.42	152.52	173.95	193.79
	机 械 费 (元)		29.70	38.52	57.64	61.32	65.28
名 称	单位	单价(元)	数			量	
人工 综合工日	工日	80.00	1.267	1.513	1.921	2.193	2.516
材料 焊接钢管	kg	－	(4.400)	(6.540)	(7.520)	(9.720)	(11.800)
热轧中厚钢板 $\delta 10 \sim 16$	kg	3.70	13.500	21.400	23.900	26.920	29.460
橡皮条 $\phi 20$	个	1.00	2.000	2.000	2.000	2.000	2.000
对拉螺栓	kg	5.50	0.360	0.640	0.640	1.280	1.280
电焊条 结422 $\phi 3.2$	kg	6.70	1.000	1.250	1.470	1.800	2.480
氧气	m³	3.60	2.340	3.160	3.510	3.740	4.100
乙炔气	m³	25.20	0.780	1.050	1.170	1.250	1.370
橡胶石棉盘根 编 $\phi 11 \sim 25$	kg	21.98	0.110	0.140	0.170	0.200	0.230
尼龙砂轮片 $\phi 100$	片	7.60	0.050	0.084	0.100	0.125	0.150
其他材料费	元	－	1.470	1.790	2.100	2.940	3.650
机械 交流弧焊机 21kV·A	台班	64.00	0.340	0.425	0.646	0.680	0.723
普通车床 630mm×2000mm	台班	187.70	0.034	0.043	0.060	0.068	0.068
立式钻床 $\phi 25$mm	台班	118.20	0.009	0.017	0.026	0.026	0.034
电焊条烘干箱 60×50×75cm³	台班	28.84	0.017	0.043	0.068	0.068	0.077

工作内容:放样,下料,切割,焊接,刷防锈漆。

单位:个

定 额 编 号				10-8-41	10-8-42	10-8-43
项 目				公称直径(mm)		
				200 以内	250 以内	300 以内
基 价 (元)				**593.32**	**700.78**	**801.56**
其中	人 工 费 (元)			224.40	248.88	276.08
	材 料 费 (元)			294.78	363.15	432.08
	机 械 费 (元)			74.14	88.75	93.40
名 称		单位	单价(元)	数		量
人工	综合工日	工日	80.00	2.805	3.111	3.451
材料	焊接钢管	kg	—	(18.190)	(24.260)	(31.120)
	热轧中厚钢板 δ10~16	kg	3.70	48.170	56.070	67.600
	橡皮条 φ20	个	1.00	2.000	2.000	2.000
	对拉螺栓	kg	5.50	1.280	1.920	3.480
	电焊条 结422 φ3.2	kg	6.70	4.560	7.040	9.200
	氧气	m³	3.60	5.270	6.440	6.440
	乙炔气	m³	25.20	1.760	2.150	2.150
	橡胶石棉盘根 编 φ11~25	kg	21.98	0.290	0.360	0.420
	尼龙砂轮片 φ100	片	7.60	0.206	0.257	0.306
	其他材料费	元	—	5.700	8.730	10.260
机械	交流弧焊机 21kV·A	台班	64.00	0.808	1.012	1.020
	普通车床 630mm×2000mm	台班	187.70	0.085	0.085	0.102
	立式钻床 φ25mm	台班	118.20	0.034	0.043	0.051
	电焊条烘干箱 60×50×75cm³	台班	28.84	0.085	0.102	0.102

工作内容:放样,下料,切割,焊接,刷防锈漆。

单位:个

定　额　编　号				10-8-44	10-8-45	10-8-46	10-8-47	10-8-48
项　　　　　目				公称直径（mm）				
				330 以内	400 以内	450 以内	500 以内	600 以内
基　　　价　（元）				**1109.86**	**1275.40**	**1460.78**	**1635.88**	**2176.52**
其中	人　工　费　（元）			304.64	340.72	397.84	421.60	476.00
	材　料　费　（元）			665.65	774.88	869.02	986.12	1434.12
	机　械　费　（元）			139.57	159.80	193.92	228.16	266.40
名　　　　称		单位	单价（元）	数		量		
人工	综合工日	工日	80.00	3.808	4.259	4.973	5.270	5.950
材料	焊接钢管	kg	—	—	(40.330)	(44.680)	(51.130)	(60.350)
	热轧中厚钢板 δ18～25	kg	3.70	83.790	99.390	108.820	125.220	190.950
	橡皮条 φ20	个	1.00	2.000	2.000	2.000	2.000	2.000
	对拉螺栓	kg	5.50	3.600	4.800	4.800	5.120	7.800
	电焊条 结422 φ3.2	kg	6.70	10.040	11.600	15.200	16.800	24.000
	氧气	m³	3.60	6.550	6.550	6.670	6.790	6.790
	乙炔气	m³	25.20	2.180	2.180	2.220	2.260	6.260
	橡胶石棉盘根 编 φ11～25	kg	21.98	0.480	0.540	0.600	0.830	1.110
	焦炭	kg	1.50	100.000	120.000	140.000	160.000	180.000
	木柴	kg	0.95	12.000	12.000	12.000	16.000	16.000
	尼龙砂轮片 φ100	片	7.60	0.355	0.401	0.451	0.499	0.584
	其他材料费	元	—	13.390	16.180	18.170	21.450	25.670
机械	交流弧焊机 21kV·A	台班	64.00	1.105	1.360	1.700	2.040	2.550
	普通车床 630mm×2000mm	台班	187.70	0.119	0.136	0.153	0.170	0.187
	立式钻床 φ25mm	台班	118.20	0.060	0.060	0.068	0.077	0.085
	鼓风机 18m³/min	台班	213.04	0.170	0.170	0.204	0.238	0.238
	电焊条烘干箱 60×50×75cm³	台班	28.84	0.111	0.136	0.170	0.204	0.255

工作内容: 放样,下料,切割,焊接,刷防锈漆。

单位:个

定 额 编 号			10-8-49	10-8-50	10-8-51	10-8-52
项 目			公称直径(mm)			
			700 以内	800 以内	900 以内	1000 以内
基 价 (元)			**2386.95**	**3054.02**	**3412.93**	**3863.06**
其中	人 工 费 (元)		543.36	674.56	731.68	844.56
	材 料 费 (元)		1541.86	1959.90	2226.51	2483.09
	机 械 费 (元)		301.73	419.56	454.74	535.41
名 称	单位	单价(元)	数		量	
人工 综合工日	工日	80.00	6.792	8.432	9.146	10.557
材料 焊接钢管	kg	—	(69.670)	(78.800)	(88.360)	(97.540)
热轧中厚钢板 δ18~25	kg	3.70	223.880	275.690	318.470	348.830
橡皮条 φ20	个	1.00	2.000	2.000	2.000	2.000
对拉螺栓	kg	5.50	10.560	17.280	17.280	20.160
电焊条 结422 φ3.2	kg	6.70	28.000	41.600	45.600	51.200
氧气	m³	3.60	7.310	8.780	9.950	11.700
乙炔气	m³	25.20	2.440	2.930	3.320	3.900
橡胶石棉盘根 编 φ11~25	kg	21.98	1.260	1.480	1.590	1.780
焦炭	kg	1.50	200.000	240.000	280.000	320.000
木柴	kg	0.95	16.000	20.000	20.000	20.000
尼龙砂轮片 φ100	片	7.60	0.679	0.773	0.867	0.961
其他材料费	元	—	29.960	41.240	45.590	50.670
机械 交流弧焊机 21kV·A	台班	64.00	2.975	4.420	4.760	5.780
普通车床 630mm×2000mm	台班	187.70	0.213	0.238	0.255	0.272
立式钻床 φ25mm	台班	118.20	0.102	0.119	0.136	0.153
鼓风机 18m³/min	台班	213.04	0.238	0.306	0.340	0.374
电焊条烘干箱 60×50×75cm³	台班	28.84	0.298	0.442	0.476	0.578

2. 柔性防水套管安装

工作内容: 找标高,找平,找正,就位,安装,加填料,紧螺栓。

单位:个

定　额　编　号				10-8-53	10-8-54	10-8-55	10-8-56	10-8-57
项　　　　　目				公称直径（mm）				
				50 以内	150 以内	200 以内	300 以内	400 以内
基　　　　价　（元）				**27.60**	**31.53**	**42.68**	**47.15**	**57.96**
其中	人　工　费　（元）			26.56	29.92	40.80	44.88	55.12
	材　料　费　（元）			1.04	1.61	1.88	2.27	2.84
	机　械　费　（元）			—	—	—	—	—
名　　　称		单位	单价(元)	数			量	
人工	综合工日	工日	80.00	0.332	0.374	0.510	0.561	0.689
材料	黄干油 钙基酯	kg	9.78	0.070	0.120	0.120	0.160	0.200
	汽轮机油（各种规格）	kg	8.80	0.040	0.050	0.080	0.080	0.100

工作内容: 找标高,找平,找正,就位,安装,加填料,紧螺栓。

单位:个

定 额 编 号				10-8-58	10-8-59	10-8-60	10-8-61
项 目				公称直径（mm）			
				500 以内	600 以内	800 以内	1000 以内
基 价 （元）				**79.19**	**80.02**	**88.43**	**104.48**
其 中	人 工 费 （元）			75.52	75.52	82.32	95.92
	材 料 费 （元）			3.67	4.50	6.11	8.56
	机 械 费 （元）			–	–	–	–
名 称		单位	单价(元)	数		量	
人 工	综合工日	工日	80.00	0.944	0.944	1.029	1.199
材 料	黄干油 钙基酯	kg	9.78	0.240	0.280	0.400	0.560
	汽轮机油（各种规格）	kg	8.80	0.150	0.200	0.250	0.350

3. 刚性防水套管制作

工作内容: 放样,下料,切割,组对,焊接,车制,刷防锈漆。

单位:个

定 额 编 号			10-8-62	10-8-63	10-8-64	10-8-65	10-8-66
项 目			公称直径(mm)				
			50 以内	80 以内	100 以内	125 以内	150 以内
基 价 (元)			**91.41**	**110.51**	**142.48**	**165.71**	**180.61**
其中	人 工 费 (元)		42.88	51.04	67.36	80.96	86.40
	材 料 费 (元)		36.14	44.91	53.17	60.21	68.58
	机 械 费 (元)		12.39	14.56	21.95	24.54	25.63
名 称	单位	单价(元)	数		量		
人工 综合工日	工日	80.00	0.536	0.638	0.842	1.012	1.080
材料 钢管	kg	—	(3.260)	(4.020)	(5.140)	(8.350)	(9.460)
热轧中厚钢板 δ10~16	kg	3.70	3.970	4.950	6.150	7.110	8.240
扁钢 边宽 59mm 以下	kg	4.10	0.900	1.050	1.250	1.400	1.600
电焊条 结 422 φ3.2	kg	6.70	0.400	0.500	0.590	0.720	0.990
氧气	m³	3.60	1.170	1.460	1.640	1.760	1.870
乙炔气	m³	25.20	0.390	0.490	0.550	0.590	0.620
尼龙砂轮片 φ100	片	7.60	0.040	0.056	0.068	0.084	0.100
其他材料费	元	—	0.740	0.910	1.060	1.500	1.780
机械 交流弧焊机 21kV·A	台班	64.00	0.136	0.170	0.255	0.272	0.289
普通车床 630mm×2000mm	台班	187.70	0.017	0.017	0.026	0.034	0.034
电焊条烘干箱 60×50×75cm³	台班	28.84	0.017	0.017	0.026	0.026	0.026

工作内容:放样,下料,切割,组对,焊接,车制,刷防锈漆。

单位:个

定　额　编　号			10-8-67	10-8-68	10-8-69	10-8-70
项　　　　　目			公称直径（mm）			
			200 以内	250 以内	300 以内	350 以内
基　　　价　（元）			**229.61**	**292.48**	**381.90**	**467.86**
其中	人　工　费　（元）		106.80	134.00	158.48	197.20
	材　料　费　（元）		93.09	123.06	181.91	221.19
	机　械　费　（元）		29.72	35.42	41.51	49.47
名　　　　　称		单位	单价(元)	数		量
人工	综合工日	工日	80.00	1.335	1.675	1.981	2.465
材料	钢管	kg	–	(13.780)	(18.760)	(21.840)	(27.770)
	热轧中厚钢板 δ10~16	kg	3.70	12.190	15.610	29.200	37.860
	扁钢 边宽59mm以下	kg	4.10	2.000	2.400	2.700	3.100
	电焊条 结422 φ3.2	kg	6.70	1.800	2.800	3.680	3.740
	氧气	m³	3.60	1.990	2.570	2.630	2.930
	乙炔气	m³	25.20	0.660	0.860	0.880	0.980
	尼龙砂轮片 φ100	片	7.60	0.138	0.172	0.204	0.237
	其他材料费	元	–	2.880	4.470	4.950	6.290
机械	交流弧焊机 21kV·A	台班	64.00	0.323	0.408	0.476	0.570
	普通车床 630mm×2000mm	台班	187.70	0.043	0.043	0.051	0.060
	电焊条烘干箱 60×50×75cm³	台班	28.84	0.034	0.043	0.051	0.060

工作内容: 放样,下料,切割,组对,焊接,车制,刷防锈漆。

单位:个

	定 额 编 号			10-8-71	10-8-72	10-8-73	10-8-74
	项 目			公称直径 (mm)			
				400 以内	450 以内	500 以内	600 以内
	基 价 (元)			**683.41**	**779.17**	**865.98**	**1061.00**
其中	人 工 费 (元)			226.48	255.68	272.00	317.60
	材 料 费 (元)			368.21	424.60	481.35	600.97
	机 械 费 (元)			88.72	98.89	112.63	142.43
	名 称	单位	单价(元)	数		量	
人工	综合工日	工日	80.00	2.831	3.196	3.400	3.970
材料	钢管	kg	–	(31.360)	(34.690)	(37.950)	(44.750)
	热轧中厚钢板 δ10~16	kg	3.70	45.410	53.020	61.040	79.560
	扁钢 边宽 59mm 以下	kg	4.10	3.400	3.800	4.100	4.800
	电焊条 结422 ϕ3.2	kg	6.70	4.160	5.600	6.240	8.800
	氧气	m³	3.60	3.160	3.160	3.390	3.390
	乙炔气	m³	25.20	1.050	1.050	1.130	1.130
	焦炭	kg	1.50	70.000	80.000	90.000	110.000
	木柴	kg	0.95	6.000	6.000	8.000	8.000
	尼龙砂轮片 ϕ100	片	7.60	0.268	0.300	0.333	0.390
	其他材料费	元	–	7.810	9.510	11.070	11.710
机械	交流弧焊机 21kV·A	台班	64.00	0.638	0.714	0.748	1.071
	剪板机 20mm×2500mm	台班	302.52	0.017	0.017	0.026	0.026
	卷板机 20mm×2500mm	台班	291.50	0.034	0.034	0.051	0.068
	普通车床 630mm×2000mm	台班	187.70	0.068	0.077	0.077	0.094
	鼓风机 18m³/min	台班	213.04	0.085	0.102	0.119	0.119
	电焊条烘干箱 60×50×75cm³	台班	28.84	0.068	0.068	0.077	0.111

工作内容: 放样,下料,切割,组对,焊接,车制,刷防锈漆。

单位:个

定 额 编 号			10-8-75	10-8-76	10-8-77	10-8-78
项 目			公称直径 (mm)			
			700 以内	800 以内	900 以内	1000 以内
基 价 (元)			**1213.14**	**1456.29**	**1692.47**	**1920.61**
其中	人 工 费 (元)		361.12	442.00	529.04	576.00
	材 料 费 (元)		697.89	814.01	926.78	1090.29
	机 械 费 (元)		154.13	200.28	236.65	254.32
名 称	单位	单价(元)	数		量	
人工 综合工日	工日	80.00	4.514	5.525	6.613	7.200
材料 钢管	kg	—	(50.670)	(57.330)	(63.990)	(70.780)
热轧中厚钢板 δ10~16	kg	3.70	92.840	102.300	116.690	138.600
扁钢 边宽 59mm 以下	kg	4.10	5.500	5.800	6.400	7.200
电焊条 结422 φ3.2	kg	6.70	10.000	15.600	17.600	19.600
氧气	m³	3.60	3.690	4.120	4.970	5.850
乙炔气	m³	25.20	1.230	1.370	1.660	1.950
焦炭	kg	1.50	130.000	150.000	170.000	200.000
木柴	kg	0.95	8.000	10.000	10.000	15.000
尼龙砂轮片 φ100	片	7.60	0.452	0.515	0.578	0.641
其他材料费	元	—	14.520	19.430	22.250	27.310
机械 交流弧焊机 21kV·A	台班	64.00	1.148	1.683	2.074	2.185
剪板机 20mm×2500mm	台班	302.52	0.034	0.034	0.043	0.043
卷板机 20mm×2500mm	台班	291.50	0.077	0.077	0.085	0.102
普通车床 630mm×2000mm	台班	187.70	0.102	0.119	0.128	0.136
鼓风机 18m³/min	台班	213.04	0.119	0.153	0.170	0.187
电焊条烘干箱 60×50×75cm³	台班	28.84	0.119	0.170	0.204	0.221

4. 刚性防水套管安装

工作内容:找标高,找平,找正,就位,安装,加填料。

单位:个

定　额　编　号				10-8-79	10-8-80	10-8-81	10-8-82	10-8-83
项　　　　　目				公称直径（mm）				
				50 以内	150 以内	200 以内	300 以内	400 以内
基　　　价　　（元）				**67.18**	**88.84**	**115.55**	**148.95**	**181.56**
其中	人　工　费　（元）			44.24	49.68	68.72	74.80	91.12
	材　料　费　（元）			22.94	39.16	46.83	74.15	90.44
	机　械　费　（元）			-	-	-	-	-
	名　　　　称	单位	单价(元)	数		量		
人工	综合工日	工日	80.00	0.553	0.621	0.859	0.935	1.139
材料	普通硅酸盐水泥 42.5	kg	0.36	5.800	10.000	11.900	18.900	23.000
	石棉绒	kg	5.70	2.500	4.270	5.110	8.090	9.870
	油麻	kg	5.50	1.200	2.040	2.440	3.860	4.710

工作内容:找标高,找平,找正,就位,安装,加填料。

单位:个

定　额　编　号				10-8-84	10-8-85	10-8-86	10-8-87
项　　　　　目				公称直径（mm）			
				500 以内	600 以内	800 以内	1000 以内
基　　　价　（元）				**230.58**	**250.18**	**300.86**	**363.20**
其中	人　工　费　（元）			125.84	125.84	137.36	159.84
	材　料　费　（元）			104.74	124.34	163.50	203.36
	机　械　费　（元）			—	—	—	—
名　　　称		单位	单价(元)	数		量	
人工	综合工日	工日	80.00	1.573	1.573	1.717	1.998
材料	普通硅酸盐水泥 42.5	kg	0.36	26.700	31.700	41.700	51.880
	石棉绒	kg	5.70	11.420	13.560	17.830	22.240
	油麻	kg	5.50	5.460	6.480	8.520	10.530

5. 一般穿墙套管制作安装

工作内容:准备工作,切管,焊接,打墙眼,安装。

单位:个

定 额 编 号			10-8-88	10-8-89	10-8-90	10-8-91	10-8-92
项 目			公称直径（mm）				
			50 以内	100 以内	150 以内	200 以内	250 以内
基 价 （元）			**15.22**	**36.86**	**65.76**	**107.09**	**150.56**
其中	人 工 费 （元）		9.04	25.36	48.88	83.76	124.48
	材 料 费 （元）		4.52	9.84	15.22	21.67	24.42
	机 械 费 （元）		1.66	1.66	1.66	1.66	1.66
名 称	单位	单价(元)	数		量		
人工 综合工日	工日	80.00	0.113	0.317	0.611	1.047	1.556
材料 碳钢管	m	—	(0.300)	(0.300)	(0.300)	(0.300)	(0.300)
电焊条 结422 φ3.2	kg	6.70	0.020	0.020	0.020	0.020	0.020
氧气	m³	3.60	0.327	0.770	1.217	1.743	1.972
乙炔气	m³	25.20	0.109	0.257	0.406	0.581	0.657
其他材料费	元	—	0.460	0.460	0.470	0.620	0.630
机械 电焊机(综合)	台班	183.97	0.009	0.009	0.009	0.009	0.009

工作内容:准备工作,切管,焊接,打墙眼,安装。

单位:个

定 额 编 号			10-8-93	10-8-94	10-8-95	10-8-96	10-8-97
项 目			公称直径（mm）				
			300 以内	350 以内	400 以内	450 以内	500 以内
基 价 （元）			**182.60**	**226.17**	**256.37**	**277.01**	**314.96**
其中	人 工 费 （元）		153.68	195.84	222.40	242.80	277.44
	材 料 费 （元）		27.26	28.67	32.31	32.55	35.86
	机 械 费 （元）		1.66	1.66	1.66	1.66	1.66
名 称	单位	单价(元)	数			量	
人工 综合工日	工日	80.00	1.921	2.448	2.780	3.035	3.468
材料 碳钢管	m	—	(0.300)	(0.300)	(0.300)	(0.300)	(0.300)
电焊条 结422 φ3.2	kg	6.70	0.020	0.030	0.030	0.030	0.030
氧气	m³	3.60	2.208	2.296	2.599	2.617	2.893
乙炔气	m³	25.20	0.736	0.765	0.866	0.872	0.964
其他材料费	元	—	0.630	0.930	0.930	0.950	0.950
机械 电焊机(综合)	台班	183.97	0.009	0.009	0.009	0.009	0.009

十、水位计安装

工作内容:清洗检查,水位计安装。

单位:组

定　额　编　号				10-8-98	10-8-99
项　　　　目				管　式	板　式
				$\phi = 20mm$ 以内	$\delta = 20mm$ 以下
基　　价　（元）				**31.21**	**92.41**
其 中	人　工　费　（元）			14.96	76.16
	材　料　费　（元）			16.25	16.25
	机　械　费　（元）			－	－
名　　　　称		单位	单价(元)	数	量
人工	综合工日	工日	80.00	0.187	0.952
材料	水位计	个	16.25	1.000	1.000

十一、阀门操纵装置安装

工作内容: 部件检查,组合装配,安装,固定,试动调正。

单位:100kg

定 额 编 号				10-8-100
项　　　目				阀门操纵装置
基　价　(元)				**627.73**
其中	人　工　费　(元)			588.24
	材　料　费　(元)			20.76
	机　械　费　(元)			18.73
名　　　　　称	单位	单价(元)	数　　　量	
人工 综合工日	工日	80.00	7.353	
材料 阀门操纵装置	kg	-	(100.000)	
尼龙砂轮片 $\phi100$	片	7.60	0.320	
电焊条 结422 $\phi3.2$	kg	6.70	0.800	
氧气	m³	3.60	1.080	
乙炔气	m³	25.20	0.360	
其他材料费	元	-	0.010	
机械 交流弧焊机 21kV·A	台班	64.00	0.281	
电焊条烘干箱 $60\times50\times75\,cm^3$	台班	28.84	0.026	

十二、调节阀临时短管制作装拆

工作内容: 准备工具和材料,切管,焊法兰,拆除调节阀,装临时短管,螺栓、试压、吹洗后短管拆除,调节阀复位。

单位:个

	定 额 编 号			10-8-101	10-8-102	10-8-103	10-8-104	10-8-105
	\ 项 目			公称直径(mm)				
				15 以内	25 以内	50 以内	100 以内	150 以内
	基 价 (元)			**29.64**	**36.77**	**64.13**	**96.99**	**163.85**
其 中	人 工 费 (元)			23.12	28.56	32.00	38.08	66.00
	材 料 费 (元)			5.68	7.37	31.29	57.56	96.50
	机 械 费 (元)			0.84	0.84	0.84	1.35	1.35
	名 称	单位	单价(元)	数			量	
人工	综合工日	工日	80.00	0.289	0.357	0.400	0.476	0.825
材 料	法兰 PN1.6MPa DN15	副	12.76	0.400	–	–	–	–
	法兰 PN1.6MPa DN25	副	16.52	–	0.400	–	–	–
	法兰 PN1.6MPa DN50	副	73.80	–	–	0.400	–	–
	法兰 PN1.6MPa DN100	副	135.98	–	–	–	0.400	–
	法兰 PN1.6MPa DN150	副	224.79	–	–	–	–	0.400
	尼龙砂轮片 φ100	片	7.60	0.010	0.010	0.010	0.030	0.050
	电焊条 结422 φ3.2	kg	6.70	0.010	0.010	0.030	0.070	0.120
	氧气	m³	3.60	0.030	0.030	0.080	0.180	0.310
	乙炔气	m³	25.20	0.010	0.010	0.030	0.030	0.100
	其他材料费	元	–	0.070	0.260	0.450	1.070	1.760
机 械	交流弧焊机 21kV·A	台班	64.00	0.009	0.009	0.009	0.017	0.017
	电焊条烘干箱 60×50×75cm³	台班	28.84	0.009	0.009	0.009	0.009	0.009

工作内容:准备工具和材料,切管,焊法兰,拆除调节阀,装临时短管,螺栓、试压、吹洗后短管拆除,调节阀复位。　　　　　　单位:个

定　额　编　号			10-8-106	10-8-107	10-8-108	10-8-109
项　　　　　　　　目			公称直径（mm）			
			200 以内	300 以内	400 以内	500 以内
基　　　价　　（元）			**203.79**	**349.72**	**537.15**	**839.63**
其 中	人　工　费　（元）		76.16	123.76	157.12	172.08
	材　料　费　（元）		125.71	222.95	376.51	662.94
	机　械　费　（元）		1.92	3.01	3.52	4.61
名　　　　　称	单位	单价(元)	数			量
人工 综合工日	工日	80.00	0.952	1.547	1.964	2.151
材 料	法兰 PN1.6MPa DN200	副	285.62	0.400	－	－	－
	法兰 PN1.6MPa DN300	副	517.18	－	0.400	－	－
	法兰 PN1.6MPa DN400	副	874.98	－	－	0.400	－
	法兰 PN1.6MPa DN500	副	1553.50	－	－	－	0.400
	尼龙砂轮片 φ100	片	7.60	0.090	0.220	0.350	0.580
	电焊条 结422 φ3.2	kg	6.70	0.230	0.540	0.880	1.440
	氧气	m³	3.60	0.590	0.690	1.130	1.850
	乙炔气	m³	25.20	0.200	0.230	0.380	0.620
	其他材料费	元	－	2.070	2.510	4.320	5.200
机 械	交流弧焊机 21kV·A	台班	64.00	0.026	0.043	0.051	0.068
	电焊条烘干箱 60×50×75cm³	台班	28.84	0.009	0.009	0.009	0.009

十三、煤气冷凝水排水器制作安装

1.单、双管立式制作

工作内容:放样、下料、筒体卷制、喇叭口制作,支管制作,筒体封头焊接(法兰盖安装)、法兰焊接、支管焊接、试漏、刷油,入库。

单位:个

定 额 编 号			10-8-110	10-8-111	10-8-112	10-8-113	10-8-114	10-8-115
项　　　　　　目			公称直径(mm)					
			单　　管			双　　管		
			500 以内	400 以内	300 以内	500 以内	400 以内	300 以内
基　　　价　(元)			**2088.88**	**1421.67**	**1143.18**	**2207.96**	**1535.34**	**1063.47**
其中	人　工　费　(元)		411.44	311.52	270.48	427.44	326.72	287.84
	材　料　费　(元)		1146.37	771.94	596.12	1243.85	865.57	490.11
	机　械　费　(元)		531.07	338.21	276.58	536.67	343.05	285.52
名　　　称	单位	单价(元)	数			量		
人工 综合工日	工日	80.00	5.143	3.894	3.381	5.343	4.084	3.598
材料 法兰 DN50	片	–	(1.000)	(1.000)	(1.000)	(1.000)	(1.000)	(1.000)
法兰 DN100	片	–	(1.000)	(1.000)	(1.000)	(1.000)	(1.000)	(1.000)
法兰 DN150	片	–	(1.000)	(1.000)	(1.000)	(1.000)	(1.000)	(1.000)
法兰盖 DN50	片	–	(1.000)	(1.000)	(1.000)	(1.000)	(1.000)	(1.000)
法兰盖 DN150	片	–	(1.000)	(1.000)	(1.000)	(1.000)	(1.000)	(1.000)
料 焊接钢管综合	kg	4.42	43.449	25.636	25.051	64.942	46.357	–
热轧中厚钢板 δ10～16	kg	3.70	227.320	152.080	108.550	227.320	152.080	108.550

单位:个

定 额 编 号			10-8-110	10-8-111	10-8-112	10-8-113	10-8-114	10-8-115
项 目			公称直径(mm)					
			单 管			双 管		
			500 以内	400 以内	300 以内	500 以内	400 以内	300 以内
材 料	电焊条 结422 φ3.2	kg	6.70	6.734	4.838	3.848	6.776	4.878	3.888
	氧气	m³	3.60	1.005	0.953	0.952	1.064	1.010	1.009
	乙炔气	m³	25.20	0.335	0.318	0.317	0.355	0.337	0.337
	尼龙砂轮片 φ100	片	7.60	1.122	1.090	0.952	1.139	1.107	0.969
	石棉橡胶板 低压 0.8~1.0	kg	13.20	0.317	0.317	0.317	0.317	0.317	0.317
	酚醛防锈漆（各种颜色）	kg	15.60	1.013	0.831	0.595	1.060	0.858	0.773
	汽油 93 号	kg	10.05	0.302	0.247	0.177	0.316	0.255	0.230
	螺栓	kg	8.90	2.292	2.292	2.292	2.292	2.292	2.292
	其他材料费	元	—	4.120	3.760	3.680	4.600	4.220	3.980
机 械	电焊机(综合)	台班	183.97	2.605	1.571	1.313	2.635	1.597	1.361
	电焊条烘干箱 60×50×75cm³	台班	28.84	0.254	0.154	0.129	0.257	0.156	0.133
	剪板机 20mm×2500mm	台班	302.52	0.014	0.015	0.011	0.014	0.015	0.011
	刨边机 12000mm	台班	777.63	0.017	0.017	0.012	0.017	0.017	0.012
	卷板机 20mm×2500mm	台班	291.50	0.027	0.026	0.018	0.027	0.026	0.018
	油压机 500t	台班	297.62	0.014	0.013	0.009	0.014	0.013	0.009
	电动双梁桥式起重机 20t/5t	台班	536.00	0.028	0.029	0.020	0.028	0.029	0.020

2. 单、双管卧式制作

工作内容:放样、下料、筒体卷制、喇叭口制作,支管制作,筒体封头焊接(法兰盖安装)、法兰焊接、支管焊接、试漏、刷油、入库。

单位:个

定 额 编 号			10-8-116	10-8-117	10-8-118	10-8-119	10-8-120	10-8-121
项 目			公称直径(mm)					
			单 管			双 管		
			500 以内	400 以内	300 以内	500 以内	400 以内	300 以内
基 价 (元)			**1278.26**	**980.26**	**928.47**	**1469.81**	**1435.95**	**1384.20**
其中	人 工 费 (元)		360.64	246.08	249.12	345.44	346.16	349.20
	材 料 费 (元)		600.39	490.26	432.06	828.02	785.64	727.48
	机 械 费 (元)		317.23	243.92	247.29	296.35	304.15	307.52
名 称	单位	单价(元)	数			量		
人工 综合工日	工日	80.00	4.508	3.076	3.114	4.318	4.327	4.365
材料 法兰 DN500	片	–	–	(2.000)	–	–	(2.000)	–
法兰 DN400	片	–	–	–	(2.000)	–	–	(2.000)
法兰 DN300	片	–	–	–	–	(2.000)	–	–
法兰 DN100	片	–	–	(1.000)	(1.000)	(1.000)	(4.000)	(4.000)	(4.000)
法兰盖 DN500	片	–	–	(2.000)	–	–	(2.000)	–
法兰盖 DN400	片	–	–	–	(2.000)	–	–	(2.000)	–
法兰盖 DN300	片	–	–	–	–	(2.000)	–	–	(2.000)
法兰盖 DN100	片	–	–	–	–	–	(2.000)	(2.000)	(2.000)
料 焊接钢管综合	kg	4.42	32.486	32.486	32.486	91.969	91.969	91.969
热轧中厚钢板 δ10~16	kg	3.70	57.145	44.850	37.500	56.400	44.850	37.500

定　　额　　编　　号			10-8-116	10-8-117	10-8-118	10-8-119	10-8-120	10-8-121
项　　　　　　目			公称直径(mm)					
			单　　管			双　　管		
			500 以内	400 以内	300 以内	500 以内	400 以内	300 以内
材 料	电焊条 结422 φ3.2	kg	6.70	10.253	5.116	5.006	6.030	5.897	5.786
	氧气	m³	3.60	1.675	1.328	1.328	1.684	1.684	1.684
	乙炔气	m³	25.20	0.557	0.440	0.440	0.559	0.559	0.559
	尼龙砂轮片 φ100	片	7.60	2.170	1.094	1.119	1.553	1.529	1.554
	石棉橡胶板 低压 0.8~1.0	kg	13.20	1.116	0.592	0.592	0.903	0.903	0.903
	酚醛防锈漆(各种颜色)	kg	15.60	0.325	0.280	0.240	0.058	0.533	0.493
	汽油 93 号	kg	10.05	0.097	0.083	0.071	0.017	0.159	0.147
	螺栓	kg	8.90	12.315	11.475	8.129	12.950	12.110	8.764
	其他材料费	元	–	9.730	7.120	7.190	12.230	12.300	12.410
机 械	电焊机(综合)	台班	183.97	1.597	1.219	1.224	1.493	1.542	1.547
	电焊条烘干箱 60×50×75cm³	台班	28.84	0.155	0.112	0.112	0.135	0.140	0.140
	剪板机 20mm×2500mm	台班	302.52	0.005	0.005	0.007	0.005	0.005	0.007
	刨边机 12000mm	台班	777.63	0.006	0.005	0.006	0.006	0.005	0.006
	卷板机 20mm×2500mm	台班	291.50	0.009	0.008	0.008	0.009	0.008	0.008
	油压机 500t	台班	297.62	0.005	0.004	0.004	0.005	0.004	0.004
	电动双梁桥式起重机 20t/5t	台班	536.00	0.016	0.014	0.016	0.014	0.014	0.016
	砂轮切割机 φ500	台班	9.52	0.010	–	–	–	–	–

3. 单、双管立式安装

工作内容:搬运,整体就位,安装阀门,紧螺栓,连接进出口,配件安装。

单位:个

定 额 编 号			10-8-122	10-8-123	10-8-124	10-8-125	10-8-126	10-8-127
项 目			公称直径(mm)					
			单 管			双 管		
			500 以内	400 以内	300 以内	500 以内	400 以内	300 以内
基 价 (元)			**787.00**	**606.84**	**593.88**	**1053.33**	**847.78**	**834.82**
其 中	人 工 费 (元)		345.12	252.72	239.76	402.64	310.24	297.28
	材 料 费 (元)		388.36	315.69	315.69	587.02	514.35	514.35
	机 械 费 (元)		53.52	38.43	38.43	63.67	23.19	23.19
名 称	单位	单价(元)	数			量		
人工 综合工日	工日	80.00	4.314	3.159	2.997	5.033	3.878	3.716
材 料 筒体	个	-	(1.000)	(1.000)	(1.000)	(1.000)	(1.000)	(1.000)
螺纹阀门 DN20	个	18.00	2.000	2.000	2.000	2.000	2.000	2.000
螺纹阀门 DN25	个	21.00	2.000	1.000	1.000	2.000	1.000	1.000
螺纹阀门 DN50	个	41.00	2.000	1.000	1.000	2.000	1.000	1.000
管件 DN15	个	-	(2.000)	(2.000)	(2.000)	(2.000)	(2.000)	(2.000)

定　额　编　号			10-8-122	10-8-123	10-8-124	10-8-125	10-8-126	10-8-127
项　　　　　　目			公称直径(mm)					
			单　　管			双　　管		
			500 以内	400 以内	300 以内	500 以内	400 以内	300 以内
材料	管件 DN25	个	－	(2.000)	(1.000)	(1.000)	(1.000)	(1.000)	(1.000)
	管件 DN50	个	－	(3.000)	(2.000)	(2.000)	(3.000)	(2.000)	(2.000)
	法兰阀门 DN100	个	191.00	1.000	1.000	1.000	2.000	2.000	2.000
	电焊条 结422 φ3.2	kg	6.70	1.155	0.825	0.825	1.320	0.990	0.990
	氧气	m³	3.60	0.144	0.090	0.090	0.144	0.090	0.090
	乙炔气	m³	25.20	0.056	0.035	0.035	0.056	0.035	0.035
	尼龙砂轮片 φ100	片	7.60	0.170	0.106	0.106	0.170	0.106	0.106
	石棉橡胶板 低压 0.8~1.0	kg	13.20	0.170	0.170	0.170	0.340	0.340	0.340
	其他材料费	元	－	24.160	16.910	16.910	28.470	21.220	21.220
机械	电焊机(综合)	台班	183.97	0.179	0.128	0.128	0.204	0.015	0.015
	砂轮切割机 φ500	台班	9.52	0.043	0.026	0.026	0.043	0.026	0.026
	试压泵 60MPa	台班	154.06	0.131	0.095	0.095	0.167	0.131	0.131

4. 单、双管卧式安装

工作内容:搬运,整体就位,安装阀门,紧螺栓,连接进出口,配件安装。

单位:个

定　额　编　号				10-8-128	10-8-129	10-8-130	10-8-131	10-8-132	10-8-133
项　　　　　目				公称直径(mm)					
				单　管			双　管		
				500 以内	400 以内	300 以内	500 以内	400 以内	300 以内
基　　价　(元)				**452.55**	**381.65**	**356.02**	**718.72**	**697.84**	**672.00**
其中	人　工　费　(元)			180.16	141.04	115.20	237.68	216.80	190.96
	材　料　费　(元)			248.93	223.80	223.80	447.59	447.59	447.59
	机　械　费　(元)			23.46	16.81	17.02	33.45	33.45	33.45
名　　称		单位	单价(元)	数			量		
人工	综合工日	工日	80.00	2.252	1.763	1.440	2.971	2.710	2.387
材料	筒体	个	—	(1.000)	(1.000)	(1.000)	(1.000)	(1.000)	(1.000)
	螺纹阀门 DN25	个	21.00	2.000	1.000	1.000	2.000	2.000	2.000
	法兰阀门 DN100	个	191.00	1.000	1.000	1.000	2.000	2.000	2.000
	电焊条 结422 φ3.2	kg	6.70	0.495	0.330	0.330	0.660	0.660	0.660
	尼龙砂轮片 φ100	片	7.60	0.024	0.012	0.012	0.024	0.024	0.024
	石棉橡胶板 低压 0.8~1.0	kg	13.20	0.170	0.170	0.170	0.340	0.340	0.340
	其他材料费	元	—	10.190	7.250	7.250	14.500	14.500	14.500
机械	电焊机(综合)	台班	183.97	0.077	0.051	0.051	0.102	0.102	0.102
	砂轮切割机 φ500	台班	9.52	0.005	0.003	0.026	0.005	0.005	0.005
	试压泵 60MPa	台班	154.06	0.060	0.048	0.048	0.095	0.095	0.095

十四、风动送样管道安装

工作内容:搬运、检查,管口打磨、对口,焊接,安装,吹扫。

单位:10m

定　额　编　号				10-8-134	10-8-135
项　　　　　　　目				公称直径(mm)	
				65 以内	80 以内
基　　　价　(元)				**138.26**	**159.79**
其中	人　工　费　(元)			76.56	89.68
	材　料　费　(元)			13.09	14.97
	机　械　费　(元)			48.61	55.14
名　　　　　称		单位	单价(元)	数	量
人工	综合工日	工日	80.00	0.957	1.121
材料	焊接钢管 DN65	m	—	(10.220)	—
	焊接钢管 DN80	m	—	—	(10.220)
	电焊条 结422 ϕ3.2	kg	6.70	0.380	0.448
	氧气	m³	3.60	0.452	0.511
	乙炔气	m³	25.20	0.151	0.171
	尼龙砂轮片 ϕ500	片	15.00	0.160	0.189
	其他材料费	元	—	2.710	2.980
机械	管子切断机 ϕ60mm	台班	19.16	0.043	0.043
	电焊机(综合)	台班	183.97	0.207	0.242
	电焊条烘干箱 60×50×75cm³	台班	28.84	0.019	0.022
	鼓风机 18m³/min	台班	213.04	0.043	0.043

附　录

一、主要材料损耗率一览表

序号	名　　称	损耗率（%）	序号	名　　称	损耗率（%）
1	低、中压碳钢管	2.2	17	室内钢管（丝接）	2.0
2	高压碳钢管	2.0	18	室外排水铸铁管	3.0
3	碳钢板卷管	2.4	19	室内排水铸铁管	7.0
4	低、中压不锈钢管	1.5	20	室内塑料管	2.0
5	高压不锈钢管	2.0	21	铸铁散热器	1.0
6	玻璃钢管	4.0	22	光排管散热器制作用钢管	3.0
7	铜管	2.5	23	散热器补芯	4.0
8	衬里钢管	3.0	24	散热器对丝及托管	5.0
9	塑料管	3.0	25	散热器丝堵	4.0
10	预应力混凝土管	1.0	26	散热器胶垫	10.0
11	螺纹管件	1.0	27	洗涤盆	1.0
12	螺纹阀门 DN20 以下	2.0	28	普通水嘴	1.0
13	螺纹阀门 DN20 以上	1.0	29	木螺丝	4.0
14	螺栓	3.0	30	锯条	5.0
15	普通混凝土管	1.0	31	氧气	17.0
16	室外钢管（丝接、焊接）	1.5	32	乙炔气	17.0

续表

序号	名 称	损耗率(%)	序号	名 称	损耗率(%)
33	铅油	2.5	49	水箱进水管	1.0
34	清油	2.0	50	钢管接头零件	1.0
35	机油	3.0	51	型钢	5.0
36	沥青油	2.0	52	管卡子	5.0
37	橡胶石棉板	15.0	53	带帽螺栓	3.0
38	石棉板	15.0	54	螺母	6.0
39	石棉绳	4.0	55	压盖	6.0
40	石棉	10.0	56	焦炭	5.0
41	青铅	8.0	57	木材	5.0
42	铜丝	1.0	58	红砖	4.0
43	丝扣阀门	1.0	59	水泥	10.0
44	化验盆	1.0	60	砂子	10.0
45	大便器	1.0	61	油麻	5.0
46	瓷高低水箱	1.0	62	线麻	5.0
47	存水弯	0.5	63	漂白粉	5.0
48	小便槽冲洗管	2.0	64	油灰	4.0

二、平焊法兰螺栓重量表

公称直径（mm）	0.25MPa(2.5kgf/cm²)				0.6MPa(6kgf/cm²)				1MPa(10kgf/cm²)				1.6MPa(16kgf/cm²)				2.5MPa(25kgf/cm²)			
	法兰		螺　栓		法兰		螺　栓		法兰		螺　栓		法兰		螺　栓		法兰		螺　栓	
	δ	孔数	m×L	(kg)	δ	孔数	m×L	(kg)	δ	孔数	m×L	(kg)	δ	孔数	m×L	(kg)	δ	孔数	m×L	(kg)
10	10	4	10×35	0.182	12	4	10×40	0.197	12	4	12×40	0.281	14	4	12×45	0.3	16	4	12×50	0.319
15	10	4	10×35	0.182	12	4	10×40	0.197	12	4	12×40	0.281	14	4	12×45	0.3	16	4	12×50	0.319
20	12	4	10×40	0.197	14	4	10×40	0.197	14	4	12×45	0.3	16	4	12×50	0.319	18	4	12×50	0.319
25	12	4	10×40	0.197	14	4	10×40	0.197	14	4	12×45	0.3	18	4	12×50	0.319	18	4	12×50	0.319
32	12	4	12×40	0.281	16	4	12×50	0.319	16	4	16×50	0.601	18	4	16×55	0.635	20	4	16×60	0.669
40	12	4	12×40	0.281	16	4	12×50	0.319	18	4	16×55	0.635	20	4	16×60	0.669	22	4	16×65	0.702
50	12	4	12×40	0.281	16	4	12×50	0.319	18	4	16×55	0.635	22	4	16×65	0.702	24	4	16×70	0.736

续表

公称直径（mm）	0.25MPa(2.5kgf/cm²)				0.6MPa(6kgf/cm²)				1MPa(10kgf/cm²)				1.6MPa(16kgf/cm²)				2.5MPa(25kgf/cm²)			
	法兰		螺栓		法兰		螺栓		法兰		螺栓		法兰		螺栓		法兰		螺栓	
	δ	孔数	m×L	（kg）	δ	孔数	m×L	（kg）	δ	孔数	m×L	（kg）	δ	孔数	m×L	（kg）	δ	孔数	m×L	（kg）
70	14	4	12×45	0.3	16	4	12×50	0.319	20	4	16×60	0.669	24	4	16×70	0.736	24	8	16×70	1.472
80	14	4	16×50	0.601	18	4	16×55	0.635	20	4	16×60	0.669	24	8	16×70	1.472	26	8	16×70	1.472
100	14	4	16×50	0.601	18	4	16×55	0.635	22	8	16×65	1.404	26	8	16×70	1.472	28	8	20×80	2.71
125	14	8	16×50	1.202	20	8	16×60	1.338	24	8	16×70	1.472	28	8	16×75	1.54	30	8	22×85	3.556
150	16	8	16×50	1.202	20	8	16×60	1.338	24	8	20×70	2.498	28	8	20×80	2.71	30	8	22×85	3.556
175	18	8	16×50	1.202	22	8	16×65	1.404	24	8	20×70	2.498	28	8	20×80	2.71	32	12	22×90	5.334
200	20	8	16×53	1.27	22	8	16×65	1.404	24	8	20×70	2.498	30	12	20×85	4.38	32	12	22×90	5.334

续表

公称直径(mm)	0.25MPa(2.5kgf/cm²)				0.6MPa(6kgf/cm²)				1MPa(10kgf/cm²)				1.6MPa(16kgf/cm²)				2.5MPa(25kgf/cm²)			
	法兰		螺栓		法兰		螺栓		法兰		螺栓		法兰		螺栓		法兰		螺栓	
	δ	孔数	m×L	(kg)	δ	孔数	m×L	(kg)	δ	孔数	m×L	(kg)	δ	孔数	m×L	(kg)	δ	孔数	m×L	(kg)
225	22	8	16×60	1.338	22	8	16×65	1.404	24	8	20×70	2.498	30	12	20×85	4.38	34	12	27×100	9.981
250	22	12	16×65	2.106	24	12	16×70	2.208	26	12	20×75	3.906	32	12	22×90	5.334	34	12	27×100	9.981
300	22	12	20×70	3.747	24	12	20×70	3.747	28	12	20×80	4.065	32	12	22×90	5.334	36	16	27×105	14.076
350	22	12	20×70	3.747	26	12	20×75	3.906	28	16	20×80	5.42	34	16	22×95	7.62	42	16	30×120	18.996
400	22	16	20×70	4.996	28	16	20×80	5.42	30	16	22×85	7.112	38	16	27×105	14.076	44	16	30×120	18.996
450	24	16	20×70	4.996	28	16	20×80	5.42	30	20	22×85	8.89	42	20	27×115	18.56	48	20	30×130	24.93
500	24	16	20×70	4.996	30	16	20*85	5.84	32	20	22×90	8.89	48	20	30×130	24.93	52	20	36×150	41.45

续表

公称直径（mm）	0.25MPa（2.5kgf/cm²）				0.6MPa（6kgf/cm²）				1MPa（10kgf/cm²）				1.6MPa（16kgf/cm²）				2.5MPa（25kgf/cm²）			
	法兰		螺 栓		法兰		螺 栓		法兰		螺 栓		法兰		螺 栓		法兰		螺 栓	
	δ	孔数	m×L	（kg）	δ	孔数	m×L	（kg）	δ	孔数	m×L	（kg）	δ	孔数	m×L	（kg）	δ	孔数	m×L	（kg）
600	24	20	22×75	7.932	30	20	22×85	8.89	36	20	27×105	17.595	50	20	30×140	26.12	–	–	–	–
700	26	24	22×80	9.9	32	24	22×90	10.668	–	–	–	–	–	–	–	–	–	–	–	–
800	26	24	27×85	18.804	32	24	27×95	19.962	–	–	–	–	–	–	–	–	–	–	–	–
900	28	24	27×85	18.804	34	24	27×100	19.962	–	–	–	–	–	–	–	–	–	–	–	–
1000	30	28	27×90	21.938	36	28	27×105	24.633	–	–	–	–	–	–	–	–	–	–	–	–
1200	30	32	27×90	25.072	–	–	–	–	–	–	–	–	–	–	–	–	–	–	–	–
1400	32	36	27×95	29.943	–	–	–	–	–	–	–	–	–	–	–	–	–	–	–	–
1600	32	40	27×95	33.27	–	–	–	–	–	–	–	–	–	–	–	–	–	–	–	–

三、榫槽面平焊法兰螺栓重量表

公称直径（mm）	0.25MPa(2.5kgf/cm²) 法兰 δ	孔数	螺栓 m×L	（kg）	0.6MPa(6kgf/cm²) 法兰 δ	孔数	螺栓 m×L	（kg）	1MPa(10kgf/cm²) 法兰 δ	孔数	螺栓 m×L	（kg）	1.6MPa(16kgf/cm²) 法兰 δ	孔数	螺栓 m×L	（kg）	2.5MPa(25kgf/cm²) 法兰 δ	孔数	螺栓 m×L	（kg）
10	10	4	10×40	0.197	12	4	10×45	0.21	12	4	12×45	0.3	14	4	12×50	0.319	16	4	12×25	0.338
15	10	4	10×40	0.197	12	4	10×45	0.21	12	4	12×45	0.3	14	4	12×50	0.319	16	4	12×25	0.338
20	12	4	10×45	0.21	14	4	10×50	0.223	14	4	12×50	0.319	16	4	12×55	0.338	18	4	12×60	0.357
25	12	4	10×45	0.21	14	4	10×50	0.223	14	4	12×50	0.319	18	4	12×60	0.357	18	4	12×60	0.357
32	12	4	12×45	0.3	16	4	12×55	0.338	16	4	16×60	0.669	20	4	16×65	0.702	20	4	16×65	0.702
40	12	4	12×45	0.3	16	4	12×55	0.338	18	4	16×65	0.702	20	4	16×65	0.702	22	4	16×75	0.77
50	12	4	12×45	0.3	16	4	12×55	0.338	18	4	16×65	0.702	22	4	16×70	0.736	24	4	16×75	0.77
70	14	4	12×50	0.319	16	4	12×55	0.338	20	4	16×70	0.736	24	4	16×70	0.736	24	8	16×75	1.54
80	14	4	16×55	0.635	18	4	16×65	0.702	20	4	16×70	0.736	24	8	16×75	1.54	26	8	16×80	1.608
100	14	4	16×55	0.635	18	4	16×65	0.702	22	8	16×70	1.472	26	8	16×80	1.608	28	8	20×85	2.92
125	14	8	16×55	1.27	20	8	16×65	1.404	24	8	16×75	1.54	28	8	16×85	1.742	30	8	22×95	3.81
150	16	8	16×60	1.338	20	8	16×65	1.404	24	8	20×80	2.71	28	8	20×90	2.92	30	8	22×95	3.81

续表

公称直径（mm）	0.25MPa(2.5kgf/cm²) 法兰		0.25MPa(2.5kgf/cm²) 螺栓		0.6MPa(6kgf/cm²) 法兰		0.6MPa(6kgf/cm²) 螺栓		1MPa(10kgf/cm²) 法兰		1MPa(10kgf/cm²) 螺栓		1.6MPa(16kgf/cm²) 法兰		1.6MPa(16kgf/cm²) 螺栓		2.5MPa(25kgf/cm²) 法兰		2.5MPa(25kgf/cm²) 螺栓	
	δ	孔数	m×L	(kg)	δ	孔数	m×L	(kg)	δ	孔数	m×L	(kg)	δ	孔数	m×L	(kg)	δ	孔数	m×L	(kg)
175	16	8	16×60	1.338	22	8	16×70	1.472	24	8	20×80	2.71	28	8	20×90	2.92	32	12	22×100	5.715
200	18	8	16×65	1.402	22	8	16×70	1.472	24	8		2.71	30	12	20×95	4.695	32	12	22×100	5.715
225	18	8	16×65	1.402	22	8	16×70	1.472	24	8	20×80	2.71	30	12	20×95	4.695	34	12	27×105	10.557
250	22	12	16×70	2.208	24	12	16×75	2.31	26	12	20×85	4.38	32	12	22×100	5.715	34	12	27×105	10.557
300	22	12	20×75	3.906	24	12	20×80	4.065	28	12	20×90	4.58	32	12	22×100	5.715	36	16	27×120	14.848
350	22	12	20×75	3.906	26	12	20×85	4.38	28	16	20×90	5.84	34	16	22×105	8.132	42	16	30×130	19.944
400	22	16	20×75	5.208	28	16	20×85	5.84	30	16	22×95	7.62	38	16	27×115	14.848	44	16	30×130	19.944
450	24	16	20×80	5.42	28	16	20×90	5.84	30	20	22×95	9.525	42	20	27×130	19.52	48	20	30×140	26.12
500	24	16	20×80	5.42	30	16	20×90	5.84	32	20	22×100	9.525	48	20	30×140	26.12	52	20	36×150	41.45
600	24	20	22×85	8.89	30	20	22×90	8.89	36	20	22×110	17.595	50	20	36×150	41.45	–	–	–	–
700	26	24	22×85	10.668	–	–	–	–	–	–	–	–	–	–	–	–	–	–	–	–
800	26	24	27×90	18.804	–	–	–	–	–	–	–	–	–	–	–	–	–	–	–	–

四、对焊法兰螺栓重量表

公称直径（mm）	0.25MPa（2.5kgf/cm²）				0.6MPa（6kgf/cm²）				1MPa（10kgf/cm²）			
	法兰		螺栓		法兰		螺栓		法兰		螺栓	
	δ	孔数	$m \times L$	（kg）	δ	孔数	$m \times L$	（kg）	δ	孔数	$m \times L$	（kg）
10	10	4	10×40	0.197	12	4	10×40	0.197	12	4	12×45	0.3
15	10	4	10×40	0.197	12	4	10×40	0.197	12	4	12×45	0.3
20	10	4	10×40	0.197	12	4	10×40	0.197	14	4	12×50	0.319
25	10	4	10×40	0.197	14	4	10×45	0.21	14	4	12×50	0.319
32	10	4	12×45	0.3	14	4	12×50	0.319	16	4	16×60	0.669
40	12	4	12×45	0.3	14	4	12×50	0.319	16	4	16×60	0.669
50	12	4	12×45	0.3	14	4	12×50	0.319	16	4	16×60	0.669
70	12	4	12×45	0.3	14	4	12×50	0.319	18	4	16×65	0.702
80	14	4	16×50	0.601	16	4	16×60	0.669	18	4	16×65	0.702
100	14	4	16×50	0.601	16	4	16×60	0.669	20	8	16×70	1.472
125	14	8	16×50	1.202	18	8	16×65	1.404	22	8	16×75	1.54
150	14	8	16×50	1.202	18	8	16×65	1.404	22	8	20×75	2.604

续表

1.6MPa(16kgf/cm²)				2.5MPa(25kgf/cm²)				4MPa(40kgf/cm²)				6.4MPa(64kgf/cm²)			
法兰		螺 栓		法兰		螺 栓		法兰		螺 栓		法兰		螺 栓	
δ	孔数	$m \times L$	(kg)	δ	孔数	$m \times L$	(kg)	δ	孔数	$m \times L$	(kg)	δ	孔数	$m \times L$	(kg)
14	4	12×50	0.319	16	4	12×25	0.338	16	4	12×65	0.376	18	4	12×70	0.395
14	4	12×50	0.319	16	4	12×25	0.338	16	4	12×65	0.376	18	4	12×70	0.395
14	4	12×50	0.319	16	4	12×55	0.338	16	4	12×65	0.376	20	4	16×80	0.804
14	4	12×50	0.319	16	4	12×55	0.338	16	4	12×65	0.376	22	4	16×85	0.871
16	4	16×60	0.669	18	4	16×65	0.702	18	4	16×75	0.77	24	4	20×95	1.565
16	4	16×60	0.669	18	4	16×65	0.702	18	4	16×75	0.77	24	4	20×95	1.565
16	4	16×60	0.669	20	4	16×70	0.736	20	4	16×80	0.804	26	4	20×100	1.565
18	4	16×65	0.702	22	8	16×70	1.472	22	8	16×85	1.743	28	8	20×110	3.345
20	8	16×70	1.472	22	8	16×70	1.472	24	8	16×85	1.743	30	8	20×110	3.345
20	8	16×70	1.472	24	8	20×80	2.71	26	8	20×100	3.13	32	8	22×120	4.321
22	8	16×80	1.608	26	8	22985	2.556	28	8	20×110	3.345	36	8	27×140	8.193
22	8	20×80	2.71	28	8	22×90	3.556	30	8	20×110	3.345	38	8	30×150	10.924

续表

公称直径(mm)	0.25MPa(2.5kgf/cm²)				0.6MPa(6kgf/cm²)				1MPa(10kgf/cm²)			
	法兰		螺 栓		法兰		螺 栓		法兰		螺 栓	
	δ	孔数	$m \times L$	(kg)	δ	孔数	$m \times L$	(kg)	δ	孔数	$m \times L$	(kg)
175	16	8	16×60	1.338	20	8	16×70	1.472	22	8	20×75	2.604
200	16	8	16×60	1.338	20	8	16×70	1.472	22	8	20×75	2.604
225	18	8	16×65	1.404	20	8	16×70	1.472	22	8	20×75	2.604
250	20	12	16×70	2.208	22	12	16×75	2.31	24	12	20×80	4.065
300	20	12	20×70	3.747	22	12	20×75	3.906	26	12	20×85	4.38
350	20	12	20×70	3.747	22	12	20×75	3.906	26	16	20×85	5.84
400	20	16	20×70	4.996	22	16	20×75	5.208	26	16	22×85	7.112
450	20	16	20×70	4.996	22	16	20×75	5.208	26	20	22×90	8.89
500	24	16	20×80	5.42	24	16	20×80	5.42	28	20	22×90	8.89
600	24	20	22×80	8.25	24	20	22×80	8.25	30	20	27×95	16.635
700	24	24	22×80	9.9	24	24	22×80	9.9	30	24	27×100	19.962
800	24	24	27×85	18.804	24	24	27×85	18.804	32	24	30×110	27.072

续表

1.6MPa(16kgf/cm²)				2.5MPa(25kgf/cm²)				4MPa(40kgf/cm²)				6.4MPa(64kgf/cm²)			
法兰		螺 栓		法兰		螺 栓		法兰		螺 栓		法兰		螺 栓	
δ	孔数	$m \times L$	(kg)	δ	孔数	$m \times L$	(kg)	δ	孔数	$m \times L$	(kg)	δ	孔数	$m \times L$	(kg)
24	8	20×80	2.71	28	12	22×95	5.715	36	12	27×130	11.713	42	12	30×150	16.386
24	12	20×80	4.065	30	12	27×95	9.981	38	12	27×140	12.289	44	12	30×160	17.105
24	12	20×80	4.065	32	12	27×105	10.557	40	12	30×150	16.386	46	12	30×160	17.105
26	12	22×85	5.334	32	12	27×105	10.557	42	12	30×150	16.386	48	12	36×180	27.951
28	12	22×90	5.334	36	16	27×115	14.848	46	16	30×160	22.807	54	16	36×190	40.008
32	16	22×100	7.62	40	16	30×120	18.996	52	16	30×170	24.725	60	16	36×200	40.008
36	16	27×115	14.848	44	16	30×130	19.944	58	16	36×200	40.008	66	16	42×220	61.368
38	20	27×120	18.56	46	20	30×140	26.12	60	20	36×200	50.01	—	—	—	—
42	20	30×130	24.93	48	20	36×150	41.45	62	20	42×210	76.71	—	—	—	—
46	20	36×140	39.74	54	20	36×160	43.16	—	—	—	—	—	—	—	—
48	24	36×140	47.688	58	24	42×170	80.856	—	—	—	—	—	—	—	—
50	24	36×150	49.74	60	24	42×180	80.856	—	—	—	—	—	—	—	—

五、梯形槽式对焊法兰螺栓重量表

公称直径（mm）	6.4MPa（64kgf/cm²）				10MPa（100kgf/cm²）				16MPa（160kgf/cm²）			
	法兰		螺　栓		法兰		螺　栓		法兰		螺　栓	
	δ	孔数	m×L	（kg）	δ	孔数	m×L	（kg）	δ	孔数	m×L	（kg）
10～15	22	4	12×80	0.433	22	4	12×80	0.433	26	4	16×95	0.939
20	24	4	16×90	0.871	24	4	16×90	0.871	32	4	20×110	1.673
25	24	4	16×90	0.871	24	4	16×90	0.871	34	4	20×110	1.673
32	26	4	20×100	1.565	30	4	20×110	1.673	36	4	22×120	2.16
40	28	4	20×110	1.673	32	4	20×110	1.673	40	4	24×130	2.901
50	30	4	20×110	1.673	34	4	22×120	2.16	44	8	24×140	6.107
65	32	8	20×110	3.346	38	8	22×130	4.576	50	8	27×160	8.962
80	36	8	20×120	3.556	42	8	22×140	4.832	54	8	27×170	9.73
100	40	8	22×140	4.832	48	8	27×160	8.962	58	8	30×180	12.362
125	44	8	27×150	8.578	52	8	30×170	12.362	70	8	36×210	21.373
150	48	8	30×160	11.404	58	12	30×180	18.543	80	12	36×230	34.115
200	54	12	30×180	18.543	66	12	36×210	32.06	92	12	42×260	51.625
250	62	12	36×200	30.006	74	12	36×220	32.06	100	12	48×290	78.315
300	66	16	36×220	47.747	80	16	42×240	65.101	－	－	－	－